| 数据分析与决策技术丛书 |

Python for Probability, Statistics, and
Machine Learning, 2nd Edition

利用Python实现
概率、统计及机器学习方法

（原书第2版）

[美] 何塞·安平科（José Unpingco）◎著

马羚 刘瑜 杨林◎译

U0125861

机械工业出版社
China Machine Press

图书在版编目（CIP）数据

利用 Python 实现概率、统计及机器学习方法：原书第 2 版 /（美）何塞·安平科著；马羚，刘瑜，杨林译 . —北京：机械工业出版社，2022.10
（数据分析与决策技术丛书）
书名原文：Python for Probability, Statistics, and Machine Learning, 2nd Edition
ISBN 978-7-111-71773-7

I. ①利…　II. ①何…　②马…　③刘…　④杨…　III. ①软件工具 - 程序设计　IV. ① TP311.561

中国版本图书馆 CIP 数据核字（2022）第 187307 号

北京市版权局著作权合同登记　图字：01-2020-3418 号。

First published in English under the title:
Python for Probability, Statistics, and Machine Learning, 2nd Edition,
by José Unpingco.
Copyright © Springer Nature Switzerland AG 2019.
This edition has been translated and published under licence from
Springer Nature Switzerland AG.

利用 Python 实现概率、统计及机器学习方法
（原书第 2 版）

出版发行：机械工业出版社（北京市西城区百万庄大街 22 号　邮政编码：100037）
责任编辑：张秀华　　　　　　　　　　　　责任校对：李小宝　　王　延
印　　刷：三河市宏达印刷有限公司　　　　版　　次：2023 年 1 月第 1 版第 1 次印刷
开　　本：186mm×240mm　1/16　　　　　印　　张：19.75
书　　号：ISBN 978-7-111-71773-7　　　　定　　价：119.00 元

客服电话：(010) 88361066　68326294

概率论和统计学是机器学习的基础，而要学习统计学，就不可避免要先了解概率问题。因此，本书从最简单的概率论知识展开，逐步延伸到统计学和机器学习的关键思想，并通过 Python 及其强大的扩展功能来阐述概率论和统计学知识如何与机器学习相关。本书各章都给出了大量的示例，以展示理论概念与具体实践的联系，并且书中所有的图形和数值结果都可以用 Python 重现。

全书共分为 4 章。第 1 章介绍了 Python 的入门知识，主要包含 Numpy、Matplotlib、Pandas 三个基本库，以及 Scipy 与 Sympy 模块、编译库接口和集成开发环境等内容。第 2 章从几何的角度来阐述概率论，将概率论与线性代数和几何中的常见概念联系起来。第 3 章引入 Python 强大的统计分析工具介绍统计学知识。第 4 章利用前面概率论与统计学的知识探讨机器学习的关键思想。

本书翻译工作的分工如下：马羚负责前言、目录、第 1～2 章的翻译以及全书最后的统稿；刘瑜负责第 3～4 章的翻译；杨林负责符号说明和全书图表的翻译以及后期的校稿工作。

感谢机械工业出版社的编辑为我们提供了翻译本书的机会，让我们对概率、统计和机器学习的 Python 实现有了深入了解。限于译者水平等各方面因素，书中难免有不当和疏漏之处，敬请读者提出宝贵意见。

译者

前言 *Preface*

第 2 版是针对 Python 3.6＋版本更新的。此外，许多现有章节已经根据第 1 版的反馈进行了修订，因此更加清晰简洁。第 2 版在第 1 版的基础上增加了 30％有关重要概率分布的内容，包括关键推导和用于演示说明的代码示例。第 3 章增加了重要的统计检验，包括 Fisher 精确检验和 Mann-Whitney-Wilcoxon 检验，还新增了生存分析这一节内容。第 4 章最重要的补充内容是关于图像处理的深度学习一节，该节详细讨论了支持所有深度学习工作的梯度下降方法，第 4 章对广义线性模型也进行了讨论。与第 1 版一样，本书有许多编程技巧，说明了科学编程和机器学习的有效 Python 模块和方法；有 445 个经过实际验证的可运行的代码块，你可以尝试在自己的代码中加入这些代码块；158 个图形（几乎都是用 Python 生成的）可视化地演示了代码和数学中使用的概念。本书还讨论并使用了关键的 Python 模块，如 Numpy、Scikit-learn、Sympy、Scipy、lifelines、CVXPY、Theano、Matplotlib、Pandas、TensorFlow、Statsmodels 和 Keras。

与第 1 版一样，所有的关键概念都从数学上展开，并且在 Python 中复现，为读者提供了多个视角来理解关键概念。本书并非详尽无遗，只是反映了作者兼收并蓄的行业背景，重点仍然是以最有表现力的方式呈现日常使用 Python 工作时涉及的基本概念和原理。

致谢

感谢 Jupyter Notebook 两位创始人 Brian Granger 和 Fernando Perez 的帮助，感谢他们所做的伟大工作，同时还要感谢整个 Python 社区人员，是他们的贡献让本书成为可能。Hans Petter Langtangen 是 DocOnce（DocOnce 标记语言见 https://github.com/hplgit/doconce）文档准备系统的作者，本书使用该系统编写。感谢 Geoffrey Poore 对 Python TeX 和 LaTeX 的研究，本书的排版采用了这两种关键技术。

José Unpingco

美国加利福尼亚州圣地亚哥

2019 年 2 月

本书将介绍概率和统计学的基本概念，并通过 Python 语言及其强大的扩展功能说明它们如何与机器学习相关。这不是一本关于这些主题的入门书，因为我们假设你具备概率和统计的本科基础知识。此外，我们还假设你很好地掌握了 Python 语言的基本机制。所以，如果你有这些基本背景，并且想学习如何使用科学的 Python 工具链来研究这些主题，那么这本书很适合你。另外，如果你对 Python 很熟悉（也许是在另一个科学领域熟悉 Python），那么本书可以教你概率和统计学的基本原理，以及如何使用这些知识来解释机器学习方法。同样，如果你是使用商业软件包（如 MATLAB、IDL）的实践工程师，那么本书将帮助你回顾熟悉的概念，教你如何有效地使用科学的 Python 工具链。

本书最重要的特点是所有内容都可以用 Python 重现。具体来说，所有代码、所有图表和（大部分）文本都可以在与本书对应的可下载补充材料中以 IPython Notebook 形式获得。IPython Notebook 是实时交互文档，允许你更改参数，重新绘图，以及修改本书中所有的想法和代码。我强烈建议你下载这些 IPython Notebook，并跟随书中所有的主题逐步去尝试。这样做有助于你理解相关主题，因为 IPython Notebook 支持交互式控件、动画和其他直观构建功能，并有助于使许多抽象的想法具体化。作为一个开源项目，包括 IPython Notebook 在内的整个科学的 Python 工具链都是免费提供的。多年来，我一直在讲授这门课程，我相信学习的唯一方法就是边学习边实践。本书开篇提供了如何安装和配置科学 Python 环境的指导说明。

本书并非详尽无遗，只是反映了作者兼收并蓄的行业背景，重点介绍日常工作中的基本原则和直觉，特别是当你必须向非专业读者解释所使用的方法的结果时。我们试图以最有表现力的方式使用 Python 语言，同时鼓励良好的 Python 编码实践。

致谢

感谢 Jupyter Notebook 两位创始人 Brian Granger 和 Fernando Perez 的帮助，感谢他

们所做的伟大工作，同时还要感谢整个 Python 社区人员，是他们的贡献让本书成为可能。此外，还要感谢 Juan Carlos Chavez 的仔细审查。Hans Petter Langtangen 是 Doconce(DocOnce 标记语言见 https://github.com/hplgit/doconce)文档准备系统的作者，本书使用该系统编写。感谢 Geoffrey Poore 对 Python TeX 和 LaTeX 的研究。

José Unpingco

San Diego，CA，USA

2016 年 2 月

符号	含义
σ	标准差
μ	均值
$\mathbb{V}$	方差
$\mathbb{E}$	期望
$f(x)$	x 的函数
$x \to y$	从 x 到 y 的映射
(a,b)	开区间
$[a,b]$	闭区间
$(a,b]$	半开区间
Δ	增量
Π	积算子
Σ	求和
$\|x\|$	x 的绝对值
$\|x\|$	x 的范数
$\sharp A$	集合 A 中的元素数量
$A \bigcap B$	集合 A 和 B 的交集
$A \bigcup B$	集合 A 和 B 的并集
$A \times B$	集合 A 和 B 的笛卡儿积
$\in$	属于(表示元素和集合之间的关系)
$\wedge$	逻辑与
$\neg$	逻辑非
$\{\}$	集合分隔符

（续）

符号	含义
$\mathbb{P}(X\,|\,Y)$	在 Y 条件下 X 的概率
$\forall$	对所有
$\exists$	存在
$A\subseteq B$	A 是 B 的子集
$A\subset B$	A 是 B 的真子集
$f_X(x)$	随机变量 X 的概率密度函数
$F_X(x)$	随机变量 X 的累积密度函数
$\sim$	服从……分布
$\propto$	与……成正比
$\triangleq$	定义为（按定义相等）
$:=$	定义为（按定义相等）
$\perp$	垂直
$\therefore$	所以
$\Rightarrow$	推断符号，表示"蕴含"
$\equiv$	恒等于
$\boldsymbol{X}$	矩阵 $\boldsymbol{X}$
$\boldsymbol{x}$	向量 $\boldsymbol{x}$
$\mathrm{sgn}(x)$	x 的符号函数
$\mathbb{R}$	实数
$\mathbb{R}^n$	n 向量空间
$\mathbb{R}^{m\times n}$	$m\times n$ 矩阵空间
$\mathcal{U}(a,b)$	区间 (a,b) 上的均匀分布
$\mathcal{N}(\mu,\sigma^2)$	均值为 μ、方差为 σ^2 的正态分布
$\xrightarrow{\text{as}}$	几乎必然收敛
$\xrightarrow{\text{d}}$	依分布收敛
$\xrightarrow{\text{P}}$	依概率收敛
Tr	矩阵的对角线和
diag	矩阵对角线

Contents 目 录

第 1 章 *Chapter 1*

科学 Python 入门

Python 是数据科学和机器学习的基础，同时还不断扩展到网络安全和 Web 编程等领域。Python 被广泛使用的根本原因是它提供了一种软件**黏合剂**，允许在用 Fortran 或 C 编写的核心程序之间轻松地交换方法和数据。

Python 是一种编程语言，它适用于可能没有经过正式软件开发培训的科学家和工程师。它被用来进行原型化、设计、仿真和测试，而**不受任何阻碍**，因为 Python 提供了简单增量式开发周期、与现有代码的互操作性、对大量可靠开源代码的访问能力，以及分层分区设计理念。Python 以提高用户生产力而闻名，因为它可以减少开发时间（即编程时间），从而增加了程序运行时间。

Python 是一种**解释性**语言。这意味着 Python 代码运行在 Python **虚拟机**上，该虚拟机在代码及运行代码的平台之间提供了一个抽象层，从而使代码可以跨平台移植。例如，运行在 Windows 笔记本电脑上的同一脚本，也可以运行在基于 Linux 的超级计算机上或移动电话上。这使得编程更容易，因为虚拟机在底层平台上处理实现脚本业务逻辑的底层细节。

Python 是一种动态类型语言，这意味着解释器本身可以交互地或在运行时计算出典型类型（例如浮点数、整数）。这与 Fortran 之类的语言形成鲜明对比，后者的编译器会从头到尾研究代码，执行许多编译器级优化，与特定平台上的库紧密链接，然后创建一个从编译器释放的可执行文件。如你所料，编译器对底层平台细节的访问意味着它可以利用发挥特定芯片特性和缓存内存的优化方法。由于虚拟机将这些细节抽象了出来，因此 Python 语言无法对这些优化方法进行可编程访问。那么，虚拟机编程的便捷性和这些对科学工作至关重要的关键数值优化之间的平衡在哪里呢？

平衡来自 Python 可结合已编译的 Fortran 库和 C 库的固有能力。这意味着你可以直接从解释器向编译的库发送密集的计算。这种方法有两个主要优点。第一个优点是，它提供了用 Python 编程的乐趣，Python 有着丰富的语法，并且没有视觉上的混乱。对于那些通常希望将软件作为工具使用而不是将软件作为产品开发的科学家来说，这是一个特别的福音。第二个优点是，你可以混合匹配来自不同研究领域的不同编译库，而这些编译库并不是为了协同工作而设计的。这是因为 Python 很容易在解释器中分配和填充内存，将其作为输入传递到编译库，然后在解释器中恢复成输出。

此外，Python 为科学编程提供了一个多平台的解决方案。作为一个开源项目，Python 在任何可以构建它的地方都是可用的，尽管现在的标准做法是将它作为许多操作系统的一部分。这意味着，一旦用 Python 编写代码，只要另一个平台的第三方编译库可用，就可以将脚本移植到该平台并运行它。如果编译库不存在怎么办？在多个系统上构建和配置编译库在过去是一项艰苦的工作，但随着科学 Python 的成熟，现在所有主要平台（如 Windows、MacOS、Linux、UNIX）都可以使用各种库作为预打包发行版。

最后，科学 Python 有助于维护科学代码，因为 Python 语法很干净，没有分号和其他使代码难以阅读、容易混淆的视觉干扰。Python 有许多易于维护的内置测试模块、文档和开发工具。科学代码通常是由没有受过软件开发教育的科学家编写的，因此将可靠的软件开发工具构建到语言中是一种特别的优势。

1.1　安装和设置

最简单的方法是上 Anaconda（anaconda.com）网站下载免费的 Anaconda 发行版，它适用于所有主要平台。在 Linux 上，尽管大多数工具链都可以通过内置的 Linux 包管理器获得，但最好还是安装 Anaconda 发行版，因为它提供了强大的包管理器（即 conda），可以跟踪它所支持的包的软件依赖项的更改。请注意，即使没有管理员权限，也有不需要这些权限的相应 Miniconda 发行版供你使用。不管你采用什么平台，我们都建议安装 Python 3.6 或更高版本。

你可能在网站上遇到过其他 Python 变体版本，例如 IronPython（Python 在 C# 中的实现）和 Jython（Python 在 Java 中的实现）。本书主要关注 Python 的 C 实现版本（即 CPython），它是目前最流行的版本。这些 Python 变体版本允许与 C# 或 Java 中的库进行专门的本地交互，这也可以使用 CPython（但很笨拙）。除了与其他语言中的本地库交互之外，还有更多的 Python 变体版本出于各种原因以不同的方式实现 Python 的底层机制。其中最值得注意的是 Pypy，它实现了一个即时（Just-In-Time，JIT）编译器和其他强大的优化方法，这些优化方法可以大大加快纯 Python 代码的速度。Pypy 的缺点是它对一些流行的科学模块（如 Matplotlib、Scipy）的覆盖范围有限（甚至不覆盖），这意味着你不能在 Pypy 的代码中使用这些模块。

如果通过 conda 管理器安装的 Python 模块无法使用，则可用 pip 安装程序。pip 安装程序是科学计算社区之外使用的主要安装程序。两个安装程序之间的关键区别在于，conda 实现了一个可满足性求解器，它可以检查已安装软件包之间的版本冲突。这可能导致 conda 降低某些安装包的版本，以适应建议的安装包安装。pip 安装程序仅在建议的包已安装其依赖项时才会检查此类冲突，并且如果没有安装依赖项，则安装这些依赖项，如果已安装，则删除现有的不兼容模块。使用 pip 安装给定 Python 模块的命令行如下：

```
Terminal> pip install package_name
```

pip 安装程序将下载所需的包及其依赖项，并将它们安装到现有的目录树下。如果下载的包是纯 Python，没有任何特定于系统的依赖项，那么运行非常流畅。否则，这可能是一场真正的噩梦，特别是在 Windows 上，因为 Windows 没有免费的 Fortran 编译器。如果相关的模块是一个 C 库，那么一种解决方法是安装免费的 Visual Studio 社区版，它通常足以编译许多 C 代码。这种平台依赖性是 conda 的设计初衷，它通过使各平台的二进制依赖项可用而不是试图编译它们来解决该问题。在 Windows 系统上，如果你安装了 Anaconda 并将其注册为默认的 Python 安装(它在安装过程中会询问)，那么你可以使用加利福尼亚大学尔湾分校的 Christoph Gohlke 实验室站点上的高质量 Python wheel 文件，那里友善地提供了许多可用的科学模块⊖。如果失败，你可以尝试 conda-forge 网站，这是一个社区支持的模块库，conda 可以安装这些模块，但是 Anaconda 并不正式支持这些模块。请注意，conda-forge 允许你使用身份验证机制与远程同事共享科学的 Python 配置，从而确保从信任的用户处下载并运行代码。

同样，如果你使用的是 Windows 系统，但上述方法均无效，那么你可能需要考虑安装一个完整的虚拟机解决方案，该解决方案由 VMWare 的 **Player** 或 Oracle 的 **VirtualBox**(在自由条款下均可免费提供)或者由 Windows 10 内置的 Windows Linux 子系统(Windows Subsystem of Linux，WSL)提供。使用这两种方法中的任何一种，都可以设置一个运行在 Windows 之上的 Linux 机器，这应该可以完全解决这些问题！这种方法的主要优点是可以在虚拟机和 Windows 系统之间共享目录，这样就不必维护重复的数据文件。Anaconda Linux 映像也可以在云上通过平台即服务(Platform as a Service，PaaS)提供商(比如 Amazon Web Services 和 Microsoft Azure)获得。请注意，对于绝大多数用户，尤其是 Python 新手来说，Anaconda 发行版在任何平台上都应该足够使用了。在早期强调特定于 Windows 的问题和相关的解决方案是值得的。请注意，还有其他维护良好的科学 Python Windows 安装程序，如 **WinPython** 和 **PythonXY**。它们提供了 spyder 集成开发环境，对于 MATLAB 用户来说，该环境非常类似 MATLAB 环境。

⊖　wheel 文件是一种 Python 发行版格式，你可以像 pip 安装 whl 文件那样使用 pip 下载和安装。Christoph 根据 Python 版本(如 cp27 表示 Python 2.7)和芯片组(如 amd32 与 Intel win32)命名文件。

1.2　Numpy

如前所述，要使用已编译的科学库，Python 解释器中分配的内存必须以某种方式作为输入到达该库。此外，这些库的输出也必须同样返回到 Python 解释器。这种内存双向交换本质上是 Numpy(Python 中的数字数组)模块的核心功能。Numpy 是 Python 中数字数组的事实标准。它是由 Travis Oliphant 和其他人努力统一 Python 中先前存在的数字数组而产生的。在本节中，我们概述了 Numpy 并提供了有效使用 Numpy 的一些技巧，但是想要获得更多细节，可参考 Travis 的免费书籍[1]。

Numpy 提供 Python 中字节大小的数组的规范。例如，下面我们创建了一个由 3 个数字组成的数组，每个数字的长度为 4 个字节(32 位，每字节 8 位)，如 itemsize 属性所示。第一行将 Numpy 导入为 np，这是惯例。第二行创建一个由 32 位浮点数组成的数组。itemsize 属性显示每一项的字节数。

```
>>> import numpy as np # recommended convention
>>> x = np.array([1,2,3],dtype=np.float32)
>>> x
array([1., 2., 3.], dtype=float32)
>>> x.itemsize
4
```

除了为数字提供统一的容器外，Numpy 还提供了一组全面的通用函数(即 ufunc)，这些函数可以按元素处理数组，而无须额外的循环语义。下面，我们展示如何使用 Numpy 计算元素的正弦值：

```
>>> np.sin(np.array([1,2,3],dtype=np.float32) )
array([0.84147096, 0.9092974 , 0.14112   ], dtype=float32)
```

它使用 Numpy 的一元函数 np.sin 计算输入数组 [1,2,3] 的正弦值。内置 math 模块中还有另一个正弦函数，但是 Numpy 版本的函数更快，因为它不需要在数组中的每个元素上进行显式循环(即不使用 for 循环)。该循环发生在已编译的 np.sin 函数中。否则，我们将必须像下面这样显式地进行循环：

```
>>> from math import sin
>>> [sin(i) for i in [1,2,3]] # list comprehension
[0.8414709848078965, 0.9092974268256817, 0.1411200080598672]
```

Numpy 使用常规类型转换规则来解析输出类型。例如，如果输入为整数类型，则输出将为浮点类型。在此示例中，我们将 Numpy 数组作为正弦函数的输入。我们也可以使用简单的 Python 列表，而 Numpy 会构建中间的 Numpy 数组(例如 np.sin([1, 1, 1]))。Numpy 文档提供了一个完整的(并且非常长的)可用 ufunc 列表。

Numpy 数组有很多维度。例如，下面显示了一个由 2 个一致的 Python 列表构造的二维(2×3)数组。

```
>>> x=np.array([ [1,2,3],[4,5,6] ])
>>> x.shape
(2, 3)
```

请注意，除非为 Numpy 构建更多维度，否则 Numpy 被限制为 32 维⊖。Numpy 数组在多个维度上遵循 Python 常规的切片规则，如下所示，其中，冒号":"选择沿特定轴的所有元素：

```
>>> x=np.array([ [1,2,3],[4,5,6] ])
>>> x[:,0] # 0th column
array([1, 4])
>>> x[:,1] # 1st column
array([2, 5])
>>> x[0,:] # 0th row
array([1, 2, 3])
>>> x[1,:] # 1st row
array([4, 5, 6])
```

我们还可以使用切片规则来选择数组的某个部分，如下所示：

```
>>> x=np.array([ [1,2,3],[4,5,6] ])
>>> x
array([[1, 2, 3],
       [4, 5, 6]])
>>> x[:,1:] # all rows, 1st thru last column
array([[2, 3],
       [5, 6]])
>>> x[:,::2] # all rows, every other column
array([[1, 3],
       [4, 6]])
>>> x[:,::-1] # reverse order of columns
array([[3, 2, 1],
       [6, 5, 4]])
```

1.2.1　Numpy 数组和内存

一些解释性语言隐式地分配内存。例如，在 MATLAB 中，你可以通过简单地添加另一个维度来扩展矩阵，如以下 MATLAB 会话中所示：

```
>> x=ones(3,3)
x =
     1     1     1
     1     1     1
     1     1     1
>> x(:,4)=ones(3,1) % tack on extra dimension
x =
     1     1     1     1
     1     1     1     1
     1     1     1     1
>> size(x)
ans =
     3     4
```

⊖　查看 Numpy 源代码中的 **arrayobject.h** 文件。

这样之所以可行，是因为 MATLAB 数组使用按值传递语义，切片操作实际上会根据需要复制数组的某些部分。相比之下，Numpy 使用按引用传递语义，因此切片操作是数组的视图，而无须隐式复制。这对于已经耗尽可用内存的大型数组特别有用。在 Numpy 术语中，切片创建视图（不复制），高级索引创建副本。我们从高级索引开始介绍。

如果索引对象（即括号之间的项）是非元组序列对象、Numpy 数组（整数或布尔类型）或者至少有序列对象或 Numpy 数组的元组，则索引将创建副本。对于上面的示例，要在 Numpy 中完成相同的数组扩展，必须执行如下操作：

```
>>> x = np.ones((3,3))
>>> x
array([[1., 1., 1.],
       [1., 1., 1.],
       [1., 1., 1.]])
>>> x[:,[0,1,2,2]] # notice duplicated last dimension
array([[1., 1., 1., 1.],
       [1., 1., 1., 1.],
       [1., 1., 1., 1.]])
>>> y=x[:,[0,1,2,2]] # same as above, but do assign it to y
```

由于高级索引，变量 y 有自己的内存，因为 x 的相关部分被复制了。为了证明这一点，我们给 x 赋值了一个新元素，并且看到 y 没有更新。

```
>>> x[0,0]=999 # change element in x
>>> x          # changed
array([[999.,   1.,   1.],
       [  1.,   1.,   1.],
       [  1.,   1.,   1.]])
>>> y          # not changed!
array([[1., 1., 1., 1.],
       [1., 1., 1., 1.],
       [1., 1., 1., 1.]])
```

但是，如果我们通过如下所示的切片（将其作为视图）重新开始构造 y，那么所做的更改确实会影响 y，因为视图只是同一内存的窗口：

```
>>> x = np.ones((3,3))
>>> y = x[:2,:2] # view of upper left piece
>>> x[0,0] = 999 # change value
>>> x
array([[999.,   1.,   1.],
       [  1.,   1.,   1.],
       [  1.,   1.,   1.]])
>>> y
array([[999.,   1.],
       [  1.,   1.]])
```

注意，如果要显式强制复制副本而不使用任何索引技巧，则可以执行 y=x. copy()。下面的代码演示了另一个高级索引与切片的示例：

```
>>> x = np.arange(5) # create array
>>> x
array([0, 1, 2, 3, 4])
>>> y=x[[0,1,2]] # index by integer list to force copy
>>> y
array([0, 1, 2])
>>> z=x[:3]        # slice creates view
>>> z              # note y and z have same entries
array([0, 1, 2])
>>> x[0]=999       # change element of x
>>> x
array([999,   1,   2,   3,   4])
>>> y              # note y is unaffected,
array([0, 1, 2])
>>> z              # but z is (it's a view).
array([999,   1,   2])
```

在此示例中，y 是副本而不是视图，因为它是使用高级索引创建的，而 z 是使用切片创建的。因此，即使 y 和 z 有相同的条目，只有 z 会受到 x 更改的影响。请注意，Numpy 数组的 flags 属性可以帮助解决这个问题，直到你习惯它为止。

对于需要重叠内存片段的信号和图像处理算法，使用视图操作内存特别强大。以下示例演示如何使用高级 Numpy 创建实际上不消耗额外内存的重叠块：

```
>>> from numpy.lib.stride_tricks import as_strided
>>> x = np.arange(16,dtype=np.int64)
>>> y=as_strided(x,(7,4),(16,8)) # overlapped entries
>>> y
array([[ 0,  1,  2,  3],
       [ 2,  3,  4,  5],
       [ 4,  5,  6,  7],
       [ 6,  7,  8,  9],
       [ 8,  9, 10, 11],
       [10, 11, 12, 13],
       [12, 13, 14, 15]])
```

上面的代码创建一个整数范围，然后重叠某些条目以创建 7×4 的 Numpy 数组。as_strided 函数中的最后一个参数是步长，即分别在行维度和列维度移动的字节数。因此，得到的数组在列维度中移动 8 个字节，在行维度中移动 16 个字节。因为 Numpy 数组中的整数元素是 8 个字节，所以这相当于在列维度中移动 1 个元素，在行维度中移动 2 个元素。Numpy 数组中的第二行从第一个条目移动 16 字节（即 2 个元素）的条目（即 2）开始，然后在列维度上前进 8 字节（即 1 个元素）。重要的一点是在产生的 7×4 Numpy 数组中重复使用内存。下面的代码通过重新分配原始 x 数组中的元素来演示这一点。这些更改会显示在 y 数组中，因为它们指向同一个已分配的内存。

```
>>> x[::2]=99 # assign every other value
>>> x
array([99,  1, 99,  3, 99,  5, 99,  7, 99,  9, 99, 11, 99, 13, 99, 15])
```

```
>>> y # the changes appear because y is a view
array([[99,  1, 99,  3],
       [99,  3, 99,  5],
       [99,  5, 99,  7],
       [99,  7, 99,  9],
       [99,  9, 99, 11],
       [99, 11, 99, 13],
       [99, 13, 99, 15]])
```

请记住，as_strided 不会检查你是否处于内存块范围之内。因此，如果可用数据未填充完目标矩阵，那么剩余的元素将来自该内存位置的任何字节。换句话说，没有默认的零填充机制或其他保护内存块边界的策略。一种保守方法是显式地控制维度，如以下代码所示：

```
>>> n = 8 # number of elements
>>> x = np.arange(n) # create array
>>> k = 5 # desired number of rows
>>> y = as_strided(x,(k,n-k+1),(x.itemsize,)*2)
>>> y
array([[0, 1, 2, 3],
       [1, 2, 3, 4],
       [2, 3, 4, 5],
       [3, 4, 5, 6],
       [4, 5, 6, 7]])
```

1.2.2　Numpy 矩阵

Numpy 中的矩阵类似于 Numpy 数组，但它们只能有两个维度。它们实现了行-列矩阵相乘，而不是元素相乘。如果需要两个相乘的矩阵，你可以直接创建，也可以从 Numpy 数组转换。例如，下列代码演示了如何创建两个矩阵并将其相乘：

```
>>> import numpy as np
>>> A=np.matrix([[1,2,3],[4,5,6],[7,8,9]])
>>> x=np.matrix([[1],[0],[0]])
>>> A*x
matrix([[1],
        [4],
        [7]])
```

这也可以用数组来实现，如下所示：

```
>>> A=np.array([[1,2,3],[4,5,6],[7,8,9]])
>>> x=np.array([[1],[0],[0]])
>>> A.dot(x)
array([[1],
       [4],
       [7]])
```

Numpy 数组支持元素乘法，而不支持行-列乘法。这种乘法必须使用 Numpy 矩阵，除非使用内积函数 np.dot，内积函数 np.dot 也适用于多维（有关更一般的点积，请参见 np.tensordot）。请注意，Python 3.x 有一个新的表示矩阵乘法的 @ 符号，因此我们可以按以下方式重新进行上述计算：

```
>>> A @ x
array([[1],
       [4],
       [7]])
```

不必将所有被乘数都转换为矩阵进行乘法运算。下面我们使用 np.matrix 将数组转换为矩阵，然后使用行–列乘法。请注意，不必将 x 变量转换为矩阵，因为从左到右的求值顺序会自动进行处理。如果我们需要在代码的其他地方使用 A 作为矩阵，那么应该将它绑定到另一个变量，而不是每次都重新转换它。如果你发现自己需要来回转换大型数组，那么将 copy=False 标记传递给 matrix 以避免复制副本的开销。

```
>>> A=np.ones((3,3))
>>> type(A) # array not matrix
<class 'numpy.ndarray'>
>>> x=np.ones((3,1)) # array not matrix
>>> A*x
array([[1., 1., 1.],
       [1., 1., 1.],
       [1., 1., 1.]])
>>> np.matrix(A)*x # row-column multiplication
matrix([[3.],
        [3.],
        [3.]])
```

1.2.3　Numpy 广播操作

Numpy 广播是一种创建表达式隐式多维网格的有效方法。这可能是 Numpy 最强大的特性，也是最难掌握的特性。举例来说，考虑二维单位正方形的顶点，代码如下所示：

```
>>> X,Y=np.meshgrid(np.arange(2),np.arange(2))
>>> X
array([[0, 1],
       [0, 1]])
>>> Y
array([[0, 0],
       [1, 1]])
```

Numpy 的 meshgrid 会创建二维网格。X 和 Y 数组的对应条目与单位正方形的顶点坐标匹配[例如(0,0)、(0,1)、(1,0)和(1,1)]。要将 x 和 y 坐标相加，可以使用 X 和 Y，如下所示，在 X+Y 中，输出是单位正方形的顶点坐标之和。

```
>>> X+Y
array([[0, 1],
       [1, 2]])
```

因为这两个数组具有兼容的形状，所以可以按元素将它们加在一起。事实证明，我们可以跳过这一步骤，不必费心使用 meshgrid 通过如下所示的广播隐式获取顶点坐标。

```
>>> x = np.array([0,1])
>>> y = np.array([0,1])
>>> x
```

```
array([0, 1])
>>> y
array([0, 1])
>>> x + y[:,None] # add broadcast dimension
array([[0, 1],
       [1, 2]])
>>> X+Y
array([[0, 1],
       [1, 2]])
```

在第 7 行中，Python 单例 None 告诉 Numpy 沿该维度复制 y，以创建一致的计算。请注意，可以使用 np.newaxis 代替 None 以更加明确。接着的几行代码显示，我们获得的输出与使用 X+Y Numpy 数组时相同。请注意，在不广播 x+y=array([0,2]) 的情况下，这不是我们要计算的内容。我们继续看一个更复杂的示例，其中数组形状不同。

```
>>> x = np.array([0,1])
>>> y = np.array([0,1,2])
>>> X,Y = np.meshgrid(x,y)
>>> X
array([[0, 1],
       [0, 1],
       [0, 1]])
>>> Y
array([[0, 0],
       [1, 1],
       [2, 2]])
>>> X+Y
array([[0, 1],
       [1, 2],
       [2, 3]])
>>> x+y[:,None] # same as with meshgrid
array([[0, 1],
       [1, 2],
       [2, 3]])
```

在这个示例中，数组的形状是不同的，所以没有 Numpy 广播就不能将 x 和 y 相加。最后一行显示广播生成的输出与使用 meshgrid 生成的兼容数组生成的输出相同。这表明广播可以使用不同的数组形状。为了便于比较，第 3 行使用 meshgrid 创建了两个共形数组 X 和 Y。最后一行使用 x+y[:,None] 生成的输出与没有 meshgrid 的 X+Y 生成的相同。我们还可以将 x 数组的 None 维度设为 x[:,None]+y，这将对结果进行转置。

广播可作用于多个维度。显示的输出具有形状 (4,3,2)。在最后一行，x+y[:,None] 生成一个二维数组，然后对 z[:,None,None] 进行广播，z[:,None,None] 沿着相加的两个维度复制自身，以适应其左侧的二维结果（即 x+y[:,None]）。关于广播，要警惕的是它可能会创建大型、占用内存的中间数组。有一些方法可以通过重新使用以前分配的内存来控制这一点，但这不在本书的讨论范围。那些用于求解高维度坐标顶点函数值的物理公式就是广播的重要用例。

```
>>> x = np.array([0,1])
>>> y = np.array([0,1,2])
>>> z = np.array([0,1,2,3])
>>> x+y[:,None]+z[:,None,None]
array([[[0, 1],
        [1, 2],
        [2, 3]],

       [[1, 2],
        [2, 3],
        [3, 4]],

       [[2, 3],
        [3, 4],
        [4, 5]],

       [[3, 4],
        [4, 5],
        [5, 6]]])
```

1.2.4　Numpy 掩码数组

Numpy 提供了一种强大的方法来临时屏蔽数组元素，而不改变数组本身的形状：

```
>>> from numpy import ma # import masked arrays
>>> x = np.arange(10)
>>> y = ma.masked_array(x, x<5)
>>> print (y)
[-- -- -- -- -- 5 6 7 8 9]
>>> print (y.shape)
(10,)
```

注意，数组中逻辑条件(x<5)为真的元素被屏蔽，但数组的大小保持不变。这在采用分类数据绘图时特别有用，在这种情况下，你可能只需要与给定类别相对应的值进行绘图。另一种常见的用途是图像处理，其中可能需要在后续处理中排除部分图像。请注意，除非使用 copy=True 参数，否则创建掩码数组不会强制执行隐式复制操作。例如，更改 x 中的元素会更改 y 中的相应元素，即使 y 是一个掩码数组。

```
>>> x[-1] = 99 # change this
>>> print(x)
[ 0  1  2  3  4  5  6  7  8 99]
>>> print(y) # masked array changed!
[-- -- -- -- -- 5 6 7 8 99]
```

1.2.5　浮点数

在内存有限的计算机上表示浮点数时存在精度限制。例如，下面展示了在将两个简单数字相加时的精度限制：

```
>>> 0.1 + 0.2
0.30000000000000004
```

那么，为什么输出不是 0.3 呢？问题在于这两个数字的浮点表示方式和将它们相加的算法。要用二进制表示一个整数，只需用 2 的幂将它写出来，例如，230＝$(11100110)_2$。Python 可以使用字符串格式实现这样的转换：

```
>>> print('{0:b}'.format(230))
11100110
```

对于整数相加，我们只需将相应的位相加，并将它们与允许的位数相匹配。除非出现溢出（结果不能用该位数表示），否则就没有问题。浮点数的表示更为复杂，因为我们必须将这些数字表示为二进制小数。IEEE 754 标准要求浮点数表示为 $\pm C \times 2^E$ 的形式，其中 C 是有效位（尾数），E 是指数。

为了将十进制小数表示为二进制小数，我们需要计算小数的如下展开形式：$a_1/2 + a_2/2^2 + a_3/2^3 + \cdots$。换句话说，我们需要找到系数 a_i。我们可以对十进制小数部分执行同样的展开过程：只需用 1/2 的小数幂相除，然后跟踪整数部分和小数部分。Python 的 divmod 函数可以完成大部分这方面的工作。例如，将 0.125 表示为二进制小数：

```
>>> a = 0.125
>>> divmod(a*2,1)
(0.0, 0.25)
```

元组中的第一项是商，另一项是余数。如果商大于 1，则对应的 a_i 项为 1，否则为 0。对于这个例子，我们有 $a_1＝0$。为了得到展开式中的下一个项，我们只需继续乘以 2，然后沿着展开式向右移动到 a_{i+1}，以此类推。那么：

```
>>> a = 0.125
>>> q,a = divmod(a*2,1)
>>> print (q,a)
0.0 0.25
>>> q,a = divmod(a*2,1)
>>> print (q,a)
0.0 0.5
>>> q,a = divmod(a*2,1)
>>> print (q,a)
1.0 0.0
```

当余数为 0 时，算法停止。因此，我们得到 0.125＝$(0.001)_2$。规范要求展开式中的前导项为 1。因此，我们有 0.125＝$(1.000) \times 2^{-3}$。这意味着有效位是 1，指数是 -3。

现在，我们回到刚刚 0.1+0.2 的主要问题，对上面的各个步骤进行编码，从而表示 0.1：

```
>>> a = 0.1
>>> bits = []
>>> while a>0:
...     q,a = divmod(a*2,1)
...     bits.append(q)
...
>>> print (''.join(['%d'%i for i in bits]))
0001100110011001100110011001100110011001100110011001101
```

请注意，这种表示形式具有无限循环的模式。这意味着，我们有 $(1.1001)_2 \times 2^{-4}$。IEEE 标准没有表示无限循环序列的方法。尽管如此，我们还是可以计算出：

$$\sum_{n=1}^{\infty} \frac{1}{2^{4n-3}} + \frac{1}{2^{4n}} = \frac{3}{5}$$

因此，$0.1 \approx 1.6 \times 2^{-4}$。根据 IEEE 754 标准，对于浮点类型，有效位为 24 位，小数部分为 23 位。因为不能表示无限循环序列，所以必须舍入为 23 位，即 10011001100110011001101。因此，以前有效位的表示是 1.6，经过舍入后为：

```
>>> b = '10011001100110011001101'
>>> 1+sum([int(i)/(2**n) for n,i in enumerate(b,1)])
1.600000023841858
```

因此，现在我们有 $0.1 \approx 1.600000023841858 \times 2^{-4} = 0.1000000149011612$。对于 0.2 的展开式，有相同的重复序列和不同的指数，因此有 $0.2 \approx 1.600000023841858 \times 2^{-3} = 0.200000298023224$。要在二进制中计算 `0.1+0.2`，我们必须调整指数，直到它们与二者中的较高者匹配。因此，

```
  0.1100110011001100110011 0
+1.1001100110011001100110 1
-------------------------
 10.0110011001100110011001 1
```

现在，总和必须缩小以适配有效位的可用位，因此结果是指数为 −2 的 1.00110011001100110011010。该结果用如下所示的常规方法计算得到：

```
>>> k='00110011001100110011010'
>>> print('%0.12f'%((1+sum([int(i)/(2**n)
...                        for n,i in enumerate(k,1)]))/2**2))
0.300000011921
```

它与我们用 numpy 得到的结果吻合：

```
>>> import numpy as np
>>> print('%0.12f'%(np.float32(0.1) + np.float32(0.2)))
0.300000011921
```

对于 64 位浮点运算，整个过程都是这样进行的。Python 有 **fractions** 和 **decimal** 模块，允许实现更精确的数字表示。**decimal** 模块对于某些财务计算特别重要。

舍入误差（Round-off Error）　我们思考一个例子，将 100 000 000 和 10 以 32 位浮点数形式相加。

```
>>> print('{0:b}'.format(100000000))
101111101011110000100000000
```

这意味着 $100\,000\,000 = (1.01111101011110000100000000)_2 \times 2^{26}$。同样，$10 = (1.010)_2 \times 2^3$。为了使这两个数字相加，我们必须使指数匹配：

```
  1.01111101011110000100000000
+0.00000000000000000000001010
------------------------------
  1.01111101011110000100001010
```

现在，我们必须进行舍入处理，因为小数点右边只有 23 位，于是得到 1.01111101011111000010000，删除后面的 10 两位。这有效地使我们开始使用的十进制 $10 = (1010)_2$ 变成 $8 = (1000)_2$。同样，再次使用 Numpy：

```
>>> print(format(np.float32(100000000) + np.float32(10),'10.3f'))
100000008.000
```

这里的问题是，这两个数字之间的数量级差距太大，以至于当较小的数字右移时，会导致有效位的位丢失。当对这些数字求和时，Kahan 求和算法（参见函数 math.fsum()）可以有效地处理这些舍入误差。

```
>>> import math
>>> math.fsum([np.float32(100000000),np.float32(10)])
100000010.0
```

消去误差（Cancelation Error） 当两个几乎相等的浮点数相减时，就会产生消去误差（显著性损失）。我们思考 0.1111112 和 0.1111111 相减。根据二进制小数表示，我们有

```
  1.11000111000111001000101 E-4
 -1.11000111000111000110111 E-4
 ---------------------------
  0.00000000000000000011100
```

根据二进制小数表示，这是 1.11，指数为 -23，或者 $(1.75)_{10} \times 2^{-23} \approx 0.00000010430812836$。在 Numpy 中，这种精度损失如下：

```
>>> print(format(np.float32(0.1111112)-np.float32(0.1111111),'1.17f'))
0.00000010430812836
```

总之，在使用浮点数时，必须使用 Numpy 中 allclose 之类的符号而不是通常的 Python 相等（即 ==）符号来检查是否近似相等。这将强制允许有一定范围的误差而不是强制严格相等。当可行时，利用定标进行求整数的计算，而不是用十进制的小数计算。双精度 64 位浮点数要比单精度浮点数好得多，虽然不能完全消除这些问题，但却能有效地满足除最严格精度要求外的所有精度要求。Kahan 算法对于数据跨度非常大的浮点数求和计算是有效的，且不会产生舍入误差。若要最小化消去误差，请重构这个计算以避免两个几乎相等的数字相减。

1.2.6 Numpy 优化简介

科学 Python 的社区继续推动前沿科学计算的发展。一些重要的 Numpy 扩展功能正在积极开发中。首先，Numba 是一个编译器，它利用 LLVM 编译器基础结构从纯 Python 代码中生成优化的机器码。LLVM 发源于伊利诺伊大学的一个研究项目，目的是为任意编程语言提供一种独立于目标的编译策略，现在已经成为一种成熟的技术。通过 Numba 将 LLVM 和 Python 结合起来意味着加速 Python 代码块可以像在函数定义之上放置 @numba.jit 装饰器一样简单，但这并不适用于所有情况。Numba 还可以应用于通用图形处理单元（General Purpose Graphic Processing Unit，GPGPU）。

Dask 项目包含使用 Numpy 语义操作大数据集的 dask.array 扩展，这些数据集太大，无法容纳在单个计算机的 RAM 中（即在内核外）。此外，dask 还包括 Pandas DataFrame 的扩展（见 1.7 节）。简单地说，这意味着 dask 知道如何解包 Python 表达式，并将它们转换为各种分布式后端数据服务，在这些服务上进行计算。这意味着 dask 从给定后端的特定实现中分离计算表达式。

1.3 Matplotlib

Matplotlib 是 Python 中科学图形的主要可视化工具。与所有大型开源项目一样，它最初是为了满足个人需求。在其诞生之初，John Hunter 主要使用 MATLAB 进行科学图形可视化，但当他开始使用 Python 整合来自不同数据源的数据时，他意识到需要一个 Python 解决方案来实现可视化，因此他独自编写了 Matplotlib 代码。自早年以来，Matplotlib 已经取代其他二维科学图形可视化方法。John Hunter 于 2012 年不幸去世，如今，即使没有 John Hunter，Matplotlib 也是一个非常活跃的被维护着的项目。

John 对 Matplotlib 有一些基本要求：
- 所绘图形应文字优美，符合出版质量；
- 所绘图形应输出 Postscript，以便包含在 LaTeX 文档和出版物质量印刷文件中；
- 所绘图形应能够嵌入图形用户界面（GUI），用于应用程序开发；
- 代码主要以 Python 语言编写，以允许用户成为开发人员；
- 对于简单的图形，只需几行代码就可以很容易地绘制。

Matplotlib 的功能已经完全满足并且远远超出这些需求。一开始，为了简化从 MATLAB 到 Python 的转换，许多 Matplotlib 函数都是以相应的 MATLAB 命令命名的。虽然，社区已经不再使用这种风格，但你仍然可以在在线 Matplotlib 文档中找到旧的 MATLAB 风格。

下面展示了使用 Matplotlib 和简单 Python 解释器绘图的最快方法。稍后，我们将看到如何使用 IPython 更快地完成这项工作。按照惯例，第一行导入必要的模块，记作 plt。第二行使用 Python 的 range 对象生成的数字序列进行绘图。注意输出列表包含一个 Line 2D 对象。这是 Matplotlib 用法的艺术。最后，plt.show() 函数在 GUI 图形窗口中绘图。

```
import matplotlib.pyplot as plt
plt.plot(range(10))
plt.show() # unnecessary in IPython (discussed later)
```

如果你尝试在自己的简单 Python 解释器中这样做（应该这样做!），你将发现在关闭图形窗口（见图 1.1）之前，无法在解释器中输入任何内容。这是因为 plt.show() 函数占用了 GUI 中控件的解释器，并阻止了进一步的交互。接下来，我们将讨论解决此问题的 IPython 方法，以实现解释器和图形窗口的同时交互⊖。

⊖ 你也可以在简单 Python 解释器中通过设置 import matplotlib; matplotlib.interactive(True) 来实现。

如图 1.1 所示，plot 函数返回一个包含 Line2D 对象的列表。越是复杂的图形生成的列表越大，这些列表填充的是 artist（艺术家）对象。术语 artist 是指在 Matplotlib 图形的画布上绘制的 artist 对象。最后一行是 plt.show 函数，该函数会激发嵌入 artsit 对象以在 Matplotlib 画布上呈现。这是独立函数的原因是，图形可能包含很多复杂的 artist 对象，将其呈现是一项耗时的工作，只有当所有 artist 对象都集合后才能实现。Matplotlib 支持绘制图像和等高线等内容，我们将在下面的章节中详细介绍这些内容。

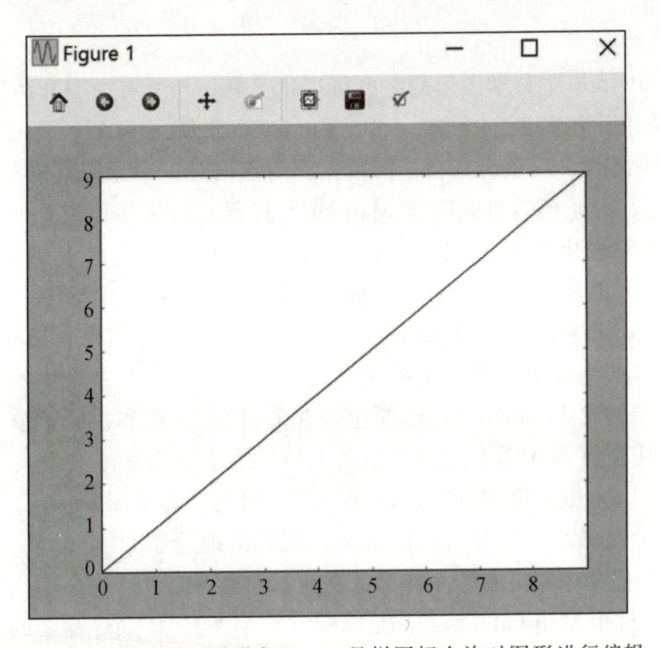

图 1.1　Matplotlib 图形窗口。工具栏图标允许对图形进行编辑

尽管这是 Matplotlib 中绘制图形最快的方法，但我们不推荐使用它，因为绘图过程的中间产品（如图的坐标轴）没有句柄。对于简单的图形，这是可以的，稍后我们将介绍如何使用推荐的方法绘制复杂的图形。

Matplotlib 的最佳入门方法之一是浏览 Matplotlib 主站点上的扩展在线绘图库。每种图形都有相应的源代码，你可以将其作为自己绘图的起点。在 1.4 节中，我们将讨论一些特殊的魔术命令，使绘图变得特别容易。一年一度的可视化比赛"John Hunter：Excellence in Plotting Contest"提供了许多使用 Matplotlib 实现的奇妙的、引人注目的科学可视化示例。

1.3.1　Matplotlib 的替代方法

尽管 Matplotlib 是基于脚本绘图的最完美选择，但是对于专业的科学图形，还是有一些值得关注的替代方法。如果你需要实时数据显示功能和用于体数据呈现的工具以及具有等值面的复杂 3D 网格，那么可以选择 PyQtGraph。PyQtGraph 是一个纯 Python 图形和 GUI 库，它依赖于 Qt GUI 库（即 `PySide` 或 `PyQt4`）和 Numpy 的 Python 绑定。这意味着 PyQtGraph 依赖于其他库（尤其是 Qt 的 `GraphicsView` 框架）来进行繁重的数字处理和呈现工作。该软件包被积极维护着，有可靠的文档。你还需要掌握一些 Qt GUI 开发概念才能有效地使用它。

另一个来自 R 语言社区的替代方案是 `ggplot`，它是 `ggplot2` 包的 Python 端口，而 `ggplot2` 包是 R 语言统计图形的基础。从 Python 的角度来看，`ggplot` 的主要优点是与 Pandas DataFrame 紧密集成，易于绘制格式优美的统计图。这个包的缺点是它应用了基于图形语法的非 Python 化语义[2]，尽管如此，这仍然是一种经过深思熟虑的用于表达复杂图形的方法。当然，由于 Python 和 R 之间通过 `R2Py` 模块（以及其他模块）建立了双向桥梁，因此可以将 Numpy 数组发送到 R 以进行本地 `ggplot2` 呈现，然后将这样计算的图形检索回 Python。这是 Jupyter Notebook（请参见下文）通过 `rmagic` 扩展形成的工作流。因此，通过 Jupyter Notebook 很有可能做到两全其美，而这种多语言工作流在数据分析社区中非常普遍。

1.3.2 Matplotlib 的扩展

最初，为了鼓励在 MATLAB 中采用 Matplotlib，MATLAB 采用了许多图形感知功能，以便为过渡期用户保留外观和感觉。由于 Matplotlib 提供了深入调整画布上每个元素的能力，因此可以实现现代感性、更漂亮的默认图形。然而，这样做可能很乏味，而且有几种替代方法可以缓解这种情况。对于统计图形，首先要看的是 `seaborn` 模块，它包含大量格式精美的图，包括小提琴图、核密度图和双变量直方图。`seaborn` 图库包括可用的图形示例和生成它们的相应代码。请注意，导入 `seaborn` 会影响所有绘图的默认设置，所以如果你只想在给定会话中对某些（而不是全部）可视化效果使用 `seaborn`，则必须修改此设置。注意，你可以在 `matplotlib.rcParams` 字典中找到 Matplotlib 的默认值。

1.4 IPython

IPython[3] 最初是为了增强 Python 的基本解释器，以实现顺畅的交互式科学开发。在早期，最重要的增强是用于工作空间变量动态自省的 Tab 补全功能。例如，你可以在命令行输入 `ipython` 启动 IPython，然后你应该在终端看到以下内容：

```
Python 2.7.11 |Continuum Analytics, Inc.| (default, Dec  7 2015, 14:00
Type "copyright", "credits" or "license" for more information.

IPython 4.0.0 -- An enhanced Interactive Python.
?         -> Introduction and overview of IPython's features.
%%quickref -> Quick reference.
help      -> Python's own help system.
object?   -> Details about 'object', use 'object??' for extra details.

In [1]:
```

接下来，创建如下所示的字符串，并在点字符启动自省之后按〈TAB〉键，显示 x 中字符串对象的所有函数和属性：

```
In [1]: x = 'this is a string'

In [2]: x.<TAB>
x.capitalize x.format      x.isupper    x.rindex      x.strip
x.center     x.index       x.join       x.rjust       x.swapcase
x.count      x.isalnum     x.ljust      x.rpartition  x.title
x.decode     x.isalpha     x.lower      x.rsplit      x.translate
x.encode     x.isdigit     x.lstrip     x.rstrip      x.upper
x.endswith   x.islower     x.partition  x.split       x.zfill
x.expandtabs x.isspace     x.replace    x.splitlines
x.find       x.istitle     x.rfind      x.startswith
```

想要获得关于这些函数和属性的帮助信息，只需在结尾添加？字符，如下所示：

```
In [2]: x.center?
Type:          builtin_function_or_method
String Form:<built-in method center of str object at 0x03193390>
Docstring:
S.center(width[, fillchar]) -> string

Return S centered in a string of length width. Padding is
done using the specified fill character (default is a space)
```

IPython 提供了内置的帮助文档。请注意，你也可以通过在简单 Python 解释器中工作的 help(x. center) 获得此文档。

基于 Tab 的动态自省和快速交互帮助的结合加速了开发，因为你可以在工作时将眼和手保持在一个地方。这是 IPython 最初的经验，但 IPython 已经发展成为一个完整的框架，可以实现丰富的科学计算工作流，保留并增强这些基本特性。

1.5 Jupyter Notebook

你可能已经注意到网上关于 Python 的调查，大多数 Python 用户都是 Web 开发人员，而不是科学程序员，这意味着 Python 堆栈非常适合 Web 技术。IPython 开发团队主要通过将 IPython 嵌入现代 Web 浏览器中，利用这些技术进行科学计算。事实上，这种策略非常成功，IPython 已经转换到 Python 之外的其他语言，比如 Jupyter 项目中的 Julia 和 R。你可以使用以下命令行启动 Jupyter Notebook：

```
Terminal> jupyter notebook
```

启动 Jupyter Notebook 后，应该可以在终端中看到以下内容：

```
[I 16:08:21.213 NotebookApp] Serving notebooks from local directory: /home/user
[I 16:08:21.214 NotebookApp] The Jupyter Notebook is running at:
[I 16:08:21.214 NotebookApp] http://localhost:8888/?token=80281f0c324924d34a4e
[I 16:08:21.214 NotebookApp] Use Control-C to stop this server and shut down
```

第一行显示 Jupyter 查找默认设置的位置。第二行显示它在何处查找 Jupyter Notebook 格式的文档。第三行显示 Jupyter Notebook 启动了端口 8888 的本地机器（即 127. 0. 0. 1）上的 Web 服务器。这是浏览器连接到 Jupyter 会话所需的地址，尽管默认浏览器应该已自动定位到此地址。端口号和其他配置选项在命令行或第一行显示的配置文件中可用。如果你使用的是 Windows 平台，而且你没有做到这一点，那么 Windows 的防火墙可能会阻塞端口。有关其他配置帮助，请参考 Jupyter 主站点（http://www.jupyter.org）。

Jupyter 启动时，将启动几个 Python 进程，这些进程使用快速的 ZeroMQ 消息传递框架进行进程间通信，同时使用 Web 套接字协议与浏览器进行来回通信。想要启动 Jupyter 并绕过默认浏览器，可以使用--no-browser 标志，然后手动输入本地主机地址 http://127.0.0.1:8888 以进入你喜爱的浏览器，从而启动 Jupyter。当一切都解决时，你应该能看到如图 1.2 所示的内容。

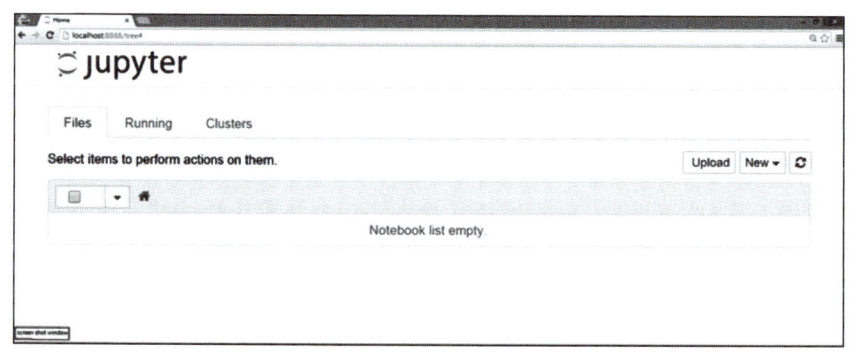

图 1.2　Jupyter Notebook 主面板

你可以通过单击图 1.2 中的"New Notebook"按钮来创建新文档。然后，你应该能看到如图 1.3 所示的内容。要开始使用 Jupyter Notebook，只需在阴影文本框中输入代码，然后按<Shift＋Enter>键在该 Jupyter 单元格中执行代码。图 1.4 显示了当在 x. 后输入 TAB 键时下拉菜单中的动态自省。基于上下文的帮助也可以像以前一样通过使用后缀？在浏览器窗口底部打开帮助面板。这有许多惊人的功能，包括在不同用户之间共享 Notebook 和在亚马逊云上运行 Jupyter Notebook 的功能，但这些功能不在本书的讨论范围内。检查 Jupyter 网站或浏览邮件列表，可以了解这些方面的最新工作。

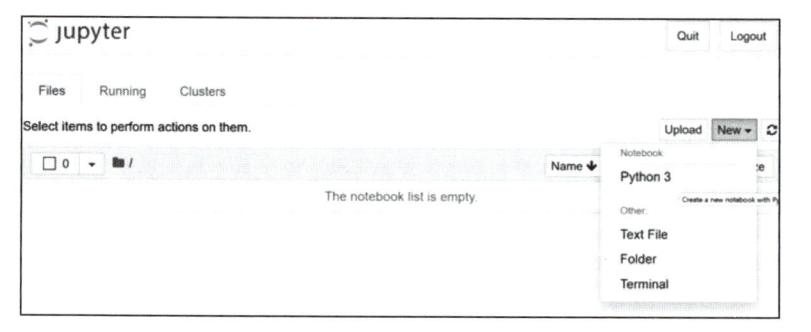

图 1.3　一个新的 Jupyter Notebook

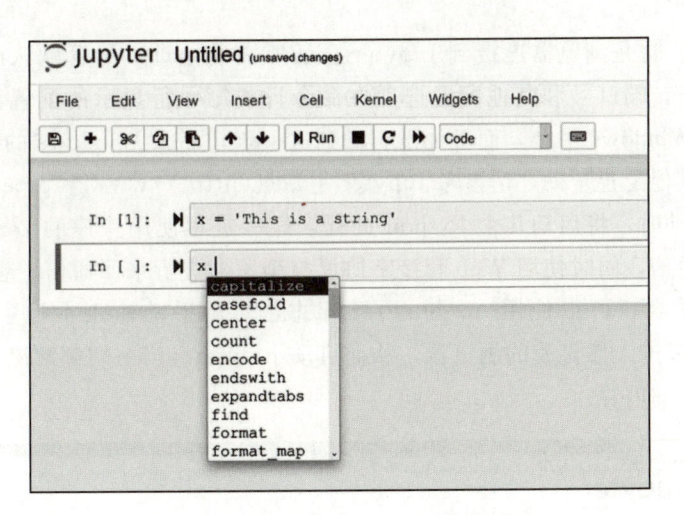

图 1.4　Jupyter Notebook 下拉补全菜单

Jupyter Notebook 支持使用 MathJaX 进行高质量的数学排版，MathJaX 是一种 JavaScript 实现，支持 LaTeX、视频等格式输入。将数学算法描述和实现这些算法的代码合并到一个可共享的文档的概念比所有这些功能更重要。在实践中这一点的重要性不可低估，因为算法文档（如果存在的话）通常采用一种格式，并且与实现它的代码完全分离。这种常见的做法会导致文档和代码不同步，使文档或代码变得无用。Jupyter Notebook 解决了这个问题，它将所有内容放入一个基于开放标准和免费软件的可共享文档中。Jupyter Notebook 甚至可以保存为那些没有 Python 的静态 HTML 文档！

最后，Jupyter 提供了一组用于创建宏、分析、调试和查看代码的 magic 命令。在 Jupyter 中输入 %lsmagic 可以查看所有 magic 命令。有关这些命令的帮助信息可以使用? 字符后缀获得。一些常用命令包括 %cd 命令（更改当前工作目录）、%ls 命令（列出当前目录中文件）以及显示以前命令历史记录（包括可选搜索）的 %hist 命令。对于新用户来说，其中最重要的可能是 %loadpy 命令，它可以从本地磁盘或 Web 加载脚本。使用这个命令来探索 Matplotlib 库是一个很好的试验和复用其中的图的方法。

1.6　Scipy

Scipy 是第一个用于各种编译库的整合模块，这些库都基于 Numpy 数组。Scipy 包括许多特殊函数（例如 Airy、Bessel、elliptical）以及通过 QUADPACK Fortran 库实现的强大的数值求积例程（请参考 scipy.integrate），你还可以找到其他求积方法。请注意，相同的函数会出现在 Scipy 以及 Numpy 中的多个位置。此外，Scipy 还提供了对 ODEPACK 库（用于求解微分方程）的访问。scipy.stats 模块包含了许多统计函数，包括随机数生成器和各种各样的概率分布。scipy.optimize 提供了 Fortran MINPACK 优化库的接口，包括寻根方法、问题最小化和最大化的方法以及确定有没有高阶导数的方法。scipy. interpolate 模块通过 FITPACK Fortran 包提供了插值方法。请注意,有些模块太大了,你无法使用 import scipy 获取所有模块,因为这将花费太长时间。你可能只需单独加载其中某些包,例如 import scipy. interpolate。

正如我们所讨论的那样,Scipy 模块已经包含了大量科学代码。基于这个原因,scikits 模块最初是作为一种备选方案而建立的,使其最终可以放入完备的 Scipy 模块中,但事实证明,这些模块中的许多模块都非常成功,以至于它们永远都不会集成到 Scipy 中,例如用于机器学习的 sklearn 和用于图像处理的 scikit-image。

1.7　Pandas

Pandas[4] 是一个功能强大的模块,它在 Numpy 的基础上进行了优化,并提供了一组特别适合于时间序列和电子表格式数据分析(如 Excel 中的数据透视表)的数据结构。如果你熟悉 R 统计包,那么可以认为 Pandas 为 Python 提供了 Numpy 支持的 DataFrame。

1.7.1　Series

Pandas 有两种主要的数据结构。第一种是 Series 对象,它将索引和相应的数据值结合了起来。

```
>>> import pandas as pd # recommended convention
>>> x=pd.Series(index = range(5),data=[1,3,9,11,12])
>>> x
0    1
1    3
2    9
3    11
4    12
dtype: int64
```

对于 Pandas,需要记住的是,这些数据结构最初是为处理时间序列数据而设计的。在这种情况下,数据结构中的索引对应于有序的时间戳。一般情况下,索引必须是类似数组的可排序实体。例如:

```
>>> x=pd.Series(index = ['a','b','d','z','z'],data=[1,3,9,11,12])
>>> x
a    1
b    3
d    9
z    11
z    12
dtype: int64
```

注意索引中重复的 z 条目。我们可以通过多种方式获得该 Series 中的条目。首先,我们可以使用点符号来进行选择,如下所示:

```
>>> x.a
1
>>> x.z
z    11
z    12
dtype: int64
```

我们还可以使用 iloc 获取条目的索引位置，如下所示：

```
>>> x.iloc[:3]
a    1
b    3
d    9
dtype: int64
```

它使用与 Numpy 数组相同的切片语法。你也可以对索引进行切片，即使它不是数字的 loc，如下所示：

```
>>> x.loc['a':'d']
a    1
b    3
d    9
dtype: int64
```

你可以直接从常用的切片表示法中获得：

```
>>> x['a':'d']
a    1
b    3
d    9
dtype: int64
```

注意，与 Python 不同，这种切片方式可以包含端点。虽然这非常有趣，但 Pandas 的主要功能来自它聚合数据和对数据分组的能力。下面，我们将构建一个更有趣的 Series 对象：

```
>>> x = pd.Series(range(5),[1,2,11,9,10])
```

然后把它们分组，如下所示：

```
>>> grp=x.groupby(lambda i:i%2) # odd or even
>>> grp.get_group(0) # even group
2     1
10    4
dtype: int64
>>> grp.get_group(1) # odd group
1     0
11    2
9     3
dtype: int64
```

第一行根据索引是偶数还是奇数对 Series 对象的元素进行分组。lambda 函数分别根据对应的索引是偶数还是奇数返回 0 或 1。第二行显示 0（偶数）组，之后的行显示 1（奇数）组。现在，我们有了单独的组，我们可以对各组执行各种各样的汇总。你可以将汇总处理视为将每个组简化为一个值。例如，在下面的示例中，我们获得每个组的最大值：

```
>>> grp.max() # max in each group
0    4
1    3
dtype: int64
```

注意，上面的操作返回另一个 Series 对象，其索引对应于[0, 1]元素。

1.7.2　DataFrame

Pandas DataFrame 是扩展到二维的 Series 的封装。一种创建 DataFrame 的方法是使用字典，如下所示：

```
>>> df = pd.DataFrame({'col1': [1,3,11,2], 'col2': [9,23,0,2]})
```

需要注意的是，输入字典中的键现在是 DataFrame 的列标题(标签)，每个对应的列都与字典中列表的相应值匹配。和 Series 对象一样，DataFrame 也有索引，即最左边的列[0,1,2,3]。我们可以使用前面讨论的 iloc 方法从每一列中提取元素，如下所示：

```
>>> df.iloc[:2,:2] # get section
   col1  col2
0    1     9
1    3    23
```

也可以直接切片或者使用点符号，如下所示：

```
>>> df['col1'] # indexing
0     1
1     3
2    11
3     2
Name: col1, dtype: int64
>>> df.col1 # use dot notation
0     1
1     3
2    11
3     2
Name: col1, dtype: int64
```

对 DataFrame 的后续操作将保留其列结构，如下所示：

```
>>> df.sum()
col1    17
col2    34
dtype: int64
```

每一列的元素都已相加起来。使用 DataFrame 进行分组和聚合甚至比使用 Series 更强大。我们构建以下 DataFrame：

```
>>> df = pd.DataFrame({'col1': [1,1,0,0], 'col2': [1,2,3,4]})
```

请注意，在上面的 DataFrame 中，列 col1 只有 2 个条目。我们可以使用此列对数据进行分组，如下所示：

```
>>> grp=df.groupby('col1')
>>> grp.get_group(0)
   col1  col2
2    0     3
3    0     4
>>> grp.get_group(1)
   col1  col2
0    1     1
1    1     2
```

请注意，每个组对应于 col1 的两个条目之一。既然我们已经对 col1 进行了分组，那么与 Series 对象一样，我们还可以对每个组进行汇总，如下所示：

```
>>> grp.sum()
      col2
col1
0       7
1       3
```

其中，sum 应用于每个组中的每个 DataFrame。请注意，上面输出的索引是原始 col1 中的每个值。

DataFrame 可以使用 eval 方法基于现有列计算新列，如下所示：

```
>>> df['sum_col']=df.eval('col1+col2')
>>> df
   col1  col2  sum_col
0    1     1      2
1    1     2      3
2    0     3      3
3    0     4      4
```

请注意，你可以将输出分配给 DataFrame 的新列⊖。

我们可以按多个列分组，如下所示：

```
>>> grp=df.groupby(['sum_col','col1'])
```

对每个组进行求和运算，可得到以下结果：

```
>>> res=grp.sum()
>>> res
             col2
sum_col col1
2       1      1
3       0      3
        1      2
4       0      4
```

⊖ 请注意，这种动态内存扩展在常规 Numpy 中是不可能实现的，例如，x= np. array([1,2]);x[3]=3 会产生一个错误。

这个输出比我们目前看到的任何输出都复杂得多，我们来仔细地看一下。在头文件下面，第一行 2 1 1 表示对于 sum_col=2 和 col1 的所有值（即值 1），col2 的值为 1。第二行与第一行类似，只不过 sum_col=3，col1 现在有两个值（即 0 和 1），对应于 col2 中的 sum 运算也就有了两个结果。这种分层显示是查看结果的一种方式。注意，上面的层是不均匀的。我们也可以对此结果取消堆叠（unstack），以获得先前结果的以下表格视图：

```
>>> res.unstack()
        col2
col1       0     1
sum_col
2        NaN   1.0
3        3.0   2.0
4        4.0   NaN
```

NaN 值表示表中的位置没有条目。例如，对于（sum_col=2,col2=0），DataFrame 中没有对应的值，这可以通过倒数第二个代码块来验证。也没有对应于（sum_col=4，col2=1）的条目。因此，这表明倒数第二个代码块中的原始表示与此相同，只是没有用 NaN 表示的上述缺失条目。

我们几乎还没有完全了解 Pandas 的功能，而且我们完全忽略了 Pandas 用于管理日期和时间的强大功能。Mckinney[4] 对 Pandas 进行了非常完整且通俗易懂的介绍。Pandas 网站上的在线文档和教程也非常适合用来深入研究 Pandas。

1.8　Sympy

Sympy[5] 是 Python 中主要的计算机代数模块。它是一个没有平台依赖性的纯 Python 程序包。在多个"Google 代码之夏"赞助商的帮助下，它已发展成为一个功能强大的计算机代数系统，其中包含许多附带项目，这些项目可使它更快并与 Numpy 和 Jupyter 紧密集成。Sympy 的在线教程非常出色，并且可以通过在后台运行 Google App Engine 上的代码来与浏览器中的嵌入式代码示例进行交互。这提供了与 Sympy 进行交互和体验 Sympy 用法的绝佳方法。

如果你发现 Sympy 太慢或需要它无法实现的算法，那么可以使用 SAGE。SAGE 项目整合了 70 多个用于计算机代数和相关计算的最佳开源软件包。尽管 Sympy 和 SAGE 之间自由共享代码，但是 SAGE 是 Python 内核的一种特殊构建，旨在促进与基础库的深度集成。因此，它不是用于计算机代数的纯 Python 解决方案（即不那么可移植），而是具有自己的扩展语法的 Python 的适当超集。在 SAGE 和 Sympy 之间进行选择实际上取决于你是打算主要使用 SAGE，还是仅需要在现有的 Python 代码中偶尔用到计算机代数支持。

关于 SAGE 的一项重要的新进展是由华盛顿大学赞助的可免费获得的 SAGE Cloud（https://cloud. sagemath. com/），它让你不需要额外设置即可完全在浏览器中使用 SAGE。SAGE 和 Sympy 均与 Jupyter Notebook 紧密集成，可在使用 MathJaX 的浏览器中进行数学排版。

开始使用 Sympy 之前，必须像往常一样导入模块：

```
>>> import sympy as S # might take awhile
```

这可能需要一点时间，因为这是一个大程序包。下一步是创建 Sympy 变量，如下所示：

```
>>> x = S.symbols('x')
```

现在，我们可以使用 Sympy 函数和 Python 逻辑来操纵该变量，如下所示：

```
>>> p=sum(x**i for i in range(3)) # 2nd order polynomial
>>> p
x**2 + x + 1
```

现在，我们可以使用 Sympy 函数找到上述多项式的根：

```
>>> S.solve(p) # solves p == 0
[-1/2 - sqrt(3)*I/2, -1/2 + sqrt(3)*I/2]
```

sympy.roots 函数可以以字典的方式提供相同的输出：

```
>>> S.roots(p)
{-1/2 - sqrt(3)*I/2: 1, -1/2 + sqrt(3)*I/2: 1}
```

在表达式中，还可以有多个符号元素，如下所示：

```
>>> from sympy.abc import a,b,c # quick way to get common symbols
>>> p = a* x**2 + b*x + c
>>> S.solve(p,x) # specific solving for x-variable
[(-b + sqrt(-4*a*c + b**2))/(2*a), -(b + sqrt(-4*a*c + b**2))/(2*a)]
```

上述结果是常用的根的二次公式。Sympy 还提供了许多旨在与 Sympy 变量一起使用的数学函数。例如：

```
>>> S.exp(S.I*a) #using Sympy exponential
exp(I*a)
```

我们可以使用 expand_complex 对此进行扩展以获取以下内容：

```
>>> S.expand_complex(S.exp(S.I*a))
I*exp(-im(a))*sin(re(a)) + exp(-im(a))*cos(re(a))
```

这为我们提供了复指数的欧拉公式。请注意，Sympy 不知道 a 本身是否为复数。我们可以在构造 a 时明确它是否为复指数，从而解决此问题，如下所示：

```
>>> a = S.symbols('a',real=True)
>>> S.expand_complex(S.exp(S.I*a))
I*sin(a) + cos(a)
```

请注意，这次的输出要简单得多，因为我们在 a 上强加了附加条件。

使用 Sympy 的一种强大方法是构造复杂的表达式，然后通过 lambdify 方法使用 Numpy 对其求值。例如：

```
>>> y = S.tan(x) * x + x**2
>>> yf= S.lambdify(x,y,'numpy')
>>> y.subs(x,.1) # evaluated using Sympy
0.0200334672085451
>>> yf(.1) # evaluated using Numpy
0.020033467208545055
```

使用 lambdify 创建 Numpy 函数后，你可以将 Numpy 数组作为输入，如下所示：

```
>>> yf(np.arange(3)) # input is Numpy array
array([ 0. , 2.55740772, -0.37007973])
>>> [ y.subs(x,i).evalf() for i in range(3) ] # need extra work for Sympy
[0, 2.55740772465490, -0.370079726523038]
```

我们可以使用 Sympy 获得相同的输出，但是这需要额外的编程逻辑来进行 Numpy 本机执行的向量化。

同样，我们只是简单地触及了 Sympy 的功能，而在线交互式教程是了解更多信息的最佳场所。Sympy 还允许使用 LaTeX 在 Jupyter Notebook 中进行自动数学排版，因此，这样构造的 Notebook 看起来几乎可以直接发布（请参见 sympy.latex），并且可以使用 jupyter nbconvert 命令进行排版。这使得我们更容易跨过 Python 代码与传统数学符号之间的认知鸿沟。

1.9　编译库接口

正如我们所讨论的，用于科学计算的 Python 实际上是将以 C 或 Fortran 之类的编译语言编写的不同科学库黏合在一起的产物。当然，你也可能想用那些现有 Python 没绑定的库。这有很多方法可以实现。最直接的方法是使用内置 ctypes 模块，该模块提供了一些工具，用于提供指向库函数的输入或输出指针，这样就可以像从编译语言调用它们一样。这意味着你必须确切地了解库中的函数签名——每个输入有多少字节以及输出有多少字节。你负责按照库期望的方式完全构建输入并收集产生的输出。尽管这看起来很乏味，但很多库的 Python 绑定都是以这种方式构建的。

如果你想要一种更简单的方法，那么可以选择 SWIG，它是一种自动封装生成工具，可以提供对许多语言（不仅是 Python）的绑定。因此，如果你需要对多种语言进行绑定，那么这是你最好的也是唯一的选择。使用 SWIG 包括编写接口文件，以便将已编译的 Python 动态链接库（.pyd 文件）轻松导入 Python 解释器中。诸如 Trilinos（Sandia National Labs）之类的庞大而复杂的库已使用 SWIG 连接到 Python，因此，它是经过充分检验的方法。SWIG 还支持 Numpy 数组。

但是，SWIG 模型假定你主要使用 C/Fortran 进行开发，并且出于可用性或其他原因而使用 Python。另外，如果你开始使用 Python 开发算法，并且想加快它们的速度，那么 Cython 是一个绝佳的选择。因为它提供了一种混合语言，允许你将 C 语言和 Python 代码混合在一起。与 SWIG 一样，你必须使用此 Python/C 混合"方言"编写附加文件，以使

Cython生成最终要编译的 C 代码。Cython 最有用的部分是性能分析器（profiler），它可以生成 HTML 报告，显示代码运行缓慢的地方以及哪些地方可以从 Cython 转换中受益。Jupyter Notebook 通过 magic 命令 %cython 与 Cython 很好地集成在一起。这意味着你可以在 Jupyter Notebook 的单元格中编写 Cython 代码，并且 Notebook 将像设置中间文件一样处理所有烦琐的细节来实际编译 Cython 扩展功能。Cython 还支持 Numpy 数组。

Cython 和 SWIG 只是为你喜欢的编译库创建 Python 绑定的两种工具。其他值得注意（但不太受欢迎）的工具包括 FWrap、f2py、CFFI 和 weave。你也可以直接使用 Python 自己的 API，但这是一项烦琐的工作，鉴于存在如此多开发完善的替代方案，因此很难证明该工作是否烦琐。

1.10 集成开发环境

对于那些喜欢集成开发环境（Integrated Development Environment，IDE）的人来说，有很多选择。最全面的是 Enthought Canopy，其中包括功能丰富的语法突出显示的编辑器、集成的帮助模块、调试器，甚至集成的培训。如果你已经从其他项目中熟悉 Eclipse，或者进行过混合语言编程，那么可以使用名为 PyDev 的 Python 插件，它包含 Eclipse 中带有 Python 调试器的所有常用功能。Wingware 提供了价格相对合理的专业级 IDE，具有多项目管理支持功能和异常通透的代码补全功能（即使在调试模式下也可以正常工作）。另一个受欢迎的集成开发环境是 PyCharm，它支持多种语言，并且在 Python Web 开发人员中特别受欢迎，因为它为 Django 等流行的 Web 框架提供了强大的模板。Visual Studio Code 凭借其精美的界面和插件生态系统，在 Python 新手中迅速获得了广泛的关注。如果你是 VIM 用户，那么 Jedi 插件可以为你提供出色的代码补全功能，并且可以与 pylint 很好地配合使用，而 pylint 可以提供静态代码分析（例如识别丢失的模块和拼写错误）。自然，emacs 具有许多用于 Python 开发的相关插件。请注意，还有许多其他集成开发环境，但是这里只强调那些最适合 Python 初学者的集成开发环境。

1.11 性能和并行编程快速指南

有许多方法可以提高 Python 代码的性能。首先要确定是什么限制了你的计算能力。可能是 CPU 速度（不太可能）、内存限制（核外计算），也可能是数据传输速度（等待数据到达以进行处理）。如果代码是纯 Python 的，则可以尝试使用 Pypy 运行它，Pypy 是使用即时编译器的另一种 Python 实现。如果代码在使用 Pypy 时速度没有获得巨大的提高，那么可能是代码外部的某些因素（例如磁盘访问或网络访问）降低了它的速度。如果 Pypy 由于你使用了许多它不支持的编译模块而变得没有任何意义，那么还有许多诊断工具可用。

Python 有自己内置的性能分析器，即 cProfile，你可以从命令行调用它，如下所示：

```
>>> python -m cProfile -o program.prof my_program.py
```

性能分析器的输出将保存到 program.prof 文件中。在 runsnakerun 中可以将该文件可视化，以从可视化图中直观地获取代码中花费时间最多的部分。操作系统上的任务管理器还可以在程序运行时提供线索，让你了解它的资源消耗情况。Robert Kern 的 line_profiler 提供了一种极好的方法来查看代码花费时间的情况，这种方法会按时间对每行代码进行注释。与 runsnakerun 结合使用，可以将问题从函数层面缩小到具体的代码行级别。

最常见的情况是程序需要等待来自磁盘或某些繁忙网络资源的数据。这是 Web 编程中的常见情况，并且有许多成熟的工具可以处理此问题。Python 有一个 multiprocessing 模块，该模块是标准库的一部分。这使得生成子工作进程变得容易，这些子工作进程可能会中断并单独处理大任务的各个小部分。然而，作为程序员，你仍然有责任弄清楚如何为算法分配数据。使用此模块意味着各个进程将由操作系统管理，因而操作系统将负责平衡负载。

使用 multiprocessing 的基本模板如下所示：

```python
# filename multiprocessing_demo.py
import multiprocessing
import time
def worker(k):
    'worker function'
    print('am starting process %d' % (k))
    time.sleep(10) # wait ten seconds
    print('am done waiting!')
    return

if __name__ == '__main__':
    for i in range(10):
        p = multiprocessing.Process(target=worker, args=(i,))
        p.start()
```

你可以像下面那样在终端上运行该程序：

```
Terminal> python multiprocessing_demo.py
```

以这种方式从终端运行程序至关重要。例如，不可能从 Jupyter 内部进行这种交互操作。如果你查看操作系统上的进程管理器，那么应该会看到许多新的 Python 进程徘徊了十秒钟。你还应该在上面看到 print 语句的输出。当然，在实际应用中，你将为每个工作进程（worker）分配一些有意义的工作，并弄清楚如何在各个工作进程之间发送部分已完成的任务。这样做很复杂，很容易出错，因此 Python 3 就提供了有用的 concurrent.futures 模块。

```python
# filename: concurrent_demo.py
from concurrent import futures
import time

def worker(k):
    'worker function'
    print ('am starting process %d' % (k))
    time.sleep(10) # wait ten seconds
    print ('am done waiting!')
    return
```

```
def main():
    with futures.ProcessPoolExecutor(max_workers=3) as executor:
        list(executor.map(worker,range(10)))

if __name__ == '__main__':
    main()
```

```
Terminal> python concurrent_demo.py
```

你应该在终端中看到以下类似的内容。请注意，我们显式地将进程数限制为 3。

```
am starting process 0
am starting process 1
am starting process 2
am done waiting!
am done waiting!
...
```

futures 模块建立在 multiprocessing 之上，更容易用于此类简单任务。请注意，在保持相同的使用模式的同时，这里也有使用线程而非进程的版本。线程和进程之间的主要区别是进程有自己的分区资源。C 语言 Python（即 CPython）版本使用全局解释器锁（Global Interprefer Lock，GIL）来防止线程锁定内部数据结构。这是一种粗粒度锁定机制，其中线程单独运行可能更快，因为它不必跟踪同时运行多个线程所涉及的所有簿记（bookkeeping）。缺点是不能同时运行多个线程来加速某些任务。

进程没有相应的锁定问题，但是启动起来有些慢，因为每个进程都必须创建自己专用的数据结构工作区以传输数据。但是，一旦完成所有设置，每个进程就肯定可以独立且同时运行。请注意，某些特定的 Python 实现（例如 IronPython）采用细粒度的线程设计，而不是 GIL 方法。最后要说的是，在具有多个内核的现代系统上，多个线程实际上可能使速度变慢，因为操作系统必须在不同内核之间切换线程。这种线程切换机制会产生额外的开销，最终使系统变慢。

Jupyter 本身具有内置的并行编程框架（ipyparallel），该框架既强大又易于使用。首先，在终端上启动单独的 Jupyter 引擎，如下所示：

```
Terminal> ipcluster start --n=4
```

然后，在 Jupyter 窗口中获取客户端：

```
In [1]: from ipyparallel import Client
   ...: rc = Client()
```

该客户端与我们在使用 ipcluster 之前启动的每个进程都有连接。为了使用所有引擎，我们从该客户端分配 DirectView 对象，如下所示：

```
In [2]: dview = rc[:]
```

现在，我们可以对每个引擎应用函数。例如，我们可以使用 os. getpid 函数获取进程标识符：

```
In [3]: import os
In [4]: dview.apply_sync(os.getpid)
Out[4]: [6824, 4752, 8836, 3124]
```

引擎启动并运行后，就可以使用 scatter 函数将数据分发给它们：

```
In [5]: dview.scatter('a',range(10))
Out[5]: <AsyncResult: finished>
In [6]: dview.execute('print(a)').display_outputs()
[stdout:0] [0, 1, 2]
[stdout:1] [3, 4, 5]
[stdout:2] [6, 7]
[stdout:3] [8, 9]
```

请注意，execute 方法计算每个引擎中给定的字符串。现在，数据已经散布在活动的引擎中，我们可以对其进行进一步的计算：

```
In [7]: dview.execute('b=sum(a)')
Out[7]: <AsyncResult: finished>
In [8]: dview.execute('print(b)').display_outputs()
[stdout:0] 3
[stdout:1] 12
[stdout:2] 13
[stdout:3] 17
```

在本例中，我们将每个引擎上可用的单个子列表加起来，将单个结果汇总到单个列表中，如下所示：

```
In [9]: dview.gather('b').result
Out[9]: [3, 12, 13, 17]
```

这是将工作分配给各个引擎并收集结果的最简单的机制之一。与我们讨论的其他方法不同，你可以迭代地执行此操作，这使你可以轻松地尝试对数据进行分布和计算的不同效果。Jupyter 文档提供了许多并行编程样式的示例，其中包括在云资源、超级计算机集群以及不同的网络计算资源上运行引擎。尽管还有许多其他专门的并行编程程序包，但 Jupyter 还是在所有主要平台的通用性与复杂性之间取得了最佳折中。

1.12　其他资源

Python 社区有很多超级聪明和乐于助人的人。http://www.stackoverflow.com 网站是获得科学 Python 帮助最好的地方之一，该网站有一个活跃的问答论坛，特别欢迎 Python 新手。一些经验丰富的 Python 开发人员经常回答论坛中的问题，答案的质量很高。网站中也有很多重要工具(例如 Numpy、Jupyter 和 Matplotlib)，有利于你紧跟最新的发展。Hans Petter Langtangen[6]写的文章很有参考价值，特别是对具有物理学背景的读者。每年在奥斯丁举行的 SciPy 大会也是一个理想的场所，你可以亲自见到你最喜欢的开发人员，提出问题并参加围绕特定主题组织的许多有趣的小组会。PyData 研讨会半年举办一次，重点讨论用于大规模数据密集型处理的 Python。

参考文献

[1] T.E. Oliphant, *A Guide to NumPy* (Trelgol Publishing, 2006)

[2] L. Wilkinson, D. Wills, D. Rope, A. Norton, R. Dubbs, *The Grammar of Graphics*. Statistics and Computing (Springer, Berlin, 2006)

[3] F. Perez, B.E. Granger et al., IPython software package for interactive scientific computing. http://ipython.org/

[4] W. McKinney, *Python for Data Analysis: Data Wrangling with Pandas, NumPy, and IPython* (O'Reilly, 2012)

[5] O. Certik et al., SymPy: python library for symbolic mathematics. http://sympy.org/

[6] H.P. Langtangen, *Python Scripting for Computational Science*, vol. 3, 3rd edn. Texts in Computational Science and Engineering (Springer, Berlin, 2009)

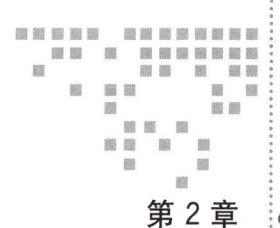

第 2 章 *Chapter 2*

概　　率

2.1　引言

　　本章从几何的角度来阐述概率论，将概率与线性代数和几何中的常见概念联系起来。这种方式可以帮助读者将自然几何的直觉力与概率中的关键抽象概念关联起来，从而指导读者推理。这一点对于概率学习非常重要，因为读者很容易被误导。我们需要严谨和直觉的指导。

　　在小学，你学习了自然数（如 1、2、3……），以及自然数的加减乘除运算。后来，你又学习了正数和负数，以及这些数的运算。最后，你才学习微积分，学会了如何求导、求极限等。虽然这个过程充满了抽象概念，但也拓宽了你可以成功解决的问题的范围。概率也是如此。一种思考概率的方法是把它看作一个新的数字概念，这种概念可以解决一些包含特殊**不确定性**的问题。因此，关键思想是，给定某个数 x，以及 x 的关系式 $f(x)$，这个关系式代表了 x 的不确定性，就好像通过结霜的窗户看 x 一样。$f(x)$ 表示窗户的不透明度，如果想使用 x，就必须清楚如何使用 $f(x)$。例如，如果想得到 $y=2x$，那么必须理解如何由 $f(x)$ 得到 $f(y)$。

　　随机部分在哪里体现？我们通过另一个类比来建立随机的概念：想象有一群蜜蜂围绕着蜂巢，蜂巢代表 x，蜂群代表 $f(x)$，我们几乎无法通过蜂群看到蜂巢。随机性就在于，你不知道哪只蜜蜂会蜇你！一旦被蜇，不确定性就消失了。在此之前，我们仅有一个蜂群的概念（即蜂群的密度），它代表了蜜蜂最终会蜇人的可能性。总而言之，思考概率的一种方法是通过数学推理（如加、减、取极限等运算）的方式，使可能性的概念得以转化。

2.1.1 概率密度

为了理解建立在勒贝格积分理论基础上的现代概率论的核心，我们需要把积分的概念从基本微积分中扩展出来。首先，仔细考虑以下分段函数：

$$f(x) = \begin{cases} 1, & 0 < x \leqslant 1 \\ 2, & 1 < x \leqslant 2 \\ 0, & \text{其他} \end{cases}$$

如图 2.1 所示。在微积分中，你学过黎曼积分，有如下应用：

$$\int_0^2 f(x)\mathrm{d}x = 1 + 2 = 3$$

通常可以把它看作 $f(x)$ 的两个矩形面积组成。到目前为止，这都没有什么问题。

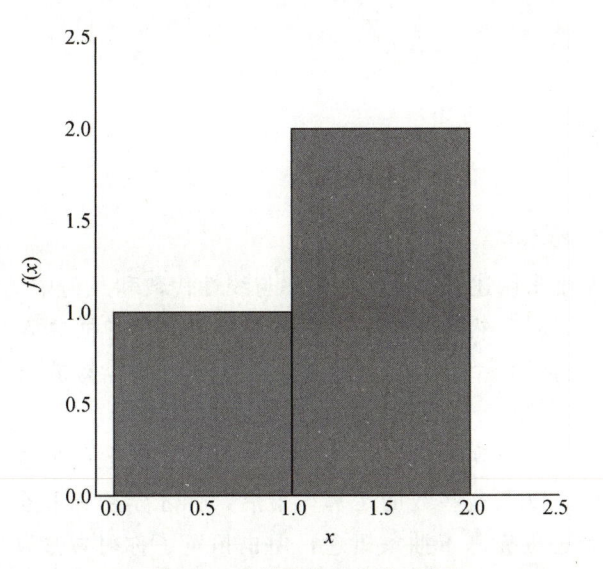

图 2.1 简单的分段常数函数

勒贝格积分的思路也类似，但关注的是沿着 y 轴移动而不是沿着 x 轴移动。给定问题 $f(x)=1$，满足这个函数的 x 值的集合是什么？在本例中，只要 $x \in (0,1]$，$f(x)=1$ 都是成立的。这样就可以分别得出函数值（即 1 和 2）和使之成立的 x 集合（即 $\{(0,1]\}$ 和 $\{(1,2]\}$）之间的对应关系。要计算积分，只需取函数值（如 1 和 2）和一些如下所示的测量相应区间（如 μ）大小的方法：

$$\int_0^2 f\mathrm{d}\mu = \mu(\{(0,1]\}) + 2\mu(\{(1,2]\})$$

为了体现一般性，我们不采用上述表示方法。需要注意的是，当 $\mu(\{(0,1]\}) = \mu(\{(1,2]\}) = 1$ 时，获得的是与黎曼积分相同的积分值。通过引入 μ 函数作为测量上述区间的方法，我们在积分中引入了另一个自由度。这包含了许多常用黎曼理论无法处理的特殊函数，建议参考勒贝格积分，以便进一步研究[1]。尽管如此，上述讨论的关键步骤是 μ 函数的引入，这里的 μ 函数就是我们将再次遇到的所谓的概率密度函数。

2.1.2　随机变量

大多数关于概率的介绍都会直接跳转到随机变量，然后才解释如何计算复杂的积分。这种方式的问题在于它忽略了我们现在需要考虑的重要细微之处。不幸的是，"随机变量"这个词并不具有描述性。更好的选择是"可测函数"。要理解为什么"可测函数"更适合，我们就要通过下面这个简单的例子来深入研究概率的形式结构。

考虑掷一个六面的公平骰子，结果只有六种可能：

$$\Omega = \{1,2,3,4,5,6\}$$

我们都知道，如果骰子没有问题，那么每一个面出现的概率都是 1/6。从形式上讲，每个集合(例如{1}、{2}、{3}、{4}、{5}、{6})的测度是 $\mu(\{1\}) = \mu(\{2\}) = \cdots = \mu(\{6\}) = 1/6$。在这种情况下，前面所讨论的 μ 函数就是概率质量函数，用 $\mathbb{P}$ 来表示。可测函数将集合映射成实数。例如，$\{1\} \mapsto 1$ 就是这样的函数。

至此，问题开始有趣了。假设要将公平骰子构造成公平硬币，也就是说，我们希望掷骰子的记录结果就像是在抛一枚公平硬币一样。怎么去做呢？我们可以定义一个可测函数，如果骰子向上的面的数字小于或等于 3，就定义为**正面**，否则就定义为**反面**。这种方法很直观，但还是要用形式理论来解释。这种方法创建了两个不同的非重叠集合{1,2,3}和{4,5,6}，每个集合都有相同的概率测度：

$$\mathbb{P}(\{1,2,3\}) = 1/2$$
$$\mathbb{P}(\{4,5,6\}) = 1/2$$

这样，问题就解决了。当骰子出现{1,2,3}，就记录正面，否则就记录反面。

这是用公平骰子构造公平硬币的唯一方法吗？其实，我们还可以将集合定义为{1}、{2}、{3，4，5，6}。那么相应的测度结果如下：

$$\mathbb{P}(\{1\}) = 1/2$$
$$\mathbb{P}(\{2\}) = 1/2$$
$$\mathbb{P}(\{3,4,5,6\}) = 0$$

这样就得到了另一种解决公平硬币问题的方法。为了实现这种方法，在每次骰子投出 3、4、5、6 时就忽略不计，再次投掷。这一步看似多余，实际上正好解决了问题。尽管如此，希望大家能明白该理论的内部逻辑结构是如何提供一个框架，将不确定性和可能性的概念从一个问题过渡到另一个问题(例如，从公平骰子到公平硬币的问题)的。

投掷两个骰子时，会出现一个更有意思的问题。首先假设每一次投掷都是独立的，即前一次投掷的结果不会影响后一次投掷结果。两次投掷的集合怎么设定？两次投掷可能出现的所有结果组合如下所示：

$$\Omega = \{(1,1),(1,2),\cdots,(5,6),(6,6)\}$$

这些集合的概率测度是多少？根据独立性要求，每个集合的概率测度是其中各元素的概率测度的乘积，例如：

$$\mathbb{P}((1,2)) = \mathbb{P}(\{1\})\mathbb{P}(\{2\}) = \frac{1}{6^2}$$

有了这些先决条件，请思考以下问题：两次骰子投掷结果和为 7 的概率是多少？与之前类似，首先定义可测函数 $X : (a,b) \mapsto (a+b)$；然后将所有的 (a,b) 组合与组合内元素的和关联起来。在 Python 中创建如下所示的字典：

```
>>> d={(i,j):i+j for i in range(1,7) for j in range(1,7)}
```

下一步是收集和为从 2 到 12 所有可能的 (a,b) 组合。

```
>>> from collections import defaultdict
>>> dinv = defaultdict(list)
>>> for i,j in d.items():
...     dinv[j].append(i)
...
```

编程技巧

内置 collections 模块中的 defaultdict 对象当键不存在时，函数返回默认值，也可以手动创建默认值。

例如，列表 dinv[7] 中包含了两个骰子投掷结果和为 7 的所有组合：

```
>>> dinv[7]
[(1, 6), (2, 5), (3, 4), (4, 3), (5, 2), (6, 1)]
```

接下来计算每一种组合可能出现的概率。根据独立性假设，需要计算 dinv 中单个元素概率乘积之和。已知单次投掷每个点数出现的概率都是 $1/6$，所以两次投掷点数和的组合出现概率为 $1/36$。因此，只需计算 dinv 中每个键对应的键值列表里元组的个数，然后除以 36 即可得到结果。例如，dinv[11] 包含 [(5,6),(6,5)]。$5+6=6+5=11$ 出现的概率是由 (5,6) 和 (6,5) 两个元素组成的集合的概率，这个集合的概率是两个集合元素的概率之和。在本例中，有 $\mathbb{P}(11)=\mathbb{P}(\{(5,6)\})+\mathbb{P}(\{(6,5)\})=1/36+1/36=2/36$。对字典中所有元素重复这个过程，可得以下概率质量函数：

```
>>> X={i:len(j)/36. for i,j in dinv.items()}
>>> print(X)
{2: 0.027777777777777776,
 3: 0.05555555555555555,
 4: 0.08333333333333333,
 5: 0.1111111111111111,
 6: 0.1388888888888889,
 7: 0.16666666666666666,
 8: 0.1388888888888889,
 9: 0.1111111111111111,
 10: 0.08333333333333333,
 11: 0.05555555555555555,
 12: 0.027777777777777776}
```

编程技巧

　　在上面的代码中，请注意 36. 的末尾有小数点。这是一个很好的习惯，因为 Python 2.x 和 Python 3.x 的除法运算不同。在 Python 2.x 中除法运算默认为整除，而在 Python 3.x 中默认为浮点除法。

　　上面的例子展示了概率论的元素在解决这个简单问题时所发挥的作用，未对技术细节做详细讨论。有了这个框架，就可以进一步思考三个骰子点数乘积的一半超过点数总和的概率是多少？我们可以用下面的方法来解决这个问题。首先，先创建以下映射：

```
>>> d={(i,j,k):((i*j*k)/2>i+j+k) for i in range(1,7)
...                                   for j in range(1,7)
...                                   for k in range(1,7)}
```

这个字典的键是包含三个元素的元组，键值是逻辑值，代表三个骰子点数的乘积的一半是否超过它们点数的和。下面，通过逆映射来建立以下字典：

```
>>> dinv = defaultdict(list)
>>> for i,j in d.items():
...    dinv[j].append(i)
...
```

注意，字典 dinv 只包含两个键：True 和 False。同样，因为每次投掷是独立的，任意三次投掷结果的概率都是 $1/6^3$。最终求得每种结果的概率如下：

```
>>> X={i:len(j)/6.0**3 for i,j in dinv.items()}
>>> print(X)
{False: 0.37037037037037035, True: 0.6296296296296297}
```

因此，三个骰子点数乘积的一半超过点数总和的概率是 136/(6.0**3)=0.63。由随机变量推导的集合只有 True 和 False 两个元素，其中 $\mathbb{P}(\text{True})=136/216$，$\mathbb{P}(\text{False})=1-136/216$。

　　通过最后一个例子来说明一下一般性，回到第一个问题，即求两次骰子投掷点数和为 7 的概率，但这次试验中一个骰子不是公平骰子。不公平骰子的点数概率分布如下：

$$\mathbb{P}(\{1\}) = \mathbb{P}(\{2\}) = \mathbb{P}(\{3\}) = \frac{1}{9}$$

$$\mathbb{P}(\{4\}) = \mathbb{P}(\{5\}) = \mathbb{P}(\{6\}) = \frac{2}{9}$$

从前面的分析中可以得出，投掷出点数和为 7 的组合为

$$\{(1,6),(2,5),(3,4),(4,3),(5,2),(6,1)\}$$

我们仍然假设每次投掷都独立，变化的是每个点数组合的概率。例如，假设第一个骰子是不公平骰子，则有

$$\mathbb{P}((1,6)) = \mathbb{P}(1)\mathbb{P}(6) = \frac{1}{9} \times \frac{1}{6}$$

同样，对于点数组合 (2,5)，有

$$\mathbb{P}((2,5)) = \mathbb{P}(2)\mathbb{P}(5) = \frac{1}{9} \times \frac{1}{6}$$

以此类推，把所有这些组合的概率加起来，可得如下结果：

$$\mathbb{P}_X(7) = \frac{1}{9} \times \frac{1}{6} + \frac{1}{9} \times \frac{1}{6} + \frac{1}{9} \times \frac{1}{6} + \frac{2}{9} \times \frac{1}{6} + \frac{2}{9} \times \frac{1}{6} + \frac{2}{9} \times \frac{1}{6} = \frac{1}{6}$$

我们也可以用 Pandas 库代替 Python 字典来计算概率。首先，用所有可能的骰子结果组合组成的元组索引构造一个 DataFrame 对象：

```
>>> from pandas import DataFrame
>>> d=DataFrame(index=[(i,j) for i in range(1,7) for j in range(1,7)],
...             columns=['sm','d1','d2','pd1','pd2','p'])
```

接下来，为上述创建的对象填充列，其中第一个骰子的点数放到 d1 列，第二个骰子的点数放到 d2 列：

```
>>> d.d1=[i[0] for i in d.index]
>>> d.d2=[i[1] for i in d.index]
```

计算所有骰子组合点数的和，放到 sm 列中：

```
>>> d.sm=list(map(sum,d.index))
```

完成后的 DataFrame 对象如下所示：

```
>>> d.head(5) # show first five lines
        sm  d1  d2  pd1  pd2   p
(1, 1)   2   1   1  NaN  NaN  NaN
(1, 2)   3   1   2  NaN  NaN  NaN
(1, 3)   4   1   3  NaN  NaN  NaN
(1, 4)   5   1   4  NaN  NaN  NaN
(1, 5)   6   1   5  NaN  NaN  NaN
```

对非公平骰子（d1）和公平骰子（d2）的每个面填充概率：

```
>>> d.loc[d.d1<=3,'pd1']=1/9.
>>> d.loc[d.d1 > 3,'pd1']=2/9.
>>> d.pd2=1/6.
>>> d.head(10)
        sm  d1  d2     pd1       pd2      p
(1, 1)   2   1   1  0.111111  0.166667  NaN
(1, 2)   3   1   2  0.111111  0.166667  NaN
(1, 3)   4   1   3  0.111111  0.166667  NaN
(1, 4)   5   1   4  0.111111  0.166667  NaN
(1, 5)   6   1   5  0.111111  0.166667  NaN
(1, 6)   7   1   6  0.111111  0.166667  NaN
(2, 1)   3   2   1  0.111111  0.166667  NaN
(2, 2)   4   2   2  0.111111  0.166667  NaN
(2, 3)   5   2   3  0.111111  0.166667  NaN
(2, 4)   6   2   4  0.111111  0.166667  NaN
```

最后，计算两个骰子所展示面点数和的联合概率，如下所示：

```
>>> d.p = d.pd1 * d.pd2
>>> d.head(5)
        sm  d1  d2     pd1       pd2        p
(1, 1)   2   1   1  0.111111  0.166667  0.0185185
(1, 2)   3   1   2  0.111111  0.166667  0.0185185
(1, 3)   4   1   3  0.111111  0.166667  0.0185185
(1, 4)   5   1   4  0.111111  0.166667  0.0185185
(1, 5)   6   1   5  0.111111  0.166667  0.0185185
```

所有这些都创建好之后，用 groupby 函数计算所有骰子投掷结果的概率密度。

```
>>> d.groupby('sm')['p'].sum()
sm
2     0.018519
3     0.037037
4     0.055556
5     0.092593
6     0.129630
7     0.166667
8     0.148148
9     0.129630
10    0.111111
11    0.074074
12    0.037037
Name: p, dtype: float64
```

这些例子说明了概率论如何分解集合和集合的测度，以及如何将这些集合和测度结合起来，确定新的随机变量的概率质量函数。

2.1.3　连续随机变量

同样的方法也适用于连续变量，但集合管理更困难，因为实数集不像离散集合，它有许多限制的特性，使用时要注意很多细节。下面举例说明其中的思想。假设随机变量 X 在单位区间上均匀分布。变量取值小于 $1/2$ 的概率是多少？

为了建立离散的概念，我们再次回到掷公平骰子的试验。骰子点数的和是可测函数：

$$Y:\{1,2,\cdots,6\}^2 \mapsto \{2,3,\cdots,12\}$$

也就是说，Y 是集合的笛卡儿积到离散结果集合的映射。为了计算结果集合的概率，需要从每个骰子对应的概率测度中推导出 Y 的概率测度 $\mathbb{P}_Y$。与前面讨论的过程类似。也就是说，

$$\mathbb{P}_Y:\{2,3,\cdots,12\} \mapsto [0,1]$$

注意，函数定义和函数目标项的概率测度是有区别的。也就是说，

$$Y:A \mapsto B$$

而

$$\mathbb{P}_Y:B \mapsto [0,1]$$

因此，$\mathbb{P}_Y$ 由随机变量推导而来，计算 $\mathbb{P}_Y$ 时，我们必须把 B 中的等价类表示成它们的前驱集合 A。

连续变量遵循相同的模式，但有更多深层次的技术细节（这里将忽略这些细节）。对于连续的情况，随机变量如下：

$$X:\mathbb{R} \mapsto \mathbb{R}$$

其相应的概率测度为

$$\mathbb{P}_X:\mathbb{R} \mapsto [0,1]$$

但是对应的集合是什么？严格意义上讲，这些是**博雷尔集**，我们可以只把它们看作区间。回到刚才的问题，单位区间上均匀分布的随机变量小于 $1/2$ 的概率是多少？根据刚才的研究思路重新表述这个问题，具体如下：

$$X:[0,1]\mapsto[0,1]$$

相应地，

$$\mathbb{P}_X:[0,1]\mapsto[0,1]$$

为了回答这个问题，根据单位区间上均匀随机变量的定义，计算下面的积分：

$$\mathbb{P}_X([0,1/2])=\mathbb{P}_X(0<X<1/2)=\int_0^{1/2}\mathrm{d}x=1/2$$

上面积分的 $\mathrm{d}x$ 经过 B 类区间。根据均匀随机变量的定义，任何 $\mathrm{d}x$ 区间（如 A 类集合）的测度都等于 $\mathrm{d}x$。为了把所有的变化部分变成一个可计算的积分，也可以写成

$$\mathbb{P}_X(0<X<1/2)=\int_0^{1/2}\mathrm{d}\mathbb{P}_X(\mathrm{d}x)=1/2$$

接着来考虑一个稍微复杂且有趣的例子。和前面的例子一样，假设有一个均匀的随机变量 X，我们引入另一个随机变量，定义为

$$Y=2X$$

那么，$0<Y<1/2$ 的概率是多少？用本书的框架表示，可以写成

$$Y:[0,1]\mapsto[0,2]$$

相应地，

$$\mathbb{P}_Y:[0,2]\mapsto[0,1]$$

为了回答这个问题，我们需要用 Y 的概率测度 $\mathbb{P}_Y([0,1/2])$ 来测量集合 $[0,1/2]$。如何测量？因为 Y 是从随机变量 X 推导出来的，就像公平骰子投掷试验一样，需要在目标空间中创建一组等价项（即 B 类集合），映射到输入空间（即 A 类集合）。也就是说，用随机变量 X 表示的区间 $[0,1/2]$ 等价项是多少？从函数角度来看，$Y=2X$，那么 B 类区间 $[0,1/2]$ 对应于 A 类区间 $[0,1/4]$。依据 X 的概率测度，用积分计算以下概率：

$$\mathbb{P}_Y([0,1/2])=\mathbb{P}_X([0,1/4])=\int_0^{1/4}\mathrm{d}x=1/4$$

再提高一下难度，考虑下面的随机变量：

$$Y=X^2$$

其中 X 仍然是均匀分布的，但现在是在区间 $[-1/2,1/2]$ 上分布。我们可以把它表示成

$$Y:[-1/2,1/2]\mapsto[0,1/4]$$

相应地，

$$\mathbb{P}_Y:[0,1/4]\mapsto[0,1]$$

$\mathbb{P}_Y(Y<1/8)$ 是多少？换句话说，集合 $B_Y=[0,1/8]$ 的测度是什么？和前面一样，由于 X 是根据均匀分布的随机变量得到的，因此需要将 B_Y 类集合映射到 A 类集合上。需要注意的是，X^2 是关于零点对称的，所以 B_Y 集合会映射到两个集合。这意味着对于任意 B_Y 集合，有 $B_Y=A_X^+\bigcup A_X^-$，于是就有

$$B_Y=\left\{0<Y<\frac{1}{8}\right\}=\left\{0<X<\frac{1}{\sqrt{8}}\right\}\bigcup\left\{-\frac{1}{\sqrt{8}}<X<0\right\}$$

从这个角度来看，解决方案如下：

$$\mathbb{P}_Y(B_Y) = \mathbb{P}(A_X^+)/2 + \mathbb{P}(A_X^-)/2$$

系数 1/2 表示将 $\mathbb{P}_Y$ 归一化到 1。同样，

$$A_X^+ = \left\{ 0 < X < \frac{1}{\sqrt{8}} \right\}$$

$$A_X^- = \left\{ -\frac{1}{\sqrt{8}} < X < 0 \right\}$$

因此

$$\mathbb{P}_Y(B_Y) = \frac{1}{2\sqrt{8}} + \frac{1}{2\sqrt{8}}$$

因为 $\mathbb{P}(A_X^+) = \mathbb{P}(A_X^-) = \frac{1}{\sqrt{8}}$。我们来看看这能否用微积分中常用的变量变换得到。用这种

方法，概率密度 $f_Y(y) = f_X(\sqrt{y})/(2\sqrt{y}) = \frac{1}{2\sqrt{y}}$，可以得到

$$\int_0^{\frac{1}{8}} \frac{1}{2\sqrt{y}} \mathrm{d}y = \frac{1}{\sqrt{8}}$$

这就是用集合方法求出来的结果。请注意，在实际应用中大家可能更倾向使用微积分方法，但重要的是要理解更深层的机制，因为有时微积分方法会不适用，正如下面这个问题所示。

2.1.4　微积分以外的变量变换

假设 X 和 Y 在单位区间内均匀分布，我们将 Z 定义为

$$Z = \frac{X}{Y - X}$$

$f_Z(z)$ 是什么？如果你尝试用微积分方法来解决，则将失败。该问题是微积分方法无效的技术前提之一。

关键是 $Z \notin (-1, 0]$。如果 $Z \in (-1, 0]$ 的话，X 和 Y 会有不同的符号，但这是不可能的，因为 X 和 Y 在 $(0, 1]$ 上均匀分布。再考虑 $Z > 0$ 的情况，如果成立，则 $Y > X$，否则 Z 不可能为正数。对于密度函数，需要关注集合 $\{0 < Z < z\}$。要计算

$$\mathbb{P}(Z < z) = \iint B_1 \, \mathrm{d}X \mathrm{d}Y$$

并且

$$B_1 = \{0 < Z < z\}$$

需要把这个区间转换成与 X 和 Y 相关的区间，对于 $0 < Z$，有 $Y > X$，对于 $Z < z$，有 $Y > X(1/z + 1)$。把它们整合到一起，可得

$$A_1 = \{\max(X, X(1/z + 1)) < Y < 1\}$$

对 Y 积分：

$$\int_0^1 \{\max(X, X(1/z+1)) < Y < 1\} \mathrm{d}Y = \frac{z - X - Xz}{z}, \quad z > \frac{X}{1-X}$$

再对 X 积分，可得

$$\int_0^{\frac{z}{1+z}} \frac{-X + z - Xz}{z} \mathrm{d}X = \frac{z}{2(z+1)}, \quad z > 0$$

注意，这是对概率本身的计算，而不是对概率密度函数的计算。为了得到概率密度函数，需要对最后一个表达式求导，则有

$$f_Z(z) = \frac{1}{(z+1)^2}, \quad z > 0$$

接下来，我们用同样的方法来计算 $z < -1$ 时的概率密度。要求的是当 $z < -1$ 时 $Z < z$ 的区间。对于固定的 z，这个问题等价于 $X(1+1/z) < Y$，由于 z 为负数，因此 $Y < X$，于是有以下积分：

$$\int_0^1 \{X(1/z+1) < Y < X\} \mathrm{d}Y = -\frac{X}{z}, \quad z < -1$$

再一次对 X 积分，得到以下结果：

$$-\frac{1}{2z}, \quad z < -1$$

为了得到 $z < -1$ 时的密度，我们对 z 求导，得到

$$f_Z(z) = \frac{1}{2z^2}, \quad z < -1$$

根据以上分析，可以得到

$$f_Z(z) = \begin{cases} \dfrac{1}{(z+1)^2}, & z > 0 \\[2mm] \dfrac{1}{2z^2}, & z < -1 \\[2mm] 0, & \text{其他} \end{cases}$$

我们把积分计算留作练习，请大家来证明积分结果是 1。

2.1.5 独立随机变量

独立性是一个标准假设。数学上，两个随机变量 X 和 Y 相互独立的充要条件如下：

$$\mathbb{P}(X, Y) = \mathbb{P}(X)\mathbb{P}(Y)$$

如果有

$$\mathbb{E}(X - \overline{X})\mathbb{E}(Y - \overline{Y}) = 0$$

其中 $\overline{X} = \mathbb{E}(X)$，则随机变量 X 和 Y 不相关。注意，不相关的随机变量有时被称为**正交随机变量**。然而，不相关是一种比独立性更弱的属性。例如，考虑均匀分布在集合 $\{1, 2, 3\}$ 上的离散随机变量 X 和 Y，其中

$$X = \begin{cases} 1, & \omega = 1 \\ 0, & \omega = 2 \\ -1, & \omega = 3 \end{cases}$$

而且

$$Y = \begin{cases} 0, & \omega = 1 \\ 1, & \omega = 2 \\ 0, & \omega = 3 \end{cases}$$

则 $\mathbb{E}(X)=0$，$\mathbb{E}(XY)=0$，因此 X 和 Y 不相关。然而，

$$\mathbb{P}(X=1, Y=1) = 0 \neq \mathbb{P}(X=1)\mathbb{P}(Y=1) = \frac{1}{9}$$

因此这两个随机变量不是独立的。因此，总的来说，不相关并不意味着独立，但高斯随机变量例外。为此，考虑两个零均值、单位方差的高斯随机变量 X 和 Y 的概率密度函数。

$$f_{X,Y}(x,y) = \frac{e^{\frac{x^2 - 2\rho x y + y^2}{2(\rho^2 - 1)}}}{2\pi\sqrt{1-\rho^2}}$$

其中 $\rho := \mathbb{E}(XY)$ 是相关系数。在 $\rho=0$ 的不相关情况下，概率密度函数可简化为

$$f_{X,Y}(x,y) = \frac{e^{-\frac{1}{2}(x^2+y^2)}}{2\pi} = \frac{e^{-\frac{x^2}{2}}}{\sqrt{2\pi}}\frac{e^{-\frac{y^2}{2}}}{\sqrt{2\pi}} = f_X(x)f_Y(y)$$

这意味着 X 和 Y 是独立的。

独立与条件独立是密切相关的，如下所示：

$$\mathbb{P}(X,Y|Z) = \mathbb{P}(X|Z)\mathbb{P}(Y|Z)$$

这意味着 X 和 Y 在 Z 条件下是独立的。条件独立随机变量会破坏它们的独立性。例如，考虑两个独立的伯努利分布的随机变量 $X_1, X_2 \in \{0,1\}$。定义 $Z=X_1+X_2$，因此 $Z \in \{0,1,2\}$。在 $Z=1$ 的情况下，有

$$\mathbb{P}(X_1|Z=1) > 0$$
$$\mathbb{P}(X_2|Z=1) > 0$$

即使 X_1 和 X_2 是独立的，加上条件 Z 后，有

$$\mathbb{P}(X_1=1, X_2=1 | Z=1) = 0 \neq \mathbb{P}(X_1=1|Z=1)\mathbb{P}(X_2=1|Z=1)$$

因此，Z 条件破坏了 X_1 和 X_2 的独立性。反之，条件也可以使随机变量独立。定义 $Z_n = \sum_i^n X_i$，X_i 是独立的整数型随机变量。Z_n 变量是相关的，因为它们叠加了重叠的 X_i 集合。考虑以下式子：

$$\mathbb{P}(Z_1=i, Z_3=j | Z_2=k) = \frac{\mathbb{P}(Z_1=i, Z_2=k, Z_3=j)}{\mathbb{P}(Z_2=k)}$$

$$= \frac{\mathbb{P}(X_1=i)\mathbb{P}(X_2=k-i)\mathbb{P}(X_3=j-k)}{\mathbb{P}(Z_2=k)}$$

其中因式分解来自 X_i 变量的独立性。根据条件概率的定义

$$\mathbb{P}(Z_1=i|Z_2) = \frac{\mathbb{P}(Z_1=i, Z_2=k)}{\mathbb{P}(Z_2=k)}$$

继续展开上式，可得

$$\mathbb{P}(Z_1 = i, Z_3 = j \mid Z_2 = k) = \mathbb{P}(Z_1 = i \mid Z_2) \frac{\mathbb{P}(X_3 = j - k)\mathbb{P}(Z_2 = k)}{\mathbb{P}(Z_2 = k)}$$

$$= \mathbb{P}(Z_1 = i \mid Z_2)\mathbb{P}(Z_3 = j \mid Z_2)$$

其中，$\mathbb{P}(X_3 = j - k)\mathbb{P}(Z_2 = k) = \mathbb{P}(Z_3 = j, Z_2)$。因此，可以通过创建条件独立的随机变量来打破随机变量之间的依赖关系。正如我们刚刚看到的，了解条件如何影响独立性是很重要的，它也是概率图模型研究的主要课题，概率图模型领域有许多算法和概念，它们从基于图形的随机变量表示中提取条件独立性的概念。

2.1.6 经典 Broken Rod 示例

最后，我们通过一个例子来提高方法运用的熟练程度：给定一根单位长度的棍，在棍的两个位置分别随机折断，把折成的三段拼成一个三角形的概率是多少？首先，要找到三角形的表示方法，以方便解决问题。我们想要的是

$$\mathbb{P}(三角形存在) = \int_0^1 \int_0^1 \{三角形存在\} \mathrm{d}X \mathrm{d}Y$$

其中，X 和 Y 相互独立，均匀分布在单位区间内。海伦三角形面积公式如下：

$$面积 = \sqrt{(s-a)(s-b)(s-c)s}$$

其中 $s = (a+b+c)/2$ 是我们需要的。本公式中，当且仅当根号下的每一项都大于或等于 0 时，才能得到有效的三角形面积。因此，假设有

$$a = X$$
$$b = Y - X$$
$$c = 1 - Y$$

假设 $Y > X$，有效三角形的判据可归结为

$$\{(s > a) \wedge (s > b) \wedge (s > c) \wedge (X < Y)\}$$

整理式子，可得

$$\left\{ \frac{1}{2} < Y < 1 \wedge \frac{1}{2}(2Y-1) < X < \frac{1}{2} \right\}$$

先对 X 进行积分：

$$\mathbb{P}(三角形存在) = \int_0^1 \int_0^1 \left\{ \frac{1}{2} < Y < 1 \wedge \frac{1}{2}(2Y-1) < X < \frac{1}{2} \right\} \mathrm{d}X \mathrm{d}Y$$

$$\mathbb{P}(三角形存在) = \int_{\frac{1}{2}}^1 (1 - Y) \mathrm{d}Y$$

然后对 Y 进行积分，可得

$$\mathbb{P}(三角形存在) = \frac{1}{8}$$

此时 $Y > X$。根据对称性，当 $X > Y$ 时结果与 $Y > X$ 的结果相同，因此，最终结果如下：

$$\mathbb{P}(三角形存在) = \frac{1}{8} + \frac{1}{8} = \frac{1}{4}$$

我们可以根据这个结论用 Python 快速检查 $Y>X$ 时的结果是否正确，代码如下：

```
>>> import numpy as np
>>> x,y = np.random.rand(2,1000) # uniform rv
>>> a,b,c = x,(y-x),1-y # 3 sides
>>> s = (a+b+c)/2
>>> np.mean((s>a) & (s>b)  & (s>c) & (y>x)) # approx 1/8=0.125
0.137
```

编程技巧

逻辑运算符 & 表明 Numpy 中执行元素级逻辑运算。

2.2　投影法

投影的概念是建立条件概率直觉的关键。通过在阳光明媚的日子里观察物体的阴影，我们已经有了自然的投影直觉。这个简单的想法整合了优化思想和数学中的许多抽象思想。以图 2.2 为例，我们想沿着黑线（即 x）找到一个最接近黑色方块（即 y）的点。换句话说，我们要使灰色圆圈膨胀直到它刚好触及黑线。回想一下，圆的边界是点的集合，对于某些 ε，满足：

$$\sqrt{(y-x)^{\mathrm{T}}(y-x)} = \| y-x \| = \varepsilon$$

我们要求满足式子的最小 ε 所对应直线上的点 x，这个点就是黑线上最接近黑色方块的点。从图中可以明显看出，直线上距黑色方块最近的点出现在从黑色方块到黑线的线段垂直于黑线的地方。此时，灰色的圆圈正好与黑线相切。如图 2.3 所示。

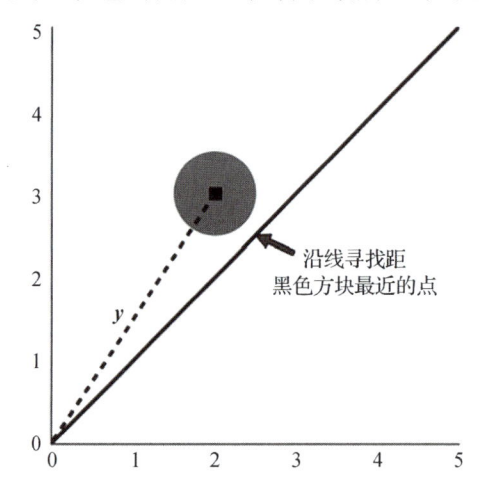

图 2.2　给定点 y（黑色方块），沿着黑线找到离它最近的点 x（灰色的圆圈是距离 y 小于一定距离的点的轨迹）

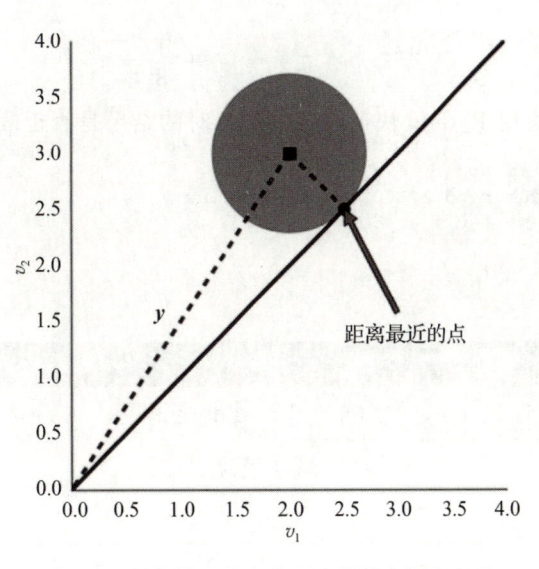

图 2.3　距离最近的点出现在黑线与圆相切处

　　图 2.2 使用了 matplotlib.patches 模块。此模块包含圆、椭圆和矩形等可以组成复杂图形的常见绘图函数。导入特定形状之后，可以使用 add_patch 方法将该形状图形添加到轴上，并且可以通过格式化关键字（如 color 和 alpha）来设置样式。

　　我们可以用解析的方法构造解，可以将黑线上任意一点表示为

$$x = \alpha v$$

其中 $\alpha \in \mathbb{R}$，设 $v = [1,1]^{\mathrm{T}}$，则不同的 α 使点位于黑线的不同位置。

　　形式上，v 是想要投影 y 的子空间，在最接近的点，y 和 x 之间的向量（上面的误差向量）垂直于黑线。这意味着

$$(y - x)^{\mathrm{T}} v = 0$$

通过代入计算，可得

$$\alpha = \frac{y^{\mathrm{T}} v}{\| v \|^{2}}$$

误差是 αv 和 y 之间的距离。这是一个直角三角形，因此可以用勾股定理计算该误差的平方。

$$\varepsilon^{2} = \| (y - x) \|^{2} = \| y \|^{2} - \alpha^{2} \| v \|^{2} = \| y \|^{2} - \frac{\| y^{\mathrm{T}} v \|^{2}}{\| v \|^{2}}$$

其中，$\| v \|^{2} = v^{\mathrm{T}} v$。由于 $\varepsilon^{2} \geqslant 0$，因此有

$$\| y^{\mathrm{T}} v \| \leqslant \| y \| \| v \|$$

这就是著名的柯西-施瓦茨不等式，我们后面会用到。最后，把所有这些都集合到投

影算子中，可得

$$P_v = \frac{1}{\| v \|^2} vv^{\mathrm{T}}$$

在这个算子中，取任意的 y，通过

$$P_v y = v \left(\frac{v^{\mathrm{T}} y}{\| v \|^2} \right)$$

即可运算找到 v 上最近的点，括号中的式子就是前面计算的 α。之所以称为算子，是因为它需要由一个向量(y)产生另一个向量(αv)。因此，投影是几何和优化的统一。

2.2.1 加权距离

我们可以轻松地将这个投影算子扩展到 y 和子空间 v 之间距离的加权测度的情况。可以将投影算子重写为

$$P_v = v \frac{v^{\mathrm{T}} Q^{\mathrm{T}}}{v^{\mathrm{T}} Q v} \tag{2.2.1.1}$$

其中 Q 是正定矩阵。在前面例子中，我们从点 y 开始，然后以 y 为中心画圆向外膨胀，直到它刚好与 v 所定义的直线相切，切点恰好是直线上最接近 y 的点。加权距离也是如此，只不过现在是让椭圆(而不是圆)膨胀，直到椭圆相切于直线为止。

注意，图 2.4 中误差向量($y - \alpha v$)在加权距离范围内仍垂直于直线(子空间 v)。第一个投影(以等圆距离表示)与一般情况(以椭圆加权距离表示)之间的差别在于内积。例如，在第一种情况下有 $y^{\mathrm{T}} v$，在加权情况下有 $y^{\mathrm{T}} Q^{\mathrm{T}} v$。从等距圆到加权椭圆，要做的就是改变所有的向量内积。在给出完整运算之前，我们给出投影的性质：

$$P_v P_v = P_v$$

它被称为幂等性，意思是一旦投影到某个子空间上，后续的投影范围将不变。这一点可以通过投影运算公式来验证。

因此，投影将最小化问题(找最接近直线的点)与代数概念(内积)联系起来。结果表明，这些来自线性代数[2]的几何思想可以转化为条件期望。到底是如何实现的，下一节接着讨论。

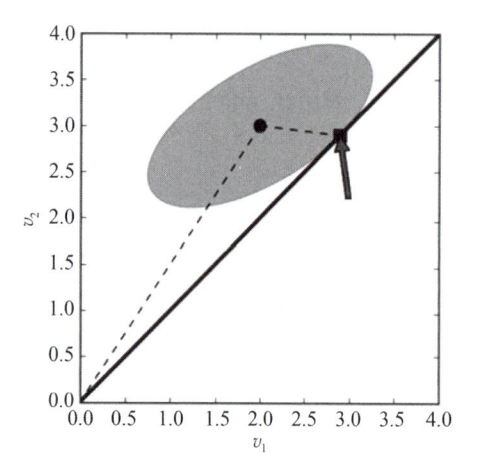

图 2.4 在加权的情况下，直线上的最近点与椭圆相切，在加权距离的意义上仍然是垂直的

2.3 条件期望作为投影

既然已经从几何角度理解了投影方法，接下来就可以把它们应用到条件概率上。这

是将概率与几何思想、优化问题和线性代数联系起来的关键概念。

随机变量的内积　从前面关于 $\mathbb{R}^n$ 中向量的投影的讨论中，我们对投影与最小均方误差（Minimum Mean Squared Error，MMSE）之间的关系有了很好的几何解释。通过一个抽象的步骤，我们可以把所有的几何解释代入随机变量空间。例如，在投影点处，有以下正交（即垂直向量）条件：

$$(\boldsymbol{y} - \boldsymbol{v}_{\text{opt}})^{\text{T}} \boldsymbol{v} = 0$$

通过将内积抽象为 $\langle \boldsymbol{x}, \boldsymbol{y} \rangle = \boldsymbol{x}^{\text{T}} \boldsymbol{y}$，上述条件可以表示为

$$\langle \boldsymbol{y} - \boldsymbol{v}_{\text{opt}}, \boldsymbol{v} \rangle = 0$$

定义随机变量 X 和 Y 的内积：

$$\langle X, Y \rangle = \mathbb{E}(XY)$$

于是有相同的关系：

$$\langle X - h_{\text{opt}}(Y), Y \rangle = 0$$

对 $\mathbb{R}^n$ 中的向量它不成立，但对随机变量 X 和 Y 以及这些随机变量的函数成立。其中的原因值得深入研究，但事实证明，我们可以将期望作为内积来建立整个概率理论[3]。

此外，通过抽象出内积的概念，我们建立了最小均方误差（MMSE）、优化问题、几何思想和随机变量之间的联系。抽象出一个概念可以收获很多，它使我们能够在这些解释之间转换，以解决实际问题。下面，我们将通过一些示例来说明这一点，但首先我们将从抽象中收集自然产生的最重要的结果。

条件期望作为投影　条件期望是问题

$$\min_h \int_{\mathbb{R}} (x - h(y))^2 \, \mathrm{d}x$$

的最小均方误差（MMSE）解$^{\ominus}$，使得

$$h_{\text{opt}}(Y) = \mathbb{E}(X \mid Y)$$

最小。也就是说，在所有可能的函数 $h(Y)$ 中，$\mathbb{E}(X \mid Y)$ 是使 MSE 最小的那个函数。在之前关于投影的讨论中，需要注意的是这些 MMSE 解可以被认为是刻画 Y 的子空间上的投影。例如，我们之前注意到在投影点，有垂直项

$$\langle X - h_{\text{opt}}(Y), Y \rangle = 0 \tag{2.3.0.1}$$

既然我们知道 MMSE 解

$$h_{\text{opt}}(Y) = \mathbb{E}(X \mid Y)$$

通过直接代换，有

$$\mathbb{E}(X - \mathbb{E}(X \mid Y), Y) = 0 \tag{2.3.0.2}$$

最后一步似乎是无用的，但是它把 MMSE 和条件期望联系到内部抽象上，这样一来就揭示了条件期望是随机变量的投影算子。在进一步展开之前，先来快速了解一下。在

$\ominus$　使用柯西-施瓦茨不等式的证明见本节附录。

前面的方程中，通过期望的线性关系，得到

$$\mathbb{E}(XY) = \mathbb{E}(Y\mathbb{E}(X\,|\,Y))$$

这就是期望的**塔性质**。其实通过条件期望和穷举积分的形式定义可以发现这一点。

条件期望的形式定义为

$$\mathbb{E}(X\,|\,Y) = \int_{\mathbb{R}^2} x\,\frac{f_{X,Y}(x,y)}{f_Y(y)}\mathrm{d}x\mathrm{d}y$$

穷举积分的形式定义为

$$\mathbb{E}(Y\mathbb{E}(X\,|\,Y)) = \int_{\mathbb{R}} y \int_{\mathbb{R}} x\,\frac{f_{X,Y}(x,y)}{f_Y(y)} f_Y(y)\mathrm{d}x\mathrm{d}y$$

$$= \int_{\mathbb{R}^2} xy f_{X,Y}(x,y)\mathrm{d}x\mathrm{d}y$$

$$= \mathbb{E}(XY)$$

这在几何上不是很直观。由于缺乏几何直觉，因此很难应用和理解。

继续进行这种类比，从 MMSE 解的正交性得到误差项的长度：

$$\langle X - h_{\mathrm{opt}}(Y), X - h_{\mathrm{opt}}(Y) \rangle = \langle X, X \rangle - \langle h_{\mathrm{opt}}(Y), h_{\mathrm{opt}}(Y) \rangle$$

然后替换所有符号，可得

$$\mathbb{E}(X - \mathbb{E}(X\,|\,Y))^2 = \mathbb{E}(X)^2 - \mathbb{E}(\mathbb{E}(X\,|\,Y))^2$$

可以发现，这很难通过直接积分计算。

为了证明 $\mathbb{E}(X\,|\,Y)$ 实际上是一个**投影算子**，就要证明幂等性。回忆一下，幂等性意味着一旦投影到子空间上，进一步的投影将没有任何意义。在随机变量空间中，$\mathbb{E}(X\,|\,\cdot)$ 是幂等投影，需要注意的是

$$h_{\mathrm{opt}} = \mathbb{E}(X\,|\,Y)$$

纯粹是 Y 的函数，所以

$$\mathbb{E}(h_{\mathrm{opt}}(Y)\,|\,Y) = h_{\mathrm{opt}}(Y)$$

因为 Y 是固定的，也就证明了幂等性。因此，条件期望是随机变量对应的投影算子。我们可以将向量 (v) 投影的几何解释用在随机变量 (X) 上。有了这个重要结果，我们考虑一些通过穷举和条件期望新视角寻找最佳 MMSE 函数 h_{opt} 的例子。

例　假设有随机变量 X，从均方误差（MSE）的角度看，哪个常数最接近 X？换句话说，哪个 $c(c \in \mathbb{R})$ 使得均方误差

$$\mathrm{MSE} = \mathbb{E}(X - c)^2$$

最小。我们可以用很多方法解决这个问题。首先，使用基于微积分的优化方法，有

$$\mathbb{E}(X - c)^2 = \mathbb{E}(c^2 - 2cX + X^2) = c^2 - 2c\mathbb{E}(X) + \mathbb{E}(X^2)$$

然后对 c 求一阶导数并求解，可得

$$c_{\mathrm{opt}} = \mathbb{E}(X)$$

不要忘记 X 可以取很多不同的值，但这意味着从 MSE 角度来看最接近 X 的是

$\mathbb{E}(X)$。再用内积解决同样的问题，从公式(2.3.0.2)我们知道在投影点，有

$$\mathbb{E}((X - c_{\text{opt}}), 1) = 0$$

其中，1 表示我们投影到的常数空间。由期望的线性关系，有

$$c_{\text{opt}} = \mathbb{E}(X)$$

使用投影法，因为 $\mathbb{E}(X|Y)$ 是投影算子并且 $Y = \Omega$（整个基础概率空间），所以根据条件期望的定义，有

$$\mathbb{E}(X|Y = \Omega) = \mathbb{E}(X)$$

这是因为整个 Ω 空间上的随机变量只能是一个常数。因此，我们就可以用三种方法（优化、正交内积、投影）处理同一个问题。

例 考虑以下条件期望，概率密度 $f_{X,Y} = x + y$，$(x, y) \in [0, 1]^2$。直接根据定义计算条件期望，有

$$\mathbb{E}(X|Y) = \int_0^1 x \frac{f_{X,Y}(x, y)}{f_Y(y)} \mathrm{d}x = \int_0^1 x \frac{x + y}{y + 1/2} \mathrm{d}x = \frac{3y + 2}{6y + 3}$$

密度函数很简单，因此这很简单。接着再用直接求 MMSE 解 $h(Y)$ 的方法来求解，于是有

$$\text{MSE} = \min_h \int_0^1 \int_0^1 (x - h(y))^2 f_{X,Y}(x, y) \mathrm{d}x \mathrm{d}y$$

$$= \min_h \int_0^1 \left(yh^2(y) - yh(y) + \frac{1}{3}y + \frac{1}{2}h^2(y) - \frac{2}{3}h(y) + \frac{1}{4} \right) \mathrm{d}y$$

现在需要找一个函数 h 将上式最小化。与求解数字相比，求解函数是很困难的，但由于是在有限的区间内积分，因此可以用变分法中的欧拉-拉格朗日方程对被积函数 $h(y)$ 求导并使其为零。利用欧拉-拉格朗日方程，可得

$$2yh(y) - y + h(y) - \frac{2}{3} = 0$$

进一步得出

$$h_{\text{opt}}(y) = \frac{3y + 2}{6y + 3}$$

这也是前面得到的结果。最后，使用公式(2.3.0.1)中的内积来求解，即

$$\mathbb{E}((X - h(Y))Y) = 0$$

重写为

$$\int_0^1 \int_0^1 (x - h(y))y(x + y) \mathrm{d}x \mathrm{d}y = \int_0^1 \frac{1}{6} y(-3(2y + 1)h(y) + 3y + 2) \mathrm{d}y = 0$$

被积函数必须为 0，于是有

$$2y + 3y^2 - 3yh(y) - 6y^2 h(y) = 0$$

得到的 $h(y)$ 也同前面一样：

$$h_{\text{opt}}(y) = \frac{3y + 2}{6y + 3}$$

因此，通过定义、优化或内积的穷举积分，得到了相同的答案。但是，总的来说，没有哪种方法最简单，因为它们都涉及潜在的困难及不可能的积分、优化问题或函数方程求解。关键是我们有了高级工具箱，可以从中挑选工具来解决不同的问题。

在结束这个例子之前，我们用 Sympy 来验证一下本例中误差函数的长度：

$$\mathbb{E}(X - \mathbb{E}(X|Y))^2 = \mathbb{E}(X)^2 - \mathbb{E}(\mathbb{E}(X|Y))^2$$

这是基于勾股定理的。首先计算边际密度：

```
>>> from sympy.abc import y,x
>>> from sympy import integrate, simplify
>>> fxy = x + y                 # joint density
>>> fy = integrate(fxy,(x,0,1)) # marginal density
>>> fx = integrate(fxy,(y,0,1)) # marginal density
```

然后写出条件期望：

```
>>> EXY = (3*y+2)/(6*y+3) # conditional expectation
```

接着计算等式左边的 $\mathbb{E}(X - \mathbb{E}(X|Y))^2$，如下所示：

```
>>> # from the definition
>>> LHS=integrate((x-EXY)**2*fxy,(x,0,1),(y,0,1))
>>> LHS # left-hand-side
-log(3)/144 + 1/12
```

类似地，计算等式右边的 $\mathbb{E}(X)^2 - \mathbb{E}(\mathbb{E}(X|Y))^2$，如下所示：

```
>>> # using Pythagorean theorem
>>> RHS=integrate((x)**2*fx,(x,0,1))-integrate((EXY)**2*fy,(y,0,1))
>>> RHS # right-hand-side
-log(3)/144 + 1/12
```

最后，验证等式左右两边是否相等：

```
>>> print(simplify(LHS-RHS)==0)
True
```

在这一节中，我们将前面讨论的所有投影和最小二乘优化思想结合起来，将 $\mathbb{R}^n$ 中向量投影的几何概念与随机变量联系起来。最终印证了条件期望实际上是随机变量的投影算子。

了解了这一点，就可以以多种方法解决问题，具体取决于哪种方法更直接，哪种方法更适合某些特定情况。事实上，找到关键问题所在才是最困难的，因此能找到多种方法来看待相同的问题是至关重要的。

对于更详细的讨论，Mikosch 的书[4]中有一些值得借鉴的内容，用类似的几何解释进行了大量的阐述。Kobayashi 等人[5]也进行了类似的讨论。Nelson[3]也有一个基于超实数的类似演示。

2.3.1　附录

要证明条件期望是下面最小均方误差

$$J = \min_h \int_{\mathbb{R}^2} |X - h(Y)|^2 f_{X,Y}(x,y) \mathrm{d}x \mathrm{d}y$$

的最小值，我们将式子展开：

$$J = \min_h \int_{\mathbb{R}^2} |X|^2 f_{X,Y}(x,y) \mathrm{d}x \mathrm{d}y + \int_{\mathbb{R}^2} |h(Y)|^2 f_{X,Y}(x,y) \mathrm{d}x \mathrm{d}y - $$

$$\int_{\mathbb{R}^2} 2Xh(Y) f_{X,Y}(x,y) \mathrm{d}x \mathrm{d}y$$

为了使其最小化，必须将

$$A = \max_h \int_{\mathbb{R}^2} Xh(Y) f_{X,Y}(x,y) \mathrm{d}x \mathrm{d}y$$

最大化。根据条件期望的定义来分解积分，可得

$$A = \max_h \int_{\mathbb{R}} \left(\int_{\mathbb{R}} X f_{X|Y}(x|y) \mathrm{d}x \right) h(Y) f_Y(y) \mathrm{d}y \tag{2.3.1.1}$$

$$= \max_h \int_{\mathbb{R}} \mathbb{E}(X|Y) h(Y) f_Y(Y) \mathrm{d}y \tag{2.3.1.2}$$

根据柯西-施瓦茨不等式的性质，可得当 $h_{\mathrm{opt}}(Y) = \mathbb{E}(X|Y)$ 时上式值最大，因此可得最优函数 $h(Y)$ 为

$$h_{\mathrm{opt}}(Y) = \mathbb{E}(X|Y)$$

这说明最优函数是条件期望函数。

2.4 条件期望与均方误差

本节将采用条件期望和优化方法对示例进行详细讨论。假设有两个公平的六面骰子（X 和 Y），要测量两个变量的和，例如 $Z = X + Y$。也就是，假设给定 Z，要从均方误差角度得到 X 的最佳估计。因此，我们要最小化

$$J(\alpha) = \sum (x - \alpha z)^2 \mathbb{P}(x, z)$$

其中，$\mathbb{P}$ 是概率质量函数。研究思路是，如果最小化了 $J(\alpha)$，将会得到 Z 的函数，从而求出 X 的最小 MSE 估计。将 Z 代入 J，可得

$$J(\alpha) = \sum (x - \alpha(x + y))^2 \mathbb{P}(x, y)$$

以下代码给出了利用 Sympy 计算的步骤：

```
>>> import sympy as S
>>> from sympy.stats import density, E, Die

>>> x=Die('D1',6)        # 1st six sided die
>>> y=Die('D2',6)        # 2nd six sides die
>>> a=S.symbols('a')
>>> z = x+y              # sum of 1st and 2nd die
>>> J = E((x-a*(x+y))**2) # expectation
>>> print(S.simplify(J))
329*a**2/6 - 329*a/6 + 91/6
```

有了这些设置，就可以用基本的微积分运算来最小化目标函数 J：

```
>>> sol,=S.solve(S.diff(J,a),a) # using calculus to minimize
>>> print(sol) # solution is 1/2
1/2
```

编程技巧

　　Sympy 的 stats 模块可以对关于概率密度和期望的表达式进行某些处理。上述代码用其中的函数 E 来计算数学期望。

这说明 $z/2$ 是给定 Z 条件下 X 的 MSE 估计，这在几何（将 MSE 解释为距离的平方乘以概率质量函数）上意味着对于给定 z，$z/2$ 与 X 最为接近。

采用条件期望算子 $\mathbb{E}(\cdot|z)$ 来讨论同样的问题，并把它应用到对 Z 的定义上，利用期望的线性特性有

$$\mathbb{E}(z|z) = \mathbb{E}(x+y|z) = \mathbb{E}(x|z) + \mathbb{E}(y|z) = z$$

现在，由于问题的对称性（即两个相同的骰子），有

$$\mathbb{E}(x|z) = \mathbb{E}(y|z)$$

代入前式可得

$$2\mathbb{E}(x|z) = z$$

整理可得

$$\mathbb{E}(x|z) = \frac{z}{2}$$

它等于通过最小化 MSE 得到的估计。下面在图 2.5 中进一步探讨这个问题。图 2.5 中数字表示 Z 的值，与坐标轴上 X 和 Y 的值相对应。假设 $z=2$，根据 $\mathbb{E}(x|z)=z/2=1$，那么最接近的 X 的值为 $X=1$。当 $Z=7$ 呢？这个值沿 X 轴对角展开，如果 $X=1$，那么距离 Z 6 个单位，如果 $X=2$，那么距离 Z 5 个单位，以此类推。

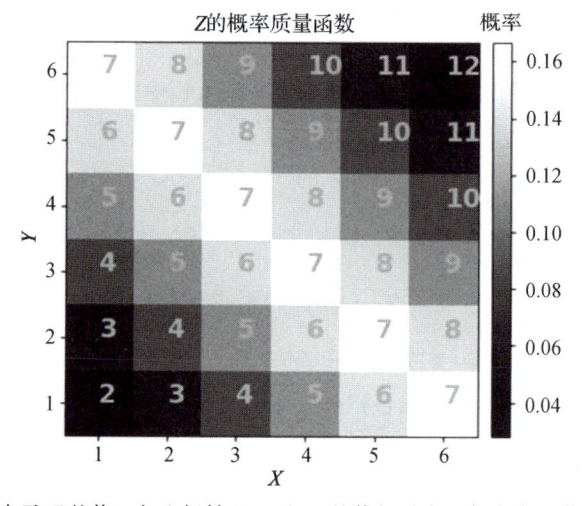

图 2.5　图中数字表示 Z 的值，与坐标轴上 X 和 Y 的值相对应，灰度表示潜在的联合概率密度

再回到最初的问题，如果 $Z=7$，为了让 X 尽可能地接近这个值，为什么不选择离 Z 只有一个单位的 $X=6$？这样做的问题是 $X=6$ 只会在 $1/6$ 的时间里出现，所以不太可能在另外 $5/6$ 的时间里得到正确的结果。所以，有 $1/6$ 的时间是距离一个单位，但有 $5/6$ 的时间距离更多单位。这意味着 MSE 会更差。因为 X 从 1 到 6 的每个值都是等概率的，为了保险起见，我们选择 $7/2$ 作为估计值，这就是条件期望的含义。

我们可以用 Sympy 来验证：

```
>>> import numpy as np
>>> from sympy import stats
>>> # Eq constrains Z
>>> samples_z7 = lambda : stats.sample(x, S.Eq(z,7))
>>> #using 6 as an estimate
>>> mn= np.mean([(6-samples_z7())**2 for i in range(100)])
>>> #7/2 is the MSE estimate
>>> mn0= np.mean([(7/2.-samples_z7())**2 for i in range(100)])
>>> print('MSE=%3.2f using 6 vs MSE=%3.2f using 7/2 ' % (mn,mn0))
MSE=9.20 using 6 vs MSE=2.99 using 7/2
```

编程技巧

> stats. sample(x,S. Eq(z,7)) 函数调用对 x 变量进行采样，以满足 z 变量上的条件。换句话说，假设 x 骰子和 y 骰子的结果之和 z 等于 7，它将生成 x 骰子的随机样本。

重复运行上述代码，直到 $\mathbb{E}(x|z)$ 每次都给出较小均方误差。为了进一步验证，我们来考虑这样的情况：骰子的偏差很大，以至于结果为 6 的概率是其他结果的十倍。也就是说，

$$\mathbb{P}(6) = 2/3$$

而 $\mathbb{P}(1)=\mathbb{P}(2)=\cdots=\mathbb{P}(5)=1/15$。用 Sympy 编程来探索这个问题：

```
>>> # here 6 is ten times more probable than any other outcome
>>> x=stats.FiniteRV('D3',{1:1/15., 2:1/15.,
...                        3:1/15., 4:1/15.,
...                        5:1/15., 6:2/3.})
```

和前面一样，构造两个骰子的点数和，在图 2.6 中绘制相应的概率质量函数。与图 2.5 相比，概率质量已经偏离较小的数字。

我们看看条件期望是如何从 Z 估计 X 的。

```
>>> E(x, S.Eq(z,7)) # conditional expectation E(x|z=7)
5.00000000000000
```

现在有 $\mathbb{E}(x|z=7)=5$，生成样本，看看能否得到较小的均方误差。

```
>>> samples_z7 = lambda : stats.sample(x, S.Eq(z,7))
>>> #using 6 as an estimate
>>> mn= np.mean([(6-samples_z7())**2 for i in range(100)])
>>> #5 is the MSE estimate
>>> mn0= np.mean([(5-samples_z7())**2 for i in range(100)])
>>> print('MSE=%3.2f using 6 vs MSE=%3.2f using 5 ' % (mn,mn0))
MSE=3.19 using 6 vs MSE=2.86 using 5
```

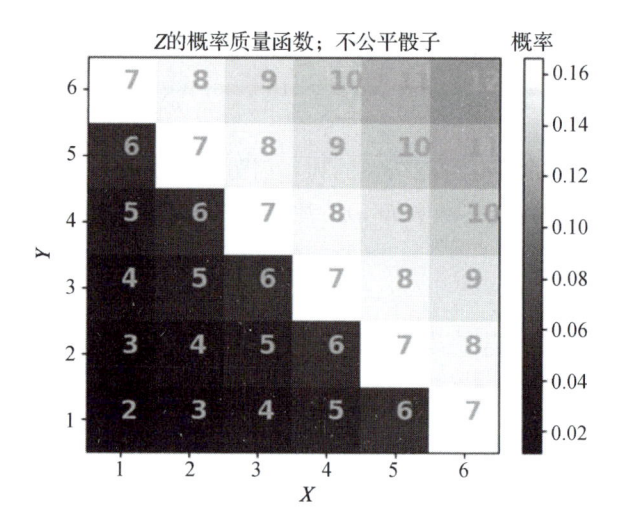

图 2.6　图中数字表示 Z 的值，与坐标轴上 X 和 Y 的值对应

通过这个简单的例子，我们重点讨论了最小均方误差和条件期望之间的联系。希望上述两个图有助于揭示概率密度的作用。接下来，我们将继续拓展几何直觉，揭示条件期望的真正力量。

2.5　条件期望和均方误差优化示例

Brzezniak[6]写了一本很棒的书，它通过一系列的练习给出了条件期望，这也是我们现在要尝试的。区别在于，Brzezniak 对同样的问题采取了更为抽象的测度理论。要注意的是，你需要掌握概率高级领域的测度理论，但就目前为止所涉及的内容而言，使用我们的方法来解决他书中的相同问题是很有启发性的。用多种方法来解决问题大有裨益。本书按文献[6]中的顺序对例子进行了编号，也尽量采用文献中的符号标记。

2.5.1　示例 1

这是 Brzezniak 书中的例 2.1。抛掷 10、20 和 50 便士的三枚硬币。将面朝上的硬币值相加。假设有两枚硬币正面朝上，预计总数是多少？在本例中就要计算 $\mathbb{E}(\xi|\eta)$，其中

$$\xi := 10X_{10} + 20X_{20} + 50X_{50}$$

其中 $X_i \in \{0,1\}$，X_{10} 为与 10 便士硬币(以此类推)对应的伯努利分布随机变量。因此，ξ 代表正面朝上的硬币值总和。η 表示条件，即三枚硬币中两枚正面朝上：

$$\eta := X_{10}X_{20}(1-X_{50}) + (1-X_{10})X_{20}X_{50} + X_{10}(1-X_{20})X_{50}$$

η 函数只有当三枚硬币中的两枚正面朝上时才是非零的。式中每一项都代表了一种可能的结果。例如，当 10 便士和 20 便士硬币正面朝上、50 便士硬币正面朝下时，第一项等于 1，剩下的项是 0。

要计算条件期望，就要构造关于 η 的 h 函数来最小化均方误差，即最小化

$$\text{MSE} = \sum_{X \in \{0,1\}^3} \frac{1}{2^3} (\xi - h(\eta))^2$$

方程包括 $\{X_{10}, X_{20}, X_{50}\}$ 的所有可能结果的和，因为每枚硬币正面朝上的概率都是 $1/2$。

现在，问题归结为如何描述函数 $h(\eta)$？注意，$\eta \mapsto \{0,1\}$，所以 h 只有两个值。因此，正交内积条件为

$$\langle \xi - h(\eta), \eta \rangle = 0$$

但是，因为只关心 $\eta = 1$，所以可以简化成

$$\langle \xi - h(1), 1 \rangle = 0$$

$$\langle \xi, 1 \rangle = \langle h(1), 1 \rangle$$

这看起来不那么难以评估，但我们必须计算 $\eta = 1$ 时的积分。也就是说，我们可以计算

$$\int_{\{\eta = 1\}} \xi \mathrm{d}X = h(1) \int_{\{\eta = 1\}} \mathrm{d}X$$

这就是 Brzezniak 的研究过程。同样，我们可以定义 $h(\eta) = \alpha\eta$，然后寻找 α。重新写出正交条件

$$\langle \xi - \eta, \alpha\eta \rangle = 0$$

$$\langle \xi, \eta \rangle = \alpha \langle \eta, \eta \rangle$$

$$\alpha = \frac{\langle \xi, \eta \rangle}{\langle \eta, \eta \rangle}$$

其中

$$\langle \xi, \eta \rangle = \sum_{X \in \{0,1\}^3} \frac{1}{2^3} (\xi\eta)$$

需要注意的是我们可以遍历所有三元组 $\{X_{10}, X_{20}, X_{50}\}$，因为 $h(\eta)$ 在 $\eta = 0$ 时的值为 0。我们只需要把所有值代入，然后求解。这项烦琐的工作用 Sympy 来解决再合适不过了，具体如下：

```
>>> import sympy as S
>>> X10,X20,X50 = S.symbols('X10,X20,X50',real=True)
>>> xi  = 10*X10+20*X20+50*X50
>>> eta = X10*X20*(1-X50)+X10*(1-X20)*(X50)+(1-X10)*X20*(X50)
>>> num=S.summation(xi*eta,(X10,0,1),(X20,0,1),(X50,0,1))
>>> den=S.summation(eta*eta,(X10,0,1),(X20,0,1),(X50,0,1))
>>> alpha=num/den
>>> print(alpha) # alpha=160/3
160/3
```

也就是说

$$\mathbb{E}(\xi | \eta) = \frac{160}{3} \eta$$

这可以通过以下仿真快速验证：

```
>>> import pandas as pd
>>> d = pd.DataFrame(columns=['X10','X20','X50'])
>>> d.X10 = np.random.randint(0,2,1000)
>>> d.X10 = np.random.randint(0,2,1000)
>>> d.X20 = np.random.randint(0,2,1000)
>>> d.X50 = np.random.randint(0,2,1000)
```

> **编程技巧**
>
> 上述代码用已有列创建空的 Pandas 数据结构 DataFrame。后面的四行代码为每一列赋值。

上面的代码模拟抛三枚硬币 1000 次。DataFrame 中的每一列可能是 0，也可能是 1，分别对应正面朝下或正面朝上。条件是三枚硬币中有两枚正面朝上。接下来根据它们的总和对列进行分组。注意，总和只能是 $\{0,1,2,3\}$ 中一种，分别对应于 0 枚硬币正面朝上、1 枚硬币正面朝上，等等。

```
>>> grp=d.groupby(d.eval('X10+X20+X50'))
```

> **编程技巧**
>
> Pandas DataFrame 的 eval 函数接收指定列并计算给定的公式。讨论到这里，采用只涉及基本操作的简单公式来解决问题是可能的。

接下来，求出总和为 2 的组，也就是恰好有两枚硬币正面朝上，然后计算这些硬币值的总和。最后，取这些和的均值：

```
>>> grp.get_group(2).eval('10*X10+20*X20+50*X50').mean()
52.60162601626016
```

结果接近 $160/3 \approx 53.33$，符合分析结果。下面的代码表明，只用 Numpy 就可以完成相同的模拟：

```
>>> import numpy as np
>>> from numpy import array
>>> x=np.random.randint(0,2,(3,1000))
>>> print(np.dot(x[:,x.sum(axis=0)==2].T,array([10,20,50])).mean())
52.860759493670884
```

在本例中，使用了 Numpy 点积来计算正面朝上的硬币的值。sum(axis=0)==2 模块完成对两个正面朝上的硬币对应列的选择。

还有一种解决此问题的方法，就是放弃随机采样部分，只尽可能考虑所有可能性，这个过程使用 Python 标准库中的 itertools 模块完成：

```
>>> import itertools as it
>>> list(it.product((0,1),(0,1),(0,1)))
[(0, 0, 0),
 (0, 0, 1),
 (0, 1, 0),
 (0, 1, 1),
 (1, 0, 0),
 (1, 0, 1),
 (1, 1, 0),
 (1, 1, 1)]
```

注意，需要用上面的列表 list 来触发 it.product 中的迭代。这是因为 itertools 是基于迭代器的，所以在迭代（在本例中是通过列表 list 触发）之前实际上并不进行迭代。迭代结果里有所有可能的三元组 (X_{10}, X_{20}, X_{50})，其中 0 和 1 分别表示正面朝下和正面朝上。下一步要过滤掉两枚硬币正面朝上的情况。

```
>>> list(filter(lambda i:sum(i)==2,it.product((0,1),(0,1),(0,1))))
[(0, 1, 1), (1, 0, 1), (1, 1, 0)]
```

接下来，结合前面的代码来计算硬币值的总和。

```
>>> list(map(lambda k:10*k[0]+20*k[1]+50*k[2],
...          filter(lambda i:sum(i)==2,
...          it.product((0,1),(0,1),(0,1)))))
[70, 60, 30]
```

输出的均值是 53.33，因此这是另一种得到相同结果的方法。对于本例，我们演示了使用 Sympy、Numpy 和 Pandas 可能实现的所有方法。用多种方法来处理同一个问题并交叉检查结果是很有价值的。

2.5.2　示例 2

这是 Brzezniak 书中的例 2.2。和之前一样，抛掷 10、20 和 50 便士的三枚硬币。抛掷三枚硬币所得总额与仅抛掷 10、20 便士两枚硬币结果相同的条件期望是多少？对于这个问题，有

$$\xi := 10X_{10} + 20X_{20} + 50X_{50}$$

$$\eta := 30X_{10}X_{20} + 20(1 - X_{10})X_{20} + 10X_{10}(1 - X_{20})$$

只考虑 10 和 20 两枚硬币的结果会有四个值 $\eta \mapsto \{0, 10, 20, 30\}$。与前面的问题相比，我们对所有 η 对应的 $h(\eta)$ 感兴趣。显然，每个 η 分别对应 $h(\eta)$ 的四个值。首先考虑 $\eta = 10$ 的情况，正交条件为

$$\langle \xi - h(10), 10 \rangle = 0$$

$\eta = 10$ 的定义域为 $\{X_{10} = 1, X_{20} = 0, X_{50}\}$，整理期望，可得

$$\mathbb{E}_{\{X_{10}=1, X_{20}=0, X_{50}\}}(\xi - h(10))10 = 0$$

$$\mathbb{E}_{\{X_{50}\}}(10 - h(10) + 50X_{50}) = 0$$

$$10 - h(10) + 25 = 0$$

得到 $h(10) = 35$。对 $\eta \in \{20, 30\}$ 重复相同的过程，分别得出 $h(20) = 45$ 和 $h(30) = 55$。这就是 Brzezniak 书中采用的方法。另外，我们可以看一下仿射函数 $h(\eta) = a\eta + b$，并采用穷举微积分方法进行计算。

```
>>> from sympy.abc import a,b
>>> h = a*eta + b
>>> eta = X10*X20*30 + X10*(1-X20)*(10)+ (1-X10)*X20*(20)
>>> MSE=S.summation((xi-h)**2*S.Rational(1,8),(X10,0,1),
...                 (X20,0,1),
...                 (X50,0,1))
>>> sol=S.solve([S.diff(MSE,a),S.diff(MSE,b)],(a,b))
>>> print(sol)
{a: 64/3, b: 32}
```

编程技巧

　　这段 Sympy 代码中的 **Rational** 函数表示了 Sympy 操作有理数的方法。这与指定 1/8 这样的分数不同，Python 自动将 1/8. 作为浮点数（即 0.125）处理。使用 **Rational** 的好处是可以产生有理数输出，这有时更容易理解。

　　这意味着

$$\mathbb{E}(\xi|\eta) = 25 + \eta \tag{2.5.2.1}$$

因为 η 只有四个值 $\{0, 10, 20, 30\}$，我们可以明确地写出 $\mathbb{E}(\xi|\eta)$，如下所示：

$$\mathbb{E}(\xi|\eta) = \begin{cases} 25, & \eta = 0 \\ 35, & \eta = 10 \\ 45, & \eta = 20 \\ 55, & \eta = 30 \end{cases} \tag{2.5.2.2}$$

　　另外，也可以使用正交内积为假设的仿射函数写出以下条件：

$$\langle \xi - h(\eta), \eta \rangle = 0 \tag{2.5.2.3}$$
$$\langle \xi - h(\eta), 1 \rangle = 0 \tag{2.5.2.4}$$

把这些写出来再求解 a 和 b 是单调乏味的，但对 Sympy 来说轻而易举。对于式(2.5.2.3)，有

```
>>> expr=S.expand((xi-h)*eta)
>>> print(expr)
30*X10**2*X20*X50*a - 10*X10**2*X20*a - 10*X10**2*X50*a + 100*X10**2
+ 60*X10*X20**2*X50*a - 20*X10*X20**2*a - 30*X10*X20*X50*a
+ 400*X10*X20 + 500*X10*X50 - 10*X10*b - 20*X20**2*X50*a + 400*X20**2
+ 1000*X20*X50 - 20*X20*b
```

由于 $\mathbb{E}(X_i^2) = 1/2 = \mathbb{E}(X_i)$，因此可进行如下替换：

```
>>> expr.xreplace({X10**2:0.5, X20**2:0.5,X10:0.5,X20:0.5,X50:0.5})
-7.5*a - 15.0*b + 725.0
```

编程技巧

　　由于 Sympy 符号是可哈希的，所以它们可以像在上面的 **xreplace** 函数中一样被用作 Python 字典的键。

　　对于式(2.5.2.4)中的正交内积，也可以这样做，如下所示：

```
>>> S.expand((xi-h)*1).xreplace({X10**2:0.5,
...                              X20**2:0.5,
...                              X10:0.5,
...                              X20:0.5,
...                              X50:0.5})
-0.375*a - b + 40.0
```

然后，将此结果与上一个结果相结合，求解 a 和 b：

```
>>> S.solve([-350.0*a-15.0*b+725.0,-15.0*a-b+40.0])
{a: 1.00000000000000, b: 25.0000000000000}
```

也就得到了最终解

$$\mathbb{E}(\xi|\eta) = 25 + \eta$$

下面是演示这一点的快速仿真代码。我们可以在上一个例子中用过的 Pandas DataFrame 基础上构建，针对 10 和 20 便士硬币的总和创建一个新列，如下所示：

```
>>> d['sm'] = d.eval('X10*10+X20*20')
```

我们可以根据和的值进行分组：

```
>>> d.groupby('sm').mean()
     X10  X20       X50
sm
0    0.0  0.0  0.502024
10   1.0  0.0  0.531646
20   0.0  1.0  0.457831
30   1.0  1.0  0.516854
```

我们要求的是硬币价值的期望：

```
>>> d.groupby('sm').mean().eval('10*X10+20*X20+50*X50')
sm
0     25.101215
10    36.582278
20    42.891566
30    55.842697
dtype: float64
```

这与式(2.5.2.2)的分析结果非常接近。

2.5.3 示例 3

这是 Brzezniak 书中的例 2.3。假设 X 在 $[0,1]$ 上均匀分布，求 $\mathbb{E}(\xi|\eta)$，其中

$$\xi(x) = 2x^2$$

$$\eta(x) = \begin{cases} 1, & x \in [0,1/3] \\ 2, & x \in (1/3,2/3] \\ 0, & x \in (2/3,1] \end{cases}$$

注意，本示例的问题与前两个示例不同，因为表征 η 的集合是区间而不是离散点。尽管如此，我们最终将有三个 $h(\eta)$ 值，因为 $\eta \mapsto \{0,1,2\}$。对于 $\eta = 1$，有正交条件

$$\langle \xi - h(1), 1 \rangle = 0$$

它可归结为

$$\mathbb{E}_{[x \in [0,1/3]]}(\xi - h(1)) = 0$$

$$\int_0^{\frac{1}{3}} (2x^2 - h(1))\mathrm{d}x = 0$$

然后，通过求解上式得到 $h(1) = 2/24$。这就是 Brzezniak 解决此问题的方式。另外，我们可以使用 $h(\eta) = a + b\eta + c\eta^2$ 和穷举微积分进行求解。

```
>>> x,c,b,a=S.symbols('x,c,b,a')
>>> xi = 2*x**2

>>> eta=S.Piecewise((1,S.And(S.Gt(x,0),
...                          S.Lt(x,S.Rational(1,3)))),  #  0 < x < 1/3
```

```
...                    (2,S.And(S.Gt(x,S.Rational(1,3)),
...                       S.Lt(x,S.Rational(2,3)))),  # 1/3 < x < 2/3,
...                    (0,S.And(S.Gt(x,S.Rational(2,3)),
...                       S.Lt(x,1))))               # 1/3 < x < 2/3
>>> h = a + b*eta + c*eta**2
>>> J=S.integrate((xi-h)**2,(x,0,1))
>>> sol=S.solve([S.diff(J,a),
...              S.diff(J,b),
...              S.diff(J,c),
...              ],
...              (a,b,c))

>>> print(sol)
{a: 38/27, b: -20/9, c: 8/9}
>>> print(S.piecewise_fold(h.subs(sol)))
Piecewise((2/27, (x > 0) & (x < 1/3)),
          (14/27, (x > 1/3) & (x < 2/3)),
          (38/27, (x > 2/3) & (x < 1)))
```

因此，根据以上结果，得到

$$\mathbb{E}(\xi\,|\,\eta) = \frac{38}{27} - \frac{20}{9}\eta + \frac{8}{9}\eta^2$$

它可以重写为 x 的分段函数：

$$\mathbb{E}(\xi\,|\,\eta(x)) = \begin{cases} \dfrac{2}{27}, & 0 < x < \dfrac{1}{3} \\[2ex] \dfrac{14}{27}, & \dfrac{1}{3} < x < \dfrac{2}{3} \\[2ex] \dfrac{38}{27}, & \dfrac{2}{3} < x < 1 \end{cases} \tag{2.5.3.1}$$

此外，我们可以通过 $h(\eta)=c+\eta b+\eta^2 a$，直接写出正交内积条件

$$\langle \xi-h(\eta),1\rangle = 0$$
$$\langle \xi-h(\eta),\eta\rangle = 0$$
$$\langle \xi-h(\eta),\eta^2\rangle = 0$$

从而求解出 a、b 和 c。

```
>>> x,a,b,c,eta = S.symbols('x,a,b,c,eta',real=True)
>>> xi  = 2*x**2
>>> eta=S.Piecewise((1,S.And(S.Gt(x,0),
...                     S.Lt(x,S.Rational(1,3)))),  #  0 < x < 1/3
...                  (2,S.And(S.Gt(x,S.Rational(1,3)),
...                     S.Lt(x,S.Rational(2,3)))), # 1/3 < x < 2/3,
...                  (0,S.And(S.Gt(x,S.Rational(2,3)),
...                     S.Lt(x,1)))) # 1/3 < x < 2/3
>>> h = c+b*eta+a*eta**2
```

然后，正交条件变成

```
>>> S.integrate((xi-h)*1,(x,0,1))
-5*a/3 - b - c + 2/3
>>> S.integrate((xi-h)*eta,(x,0,1))
-3*a - 5*b/3 - c + 10/27
>>> S.integrate((xi-h)*eta**2,(x,0,1))
-17*a/3 - 3*b - 5*c/3 + 58/81
```

现在，我们结合三个方程，求出参数：

```
>>> eqs=[ -5*a/3 - b - c + 2/3,
...    -3*a - 5*b/3 - c + 10/27,
...    -17*a/3 - 3*b - 5*c/3 + 58/81]
>>> sol=S.solve(eqs)
>>> print(sol)
{a: 0.888888888888889, b: -2.22222222222222, c: 1.40740740740741}
```

代入参数值，得到最终的结果：

```
>>> print(S.piecewise_fold(h.subs(sol)))
Piecewise((0.074074074074074, (x > 0) & (x < 1/3)),
         (0.518518518518518, (x > 1/3) & (x < 2/3)),
         (1.40740740740741, (x > 2/3) & (x < 1)))
```

这与式(2.5.3.1)的分析结果是一样的，只是采用了小数形式。

编程技巧

　　Python 解析不等式的方式造成 Sympy 分段函数的定义存在冗余。在撰写本书时，这一点在 Sympy 上尚未得到解决，因此需要做冗余声明。

为了验证结果，使用 Pandas 进行快速仿真：

```
>>> d = pd.DataFrame(columns=['x','eta','xi'])
>>> d.x = np.random.rand(1000)
>>> d.xi = 2*d.x**2
>>> d.xi.head()
0    0.649201
1    1.213763
2    1.225751
3    0.005203
4    0.216274
Name: xi, dtype: float64
```

现在，使用 pd. cut 函数对 x 进行分组，如下所示：

```
>>> pd.cut(d.x,[0,1/3,2/3,1]).head()
0    (0.333, 0.667]
1    (0.667, 1.0]
2    (0.667, 1.0]
3    (0.0, 0.333]
4    (0.0, 0.333]
Name: x, dtype: category
Categories (3, interval[float64]): [(0.0, 0.333] < (0.333, 0.667]
                                    < (0.667, 1.0]]
```

注意，上面的 head()调用仅用于限制打印输出。所列出的类别是使用[0,1/3,2/3,1]列表指定的 eta 的每个区间。现在知道了如何使用 pd. cut，就可以计算每个组的均值，如下所示：

```
>>> d.groupby(pd.cut(d.x,[0,1/3,2/3,1])).mean()['xi']
x
(0.0, 0.333]      0.073048
(0.333, 0.667]    0.524023
(0.667, 1.0]      1.397096
Name: xi, dtype: float64
```

这与式(2.5.3.1)的分析结果非常接近。此外，也可以用 sympy.stats 中的工具进行相同的求解：

```
>>> from sympy.stats import E, Uniform
>>> x=Uniform('x',0,1)
>>> E(2*x**2,S.And(x < S.Rational(1,3), x > 0))
2/27
>>> E(2*x**2,S.And(x < S.Rational(2,3), x > S.Rational(1,3)))
14/27
>>> E(2*x**2,S.And(x < 1, x > S.Rational(2,3)))
38/27
```

这又以另一种方式得到了相同的结果。

2.5.4　示例 4

这是 Brzezniak 书中的例 2.4。求解 $\mathbb{E}(\xi|\eta)$，其中

$$\xi(x) = 2x^2$$

$$\eta = \begin{cases} 2, & 0 \leqslant x < \dfrac{1}{2} \\ x, & \dfrac{1}{2} < x \leqslant 1 \end{cases}$$

同样，X 在单位区间上是均匀分布的。注意，在每个定义域，η 不再是离散的。对于定义域 $0 < x < 1/2$，$h(2)$ 只取一个值，比如 h_0。对于此定义域，正交条件为

$$\mathbb{E}_{\{\eta=2\}}((\xi(x) - h_0)2) = 0$$

可化简为

$$\int_0^{1/2} (2x^2 - h_0) \, \mathrm{d}x = 0$$

$$\int_0^{1/2} 2x^2 \, \mathrm{d}x = \int_0^{1/2} h_0 \, \mathrm{d}x$$

$$h_0 = 2 \int_0^{1/2} 2x^2 \, \mathrm{d}x$$

$$h_0 = \frac{1}{6}$$

对于 $\{\eta=x\}$ 的另一个定义域 $\dfrac{1}{2} < x \leqslant 1$，再次给出正交条件

$$\mathbb{E}_{\{\eta=x\}}((\xi(x) - h(x))x) = 0$$

$$\int_{1/2}^1 (2x^2 - h(x))x \, \mathrm{d}x = 0$$

$$h(x) = 2x^2$$

综合可得

$$\mathbb{E}(\xi|\eta(x)) = \begin{cases} \dfrac{1}{6}, & 0 \leqslant x < \dfrac{1}{2} \\ 2x^2, & \dfrac{1}{2} < x \leqslant 1 \end{cases}$$

尽管这个结果没有明确地写成 η 的函数。

2.5.5 示例 5

这是 Brzezniak 书中的练习 2.6。求解 $\mathbb{E}(\xi|\eta)$，其中
$$\xi(x) = 2x^2$$
$$\eta(x) = 1 - |2x - 1|$$

X 在单位区间内均匀分布。于是，可以将 η 写成分段函数：

$$\eta = \begin{cases} 2x, & 0 \leqslant x < \dfrac{1}{2} \\[2mm] 2 - 2x, & \dfrac{1}{2} < x \leqslant 1 \end{cases}$$

不连续点在 $x = 1/2$ 处。先从 $\{\eta = 2x\}$ 的定义域开始分析：

$$\mathbb{E}_{\{\eta=2x\}}((2x^2 - h(2x))2x) = 0$$

$$\int_0^{1/2} (2x^2 - h(2x))2x\,\mathrm{d}x = 0$$

通过改变变量 $(\eta = 2x)$，可以明确将它写成 η 的函数：

$$\int_0^1 (\eta^2/2 - h(\eta))\frac{\eta}{2}\mathrm{d}\eta = 0$$

因此，在该定义域，$h(\eta) = \eta^2/2$。注意，由于变量的变化，$h(\eta)$ 的有效定义域为 $\eta \in [0,1]$。

对于满足 $\{\eta = 2 - 2x\}$ 的另一个定义域，有

$$\mathbb{E}_{\{\eta=2-2x\}}((2x^2 - h(2 - 2x))(2 - 2x)) = 0$$

$$\int_{1/2}^1 (2x^2 - h(2 - 2x))(2 - 2x)\,\mathrm{d}x = 0$$

同样，改变变量使 η 的依赖关系更清晰，由 $\eta = 2 - 2x$ 得到

$$\int_0^1 ((2 - \eta)^2/2 - h(\eta))\frac{\eta}{2}\mathrm{d}\eta = 0$$

$$h(\eta) = (2 - \eta)^2/2$$

并且，变量的变化意味着该解在 $\eta \in [0,1]$ 上是有效的。由于这两部分都在同一定义域（$\eta \in [0,1]$）上有效，因此将它们加起来就可以得到最终解，即

$$h(\eta) = \eta^2 - 2\eta + 2$$

下面通过快速仿真来证实这一点。

```
>>> from pandas import DataFrame
>>> import numpy as np
>>> d = DataFrame(columns=['xi','eta','x','h','h1','h2'])
>>> # 100 random samples
>>> d.x = np.random.rand(100)
>>> d.xi = d.eval('2*x**2')
>>> d.eta =1-abs(2*d.x-1)
>>> d.h1=d[(d.x<0.5)].eval('eta**2/2')
>>> d.h2=d[(d.x>=0.5)].eval('(2-eta)**2/2')
```

```
>>> d.fillna(0,inplace=True)
>>> d.h = d.h1+d.h2
>>> d.head()
        xi        eta         x          h        h1        h2
0  1.102459   0.515104  0.742448  1.102459  0.000000  1.102459
1  0.239610   0.692257  0.346128  0.239610  0.239610  0.000000
2  1.811868   0.096389  0.951806  1.811868  0.000000  1.811868
3  0.000271   0.023268  0.011634  0.000271  0.000271  0.000000
4  0.284240   0.753977  0.376988  0.284240  0.284240  0.000000
```

请注意，在应用个别解决方案时，使用列表切片索引(d.x<0.5)必须格外小心。fill-na 函数确保在组合各个解决方案之前，将填补空行的默认 NaN 值替换为零。否则，NaN 值将在余下的计算过程中一直传递下去。下面是绘制图 2.7 的基本代码。

```
from matplotlib.pyplot import subplots
fig,ax=subplots()
ax.plot(d.xi,d.eta,'.',alpha=.3,label='$\eta$')
ax.plot(d.xi,d.h,'k.',label='$h(\eta)$')
ax.legend(loc=0,fontsize=18)
ax.set_xlabel('$2 x^2$',fontsize=18)
ax.set_ylabel('$h(\eta)$',fontsize=18)
```

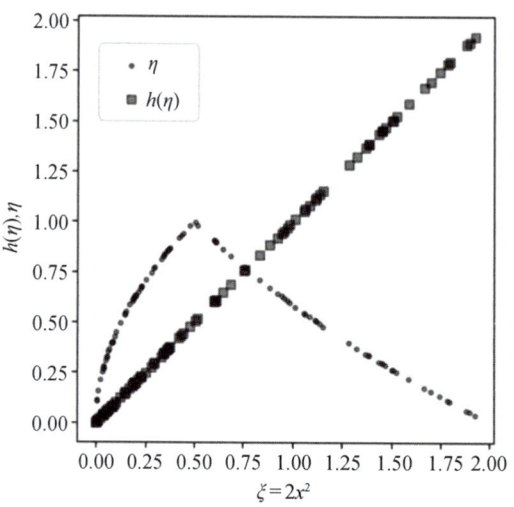

图 2.7　对角线表明条件期望等于 ξ 函数的情况

　　图 2.7 展示了针对 ξ 数据绘制的 η 和 $h(\eta)=\mathbb{E}(\xi|\eta)$。对角线上点是 ξ 和 $\mathbb{E}(\xi|\eta)$ 相匹配的点。如图所示，原始数据 ξ 和 η 之间没有一致性。因此，一种看待条件期望的方法是看作将曲线弯曲到对角线上的函数变换。黑点表示 ξ 与 $\mathbb{E}(\xi|\eta)$ 对应，并且这两个点在对

角线上都对应。这是预料之中的，因为在 η 的所有函数中，条件期望是对 ξ 的 MSE 最佳估计。

2.5.6 示例 6

这是 Brzezniak 书中的练习 2.14。求解 $\mathbb{E}(\xi\,|\,\eta)$，其中

$$\xi(x) = 2x^2$$

$$\eta = \begin{cases} 2x, & 0 \leqslant x < \dfrac{1}{2} \\ 2x-1, & \dfrac{1}{2} < x \leqslant 1 \end{cases}$$

X 在单位区间内均匀分布。这与上一个例子相同，唯一的区别是，η 在 $x=1/2$ 处不连续。$0 \leqslant x < \dfrac{1}{2}$ 的部分与前例的 $0 \leqslant x < \dfrac{1}{2}$ 部分完全相同，在此略过不讲。$\dfrac{1}{2} < x \leqslant 1$ 部分遵循与上一个示例相同的推理，在此仅针对 $\{\eta = 2x-1\}$ 的情况进行分析，结果如下：

$$h(\eta) = \frac{(1+\eta)^2}{2}, \forall\, \eta \in [0,1]$$

像上例一样将它们加起来就得到了完整的解，即

$$h(\eta) = \frac{1}{2} + \eta + \eta^2$$

本例中有趣的部分如图 2.8 所示。圆点表示 η 不连续，但 $h(\eta) = \mathbb{E}(\xi\,|\,\eta)$ 的解等于 ξ（即匹配对角线）。这说明了正交内积方法的强大，它不需要函数保持连续，也不需要复杂的集合理论参数，就可以计算出解。相比之下，强烈建议读者考虑 Brzezniak 针对此问题的解决方案，该问题需要此类方法。

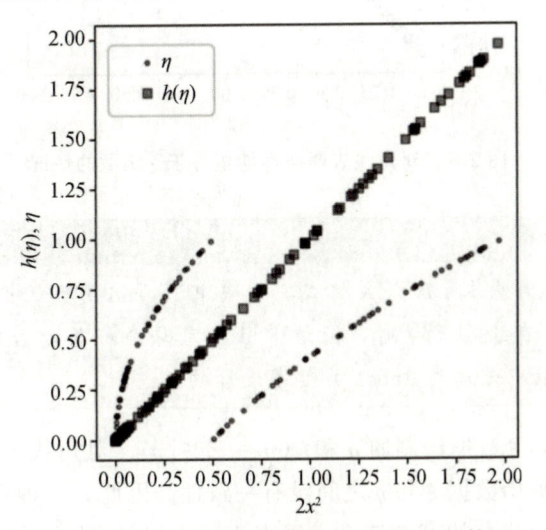

图 2.8 对角线表明条件期望等于 ξ 函数的情况

将投影法扩展到随机变量，可为条件期望问题解的计算提供多种方法。在本节中，我们还使用各种 Python 模块进行了仿真。始终建议使用不止一种方法来交叉检查潜在的解。我们采用自己的方法重新求解了 Brzezniak 书中的一些示例，以此展开阐述解决同一问题的多种方法。将 Brzezniak 的测度理论方法与我们不太抽象的方法进行比较，可以让读者很好地理解这两个概念，这对于随机过程的深入研究非常重要。

2.6　有用的分布

2.6.1　正态分布

毫无疑问，正态(高斯)分布是最重要、最基础的概率分布。其一维形式如下：

$$f(x) = \frac{e^{-\frac{(x-\mu)^2}{2\sigma^2}}}{\sqrt{2\pi\,\sigma^2}}$$

其中，$\mathbb{E}(x) = \mu$，$\mathbb{V}(x) = \sigma^2$。$x \in \mathbb{R}^n$ 的多维形式如下：

$$f(\boldsymbol{x}) = \frac{1}{\det(2\pi\boldsymbol{R})^{\frac{1}{2}}} e^{-\frac{1}{2}(\boldsymbol{x}-\boldsymbol{\mu})^{\mathrm{T}}\boldsymbol{R}^{-1}(\boldsymbol{x}-\boldsymbol{\mu})}$$

其中，$\boldsymbol{R}$ 是协方差矩阵，其元素为

$$R_{i,j} = \mathbb{E}\big[(x_i - \overline{x}_i)(x_j - \overline{x}_j)\big]$$

正态分布的一个关键特性是，它完全由 μ 和 σ^2 两个参数决定。另一个关键特性是正态分布在线性变换中保持不变。例如，

$$\boldsymbol{y} = \boldsymbol{A}\boldsymbol{x}$$

表示 $\boldsymbol{y} \sim \mathcal{N}(\boldsymbol{A}\boldsymbol{x}, \boldsymbol{A}\boldsymbol{R_x}\boldsymbol{A}^{\mathrm{T}})$。这意味着用正态分布随机变量很容易进行线性代数和矩阵运算。正态分布随机变量保留了许多直观的几何关系，详见 3.11 节。

2.6.2　多项分布

多项分布是二项分布的推广。回想一下，二项分布表征了 n 次试验中正面朝上的次数。

思考将 n 个球分配到 r 个可用的箱子中的问题，其中每个箱子可以容纳 1 个以上的球。假设 $n=10$ 且 $r=3$，那么一种可能的有效配置是 $\boldsymbol{N}_{10} = [3,3,4]$。球落在第 i 个箱子里的概率是 p_i，其中 $\sum p_i = 1$。多项分布表征 $\boldsymbol{N}_n$ 的概率分布。二项分布是 $n=2$ 时多项分布的一个特例。该多项分布在 `scipy.stats` 模块中实现，如下所示：

```
>>> from scipy.stats import multinomial
>>> rv = multinomial(10,[1/3]*3)
>>> rv.rvs(4)
array([[2, 2, 6],
       [4, 2, 4],
       [2, 4, 4],
       [2, 6, 2]])
```

注意，各列的总和总是为 n：

```
>>> rv.rvs(10).sum(axis=1)
array([[10, 10, 10, 10, 10, 10, 10, 10, 10, 10]])
```

为了得到概率质量函数，我们定义了**占有向量** $e_i \in \mathbb{R}^r$，它是恰好有一个非零分量的二进制向量（即单位向量）。可以将向量 N_n 写成 n 个向量 X（每个向量都来自集合 $\{e_j\}_{j=1}^r$）的和：

$$N_n = \sum_{i=1}^{n} X_i$$

其中，概率 $\mathbb{P}(X = e_j) = p_j$。因此，$N_n$ 服从向量集合上的离散分布，且向量集合中均为非负向量，向量和为 n。因为 X 向量是独立同分布的，所以任意特定 $N_n = [x_1, x_2, \cdots, x_r]^T = x$ 的概率为

$$\mathbb{P}(N_n = x) = C_n p_1^{x_1} p_2^{x_2} \cdots p_r^{x_r}$$

其中，C_n 是组合因子，表示 n 个球放到 j（j 从 1 到 r）个盒子的方法有多少种。考虑到第一个分量有 $C_n^{x_1}$ 种选择。剩下 $n - x_1$ 个球留给其余的向量分量。因此，第二个分量有 $C_{n-x_1}^{x_2}$ 种选择球的方式。同样，第三个分量有 $C_{n-x_1-x_2}^{x_3}$ 种选择球的方式，以此类推，有

$$C_n = C_n^{x_1} C_{n-x_1}^{x_2} C_{n-x_1-x_2}^{x_3} \cdots C_{n-x_1-x_2-\cdots-x_{r-1}}^{x_r}$$

它可化简成

$$C_n = \frac{n!}{x_1! \cdots x_r!}$$

因此，多项分布的概率质量函数为

$$\mathbb{P}(N_n = x) = \frac{n!}{x_1! \cdots x_r!} p_1^{x_1} p_2^{x_2} \cdots p_r^{x_r}$$

该分布的期望如下：

$$\mathbb{E}(N_n) = \sum_{i=1}^{n} \mathbb{E}(X_i)$$

期望线性化后，可得

$$\mathbb{E}(X_i) = \sum_{j=1}^{r} p_j e_j = I p = p$$

其中，p_j 是向量 p 的分量，I 是单位矩阵。因为对任何 X_i 来说都是一样的，因此有

$$\mathbb{E}(N_n) = n p$$

对于 N_n 的协方差，需要计算

$$\text{Cov}(N_n) = \mathbb{E}(N_n N_n^T) - \mathbb{E}(N_n) \mathbb{E}(N_n)^T$$

对于等式右边的第一项，有

$$\mathbb{E}(N_n N_n^T) = \mathbb{E}\left[\left(\sum_{i=1}^{n} X_i \right) \left(\sum_{j=1}^{n} X_j^T \right) \right]$$

$i = j$ 时，有

$$\mathbb{E}(\boldsymbol{X}_i \boldsymbol{X}_i^\mathrm{T}) = \mathrm{diag}(\boldsymbol{p})$$

$i \neq j$ 时，有

$$\mathbb{E}(\boldsymbol{X}_i \boldsymbol{X}_j^\mathrm{T}) = \boldsymbol{p}\boldsymbol{p}^\mathrm{T}$$

注意，该项在对角线上有对应元素。将上述两个方程结合起来，得到

$$\mathbb{E}(\boldsymbol{N}_n \boldsymbol{N}_n^\mathrm{T}) = n\,\mathrm{diag}(\boldsymbol{p}) + (n^2 - n)\boldsymbol{p}\boldsymbol{p}^\mathrm{T}$$

这样就可以将协方差矩阵写为

$$\mathrm{Cov}(\boldsymbol{N}_n) = n\,\mathrm{diag}(\boldsymbol{p}) + (n^2 - n)\boldsymbol{p}\boldsymbol{p}^\mathrm{T} - n^2 \boldsymbol{p}\boldsymbol{p}^\mathrm{T} = n\,\mathrm{diag}(\boldsymbol{p}) - n\boldsymbol{p}\boldsymbol{p}^\mathrm{T}$$

具体地说，非对角线项是 $np_i p_j$，对角线项是 $np_i(1 - p_i)$。

2.6.3　卡方分布

卡方分布（χ^2 分布）出现在许多背景迥异的场合，因此值得我们花功夫去理解。假设有 n 个独立的随机变量 X_i，使得 $X_i \sim \mathcal{N}(0, 1)$。我们对随机变量 $R = \sqrt{\sum\limits_i X_i^2}$ 感兴趣，X_i 的联合概率密度为

$$f_{\boldsymbol{X}}(\boldsymbol{X}) = \frac{\mathrm{e}^{-\frac{1}{2}\sum\limits_i X_i^2}}{(2\pi)^{\frac{n}{2}}}$$

其中，$\boldsymbol{X}$ 代表随机变量 X_i 的向量。我们可以把 R 视为 n 维球体的半径。这个球的体积由以下公式给出：

$$V_n(R) = \frac{\pi^{\frac{n}{2}}}{\Gamma\left(\frac{n}{2} + 1\right)} R^n$$

为了减少符号数量，我们定义

$$A := \frac{\pi^{\frac{n}{2}}}{\Gamma\left(\frac{n}{2} + 1\right)}$$

该体积的微分如下：

$$\mathrm{d}V_n(R) = nA\,R^{n-1}\,\mathrm{d}R$$

根据 X_i 坐标，概率积分为 1：

$$\int f_{\boldsymbol{X}}(\boldsymbol{X})\mathrm{d}V_n(\boldsymbol{X}) = 1$$

就 R 而言，改变变量可得

$$\int f_{\boldsymbol{X}}(R)nA\,R^{n-1}\,\mathrm{d}R$$

因此

$$f_R(R) := f_{\boldsymbol{X}}(R) = nA\,R^{n-1}\,\frac{\mathrm{e}^{-\frac{1}{2}R^2}}{(2\pi)^{\frac{n}{2}}}$$

假设我们对 $Y = R^2$ 的分布感兴趣，用同样的方法，有

$$\int f_R(R)\,\mathrm{d}R = \int f_R(\sqrt{Y})\,\frac{\mathrm{d}Y}{2\sqrt{Y}}$$

最终可得

$$f_Y(Y) := nA Y^{\frac{n-1}{2}}\,\frac{\mathrm{e}^{-\frac{1}{2}Y}}{(2\pi)^{\frac{n}{2}}}\,\frac{1}{2\sqrt{Y}}$$

最后再代入 A，得出具有 n 个自由度的 χ^2 分布：

$$f_Y(Y) = n\,\frac{\pi^{\frac{n}{2}}}{\Gamma\!\left(\dfrac{n}{2}+1\right)}Y^{n/2-1}\,\frac{\mathrm{e}^{-\frac{1}{2}Y}}{(2\pi)^{\frac{n}{2}}}\,\frac{1}{2} = \frac{2^{-\frac{n}{2}-1}n}{\Gamma\!\left(\dfrac{n}{2}+1\right)}\mathrm{e}^{-Y/2}Y^{\frac{n}{2}-1}$$

例　假设检验是 χ^2 分布的一种常见应用。表 2.1 列出了特定人群的感染情况。假设这些数据服从多项分布，各组的感染率分别为 $p_1 = 1/4$（轻度感染）、$p_2 = 1/4$（重度感染）、$p_3 = 1/2$（未感染）。假设 n_i 是第 i 列中的人数，且 $\sum_i n_i = n = 684$。用 k 表示列数。为了应用中心极限定理，要对随机变量 n_i 求和，但这些变量的和为 n，而 n 是一个常数，定理不适用。相反，假设对随机变量 n_i 求和至 $k-1$ 项，那么根据中心极限定理，有

$$z = \sum_{i=1}^{k-1} n_i$$

服从渐近正态分布，均值为 $\mathbb{E}(z) = \sum_{i=1}^{k-1} np_i$。利用之前的结果和多项随机变量的表示法，可以将其写成

$$z = \left[\mathbf{1}_{k-1}^{\mathrm{T}}, 0\right]\boldsymbol{N}_n$$

其中，$\mathbf{1}_{k-1}$ 是所有元素均为 1、长度为 $k-1$ 的向量，且 $\boldsymbol{N}_n \in \mathbb{R}^k$。使用这种表示法，有

$$\mathbb{E}(z) = n\left[\mathbf{1}_{k-1}^{\mathrm{T}}, 0\right]\boldsymbol{p} = \sum_{i=1}^{k-1} np_i = n(1 - p_k)$$

表 2.1　诊断表

轻度感染	重度感染	未感染	总计
128	136	420	684

用同样的方法，可得 z 的方差：

$$\mathbb{V}(z) = \left[\mathbf{1}_{k-1}^{\mathrm{T}}, 0\right]\mathrm{Cov}(\boldsymbol{N}_n)\left[\mathbf{1}_{k-1}^{\mathrm{T}}, 0\right]^{\mathrm{T}}$$

得到

$$\mathbb{V}(z) = \left[\mathbf{1}_{k-1}^{\mathrm{T}}, 0\right](n\,\mathrm{diag}(\boldsymbol{p}) - n\boldsymbol{p}\boldsymbol{p}^{\mathrm{T}})\left[\mathbf{1}_{k-1}^{\mathrm{T}}, 0\right]^{\mathrm{T}}$$

于是方差变为

$$\mathbb{V}(z) = n(1 - p_k)p_k$$

得到均值和方差后，我们可以减去假设下的每列假设均值，并创建转换后的变量 z'：

$$z' = \sum_{i=1}^{k-1} \frac{n_i - np_i}{\sqrt{n(1-p_k)p_k}} \sim \mathcal{N}(0,1)$$

由中心极限定理可知，它服从正态分布。类似地

$$\sum_{i=1}^{k-1} \frac{(n_i - np_i)^2}{n(1-p_k)p_k} \sim \chi_{k-1}^2$$

基于这些公式，我们可以检验表 2.1 中的数据遵循假设多项分布的假设：

```
>>> from scipy import stats
>>> n = 684
>>> p1 = p2 = 1/4
>>> p3 = 1/2
>>> v = n*p3*(1-p3)
>>> z = (128-n*p1)**2/v + (136-n*p2)**2/v
>>> 1-stats.chi2(2).cdf(z)
0.00012486166748693073
```

该值很小，这表明对于这些数据假设的多项分布不是很好的分布。请注意，仅当 n 与表中的列数相比较大时，这种近似才有效。

2.6.4　泊松分布和指数分布

随机变量 X 的泊松分布表示在给定的时间间隔(t)内发生的一系列结果。

$$p(x;\lambda t) = \frac{\mathrm{e}^{-\lambda t}(\lambda t)^x}{x!}$$

泊松分布与二项分布 $b(k;n,p)$ 密切相关，其中 n 很大而 p 很小，也就是说，小概率事件试验多达 n 次。对于二项分布，有

$$b(k;n,p) = C_n^k p^k (1-p)^{n-k}$$

当 $k=0$ 时，两边取对数，得到

$$\log b(0;n,p) = (1-p)^n = \left(1 - \frac{\lambda}{n}\right)^n$$

其泰勒展开式为

$$\log b(0;n,p) \approx -\lambda - \frac{\lambda^2}{2n} - \cdots$$

当 n 很大时，结果可概括为

$$b(0;n,p) \approx \mathrm{e}^{-\lambda}$$

通过上面的证明得到了 $k=0$ 时的泊松分布。方便起见，有 $\mathbb{E}(X) = \mathbb{V}(X) = \lambda$。例如，假设每小时通过收费站的平均车辆数目为 3。那么，在给定时间内，有 6 辆车通过收费站的概率为 $p(x=6;\lambda t=3) = \dfrac{81}{30\mathrm{e}^3} \approx 0.05$。

scipy.stats 模块提供了泊松分布的仿真。计算上述结果的代码如下：

```
>>> from scipy.stats import poisson
>>> x = poisson(3)
>>> print(x.pmf(6))
0.05040940672246224
```

泊松分布对可靠性和排队问题的研究非常重要。泊松分布被用于计算在特定时间段内特定数量事件的概率。在许多情况下，时间段（X）本身就是随机变量。例如，我们要探讨车辆到达检查站的时间 X。根据泊松分布，到 t 时间段内没有事件发生的概率为

$$p(0;\lambda t) = e^{-\lambda t}$$

现在，假设 X 是第一个事件发生的时间。第一个事件发生的时间超过 x 的概率为

$$\mathbb{P}(X > x) = e^{-\lambda x}$$

累积分布函数为

$$\mathbb{P}(0 \leqslant X \leqslant x) = F_X(x) = 1 - e^{-\lambda x}$$

对上式求导，可得指数分布：

$$f_X(x) = \lambda e^{-\lambda x}$$

其中，$\mathbb{E}(X) = 1/\lambda$，$\mathbb{V}(X) = 1/\lambda^2$。假设我们想要知道某个分量持续超出 $T = 10$ 年的概率，T 是 $1/\lambda = 5$ 年的指数随机变量。于是，求得 $1 - F_X(10) = e^{-2} \approx 0.135$。

指数分布已在 scipy.stats 模块中实现。下面的代码可计算上述示例的结果。需要注意的是，代码中参数的描述与上个示例略有不同，如 expon 的帮助文档中所述。

```
>>> from scipy.stats import expon
>>> x = expon(0,5) # create random variable object
>>> print(1 - x.cdf(10))
0.1353352832366127
```

2.6.5 伽马分布

前面我们已经讨论过如何由泊松分布得到指数分布。指数分布具有**无记忆性**，即

$$\mathbb{P}(T > t_0 + t \mid T > t_0) = \mathbb{P}(T > t)$$

其中，T 是表示失效时间的随机变量，这意味着在 t_0 时刻之前无故障的组件与超过 t_0 时刻并持续 t 个时间单位的组件具有相同的失效概率。为了得到这个结果，先计算互补事件的概率会更容易：

$$\mathbb{P}(t_0 < T < t_0 + t \mid T > t_0) = \mathbb{P}(t_0 < T < t_0 + t) = e^{-\lambda t}(e^{\lambda t} - 1)$$

然后，1 减去求得的结果就显示了无记忆性，这是不切实际的，并没有考虑最初 t 小时的损耗。伽马分布可以弥补这一点。

回想一下，指数分布描述的是直到发生泊松事件的时间。在伽马分布中，随机变量 X 描述的是直到指定数量的泊松事件（α）发生为止的时间。因此，当时 $\alpha = 1$，$\beta = 1/\lambda$ 时，指数分布是一种特殊的伽马分布。对于 $x > 0$，伽马分布如下：

$$f(x;\alpha,\beta) = \frac{\beta^{-\alpha} x^{\alpha-1} e^{-\frac{x}{\beta}}}{\Gamma(\alpha)}$$

当 $x \leqslant 0$ 并且 Γ 是伽马函数时，$f(x;\alpha,\beta)=0$。假设在闸口下方通过的车辆遵循泊松过程，平均每小时通过 5 辆车，那么 2 辆车通过闸门最多用一个小时的概率是多少？如果 X 是 2 辆车通过闸门前经过的时间（单位为时），则有 $\alpha=2$，$\beta=1/5$。所求的概率为 $\mathbb{P}(X<1)\approx 0.96$。对于伽马分布，有 $\mathbb{E}(X)=\alpha\beta$，$\mathbb{V}(X)=\alpha\beta^2$。

用于计算上述示例的代码如下所示。需要注意的是，参数的描述与上个示例略有不同，请参考帮助文档中对 gamma 参数的描述。

```
>>> from scipy.stats import gamma
>>> x = gamma(2,scale=1/5) # create random variable object
>>> print(x.cdf(1))
0.9595723180054873
```

2.6.6　贝塔分布

均匀分布在单位区间内分配一个常数值。贝塔分布将其推广为单位区间上的函数。贝塔分布的概率密度函数为

$$f(x) = \frac{1}{\beta(a,b)} x^{a-1}(1-x)^{b-1}$$

其中

$$\beta(a,b) = \int_0^1 x^{a-1}(1-x)^{b-1}\,\mathrm{d}x$$

注意，$a=b=1$ 时，为均匀分布。在整数 $0 \leqslant k \leqslant n$ 的特殊情况下，有

$$\int_0^1 \mathrm{C}_n^k x^k (1-x)^{n-k}\,\mathrm{d}x = \frac{1}{n+1}$$

我们可以通过托马斯·贝叶斯实验，从而实现不使用微积分表示的结果。均匀随机地把 n 个白球和 1 个灰球扔到单位区间上。设 X 为灰球左边的白球数，于是 $X \in \{0,1,\cdots,n\}$。为了计算 $\mathbb{P}(X=k)$，我们以灰球位置 B 的概率为条件，灰球位置在单位区间上均匀分布（即 $f(p)=1$），因此有

$$\mathbb{P}(X=k) = \int_0^1 \mathbb{P}(X=k\mid B=p)f(p)\mathrm{d}p = \int_0^1 \mathrm{C}_n^k p^k (1-p)^{n-k}\,\mathrm{d}p$$

现在，对实验稍做改变，将 $n+1$ 个白球扔到单位区间上，然后随机选择一个球涂成灰色。根据对称性，使用和之前一样的 X，因为 $n+1$ 个球中任意一个都有可能被选中，故

$$\mathbb{P}(X=k) = \frac{1}{n+1}$$

其中，$k \in \{0,1,\cdots,n\}$。这两种情况描述的是同样的问题，因为无论是在投球之前还是投球之后对球涂色都不影响结果。将最后两个方程设为相等，不需要微积分就能得到预期的结果，即

$$\int_0^1 \mathrm{C}_n^k p^k (1-p)^{n-k}\,\mathrm{d}p = \frac{1}{n+1}$$

以下代码显示了如何利用 scipy 模块得到贝塔分布：

```
>>> from scipy.stats import beta
>>> x = beta(1,1) # create random variable object
>>> print(x.cdf(1))
1.0
```

通过实验可以看出，贝塔分布和二项随机变量之间存在着密切的关系。假设我们要使用贝叶斯推理来估计抛出硬币正面的概率。使用这种方法，所有的未知量都被当作随机变量。在这种情况下，正面出现的概率(p)是需要先验分布的未知量。我们选择贝塔分布 Beta(a,b)作为先验分布。那么，以 p 为条件，有

$$X \mid p \sim \text{binom}(n,p)$$

这表明，X 作为二项分布是有条件的分布。为了得到后验概率 $f(p \mid X = k)$，有以下贝叶斯规则：

$$f(p \mid X = k) = \frac{\mathbb{P}(X = k \mid p) f(p)}{\mathbb{P}(X = k)}$$

其分母为

$$\mathbb{P}(X = k) = \int_0^1 C_n^k p^k (1 - p)^{n-k} f(p) \, \mathrm{d}p$$

注意，与之前的实验不同，$f(p)$ 不是常数。在不替换所有分布的情况下，可以观察到后验概率是 p 的函数，这意味着其他所有不是 p 的函数的都是常数。因此

$$f(p \mid X = k) \propto p^{a+k-1} (1 - p)^{b+n-k-1}$$

这是另一个贝塔分布，参数为 $a+k$ 和 $b+n-k$。p 的贝塔先验概率分布在条件二项分布的数据上产生了后验分布，而后验分布也是二项分布，这种特殊关系称为**共轭**。我们说贝塔分布是二项分布的共轭先验。

2.6.7 狄利克雷-多项分布

狄利克雷-多项分布是一种离散多元分布，也称为多元波利亚(Polya)分布。它一般出现在多项分布不充分的情况下。例如，如果使用多项分布来模拟落在一组箱子内球的数量，并且多项参数向量（即球落在特定箱中的概率）因试验而异，那么可以用狄利克雷分布表示这些概率的变化，因为狄利克雷分布是定义在描述多项参数向量的单纯形上的。

具体来说，假设有 K 个竞争事件，每个事件的概率为 μ_k。那么，在每个事件被观察 α_k 次的情况下，向量 $\boldsymbol{\mu}$ 的概率为

$$\mathbb{P}(\boldsymbol{\mu} \mid \boldsymbol{\alpha}) \propto \prod_{k=1}^K \mu_k^{\alpha_k - 1}$$

其中，$0 \leqslant \mu_k \leqslant 1$，$\sum \mu_k = 1$。注意，最后的求和项是使分布为 $K-1$ 维的约束条件。此分布的归一化常数是多项贝塔函数：

$$\mathrm{Beta}(\boldsymbol{\alpha}) = \frac{\displaystyle\prod_{k=1}^{K}\Gamma(\alpha_k)}{\Gamma\left(\displaystyle\sum_{k=1}^{K}\alpha_k\right)}$$

$\boldsymbol{\alpha}$ 向量的元素也称为密度参数。和之前一样，scipy. stats 模块中实现了狄利克雷分布：

```
>>> from scipy.stats import dirichlet
>>> d = dirichlet([ 1,1,1 ])
>>> d.rvs(3) # get samples from distribution
array([[0.33938968, 0.62186914, 0.03874119],
       [0.21593733, 0.54123298, 0.24282969],
       [0.37483713, 0.07830673, 0.54685613]])
```

注意，每行的和为 1。这是因为有 $\sum\mu_k = 1$ 的约束。我们可以生成更多的样本，并使用 Axes3D 在 Matplotlib 中绘制这些样本，如图 2.9 所示。

注意，生成的样本位于所示的三角单纯形上。三角形的角点对应 $\boldsymbol{\mu}$ 中的各个分量。使用非均匀向量 $\boldsymbol{\alpha}=[2,3,4]$，我们可以对 dirichlet 对象采用 pdf 方法来可视化概率密度函数，如图 2.10 所示。选择 $\boldsymbol{\alpha}\in\mathbb{R}^3$，密度函数的峰值可以在相应的三角单纯形内移动。

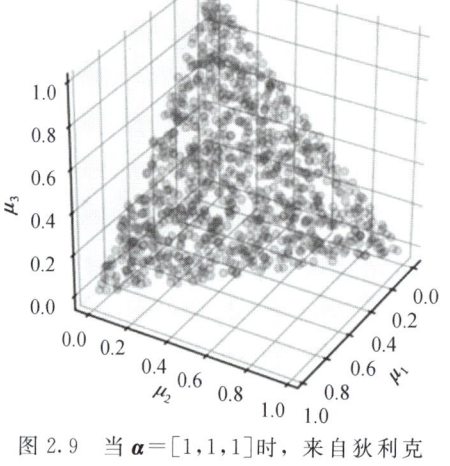

图 2.9　当 $\boldsymbol{\alpha}=[1,1,1]$ 时，来自狄利克 雷分布的 1000 个样本

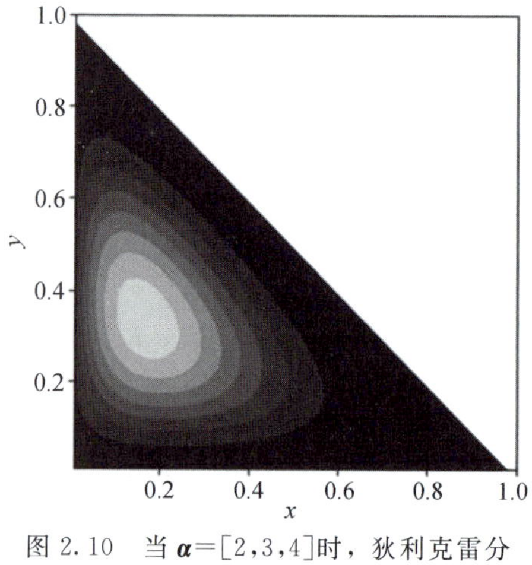

图 2.10　当 $\boldsymbol{\alpha}=[2,3,4]$ 时，狄利克雷分 布的概率密度函数

我们已经看到，贝塔分布推广了单位区间内的均匀分布。同样，狄利克雷分布是贝塔分布在单位区间内的有分量的向量上的推广。回想一下，二项分布和贝塔分布形成了贝叶斯推理的共轭对，即

$$p \sim \mathrm{Beta}, X\,|\,p \sim \mathrm{Binomial}(n,p)$$

也就是说，以 p 为条件的数据服从二项分布。类似地，多项分布和狄利克雷分布也形成这样的共轭对，即多项参数满足

$$p \sim \text{Dirichlet}, X \mid p \sim \text{multinomial}(n, p)$$

因此，狄利克雷-多项分布在机器学习文本处理中得到了广泛应用，因为可以将非零概率分配给特定文档中未特定包含的单词，这有助于提高其泛化性能。

2.7　信息熵

本节将讨论信息熵，讨论信息如何在实验之间传递，并证明其在某些机器学习算法中的重要性。

以前有一个电视游戏节目，主持人会随机在三扇门中的一扇门后面藏个奖品，参赛者必须从其中选择一扇门。然而，在打开参赛者选择的门之前，主持人会打开另一扇门，并询问参赛者是否要更改选择。这就是经典的蒙提霍尔（Monty Hall）问题。问题是，参赛者在看到主持人透露的信息后是该继续坚持原来的选择还是做出改变呢？从信息论的角度来看，当主持人揭晓其中一扇门背后的内容时，信息环境是否发生了变化？此时的重要细节是，无论参赛者的选择如何，主持人永远不会打开后面藏有奖品的门。也就是说，主持人知道奖品在哪扇门后面，但他不会直接将信息透露给参赛者。如何对部分信息进行聚合和推理，是信息论所要解决的基本问题。我们需要一个可以表征此类问题的信息概念。

2.7.1　信息论的概念

将变量 x 的香农信息量定义为

$$h(x) = \log_2 \frac{1}{P(x)}$$

其中，$P(x)$ 为 x 的概率。集合 X 的熵被定义为 X 的香农信息量，即

$$H(X) = \sum_x P(x) \log_2 \frac{1}{P(x)}$$

熵以 $h(x)$ 的期望的形式出现并不是偶然的。它引出了一个深刻有力的信息论。

为了对信息熵的含义有一个直观的认识，我们引入一个三位数的序列，其中每一位的概率都是相等的。因此，每位数的单个信息量是 $h(x) = \log_2(2) = 1$。熵的单位是位，这就是说单个数的信息量是一位。由于三位数的元素相互独立且概率相等，因此三位数的信息熵为 $h(X) = 2^3 \times \log_2(2^3)/8 = 3$。因此，信息量的基本思想至少在这个层面上是有意义的。

解释此问题的更好方法是，为了对任意三位数字进行唯一编码，必须提供多少信息？在这种情况下，必须回答三个问题：第一位是 0 还是 1？第二位是 0 还是 1？第三位是 0还是 1？回答这些问题就可以唯一地指定未知的三位数字。因为这些位是相互独立的，所以任何位的状态都不会影响其他位。

接下来，我们来考虑位不相互独立的情况。假设在 9 个相同的球中，有一个较重的球。此外，我们还有一个天平。我们如何辨别较重的球？在开始的时候，衡量情况不确定性的信息量是 $\log_2(9)$，因为 9 个球中有一个比较重。图 2.11 给出了一种策略。我们可以任意选择一个球(用正方形表示)，剩下的 8 个球保持平衡。粗黑的水平线代表天平。这条线以下和以上表示天平的两侧。

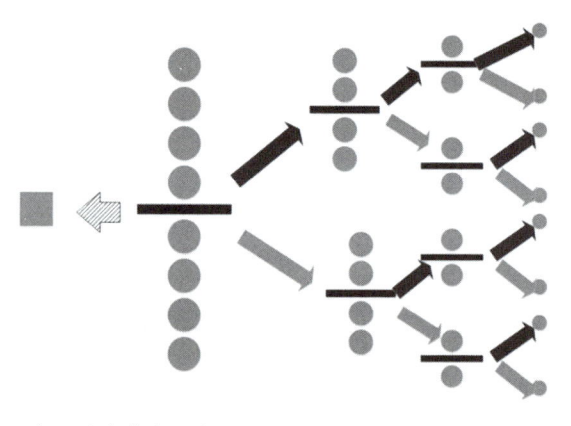

图 2.11　一个重球隐藏在 8 个相同的球之间。通过分组称重可以找出重球

如果幸运的话，天平会报告称天平两边的 4 个球重量相等。这意味着被挑中的球是较重的那个，由虚线左箭头指示。在这种情况下，所有的不确定性都消失了，一次称重的信息量等于 $\log_2(9)$。换句话说，天平将不确定性降低到零(即找到了重球)。另外，天平也可能报告说，上面的 4 个球比下面 4 个球更重(黑色向上的箭头)或更轻(灰色向下的箭头)。在这种情况下，直到按从左到右的顺序执行上图指示的称重后，我们才能识别出较重的球。具体来说，较重侧的 4 个球必须分成两组称重，得出较重的两个球，然后再分组称重，才能识别出较重的球。因此，这个过程需要进行三次称重。第一次信息量为 $\log_2(9/8)$，第二次为 $\log_2(4)$，最后一次为 $\log_2(2)$。把它们相加，也得到 $\log_2(9)$。因此，无论在第一次称重中是否识别了较重的球，该策略都会消耗 $\log_2(9)$ 位信息量才能找到较重的球。

然而，这并不是唯一的策略。图 2.12 给出了另一种策略。在这种策略中，将 9 个球分成三组，每组 3 个球。每两组一起称重，如果它们的重量相等，那么意味着较重的球在剩下的那组中(虚线箭头所指)。然后，在从这组中拿出一个球，再将球分成两组称重。如果天平上的两个球重量相等，那么拿出的那个球就是较重的球。否则，较重的球就是天平上的某个球。即使最初称重的一组较重(黑色向上箭头)或较轻(灰色向下箭头)，操作过程也相同。和之前一样，这种情况的信息量是 $\log_2(9)$。第一次称重将不确定性降低了 $\log_2(3)$，第二次称重又降低了 $\log_2(3)$。和第一种策略一样，信息量总和也为 $\log_2(9)$，但是采用这种策略只需要称重两次，而图 2.11 表示的策略需要称重 $1/9 + 3 \times 8/9 \approx 2.78$ 次。

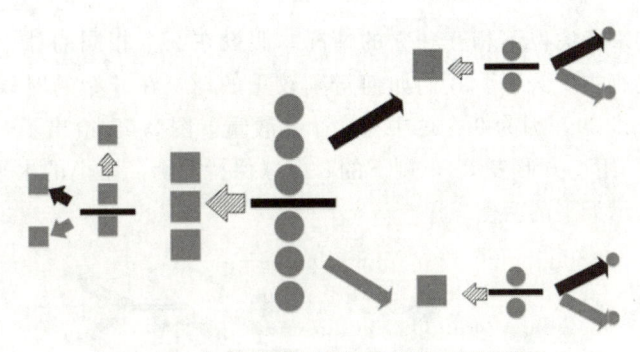

图 2.12　先把大小相同的球分成三组再称重

　　为什么第二种策略称重次数较少？为了减少称重次数，每一次称重都要尽可能多地区分相同的可能情况。一开始就从 9 个球中选择一个达不到这种效果，因为选择较重的球的概率是 1/9。这种策略下并不会发生等概率的情况。第二种策略在每一步都有等概率的情况（见图 2.12），因此它会尽可能地从每次称重中提取最多的信息。信息量告诉我们使用某种策略处理信息所需要的位数[例如在本例中为 $\log_2(9)$]。同时也说明了如何有效消除不确定性，其实就是尽可能多地判断等概率情况。

2.7.2　信息熵的性质

　　有了信息熵的概念，再来学习信息熵的以下性质，即

$$H(X) \geqslant 0$$

当且仅当 $P(x)=1$ 且只有一个 x 满足时才相等。直观地说，这意味着当集合中只有一项是绝对已知的[即当 $P(x)=1$ 时]，不确定性变为 0。还要注意的是，当 P 均匀地分布在集合中的各个元素上时，熵是最大的。图 2.13 给出了两种结果的情况。换句话说，当两个冲突方案的概率相等时，信息熵最大。这就是在上面例子中使用天平来判定同样可能的情况对于简化称重过程如此有用的数学原因。

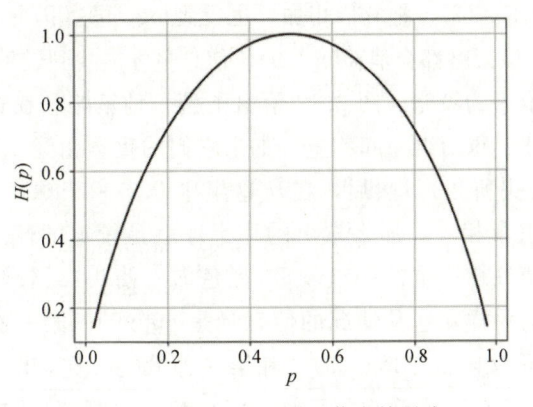

图 2.13　当 $p=1/2$ 时，信息熵最大

最重要的是，联合熵的概念如下：

$$H(X,Y) = \sum_{x,y} P(x,y) \log_2 \frac{1}{P(x,y)}$$

当且仅当 X 和 Y 相互独立时，熵是可加的，即

$$H(X,Y) = H(X) + H(Y)$$

2.7.3　Kullback-Leibler 散度

信息熵的概念引出了概率分布之间的距离概念，这对机器学习方法很重要。定义在同一集合上的两个概率分布 P 和 Q 之间的 Kullback-Leibler 散度定义为

$$D_{\mathrm{KL}}(P,Q) = \sum_x P(x) \log_2 \frac{P(x)}{Q(x)}$$

注意，$D_{\mathrm{KL}}(P,Q) \geqslant 0$。当且仅当 $P=Q$ 时，$D_{\mathrm{KL}}(P,Q)=0$。Kullback-Leibler 散度又称为 Kullback-Leibler 距离，但是由于它在 P 和 Q 中不对称，因此它并不是正式的距离度量。如果 P 是根据 Q 建模的，那么 Kullback-Leibler 散度将相对熵定义为信息的损失。有一个直观的方式可以解释 Kullback-Leibler 散度并帮助你理解其不对称性。假设要发送一组消息，每条消息都有相应的概率 $\{(x_1, P(x_1)), (x_2, P(x_2)), \cdots, (x_n, P(x_n))\}$。根据我们对信息熵的了解，可以用 $\log_2 \dfrac{1}{P(x)}$ 位对消息的长度进行编码。这种简洁的策略意味着可以用更少的位对频繁使用的消息进行编码。因此，可以像前面的例子一样重写这种情况的熵：

$$H(X) = \sum_k P(x_k) \log_2 \frac{1}{P(x_k)}$$

现在，假设要传输相同的消息，但是使用不同的概率权重，$\{(x_1, Q(x_1)), (x_2, Q(x_2)), \cdots, (x_n, Q(x_n))\}$。在这种情况下，我们将交叉熵定义为

$$H_q(X) = \sum_k P(x_k) \log_2 \frac{1}{Q(x_k)}$$

注意，仅声称的编码消息长度发生了变化，而该消息的概率没有改变。两者之间的区别在于 Kullback-Leibler 散度：

$$D_{\mathrm{KL}}(P,Q) = H_q(X) - H(X) = \sum_x P(x) \log_2 \frac{P(x)}{Q(x)}$$

在这种情况下，Kullback-Leibler 散度是同一组消息在两种不同概率方案下编码长度的平均差。这应该有助于解释 Kullback-Leibler 散度的不对称性——由它们自己决定，P 和 Q 将分别提供最佳长度编码，但是在每种方案如何评估每条消息的信息值［$Q(x_i)$ 对应 $P(x_i)$］方面，没有必然的对称性。每种编码在自身方案中都是最佳长度，意味着它在另一种方案中必然是次优的，因此会产生 Kullback-Leibler 散度。若在两种方案下，所有消

息的编码长度保持不变，那么 Kullback-Leibler 散度为零⊖。

2.7.4 交叉熵作为最大似然

从广义的角度重新学习最大似然，有

$$\theta_{\mathrm{ML}} = \arg \max_{\theta} \sum_{i=1}^{n} \log p_{\mathrm{model}}(x_i;\theta)$$

其中 p_{model} 是 x_i 数据元素假定的隐含概率密度函数，参数为 θ。把上述总和除以 n 不会改变得到的最优值，但是可以用 x 的经验密度函数重写，如下所示：

$$\theta_{\mathrm{ML}} = \arg \max_{\theta} \mathbb{E}_{x \sim \hat{p}_{\mathrm{data}}} (\log p_{\mathrm{model}}(x_i;\theta))$$

注意 p_{data} 和 $\hat{p}_{\mathrm{data}}$ 之间的区别，其中前者是现有数据的未知分布，而后者是现有数据的估计分布。

交叉熵可表示为

$$D_{\mathrm{KL}}(P,Q) = \mathbb{E}_{X \sim P}(\log P(x)) - \mathbb{E}_{X \sim P}(\log Q(x))$$

其中，$X \sim P$ 表示随机变量 X 的分布为 P，因此，有

$$\theta_{\mathrm{ML}} = \arg \max_{\theta} D_{\mathrm{KL}}(\hat{p}_{\mathrm{data}}, p_{\mathrm{model}})$$

也就是说，可以将最大似然解释为 p_{model} 和 $\hat{p}_{\mathrm{data}}$ 之间的交叉熵。第一项与估计的 θ 无关，因此最大化上式和最小化下式是一样的：

$$\mathbb{E}_{x \sim \hat{p}_{\mathrm{data}}} (\log p_{\mathrm{model}}(x_i;\theta))$$

因为信息熵总是非负的。最重要的解释是，最大似然旨在尝试选择使数据经验分布与模型分布相匹配的 θ 模型参数。

2.8 矩母函数

矩的生成通常涉及难以计算的积分。矩母函数使这变得非常简单。矩母函数被定义为

$$M(t) = \mathbb{E}(\exp(tX))$$

一阶矩是均值，可以很容易地从 $M(t)$ 得到：

$$\frac{\mathrm{d}M(t)}{\mathrm{d}t} = \frac{\mathrm{d}}{\mathrm{d}t} \mathbb{E}(\exp(tX)) = \mathbb{E}\frac{\mathrm{d}}{\mathrm{d}t}(\exp(tX))$$

$$= \mathbb{E}(X \exp(tX))$$

设 $t=0$，即可得到均值：

$$M^{(1)}(0) = \mathbb{E}(X)$$

继续这个微分过程，我们得到二阶矩为

⊖ 最好最易于理解 Kullback-Leibler 散度的资料是文献[7]第 4 章内容和文献[8]第 4 章内容。

$$M^{(2)}(t) = \mathbb{E}(X^2 \exp(tX))$$
$$M^{(2)}(0) = \mathbb{E}(X^2)$$

有了这个，我们可以很容易地计算出方差：

$$\mathbb{V}(X) = \mathbb{E}(X^2) - \mathbb{E}(X)^2 = M^{(2)}(0) - M^{(1)}(0)^2$$

例　回到我们最喜欢的二项分布，用 Sympy 来计算各矩。

```
>>> import sympy as S
>>> from sympy import stats
>>> p,t = S.symbols('p t',positive=True)
>>> x=stats.Binomial('x',10,p)
>>> mgf = stats.E(S.exp(t*x))
```

现在，用积分方法和矩母函数来计算一阶矩（即均值）：

```
>>> print(S.simplify(stats.E(x)))
10*p
>>> print(S.simplify(S.diff(mgf,t).subs(t,0)))
10*p
```

否则，可以直接按以下方式进行计算：

```
>>> print(S.simplify(stats.moment(x,1))) # mean
10*p
>>> print(S.simplify(stats.moment(x,2))) # 2nd moment
10*p*(9*p + 1)
```

一般情况下，二项分布的矩母函数为

$$M_X(t) = (p(\mathrm{e}^t - 1) + 1)^n$$

矩母函数的一个关键方面是它们是概率分布的唯一标识符。根据唯一性定理，给定两个随机变量 X 和 Y，如果它们各自的矩母函数相等，则相应的概率分布函数相等。

例　用唯一性定理来思考下面的问题。我们知道给定 $U = p$ 时的 X 的概率分布是二项分布，参数为 n 和 p。假设 X 代表 n 次硬币抛掷中正面朝上的次数，正面朝上的概率是 p。我们要找的是 X 的无条件分布。矩母函数为

$$\mathbb{E}(\mathrm{e}^{tX} \mid U = p) = (p\mathrm{e}^t + 1 - p)^n$$

因为 U 在单位区间内是均匀的，此部分的积分为

$$\mathbb{E}(\mathrm{e}^{tX}) = \int_0^1 (p\mathrm{e}^t + 1 - p)^n \mathrm{d}p$$

$$= \frac{1}{n+1} \frac{\mathrm{e}^{t(n+1)-1}}{\mathrm{e}^t - 1}$$

$$= \frac{1}{n+1}(1 + \mathrm{e}^t + \mathrm{e}^{2t} + \mathrm{e}^{3t} + \cdots + \mathrm{e}^{nt})$$

因此，X 的矩母函数对应于随机变量的矩母函数，随机变量可能是 $0,1,\cdots,n$ 中的任意值。另一种说法是，X 的分布在 $\{0,1,\cdots,n\}$ 上是离散均匀的。具体来说，假设有一盒硬币，每枚硬币正面朝上的概率是未知的，把盒子中所有的硬币都倒在地上。如果这时

计算正面朝上的硬币的数量，则该分布是均匀的。

矩母函数是求解独立随机变量和的分布的有效方法。假设 X_1 和 X_2 是独立的，且 $Y = X_1 + X_2$，则由期望的性质可知 Y 的矩母函数为

$$M_Y(t) = \mathbb{E}(e^{tY}) = \mathbb{E}(e^{tX_1 + tX_2})$$

$$= \mathbb{E}(e^{tX_1} e^{tX_2}) = \mathbb{E}(e^{tX_1}) \mathbb{E}(e^{tX_2})$$

$$= M_{X_1}(t) M_{X_2}(t)$$

例 假设有两个服从正态分布的随机变量 $X_1 \sim \mathcal{N}(\mu_1, \sigma_1)$ 和 $X_2 \sim \mathcal{N}(\mu_2, \sigma_2)$，且 $Y = X_1 + X_2$。我们可以通过 Sympy 来解决，从而省去一些烦琐的工作：

```
>>> S.var('x:2',real=True)
(x0, x1)
>>> S.var('mu:2',real=True)
(mu0, mu1)
>>> S.var('sigma:2',positive=True)
(sigma0, sigma1)
>>> S.var('t',positive=True)
t
>>> x0=stats.Normal(x0,mu0,sigma0)
>>> x1=stats.Normal(x1,mu1,sigma1)
```

编程技巧

S. var 函数定义变量并将其放到全局空间中。这样做纯粹是偷懒。在 x= S. symbols('x') 中显式定义变量更有表现力。还要注意，我们用希腊文来表示 mu 和 sigma 变量，当稍后想要在 Jupyter Notebook 中呈现方程式时，这将会很方便，因为它知道如何在 LA-TEX 中排版这些符号。var('x: 2')用于创建两个符号，即 x0 和 x1。这样使用冒号可以很容易生成类似数组的符号序列。

在以下模块中计算矩母函数：

```
>>> mgf0=S.simplify(stats.E(S.exp(t*x0)))
>>> mgf1=S.simplify(stats.E(S.exp(t*x1)))
>>> mgfY=S.simplify(mgf0*mgf1)
```

服从正态分布的独立随机变量的矩母函数为

$$e^{\mu_0 t + \frac{\sigma_0^2 t^2}{2}}$$

注意 t 的系数，为了证明 Y 服从正态分布，需要将 Y 的矩母函数展开成以下这种形式：

$$M_Y(t) = e^{\frac{t}{2}(2\mu_0 + 2\mu_1 + \sigma_0^2 t + \sigma_1^2 t)}$$

我们可以使用 Sympy 提取指数，并使用以下代码收集 t 变量：

```
>>> S.collect(S.expand(S.log(mgfY)),t)
t**2*(sigma0**2/2 + sigma1**2/2) + t*(mu0 + mu1)
```

因此，由唯一性定理可知，Y 服从正态分布，其中 $\mu_Y = \mu_0 + \mu_1$，$\sigma_Y^2 = \sigma_0^2 + \sigma_1^2$。

编程技巧

当使用 Jupyter Notebook 时，可以使用 S. init_printing 从而使数学排版在浏览器中被识别。否则，如果你希望保留原始表达式并有选择地传递给 LATEX，则可以使用 from IPython. display import Math 导入 Math 包，用 Math(S. latex(expr)) 查看表达式的排版版本。

2.9　蒙特卡罗采样方法

至此，我们已经学习了转换随机变量的分析方法，以及如何使用 Python 实现这些方法。尽管如此，我们经常必须采用纯粹的数值方法来解决实际问题。既然我们已经了解了更深的理论，但愿这些数值方法更具体。假设我们已经可以根据均匀分布 $\mathcal{U}(0,1)$ 生成样本，并且我们想生成给定密度 $f(x)$ 的样本。我们怎么知道随机样本 v 来自 $f(x)$ 分布？一种方法是观察 v 的样本直方图如何近似于 $f(x)$，具体来说，

$$\mathbb{P}(v \in N_\Delta(x)) = f(x)\Delta x \qquad (2.9.0.1)$$

上式表明样本位于 x 的某个 N_Δ 邻域的概率约为 $f(x)\Delta x$。图 2.14 展示了目标概率密度函数 $f(x)$ 和近似直方图。直方图由样本 v 生成，中间的阴影矩形说明了等式(2.9.0.1)。这个矩形的面积大约是 $f(x)\Delta x$，其中 $x=0$。矩形的宽度为 $N_\Delta(x)$。近似值的质量在视觉上可能很清晰，但是要得出 v 个样本的特征是 $f(x)$，需要用等式(2.9.0.1)来说明，它表示填充阴影矩形的样本 v 的比例近似等于 $f(x)\Delta x$。

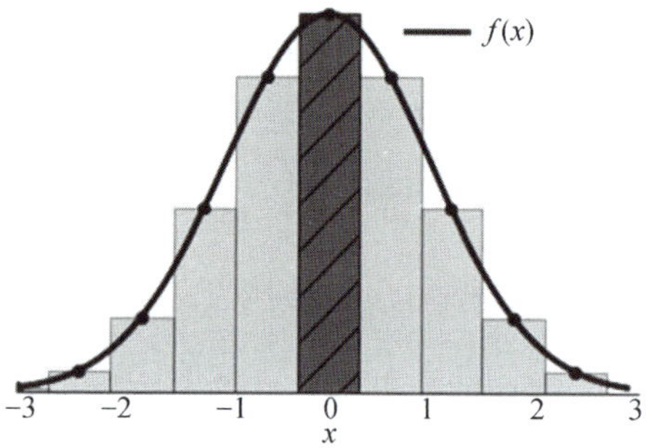

图 2.14　目标概率密度的近似直方图

现在，我们知道了如何评估由密度 $f(x)$ 表征的样本 v，接下来考虑如何为离散和连续随机变量创建这些样本。

2.9.1　离散变量逆 CDF 法

假设我们要从一个公平的六面骰子中生成样本。工作空间的均匀随机变量在单位区间内是连续定义的，而公平六面骰子的投掷结果是离散的。我们必须首先在连续随机变量 u 和骰子的离散结果之间创建映射。此映射如图 2.15 所示，其中，单位区间被分成多段，每段长度为 1/6。每段与骰子的一种投掷结果相关联。例如，如果 $u\in[1/6,2/6)$，则骰子投掷的结果为 2。因为骰子是公平的，所以单位区间上的所有线段都具有相同的长度。因此，新的随机变量 v 是由 u 通过这个赋值得到的。

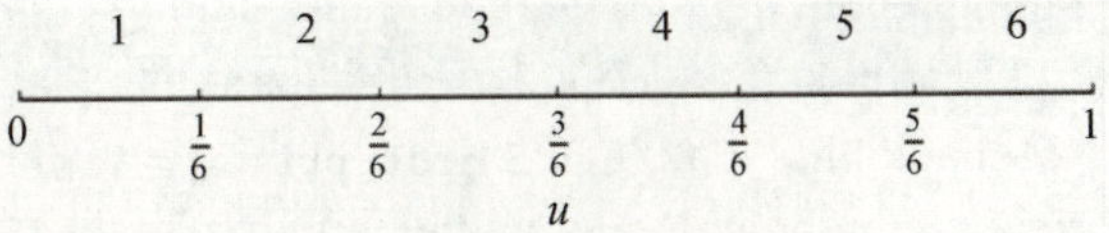

图 2.15　用这些线段将单位区间上均匀分布的随机变量分配到公平骰子的六种结果上

例如，对于 $v=2$，有

$$\mathbb{P}(v=2)=\mathbb{P}(u\in[1/6,2/6))=1/6$$

按照公式 (2.9.0.1) 的说法，$f(x)=1$（均匀分布），$\Delta x=1/6$，$N_\Delta(2)=[1/6,2/6)$。自然，这种方式也适用于骰子的其他结果 $\{1,2,3,\cdots,6\}$。用快速仿真来具体说明这一点。以下代码生成均匀随机样本，并将它们存放在 Pandas DataFrame 中：

```
>>> import pandas as pd
>>> import numpy as np
>>> from pandas import DataFrame
>>> u= np.random.rand(100)
>>> df = DataFrame(data=u,columns=['u'])
```

下面的代码块使用 pd.cut 将单个样本映射到集合 $\{1,2,3,\cdots,6\}$ 上，标记为 v。

```
>>> labels = [1,2,3,4,5,6]
>>> df['v']=pd.cut(df.u,np.linspace(0,1,7),
...                include_lowest=True,labels=labels)
```

这就是 DataFrame 包含的内容。v 列包含从公平骰子中抽取的样本。

```
>>> df.head()
          u  v
0  0.356225  3
1  0.466557  3
2  0.776817  5
3  0.836790  6
4  0.037928  1
```

下面的代码对每组样本数量进行计数。因为骰子是公平的，所以每组的样本数量大致相等。

```
>>> df.groupby('v').count()
    u
v
1  17
2  15
3  18
4  20
5  14
6  16
```

到目前为止，都很顺利。我们得到了从均匀分布的随机变量模拟公平骰子的方法。

为了扩展到不公平的骰子，只需对代码进行微调。例如，假设我们想要一个不公平的骰子，使得 $\mathbb{P}(1)=\mathbb{P}(2)=\mathbb{P}(3)=1/12$，并且 $\mathbb{P}(4)=\mathbb{P}(5)=\mathbb{P}(6)=1/4$。唯一要改变的是 pd.cut，如下所示：

```
>>> df['v']=pd.cut(df.u,[0,1/12,2/12,3/12,2/4,3/4,1],
...                include_lowest=True,labels=labels)
>>> df.groupby('v').count()/df.shape[0]
```

```
        u
v
1   0.10
2   0.07
3   0.05
4   0.28
5   0.29
6   0.21
```

这是每个数字的概率。你可以取 100 多个样本来更清楚地了解每一个的概率，但生成它们的机制是相同的。该方法被称为逆 CDF［Cumulative Density Function，累积密度函数，即 $F(x)=\mathbb{P}(X<x)$］法，因为上例中的累积密度函数（即 [0,1/12,2/12,3/12,2/4,3/4,1]）已被逆（使用 pd.cut 方法）来生成样本。对于连续变量，这种逆运算更容易理解，接下来我们就讨论连续变量逆 CDF 法。

2.9.2　连续变量逆 CDF 法

上面的方法也适用于连续随机变量，但是现在我们必须把区间缩小为点。在上面的例子中，逆函数是对均匀随机样本进行操作的分段函数。对于连续随机变量，分段函数可化为连续逆函数。我们想要为可逆累积密度函数生成随机样本。如前所述，生成适当样本 v 的准则如下：

$$\mathbb{P}(F(x)<v<F(x+\Delta x))=F(x+\Delta x)-F(x)=\int_x^{x+\Delta x}f(u)\mathrm{d}u\approx f(x)\Delta x$$

这说明在该点上，样本 v 包含在区间 Δx 的概率近似等于 $f(x)\Delta x$。在此，诀窍是使用均匀随机样本 u 和可逆累积密度函数 $F(x)$ 来构造这些样本。注意，对于均匀的随机变量 $u\sim\mathcal{U}[0,1]$，有

$$\begin{aligned}\mathbb{P}(x<F^{-1}(u)<x+\Delta x)&=\mathbb{P}(F(x)<u<F(x+\Delta x))\\&=F(x+\Delta x)-F(x)\\&=\int_x^{x+\Delta x}f(p)\mathrm{d}p\approx f(x)\Delta x\end{aligned}$$

这意味着 $v=F^{-1}(u)$ 是根据 $f(x)$ 分布的，这是我们想得到的。

根据上述机制，我们尝试通过指数分布，

$$f_\alpha(x)=\alpha\mathrm{e}^{-\alpha x}$$

生成样本，对应的累积密度函数为

$$F(x)=1-\mathrm{e}^{-\alpha x}$$

相应的逆累积密度函数为

$$F^{-1}(u)=\frac{1}{\alpha}\ln\frac{1}{(1-u)}$$

现在，我们要做的是生成一些均匀分布的随机样本，然后将它们代入 F^{-1}。

```
>>> from numpy import array, log
>>> import scipy.stats
>>> alpha = 1.    # distribution parameter
>>> nsamp = 1000 # num of samples
>>> # define uniform random variable
>>> u=scipy.stats.uniform(0,1)
>>> # define inverse function
>>> Finv=lambda u: 1/alpha*log(1/(1-u))
>>> # apply inverse function to samples
>>> v = array(list(map(Finv,u.rvs(nsamp))))
```

现在，我们有了服从指数分布的样本，但是怎么知道这个方法是正确的呢？幸运的是，scipy.stats 已经有一个指数分布，因此可以使用概率图（又称为分位数-分位数图或 Q-Q 图）来参照检查。以下代码从 scipy.stats 设置概率图：

```
fig,ax=subplots()
scipy.stats.probplot(v,(1,),dist='expon',plot=ax)
```

注意，必须采用坐标轴对象（ax）来绘制它。结果如图 2.16 所示。样本线与对角线的匹配度越高，与参考分布（这里指指数分布）的匹配度就越高。你还可以在上述代码中试试 dist=norm，看看当参考分布为正态分布时会发生什么。

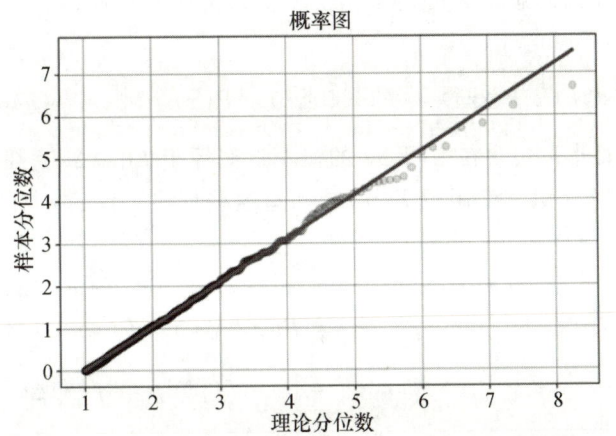

图 2.16 逆 CDF 法生成的样本与指数参考分布吻合

2.9.3 舍选法

在某些情况下，逆 CDF 法是不适用的，此时可采用舍选法。它的思想是选择两个均匀随机变量 $u_1, u_2 \sim \mathcal{U}[a,b]$，使

$$\mathbb{P}\left(u_1 \in N_{\Delta}(x) \wedge u_2 < \frac{f(u_1)}{M}\right) \approx \frac{\Delta x}{b-a} \frac{f(u_1)}{M}$$

取 $x = u_1$ 且 $f(x) < M$，这个过程有两步。首先，在区间 $[a,b]$ 上均匀地画出 u_1；然后，将其代入 $f(x)$，如果 $u_2 < f(u_1)/M$，就得到了 $f(x)$ 的有效样本。因此，u_1 是从 f 中提取的样本，会不会被舍弃取决于 u_2。常数 M 的唯一作用是缩小 $f(x)$ 的范围以便变量

u_2 可以覆盖。该方法的效率取决于 u_1 被接受的概率，该概率来自对上述近似结果的积分值：

$$\int \frac{f(x)}{M(b-a)}\mathrm{d}x = \frac{1}{M(b-a)}\int f(x)\mathrm{d}x = \frac{1}{M(b-a)}$$

这意味着不需要很大的 M，因为这会使样本更有可能被舍弃。

我们尝试用这个方法来解决不存在连续逆的密度问题[⊖]。

$$f(x) = \exp\left(-\frac{(x-1)^2}{2x}\right)(x+1)/12$$

其中 $x>0$。下面的代码实现了舍选法。

```
>>> import numpy as np
>>> x = np.linspace(0.001,15,100)
>>> f= lambda x: np.exp(-(x-1)**2/2./x)*(x+1)/12.
>>> fx = f(x)
>>> M=0.3                               # scale factor
>>> u1 = np.random.rand(10000)*15       # uniform random samples scaled out
>>> u2 = np.random.rand(10000)          # uniform random samples
>>> idx,= np.where(u2<=f(u1)/M)         # rejection criterion
>>> v = u1[idx]
```

图 2.17 展示了生成的样本的直方图，它与概率密度函数很契合。图中的标题显示了效率(被舍弃样本的数量)，结果并不好。这意味着我们舍弃了大部分建议的样本。因此，即使该结果在概念上没有错误，但实际上必须解决其低效率问题。图 2.18 显示了被舍弃的样本，曲线以下的样本被保留$\left(\text{因为 } u_2 < \dfrac{f(u_1)}{M}\right)$，但是绝大多数样本不在此范围内。

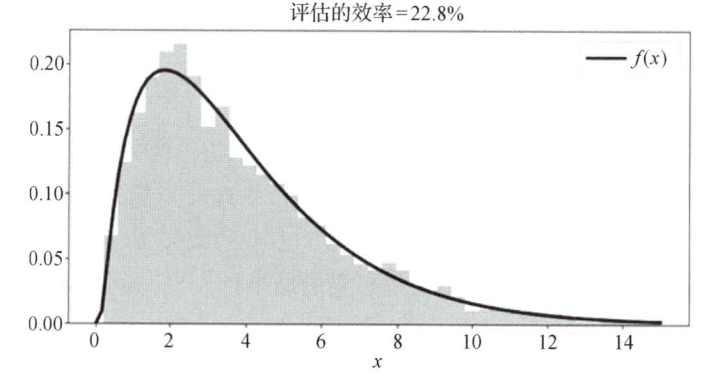

图 2.17　舍选法生成样本的直方图与目标分布十分匹配，但是效率不高

⊖　请注意，这个例子中的密度并没有像概率密度函数那样精确地积分为 1，但是这里的归一化常数会分散我们的注意力。

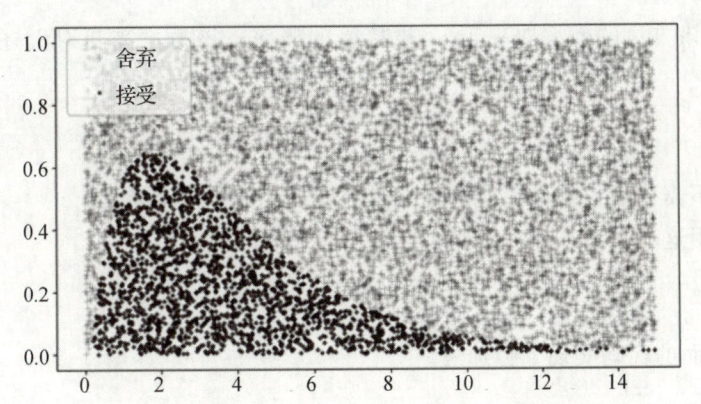

图 2.18　曲线下的建议样本被接受，其余样本未被接受。这表明大部分样本都被舍弃了

舍选法根据 u_1 沿 $f(x)$ 的定义域进行选择，根据 u_2 均匀随机变量决定是否接受。一种想法是选择 u_1，以使 x 值恰好接近 $f(x)$ 的峰值，而不是均匀地分布在定义域中，特别是在尾部（不过这种情况的概率很低）。现在，关键是要找到具有类似概率密度的新的密度函数 $g(x)$ 并从中取样。一种方法是熟悉已经具有可调参数和快速随机样本生成器的概率密度函数。很有可能已经有这样的生成器可以解决你的问题；另外 β 密度族就是很好的研究起点。

明确地说，我们想要得到的是 $u_1 \sim g(x)$，回到之前的讨论

$$\mathbb{P}\Big(u_1 \in N_\Delta(x) \wedge u_2 < \frac{f(u_1)}{M}\Big) \approx g(x)\Delta x \frac{f(u_1)}{M}$$

但这不是我们需要的。问题出在逻辑连接 $\wedge$ 的第二部分。我们需要代入一个与 $f(x)$ 成比例的项，定义

$$h(x) = \frac{f(x)}{g(x)} \tag{2.9.3.1}$$

其中域上的最大值设为 $h_{\max}$，返回并重新构造第二部分，即

$$\mathbb{P}\Big(u_1 \in N_\Delta(x) \wedge u_2 < \frac{h(u_1)}{h_{\max}}\Big) \approx g(x)\Delta x \frac{h(u_1)}{h_{\max}} = f(x)/h_{\max}$$

回想一下，满足这个条件意味着 $u_1 = x$。和前面一样，我们可以估计 u_1 的接受概率为 $1/h_{\max}$。

现在，如何构造方程（2.9.3.1）的分母 $g(x)$ 函数？此时，熟悉标准概率密度会很有帮助。本例中选择了 χ^2 分布。图 2.19 绘制了 $g(x)$ 和 $f(x)$ 以及 $h(x) = f(x)/g(x)$。注意，$g(x)$ 和 $f(x)$ 的峰值几乎重合，这正是我们想要的结果。

```
>>> ch=scipy.stats.chi2(4) # chi-squared
>>> h = lambda x: f(x)/ch.pdf(x) # h-function
```

接下来，采用舍选法从 χ^2 分布中生成一些样本。

```
>>> hmax=h(x).max()
>>> u1 = ch.rvs(5000)        # samples from chi-square distribution
>>> u2 = np.random.rand(5000)# uniform random samples
>>> idx = (u2 <= h(u1)/hmax) # rejection criterion
>>> v = u1[idx]              # keep these only
```

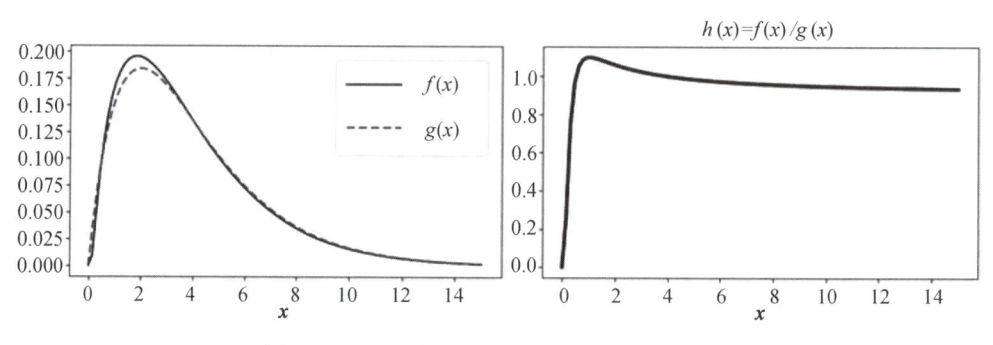

图 2.19　$f(x)$ 和 $g(x)$ 以及 $h(x)=f(x)/g(x)$

　　舍选法中使用 χ^2 分布舍弃少于 10% 的样本，而之前的例子至少舍弃 80% 的样本。效率大大提高！图 2.20 显示，直方图与概率密度函数相匹配。为了完整起见，图 2.21 给出了通过相应阈值 $h(x)/h_{max}$ 选择的样本。

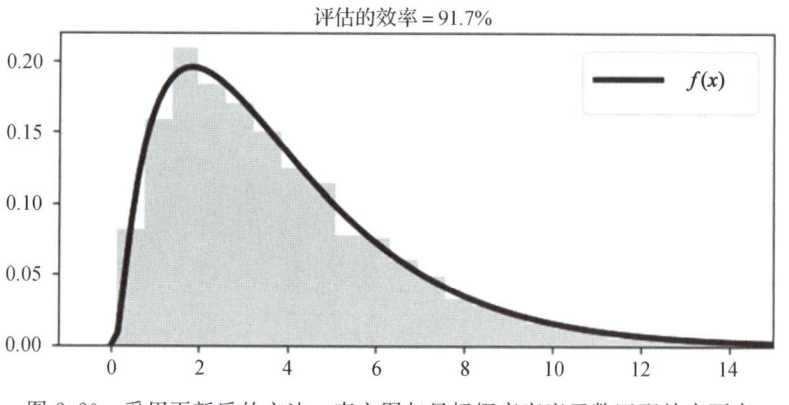

图 2.20　采用更新后的方法，直方图与目标概率密度函数匹配效率更高

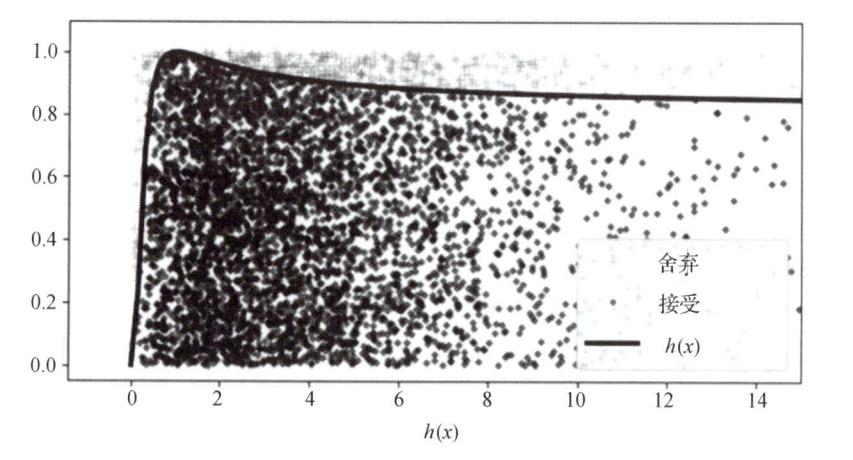

图 2.21　较少的建议点被拒绝，这意味着效率更高

2.10　采样重要性重采样

另一种不涉及舍弃样本或者产生 M 界限或边界函数的方法是采样重要性重采样（Sampling Importance Resampling，SIR）方法。选择一个易于处理的概率密度函数 g，从中抽取 n 个样本 $\{x_i\}_{i=1}^n$。我们的目标是得到样本 f。接下来，计算

$$q_i = \frac{w_i}{\sum w_i}$$

其中

$$w_i = \frac{f(x_i)}{g(x_i)}$$

q_i 定义了概率质量函数，它的样本接近于 f 的样本。想知道这个，就细想一下：

$$\mathbb{P}(X \leqslant a) = \sum_{i=1}^n q_i \, \mathbb{I}_{(-\infty, a]}(x_i)$$

$$= \frac{\displaystyle\sum_{i=1}^n w_i \, \mathbb{I}_{(-\infty, a]}(x_i)}{\displaystyle\sum_{i=1}^n w_i}$$

$$= \frac{\dfrac{1}{n}\displaystyle\sum_{i=1}^n \dfrac{f(x_i)}{g(x_i)} \, \mathbb{I}_{(-\infty, a]}(x_i)}{\dfrac{1}{n}\displaystyle\sum_{i=1}^n \dfrac{f(x_i)}{g(x_i)}}$$

由于样本是由概率分布 g 产生的，所以分子近似为

$$\mathbb{E}_g\left(\frac{f(x)}{g(x)}\right) = \int_{-\infty}^a f(x)\,\mathrm{d}x$$

于是，有

$$\mathbb{P}(X \leqslant a) = \int_{-\infty}^a f(x)\,\mathrm{d}x$$

这表明以这种方式生成的样本服从 f 分布。注意，g 离期望函数 f 越远，从概率质量函数产生的样本就越多。此外，因为没有舍弃步骤，所以也就谈不上效率问题。

例如，为 g 选择一个贝塔分布，代码如下：

```
>>> g = scipy.stats.beta(2,3)
```

这个分布与上一节我们所期望的 f 函数没有很强的相似性，如图 2.22 所示。请注意，我们对贝塔分布的定义域进行了缩放，使其更适合 f 函数。

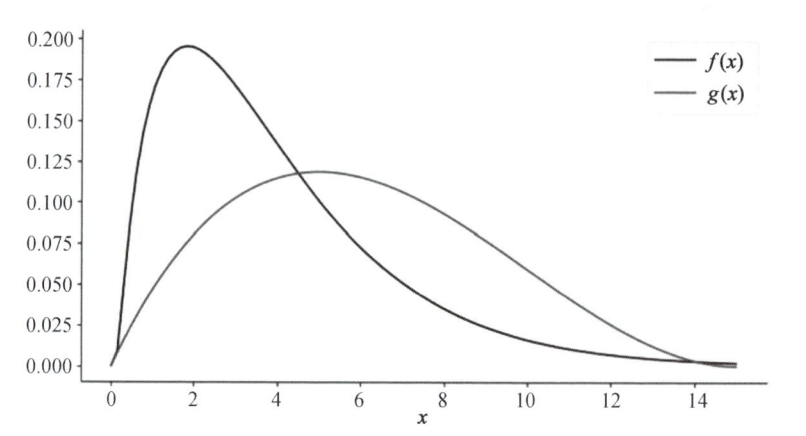

图 2.22　使用 SIR 方法生成的样本直方图轮廓与目标概率密度函数的比较

在下面的代码中，我们从 g 分布中采样并按上面描述的方式计算权重。最后一步是从新的概率质量函数中采样。图 2.23 给出了与目标概率密度函数 f 对比的归一化直方图。

```
>>> xi = g.rvs(500)
>>> w = np.array([f(i*15)/g.pdf(i) for i in xi])
>>> fsamples=np.random.choice(xi*15,5000,p = w/w.sum())
```

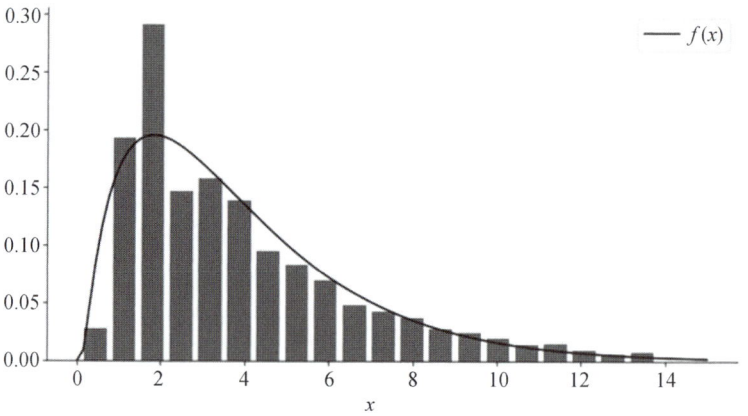

图 2.23　使用 SIR 方法生成的直方图和概率密度函数

在本节中，我们研究了如何从给定的分布中产生随机样本，无论是离散的还是连续的。对于连续情况，关键问题是累积密度函数是否具有连续逆。如果不是，就需要改用舍选法，并找到合适的相关密度函数，我们可以很方便地从中采样并以此作为拒绝阈值的一部分。寻找这样的函数是一门艺术，但是概率密度族的研究已有多年，人们已经研究出了快速随机数生成器。

舍选法有许多复杂的扩展应用，包括对定义域进行仔细划分和针对边界情况的特殊方法。尽管如此，所有这些先进方法的思想与我们在此讨论的思想是一致的[9-10]。

2.11 实用的不等式

在实践中，很少有问题是可以通过分析计算解决的。边界不等式的知识可帮助我们找到可能的解决方案。本节讨论三个重要的不等式，它们对概率、统计和机器学习很重要。

2.11.1 马尔可夫不等式

设 X 为非负随机变量，且 $\mathbb{E}(X) < \infty$，那么对于任意 $t > 0$，有

$$\mathbb{P}(X > t) \leqslant \frac{\mathbb{E}(X)}{t}$$

这是一个基本不等式，是其他不等式的基础。它很容易被证明。由于 $X > 0$，因此，

$$\mathbb{E}(X) = \int_0^\infty x f_x(x) \mathrm{d}x = \underbrace{\int_0^t x f_x(x) \mathrm{d}x}_{\text{忽略}} + \int_t^\infty x f_x(x) \mathrm{d}x$$

$$\geqslant \int_t^\infty x f_x(x) \mathrm{d}x \geqslant t \int_t^\infty f_x(x) \mathrm{d}x = t \mathbb{P}(X > t)$$

建立不等式时省略了 $\int_0^t x f_x(x) \mathrm{d}x$。对于集中在 $[0, t]$ 区间内的特定的 $f_x(x)$，可能很多部分要省略。正因如此，马尔可夫不等式被认为是一个松散的不等式，即不等式两边差距很大。例如，如图 2.24 所示，χ^2 分布的左边质量很大，这在马尔可夫不等式中会被忽略掉。图 2.25 展示了由马尔科夫不等式建立的两条曲线。灰色阴影区域是两条曲线之间的差距，表示本例中边界的松散度。

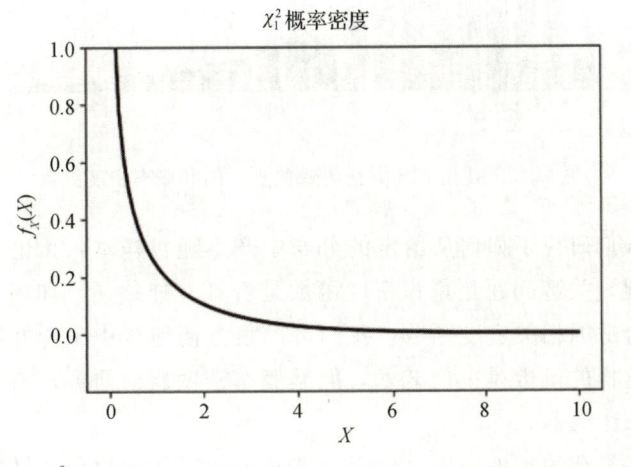

图 2.24　密度 χ_1^2 有很大一部分质量在左边，在建立马尔可夫不等式时是不考虑的

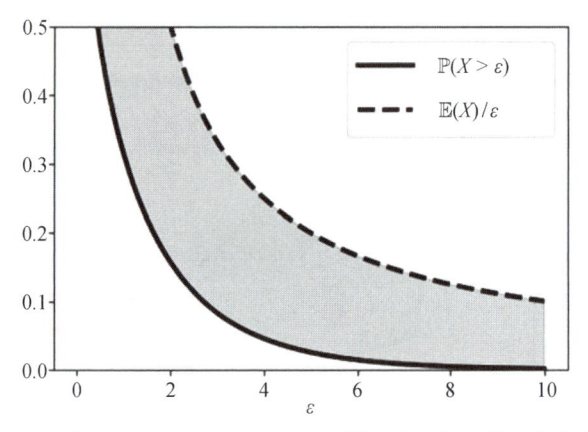

图 2.25　阴影区域显示了马尔可夫不等式两边的曲线之间的差距

2.11.2　切比雪夫不等式

切比雪夫不等式是从马尔可夫不等式直接推导而来的。令 $\mu = \mathbb{E}(X)$，$\sigma^2 = \mathbb{V}(X)$，则有

$$\mathbb{P}(|X - \mu| \geqslant t) \leqslant \frac{\sigma^2}{t^2}$$

请注意，如果我们进行归一化处理，使得 $Z = (X - \mu)/\sigma$，则有 $\mathbb{P}(|Z| \geqslant k) \leqslant 1/k^2$，尤其是 $\mathbb{P}(|Z| \geqslant 2) \leqslant 1/4$。我们可以用 Sympy 统计模块来演示这个不等式：

```
>>> import sympy
>>> import sympy.stats as ss
>>> t=sympy.symbols('t',real=True)
>>> x=ss.ChiSquared('x',1)
```

为了得到切比雪夫不等式的左边，我们必须将其写成如下的条件概率：

```
>>> r = ss.P((x-1) > t,x>1)+ss.P(-(x-1) > t,x<1)
```

我们可以使用上述表达式(该表达式是 t 的函数)并计算积分，但这将花费很长时间(这个表达式又长又复杂，这就是上面没有给出的原因)。在这种情况下，最好使用如下所示的内置累积密度函数(对各项重新整理之后)：

```
>>> w=(1-ss.cdf(x)(t+1))+ss.cdf(x)(1-t)
```

为了将其绘制成图形，我们可以使用 .subs 替代方法计算不同 t 值的结果，但是使用 lambdify 方法将表达式转换成函数更方便。

```
>>> fw=sympy.lambdify(t,w)
```

然后，我们可以用以下方法调用这个函数：

```
>>> [fw(i) for i in [0,1,2,3,4,5]]
[1.0,0.157299207050285,(0.08326451666355039+0j),(0.045500263
89635842+0j),(0.0253473186774682+0j),(0.014305878435429631+0
j)]
```

绘制的图形如图 2.26 所示。

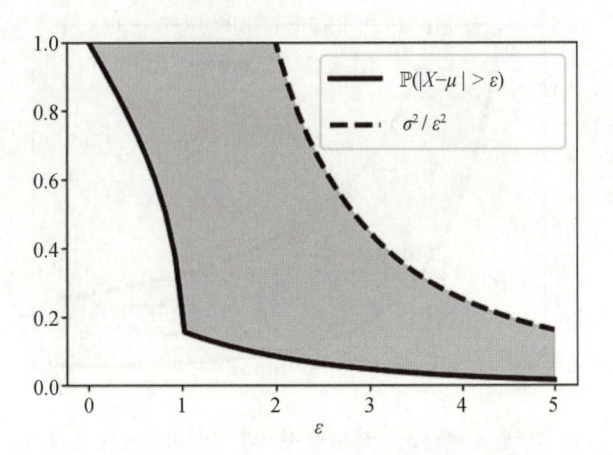

图 2.26　阴影部分显示了切比雪夫不等式两边的曲线之间的差距

编程技巧

请注意，我们不能对 lambdify 函数使用向量形式的输入，因为它包含嵌入式函数，而该函数仅在 Sympy 中可用。否则，我们可以使用 lambdify(t, fw, numpy) 来调用 Numpy 中用于该表达式的相应函数。

2.11.3　霍夫丁不等式

霍夫丁不等式与马尔可夫不等式相似，但不那么松散。设 $X_1, \cdots, X_n$ 为独立同分布观测值，$\mathbb{E}(X_i) = \mu$ 且 $a \leqslant X_i \leqslant b$。对于任意的 $\varepsilon > 0$，有

$$\mathbb{P}(|\overline{X}_n - \mu| \geqslant \varepsilon) \leqslant 2\exp(-2n\varepsilon^2/(b-a)^2)$$

其中，$\overline{X}_n = \dfrac{1}{n}\sum_i^n X_i$。注意，我们进一步假设各随机变量是有边界的。

　　推论　若 $X_1, \cdots, X_n$ 是独立的，且 $\mathbb{P}(a \leqslant X_i \leqslant b) = 1$，$\mathbb{E}(X_i) = \mu$，则有

$$|\overline{X}_n - \mu| \leqslant \sqrt{\frac{c}{2n}\log\frac{2}{\delta}}$$

其中，$c = (b-a)^2$。

我们将在第 4 章中再次看到这个不等式。图 2.27 展示了有 10 个相同且均匀分布的随机变量 $X_i \sim \mathcal{U}[0,1]$ 的情况下马尔可夫不等式和霍夫丁不等式的边界。实线表示 $\mathbb{P}(|\overline{X}_n - 1/2| > \varepsilon)$。注意，霍夫丁不等式比马尔可夫不等式更严格，在 ε 变得足够大时，二者是重合的。

　　霍夫丁不等式的证明　我们需要如下引理来证明霍夫丁不等式。

　　引理　设 X 为随机变量，$\mathbb{E}(X) = 0$，$a \leqslant X \leqslant b$，则对于任意 $s > 0$，有

$$\mathbb{E}(e^{sX}) \leqslant e^{s^2(b-a)^2/8} \tag{2.11.3.1}$$

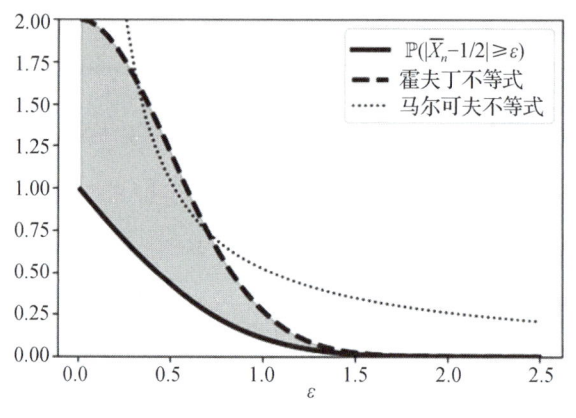

图 2.27 在 10 个相同且均匀分布的随机变量的情况下的马尔可夫不等式和霍夫丁不等式的边界

因为 X 被包含在闭区间 $[a,b]$ 中，所以我们可以将其写成区间端点的凸组合。

$$X = \alpha_1 a + \alpha_2 b$$

其中，$\alpha_1 + \alpha_2 = 1$。求解 α_i 项，有

$$\alpha_1 = \frac{x-a}{b-a}$$

$$\alpha_2 = \frac{b-x}{b-a}$$

根据詹森不等式，对于凸函数 f，有

$$f\left(\sum \alpha_i x_i\right) \leqslant \sum \alpha_i f(x_i)$$

给定 e^X 的凸性，有

$$e^{sX} \leqslant \alpha_1 e^{sa} + \alpha_2 e^{sb}$$

当 $\mathbb{E}(X) = 0$ 时，写出不等式两边的期望：

$$\mathbb{E}(e^{sX}) \leqslant \mathbb{E}(\alpha_1) e^{sa} + \mathbb{E}(\alpha_2) e^{sb}$$

其中，$\mathbb{E}(\alpha_1) = \frac{b}{b-a}$，$\mathbb{E}(\alpha_2) = \frac{-a}{b-a}$，因此有

$$\mathbb{E}(e^{sX}) \leqslant \frac{b}{b-a} e^{sa} - \frac{a}{b-a} e^{sb}$$

设 $p := \frac{-a}{b-a}$，对上式整理可得

$$\frac{b}{b-a} e^{sa} - \frac{a}{b-a} e^{sb} = (1-p) e^{sa} + p e^{sb} =: e^{\phi(u)}$$

其中

$$\phi(u) = -pu + \log(1 - p + p e^u)$$

且 $u = s(b-a)$。注意，$\phi(0) = \phi'(0) = 0$。此外，$\phi''(0) = p(1-p) \leqslant 1/4$。因此，泰勒展开可得 $\phi(u) \approx \frac{u^2}{2} \phi''(t) \leqslant \frac{u^2}{8}$，$t \in [0, u]$。

为了证明霍夫丁不等式，首先从马尔可夫不等式

$$\mathbb{P}(X \geqslant \varepsilon) \leqslant \frac{\mathbb{E}(X)}{\varepsilon}$$

开始，然后，给定 $s>0$，可得

$$\mathbb{P}(X \geqslant \varepsilon) = \mathbb{P}(e^{sX} \geqslant e^{s\varepsilon}) \leqslant \frac{\mathbb{E}(e^{sX})}{e^{s\varepsilon}}$$

把霍夫丁不等式的一侧整理成

$$\mathbb{P}(\overline{X}_n - \mu \geqslant \varepsilon) \leqslant e^{-s\varepsilon} \mathbb{E}\left(\exp\left(\frac{s}{n} \sum_{i=1}^{n} (X_i - \mathbb{E}(X_i)) \right) \right)$$

$$= e^{-s\varepsilon} \prod_{i=1}^{n} \mathbb{E}(e^{\frac{s}{n}(X_i - \mathbb{E}(X_i))})$$

$$\leqslant e^{-s\varepsilon} \prod_{i=1}^{n} e^{\frac{s^2}{n^2}(b-a)^2/8}$$

$$= e^{-s\varepsilon} e^{\frac{s^2}{n}(b-a)^2/8}$$

现在，选择合适的 s 值（$s>0$）来最小化这个上界。当取 $s = \dfrac{4n\varepsilon}{(b-a)^2}$ 时，

$$\mathbb{P}(\overline{X}_n - \mu \geqslant \varepsilon) \leqslant e^{-\frac{2n\varepsilon^2}{(b-a)^2}}$$

同理，可得霍夫丁不等式的另一侧。

参考文献

[1] F. Jones, *Lebesgue Integration on Euclidean Space*. Jones and Bartlett Books in Mathematics. (Jones and Bartlett, London, 2001)

[2] G. Strang, *Linear Algebra and Its Applications* (Thomson, Brooks/Cole, 2006)

[3] N. Edward, *Radically Elementary Probability Theory*. Annals of Mathematics Studies (Princeton University Press, Princeton, 1987)

[4] T. Mikosch, *Elementary Stochastic Calculus with Finance in View*. Advanced Series on Statistical Science & Applied Probability (World Scientific, Singapore, 1998)

[5] H. Kobayashi, B.L. Mark, W. Turin, *Probability, Random Processes, and Statistical Analysis: Applications to Communications, Signal Processing, Queueing Theory and Mathematical Finance*. EngineeringPro Collection (Cambridge University Press, Cambridge, 2011)

[6] Z. Brzezniak, T. Zastawniak, *Basic Stochastic Processes: A Course Through Exercises*. Springer Undergraduate Mathematics Series (Springer, London, 1999)

[7] D.J.C. MacKay, *Information Theory, Inference and Learning Algorithms* (Cambridge University Press, Cambridge, 2003)

[8] T. Hastie, R. Tibshirani, J. Friedman, *The Elements of Statistical Learning: Data Mining, Inference, and Prediction*. Springer Series in Statistics (Springer, New York, 2013)

[9] W.L. Dunn, J.K. Shultis, *Exploring Monte Carlo Methods* (Elsevier Science, Boston, 2011)

[10] N.L. Johnson, S. Kotz, N. Balakrishnan, *Continuous Univariate Distributions*. Wiley Series in Probability and Mathematical Statistics: Applied Probability and Statistics, vol. 2. (Wiley, New York, 1995)

第 3 章 | *Chapter 3*

统 计

3.1 引言

在学习统计知识之前，首先思考三个经典的问题：

- 假设你有一个装满彩色弹珠的袋子。闭上眼睛，伸手进去拿出一把弹珠，你能说出袋子里弹珠的颜色和数量吗？
- 你到了一个陌生的小镇，乘坐一辆出租车。黑暗中透过车窗往外看，你只能勉强辨认出其中一个出租车车顶上的数字。假设这个小镇的出租车都按顺序贴了标签。那么你知道这个小镇有多少辆出租车吗？
- 你已经参加了两次入学考试，但是你想知道再次参加是否值得，因为你希望你的分数会在第三次有所提高。由于入学考试只记录最后一次的分数，你也担心第三次考试可能会更糟。你是否会决定再考一次？

统计学提供了一种结构化的方法来处理这些问题。统计知识非常重要，其原因在于人们很容易被自己的偏见和直觉所误导。遗憾的是，并没有解决这种问题的单独的方法，这需要统计领域繁杂的知识。这就意味着，尽管许多统计量很容易计算，但是想去证明、解释甚至理解，却并非易事。从根本上说，当我们仅从数据开始时，我们便缺少第2章所讨论的潜在概率密度。然而，这调整的关键节点在于对我们选择处理的数据进行补偿。接下来，我们将引入 Python 工具库中一些非常强大的统计分析工具，并提出理解它们的思考方法。

3.2 用于统计的 Python 模块

3.2.1 Scipy 统计模块

尽管 Numpy 中有一些基本的统计函数（例如 mean、std 和 median），但是统计函数的真正存储库是在 scipy.stats 中。scipy.stats 中实现了 80 多个连续概率分布和十几个离散分布，以及许多其他辅助统计函数。

在使用 scipy.stats 之前，需加载该模块，并创建一个自定义分布的对象，例如：

```
>>> import scipy.stats # might take awhile
>>> n = scipy.stats.norm(0,10) # create normal distrib
```

变量 n 作为一个对象，表示正态分布随机变量，其中均值为 0，标准差为 $\sigma=10$。要注意两个参数的通用术语为位置（location）和尺度（scale）。根据这种定义，我们可以采用如下方法计算均值：

```
>>> n.mean() # we already know this from its definition!
0.0
```

还可以计算高阶矩，例如：

```
>>> n.moment(4)
30000.0
```

连续随机变量主要的公共方法如下：

- rvs：随机变量；
- pdf：概率密度函数；
- cdf：累积分布函数；
- sf：生存函数（1−CDF）；
- ppf：分位点函数（CDF 的逆）；
- isf：逆生存函数（SF 的逆）；
- stats：均值、方差、Fisher 偏度或者 Fisher 峰度；
- moment：分布的非中心矩。

例如，我们可以计算概率密度函数在特定点的值：

```
>>> n.pdf(0)
0.03989422804014327
```

也可以计算同一随机变量累积分布函数在某点的值：

```
>>> n.cdf(0)
0.5
```

还可以采用如下方式根据分布创建样本：

```
>>> n.rvs(10)
array([15.3244518 , -9.4087413 ,  6.94760096,  0.61627683, -3.92073633,
        6.9753351 ,  7.95314387, -3.18127815,  5.69087949,  0.84197674])
```

许多常用统计检验已经内置在模块中，例如 Shapiro-Wilks 检验了正态分布数据的原假设[⊖]，示例如下：

```
>>> scipy.stats.shapiro(n.rvs(100))
(0.9749656915664673, 0.05362436920404434)
```

元组中的第二个值是 p 值（将在下文讨论）。

3.2.2　Sympy 统计模块

Sympy 模块本身很小，但是有非常有用的统计模块。它可以对统计量进行符号计算，例如：

```
>>> from sympy import stats, sqrt, exp, pi
>>> X = stats.Normal('x',0,10) # create normal random variable
```

我们可以得到如下概率密度函数：

```
>>> from sympy.abc import x
>>> stats.density(X)(x)
sqrt(2)*exp(-x**2/200)/(20*sqrt(pi))
>>> sqrt(2)*exp(-x**2/200)/(20*sqrt(pi))
sqrt(2)*exp(-x**2/200)/(20*sqrt(pi))
```

累积密度函数估计如下：

```
>>> stats.cdf(X)(0)
1/2
```

注意，也可以在输出上使用 evalf( ) 方法对此进行数值评估。Sympy 通过 stats.P 函数为考虑标准概率问题提供了直接方法，示例如下：

```
>>> stats.P(X>0) # prob X >0?
1/2
```

它还有一个对应的期望函数 stats.E，该函数可将 Sympy 强大的内置函数整合一体。使用 stats.E 可以计算复杂的期望。例如，我们可以采用如下方式计算 $\mathbb{E}(\sqrt{|X|})$：

```
>>> stats.E(abs(X)**(1/2)).evalf()
2.59995815363879
```

遗憾的是，在撰写本书时该模块对多元分布的支持非常有限。

3.2.3　其他用于统计的 Python 模块

除了前面介绍的两种统计模块之外，在统计工作中还可能用到其他两个重要的统计模块，即 Seaborn 模块和 Statsmodels 模块。根据之前的讨论可知，Seaborn 模块建立在 Matplotlib 库的基础上，可详细表达可视化的统计结果，适用于探索性数据分析。

⊖　我们将在后文解释原假设及其他假设。

Statsmodels 模块旨在通过多种统计模型的描述性统计、估计和推理来补充完善 Scipy。Statsmodels 模块包括（但不限于）广义线性模型、鲁棒线性模型、时间序列分析方法，重点处理计量经济学中的数据和问题。这两个模块都得到了很好的支持，并且有详细的文档记录，高度集成于 Matplotlib、Numpy、Scipy 以及其他 Python 科学栈。由于本书重点在于概念讲解，而非针对特定的领域，尽管二者都很重要，但本书对此均不做强调。

3.3 收敛类型

没有原始数据的概率密度意味着我们必须以结构化的方式讨论随机变量的序列。从基础微积分入手，回顾以下收敛表示法：

$$x_n \to x_0$$

x_n 为实数序列，对于任意给定的 $\varepsilon > 0$，无论 ε 有多小，我们都可以给出一个 m，对于任意 $n > m$，我们有

$$|x_n \to x_0| < \varepsilon$$

显然，如果序列中的 m 已知，我们就可以得到 x_0 邻域内的 ε。上式表示序列在趋于无限远的过程中是可知的，也表示序列单调收敛。当讨论统计量的收敛性时，我们同样希望统计量有单调性，但由于我们现在讨论的是随机变量，因此需要引入其他概念。随机变量包含两个部分。由第 2 章可知，随机变量实际上是将集合映射到实数域的函数，例如 $X: \Omega \mapsto \mathbb{R}$。因此，一部分是随机变量的子集 Ω 的收敛性，另一部分是随机变量的实值序列在收敛过程中的表现。

3.3.1 几乎必然收敛

几乎必然收敛是对统计收敛概念的直接扩展，也被称为以概率 1 收敛：

$$\mathbb{P}\{\forall \varepsilon > 0, \exists n_\varepsilon > 0, 使得对于所有 n > n_\varepsilon, 恒有 |X_n - X| < \varepsilon\} = 1 \quad (3.3.1.1)$$

注意与实数收敛的先验概念的相似性。当这种情况发生时，写成 $X_n \xrightarrow{as} X$，此时几乎必然收敛表示当任取 $\omega \in \Omega$ 时，观察每个随机变量产生的实数序列：

$$(X_1(\omega), X_2(\omega), X_3(\omega), \cdots, X_n(\omega))$$

这个序列就是在实域收敛并且以同样的方式收敛的实数序列。如果我们收集了所有为真的 ω，那么由这些数据组成的集合的测度等于 1，从而可以确定随机变量几乎必然收敛。注意收敛概念如何适用于随机变量的两端：Ω 和实数值。

一种等效且更简洁的写法如下：

$$\mathbb{P}(\omega \in \Omega: \lim_{n \to \infty} X_n(\omega) = X(\omega)) = 1$$

例 为了对这种收敛机制有一些了解，我们考虑以下在单位区间均匀分布的随机变量序列 $X_n \sim \mathcal{U}[0,1]$，现提取该 n 个变量集合的最大值：

$$X_{(n)} = \max\{X_1, \cdots, X_n\}$$

换句话说，我们遍历具有 n 个均匀分布的随机变量的列表，并从列表中选出最大值。从直觉上讲，我们应该期望 $X_{(n)}$ 以某种方式收敛于 1，让我们看看是否可以肯定地做到这一点。我们想要证明存在 m 使下式成立：

$$\mathbb{P}(\,|\,1 - X_{(n)}\,|\,) < \varepsilon, \text{当 } n > m \text{ 时}$$

因为 $X_{(n)} < 1$，所以可以做如下简化：

$$1 - \mathbb{P}(X_{(n)} < \varepsilon) = 1 - (1 - \varepsilon)^m \xrightarrow[m \to \infty]{} 1$$

所以，此序列几乎必然收敛。我们可以在 Python 中使用 Scipy 模块实现此示例，具体代码如下：

```
>>> from scipy import stats
>>> u=stats.uniform()
>>> xn = lambda i: u.rvs(i).max()
>>> xn(5)
0.966717838482003
```

变量 xn 与本例中的随机变量 $X_{(n)}$ 相同。图 3.1 显示了不同 n 值下每个随机变量之间的多重实现（多条灰线），黑色水平线在 0.95 处。在本例中，假设我们期望的随机变量收敛于 0.05，那么收敛区域为 1 到 0.95 之间。因此，在式（3.3.1.1）中，$\varepsilon = 0.05$。现在，我们需要找到 n_ε 来确保几乎必然收敛。从图 3.1 中可以看出，当 $n > 60$ 时，大部分的多重实现均在 0.95 水平线以上的区域。然而，在某些情况下，多重实现会在 0.95 水平线以下。为确保获得满足定义的概率，我们必须保证所选的 n_ε 使不兼容性的概率非常小，比如小于 1%。现在，我们来估计 $n = 60$ 超过 1000 次实现的概率：

```
>>> import numpy as np
>>> np.mean([xn(60) > 0.95 for i in range(1000)])
0.961
```

因此，当 $n > 60$ 时不兼容概率较低，但仍不是我们期望的在 0.99 之上的值，我们可以通过代入 ε 因子和期望的概率约束来解出收敛 m。

```
>>> print (np.log(1-.99)/np.log(.95))
89.78113496070968
```

现在，将上述结果四舍五入，并采用上文相同的估算方法重新计算：

```
>>> import numpy as np
>>> np.mean([xn(90) > 0.95 for i in range(1000)])
0.995
```

这便是我们想要的结果。在这个例子中我们关键要理解必须选择收敛准则以满足随机变量的值（0.95）和达到该值时的概率（0.99），进而计算 m。简单来说，几乎必然收敛不仅表示当 n 趋于无穷大时，任意 X_n 都接近 X，而且表示整个序列的值都以很大概率接近 X。

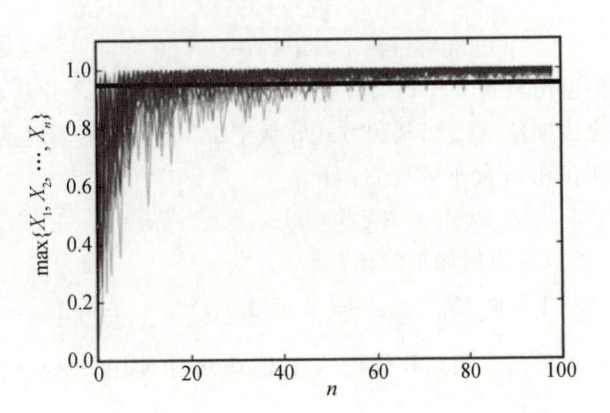

图 3.1 有限序列多重实现的几乎必然收敛案例

3.3.2 依概率收敛

依概率收敛是一种较弱的收敛，即当 $n \to \infty$ 时，恒有 $\varepsilon > 0$，使

$$\mathbb{P}(\,|X_n - X| > \varepsilon) \to 0$$

可用符号 $X_n \xrightarrow{\text{P}} X$ 表示。例如，我们考虑有如下随机变量序列：在 $X_n = 1/2^n$ 处的概率为 p_n，在 $X_n = c$ 处的概率为 $1 - p_n$，当 $p_n \to 1$ 时，有 $X_n \xrightarrow{\text{P}} 0$。在这种收敛概念下这是允许的，因为存在非收敛结果（即 $X_n = c$ 时）的数量逐渐减少的这种可能。注意，我们还未讨论 p_n 如何趋于 1。

例 为理解这种收敛机制，用 $\{X_1, X_2, X_3, \cdots\}$ 表示相应间隔的区间：

$$(0, 1], \left(0, \frac{1}{2}\right], \left(\frac{1}{2}, 1\right], \left(0, \frac{1}{3}\right], \left(\frac{1}{3}, \frac{2}{3}\right], \left(\frac{2}{3}, 1\right]$$

即将单元分割为长度相同的区间，并用 X_i 表示这些区间。因为每一个 X_i 均为指示函数，所以它只需要 0 和 1 两个值。例如，如果 $0 < x \leqslant 1/2$，则 $X_2 = 1$，否则 $X_2 = 0$。注意，$x \sim \mathcal{U}(0, 1)$。这表示 $P(X_2 = 1) = 1/2$。现在，当 $\varepsilon \in (0, 1)$ 时，对于任意值 n，计算 $P(X_n > \varepsilon)$ 的序列。由于我们选择的 ε 在 X_1 定义域内，因此有 $P(X_1 > \varepsilon) = 1$；以此类推，$P(X_2 > \varepsilon) = 1/2$，$P(X_3 > \varepsilon) = 1/3$，……据此产生序列 $\left(1, \frac{1}{2}, \frac{1}{2}, \frac{1}{3}, \frac{1}{3}, \cdots\right)$，序列极限为 0，所以有 $X_n \xrightarrow{\text{P}} 0$。然而，对于每一个 $x \in (0, 1)$，函数值序列 $X_n(x)$ 由无穷个 0 和 1 组成（指示函数只能估计为 0 或 1），所以序列 $X_n(x)$ 发散。这就意味着此处依概率收敛成立，但几乎必然收敛不成立。两种收敛类型的区别在于，依概率收敛考虑了概率序列的收敛性，而几乎必然收敛考虑的是随机变量在完全填充潜在概率空间（即概率为 1）的事件集上的值序列。

这是一个很好的例子，接下来看看能否在 Python 中具体实现。以下是计算不同子区间的函数：

```
>>> make_interval= lambda n: np.array(list(zip(range(n+1),
...                                        range(1,n+1))))/n
```

现在，我们可以用此函数创建示例中的 Numpy 区间数组：

```
>>> intervals= np.vstack([make_interval(i) for i in range(1,5)])
>>> print (intervals)
[[0.         1.        ]
 [0.         0.5       ]
 [0.5        1.        ]
 [0.         0.33333333]
 [0.33333333 0.66666667]
 [0.66666667 1.        ]
 [0.         0.25      ]
 [0.25       0.5       ]
 [0.5        0.75      ]
 [0.75       1.        ]]
```

采用以下函数计算示例中的位字符串 $\{X_1, X_2, X_3, \cdots, X_n\}$：

```
>>> bits= lambda u:((intervals[:,0] < u) & (u<=intervals[:,1])).astype(int)
>>> bits(u.rvs())
array([1, 0, 1, 0, 0, 1, 0, 0, 0, 1])
```

至此，我们得到独立的位字符串，为了证明收敛性，我们要证明每一项的概率都有一个极限。例如，使用 10 个实现：

```
>>> print (np.vstack([bits(u.rvs()) for i in range(10)]))
[[1 1 0 1 0 0 0 1 0 0]
 [1 1 0 1 0 0 0 1 0 0]
 [1 1 0 0 1 0 0 1 0 0]
 [1 0 1 0 0 1 0 0 1 0]
 [1 0 1 0 0 1 0 0 1 0]
 [1 1 0 0 1 0 0 1 0 0]
 [1 1 0 1 0 0 1 0 0 0]
 [1 1 0 0 1 0 0 1 0 0]
 [1 1 0 0 1 0 0 1 0 0]
 [1 1 0 1 0 0 1 0 0 0]]
```

要把每列中的 1 的极限概率转换为极限，估计需要超过 1000 个实现，代码如下：

```
>>> np.vstack([bits(u.rvs()) for i in range(1000)]).mean(axis=0)
array([1.   , 0.493, 0.507, 0.325, 0.34 , 0.335, 0.253, 0.24 , 0.248,
       0.259])
```

注意，这些项应该接近我们之前建立的序列 $\left(1, \dfrac{1}{2}, \dfrac{1}{2}, \dfrac{1}{3}, \dfrac{1}{3}, \cdots\right)$，图 3.2 表示这些概率在大量区间上的收敛性。图中显示，当 n 足够大时，概率最终减小至 0。请再次注意，独立的 0 和 1 序列不收敛，但这些序列的概率收敛，这就是几乎必然收敛和依概率收敛的主要区别。因此，依概率收敛并不意味着几乎必然收敛，相反，几乎必然收敛意味着依概率收敛。

以下两个式子可帮助区分依概率收敛和几乎必然收敛：

$$P(\lim_{n \to \infty} |X_n - X| < \varepsilon) = 1 \quad （几乎必然收敛）$$
$$\lim_{n \to \infty} P(|X_n - X| < \varepsilon) = 1 \quad （依概率收敛）$$

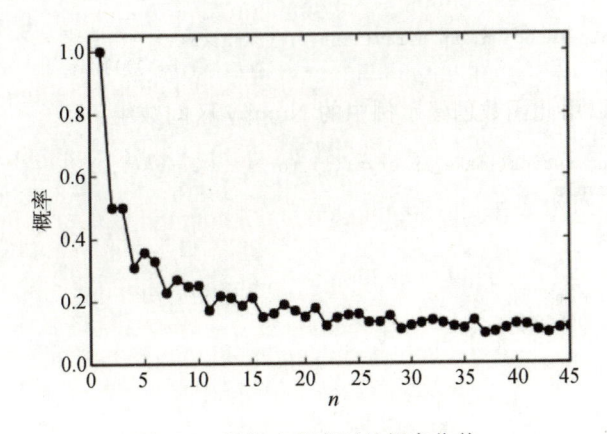

图 3.2 　随机变量序列的概率收敛

3.3.3　依分布收敛

到目前为止，我们一直在讨论概率序列或者随机变量的值序列的收敛问题。相比之下，下一个要介绍的重要收敛类型是依分布收敛：

$$\lim_{n \to \infty} F_n(t) = F(t)$$

其中，F 在所有 t 上连续，且 F 为累积密度函数。此时，收敛性只与累积密度函数有关，即 $X_n \xrightarrow{d} X$。

例　为了对这种收敛有一些直观的认识，考虑有 X_n 个伯努利随机变量的序列，同时假设这些都只是同一个随机变量 X，显然有 $X_n \xrightarrow{d} X$。此时定义 $Y = 1 - X$，表示 Y 与 X 同分布，有 $X_n \xrightarrow{d} Y$。由于对所有 n 均有 $|X_n - Y| = 1$，所以我们不可能得到几乎必然收敛或依概率收敛。因此，依分布收敛是这三种收敛中最弱的，依分布收敛包含于另外两种收敛之中，但无法包含这两种收敛。

再举一个明显的例子：当 $Z \sim \mathcal{N}(0, 1)$ 时，有 $Y_n \xrightarrow{d} Z$，同样也有 $Y_n \xrightarrow{d} -Z$，也就是说，Y_n 依分布收敛于 Z 或 $-Z$。这似乎有些模棱两可，但实际上这种收敛性是非常有用的，因为依分布收敛代表着可以用简单分布近似表示复杂分布。

3.3.4　极限定理

既然已经了解所有这些收敛概念，我们可以将它们应用于不同情形中，看看能从中构造出什么定理。

(1) 弱大数定理

设 $\{X_1, X_2, \cdots, X_n\}$ 是一个独立同分布的随机变量集合，存在有限均值 $\mathbb{E}(X_k) = \mu$ 和有限方差。令 $\overline{X}_n = \dfrac{1}{n} \sum_k X_k$，则有 $\overline{X}_n \xrightarrow{P} \mu$。这个结果很重要，因为我们经常使用某种平

均过程来估计参数。这基本上证明 $\overline{X}_n$ 依概率收敛。通俗地讲，这也表示当 $n \to \infty$ 时，$\overline{X}_n$ 分布集中在 μ 的周围。

(2) 强大数定理

设 $\{X_1, X_2, \cdots\}$ 是独立同分布的随机变量集合，假设 $\mu = \mathbb{E}|X_i| < \infty$，有 $\overline{X}_n \xrightarrow{\text{as}} \mu$。之所以称之为强大数定理，是因为几乎必然收敛包含依概率收敛，从而有强大数定理包含弱大数定理。Kolmogorov 收敛准则表明：

$$\sum_k \frac{\sigma_k^2}{k^2}$$

收敛是强大数定理适用于 $\{\sigma_k^2\}$ 对应的序列 $\{X_k\}$ 的充分条件。

例如，现有一个伯努利试验的无穷序列，如果第 i 次试验成功，则 $X_i = 1$，那么 $\overline{X}_n$ 表示 n 次试验中成功的相对频率，$\mathbb{E}(X_i)$ 表示第 i 次试验成功的概率 p。基于这些条件，弱大数定理仅表示，当我们考虑足够大且固定的 n 时，可以确定概率，即相对频率收敛于 p。强大数定律表明，如果我们把所有无穷序列 $\{X_i\}$ 的观测值看作试验的一种表现形式，试验成功的相对频率将几乎必然收敛于 p。在概率论的实际应用中，强大数定理和弱大数定理的区别很小，也很少出现。

(3) 中心极限定理

虽然从弱大数定理可以得知 $\overline{X}_n$ 的分布集中在 μ 附近，但无法得知这个分布是什么。中心极限定理（Central Limit Theorem，CLT）表明 $\overline{X}_n$ 近似服从以 μ 为期望、以 σ^2/n 为方差的正态分布。令人意外的是，除了均值和方差，并没有对 X_i 的分布做任何假设。中心极限定理如下：

设 $\{X_1, X_2, \cdots, X_n\}$ 是独立同分布的随机变量集合，期望为 μ，方差为 σ^2，然后有

$$Z_n = \frac{\sqrt{n}(\overline{X}_n - \mu)}{\sigma} \xrightarrow{\text{P}} Z \sim \mathcal{N}(0,1)$$

中心极限定理的广义解释是 $\overline{X}_n$ 可以合理地近似为正态分布。由于此处讨论的是依概率收敛，因此我们需要考虑的是概率，而非随机变量本身。这也在直观上表明正态分布产生于有限方差的小的独立扰动之和。严格来说，有限方差假设是正态分布的必要条件。尽管中心极限定理提出了一种有效的一般近似，但在特定情形下的近似效果仍然取决于原始分布（通常是未知的）。

3.4 最大似然估计

当希望从数据中推断出有意义的东西时，便产生了估计。对于参数估计，其策略是先对数据进行模型假设，然后利用数据拟合模型参数。这就引出了两个基本问题：从哪里获得模型以及如何估计参数？可以用一句经典格言"所有模型都是错误的，但有些模型

是有用的"来很好地回答第一个问题。换句话说，模型的选择既取决于实际应用，也取决于模型本身。把模型想象成建造不同的望远镜来观察天空，没有人会说是望远镜创造了天空。数据模型也是如此，模型为我们提供了关于数据的多个视角，而这些数据本身代表了某些更深层次的现象。

某些类别的数据可能更多地需要使用某种特定类型的模型来进行分析，但这些数据通常是特定于领域的，而且最终取决于所要分析的目的。在某些情况下，模型选择的背后可能有强烈的物理原因。例如，我们可以假设模型是线性的，带有噪声，表示为

$$Y = aX + \varepsilon$$

首先，输入 X 值，输出与 X 对应成比例的测量值 Y，且输出中还包含了因测量设备振动而产生的附加噪声。接着，估计模型的参数 a，并给出关于自然噪声 ε 的假设。如何计算模型参数取决于特定的方法。引入两大准则：参数估计和非参数估计。在前者中，我们假设已知数据的密度函数，然后尝试推导出数据的嵌入参数；在后者中，我们假设只知道密度函数是广义密度函数中的成员，然后使用数据来描述该密度函数。一般来说，前者需要的数据比后者更少，因为前者需要从数据中计算的未知数更少。

现在我们讨论参数估计。传统的做法是将待估计的未知参数表示为 θ，它属于空间 Θ。为在潜在的 θ 值中做出判断，我们需要一个目标函数（也被称为风险函数）$L(\theta, \hat{\theta})$，$\hat{\theta}(\boldsymbol{x})$ 是从可用数据 $\boldsymbol{x}$ 得出的未知参数 θ 的估计值。最常用的风险函数是**平方误差损失函数**：

$$L(\theta, \hat{\theta}) = (\theta - \hat{\theta})^2$$

此函数虽然简洁，但并不实用，因为我们首先需要知道未知参数 θ，然后才能计算。另一个原因是 $\hat{\theta}$ 是观测数据的函数，也是一个具有自己的概率密度函数的随机变量。这就引出了**期望风险函数**的概念：

$$R(\theta, \hat{\theta}) = \mathbb{E}_{\theta}(L(\theta, \hat{\theta})) = \int L(\theta, \hat{\theta}(\boldsymbol{x})) f(\boldsymbol{x}; \theta) \mathrm{d}\boldsymbol{x}$$

换句话说，给定固定参数 θ，对数据的概率密度函数 $f(\boldsymbol{x})$ 进行积分，计算风险函数，再代入平方误差损失函数，计算均方误差：

$$\mathbb{E}_{\theta}(\theta - \hat{\theta})^2 = \int (\theta - \hat{\theta})^2 f(\boldsymbol{x}; \theta) \mathrm{d}\boldsymbol{x}$$

由此可将**偏差**分解为

$$\mathrm{bias} = \mathbb{E}_{\theta}(\hat{\theta}) - \theta$$

相应的方差由如下均方误差（Mean Squared Error，MSE）函数表示：

$$\mathbb{E}_{\theta}(\theta - \hat{\theta})^2 = \mathrm{bias}^2 + \mathbb{V}_{\theta}(\hat{\theta})$$

这是我们将反复讨论的一个重要的权衡问题。$f(\boldsymbol{x})$ 整合所有可能的数据，当估计值 $\hat{\theta}$ 与潜在的目标参数 θ 不一致时，偏差不为零。从某种意义上说，无论使用多少数据，估计方法都会错过目标。当偏差为零时，为无偏估计。对于固定的均方误差函数，低偏差意味着高方差，低方差意味着高偏差。人们未曾重视这种权衡，反而把更多精力放在无偏

估计的最小方差的研究中(详见 Cramer-Rao 界)。实际上，更加重要的是理解和运用偏差与方差之间的权衡，以及减小均方误差(MSE)。

有了前面这些铺垫之后，我们可以通过计算**极小极大风险函数**

$$R_{\mathrm{mmx}} = \inf_{\hat{\theta}} \sup_{\theta} R(\theta, \hat{\theta})$$

来评估这种估计能差到什么程度，其中，inf 表示全体估计。从直觉上看，这表示如果我们发现最糟糕的 θ 包含了所有可能的参数估计值 $\hat{\theta}$，此过程冒的风险是最小的，也就是极小极大风险。因此，如果估计值 $\hat{\theta}_{\mathrm{mmx}}$ 满足

$$\sup_{\theta} R(\theta, \hat{\theta}_{\mathrm{mmx}}) = \inf_{\hat{\theta}} \sup_{\theta} R(\theta, \hat{\theta})$$

则称之为极小极大估计。换句话说，即使出现最糟糕的 θ，$\hat{\theta}_{\mathrm{mmx}}$ 仍能取得极小极大风险。这里有一个更深层次的、围绕各种各样极小极大统计量的理论，但这不在我们目前所要研究的范围。我们需要重点关注的是在采用特定方法且易于实现的情形下，最大似然估计可以近似为极小极大估计。3.4.1 节将详细介绍最大似然估计，我们先从最简单的抛硬币试验开始。

3.4.1　设置抛硬币试验

假设我们有一枚硬币，想要估计抛出后正面朝上的概率 p，我们将正面和反面的分布建模为伯努利分布，其概率质量函数为

$$\phi(\boldsymbol{x}) = p^x (1-p)^{(1-x)}$$

其中，x 是抛硬币的结果，1 表示正面朝上，0 表示反面朝上。注意，最大似然估计是一种参数化方法，需要指定要为其计算嵌入参数的特定模型。对于 n 次独立硬币抛掷，我们将 n 个概率质量函数累乘，得到如下联合密度函数：

$$\phi(\boldsymbol{x}) = \prod_{i=1}^{n} p^{x_i} (1-p)^{(1-x_i)}$$

似然函数为

$$\mathcal{L}(p; \boldsymbol{x}) = \prod_{i=1}^{n} p^{x_i} (1-p)^{(1-x_i)}$$

这是似然函数的基本形式。我们刚刚重命名了前面的方程，以强调参数 p，这就是我们要估计的参数。

最大似然原理是在代入所有的 x_i 后，将似然值最大化为 p 的函数。然后我们将这个最大似然值 $\hat{p}$ 称为观测值 x_i 的函数，而且它是一个服从某个分布的随机变量。因此，这种方法为概率密度提取数据并假定模型，生成一个函数用于估计假设概率密度中的嵌入参数。最大似然估计会生成我们需要的数据函数，以获取模型的基本参数。请注意，我们在功能上操纵收集到的数据的方式是没有限制的。最大似然原理为我们提供了一种构造服从假设模型的函数的系统方法。需要强调的是：最大似然原理将产生的函数作为解，和将求解微分方程产生的函数作为解的方法相同。即使假设有一个省事的概率密度，生

成函数解也比生成值解要困难得多。因此，最大似然原理的强大之处在于可以根据模型假设来构造此类函数。

(1) 模拟实验

我们采用如下代码来模拟抛硬币试验：

```
>>> from scipy.stats import bernoulli
>>> p_true=1/2.0              # estimate this!
>>> fp=bernoulli(p_true) # create bernoulli random variate
>>> xs = fp.rvs(100)          # generate some samples
>>> print (xs[:30])           # see first 30 samples
[0 1 0 1 1 0 0 1 1 1 0 1 1 1 0 1 1 0 1 1 0 1 0 0 1 1 0 1 0 1]
```

此时，我们可以使用 Sympy 模块写出似然函数。请注意，我们在构造时为 Sympy 变量赋予了 positive=True 属性，因为这可以简化 Sympy 的内部简化算法。

```
>>> import sympy
>>> x,p,z=sympy.symbols('x p z', positive=True)
>>> phi=p**x*(1-p)**(1-x) # distribution function
>>> L=np.prod([phi.subs(x,i) for i in xs]) # likelihood function
>>> print (L) # approx 0.5?
p**57*(-p + 1)**43
```

请注意，一旦代入数据，似然函数将变成未知参数（本例中为 p）的函数。以下代码使用微积分来计算似然函数的极值。需要提及的是，对似然函数 L 取对数更便于求解最大值，但此方法并不会改变极值。

```
>>> logL=sympy.expand_log(sympy.log(L))
>>> sol,=sympy.solve(sympy.diff(logL,p),p)
>>> print (sol)
57/100
```

编程技巧

请注意，sol, = sympy. solve 语句中 sol 变量之后有一个逗号。这是因为 solve 函数返回一个包含单个元素的列表，使用这种赋值语句可以将单个元素直接解压缩到 sol 变量中，这是 Python 中众多小技巧中的一个。

根据下列代码可以生成图 3.3。

```
fig,ax=subplots()
x=np.linspace(0,1,100)
ax.plot(x,map(sympy.lambdify(p,logJ,'numpy'),x),'k-',lw=3)
ax.plot(sol,logJ.subs(p,sol),'o',
        color='gray',ms=15,label='Estimated')
ax.plot(p_true,logJ.subs(p,p_true),'s',
        color='k',ms=15,label='Actual')
ax.set_xlabel('$p$',fontsize=18)
ax.set_ylabel('Likelihood',fontsize=18)
ax.set_title('Estimate not equal to true value',fontsize=18)
ax.legend(loc=0)
```

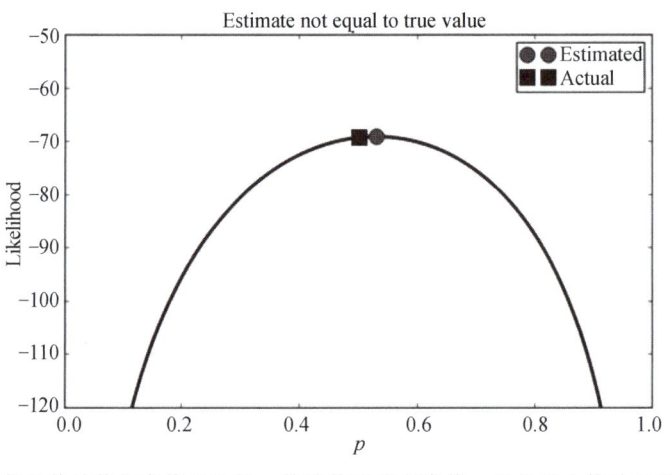

图 3.3　最大似然估计值与真值的比较。估计值略偏离真值，这是因为估计量是真值数据的
　　　　函数，并且缺少对真值数据潜在规律的认识

　　图 3.3 显示，估计值 $\hat{p}$（图中以圆圈表示）与真值 p（图中以方块表示）不相等，即使当似然函数取最大值时。这可能会让我们感到困惑，但请注意，此估计量是随机数据的函数，因为数据是可变的，所以最终的估计值也是可变的。请记住，估计量是随机数据的函数，它同随机数据一样，都是随机变量。这意味着估计量具有自己的概率分布以及相应的均值和方差。正是这个方差导致我们所观察到的最大似然估计值与真值不一致。

　　图 3.4 给出了在给定每次试验特定数量样本的情况下，当重复数千次抛硬币试验并计算每次试验最大似然估计时的结果。

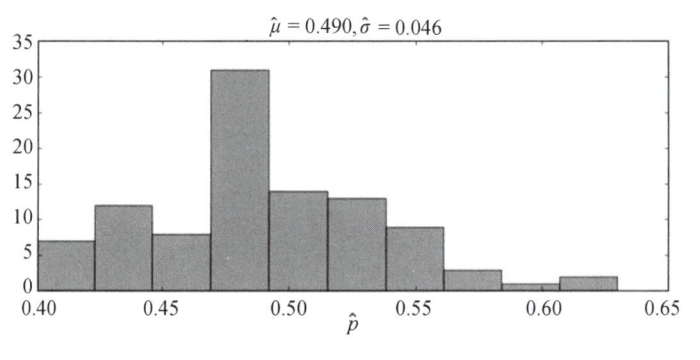

图 3.4　最大似然估计值的直方图，图上方给出了样本的估计均值和标准差

从这个模拟实验可以得到最大似然估计值的直方图，这也是估计量 $\hat{p}$ 的概率分布的近似分布。图 3.4 表明估计量的样本均值 $\left(\mu = \dfrac{1}{n}\sum \hat{p}_i\right)$ 非常接近真值，然而图片在直观上存在欺骗性。唯一可以确定的方法是检查估计量是否无偏，也就是说，

$$\mathbb{E}(\hat{p}) = p$$

是否成立。对于这种简单问题，我们通常认为当 $x_i = 1$ 时取 p，当 $x_i = 0$ 时取 $1-p$。

由此我们可以写出如下似然函数：

$$\mathcal{L}(p\,|\,\boldsymbol{x}) = p^{\sum\limits_{i=1}^{n}x_i}(1-p)^{n-\sum\limits_{i=1}^{n}x_i}$$

取对数，有

$$J = \log(\mathcal{L}(p\,|\,\boldsymbol{x})) = \log(p)\sum_{i=1}^{n}x_i + \log(1-p)\left(n - \sum_{i=1}^{n}x_i\right)$$

求导数，有

$$\frac{\mathrm{d}J}{\mathrm{d}p} = \frac{1}{p}\sum_{i=1}^{n}x_i + \frac{\left(n - \sum\limits_{i=1}^{n}x_i\right)}{p-1}$$

求解 p，可得

$$\hat{p} = \frac{1}{n}\sum_{i=1}^{n}x_i$$

这就是 p 的估计量。之前，我们一直使用 Sympy 方法解决基于样本 x_i 的估计问题，但现在我们有了解析法，不必每次都使用 Sympy 方法来求解。为了检验这个估计量是否有偏，我们计算它的期望：

$$\mathbb{E}(\hat{p}) = \frac{1}{n}\sum_{i}^{n}\mathbb{E}(x_i) = \frac{1}{n}n\mathbb{E}(x_i)$$

且

$$\mathbb{E}(x_i) = p$$

所以有

$$\mathbb{E}(\hat{p}) = p$$

这意味着估计量 $\hat{p}$ 是无偏的。类似地，

$$\mathbb{E}(\hat{p}^2) = \frac{1}{n^2}\mathbb{E}\left[\left(\sum_{i=1}^{n}x_i\right)^2\right]$$

且

$$\mathbb{E}(x_i^2) = p$$

根据独立假设可知

$$\mathbb{E}(x_i x_j) = \mathbb{E}(x_i)\mathbb{E}(x_j) = p^2$$

因此，

$$\mathbb{E}(\hat{p}^2) = \left(\frac{1}{n^2}\right) n\left[p + (n-1)p^2\right]$$

所以，估计量 $\hat{p}$ 的方差为

$$\mathbb{V}(\hat{p}) = \mathbb{E}(\hat{p}^2) - \mathbb{E}(\hat{p})^2 = \frac{p(1-p)}{n}$$

请注意，随着 n 的增加（即我们考虑的样本越来越多时），方差逐渐趋于零。这是个好消息，因为这也意味着当抛硬币的次数越来越多时，对 p 的估计也会越来越准确。

遗憾的是，这个方差公式实际上是无用的，因为我们需要将 p 代入方差公式，而 p 又是我们原本就需要估计的参数。而插件原理⊖可以很好地解决这种问题。在这种情况下，可以简单地用最大似然估计量 $\hat{p}$ 代替上述方程中的 p，进而得到 $\mathbb{V}(\hat{p})$ 的渐进方差。基于最大似然估计渐进理论，才能保证插件原理的可行性。

然而，我们观察 $\mathbb{V}(\hat{p})^2$，会很快发现当 $p=0$ 时不存在估计方差，表示硬币抛掷结果必然为反面。同样，对于任意的样本容量 n，当 $p=1/2$ 时有方差最大值，这也是最糟糕的情况，唯一可以削弱这种影响的方法是增大样本容量 n。

我们所计算的只是估计量的均值和方差，通常，这不足以表征 $\hat{p}$ 的潜在概率密度，除非我们知道 $\hat{p}$ 服从正态分布。这就是我们在 3.3.4 节中提到的中心极限定理的优势所在。估计量的形式是样本均值形式，这意味着我们可以应用中心极限定理并得出 $\hat{p}$ 服从渐进正态分布的结论，但无法确定我们所需要的样本容量 n。在仿真实验中，我们可以生成足够大的样本容量，所以上面的方法没有问题。但在成本高昂的真实实验中，每一个样本都可能是珍贵的⊖。接下来，我们不使用中心极限定理，而是继续用解析法进行分析。

(2) 估计量的概率密度

要写出估计量 $\hat{p}$ 的全密度，我们首先要知道估计量等于某一特定值的概率是多少，并统计所有可能发生的情况与它们相应的概率。例如

$$\hat{p} = \frac{1}{n}\sum_{i=1}^{n} x_i = 0$$

的概率是多少。这只有一种情况发生：对任意的 i，都有 $x_i=0$。发生这种情况的概率可从密度计算出来：

$$f(\boldsymbol{x}, p) = \prod_{i=1}^{n}\left(p^{x_i}(1-p)^{1-x_i}\right)$$

$$f\left(\sum_{i=1}^{n} x_i = 0, p\right) = (1-p)^n$$

⊖ 这也被称为最大似然估计的不变性。从根本上来说，任何函数的最大似然估计量，比如 $h(\theta)$，以最大似然估计量 $\hat{\theta}$ 代替 θ，仍有相同的最大似然函数 h，即 $h(\theta_{\mathrm{ML}})$。

⊖ 结果表明，采用 Edgeworth 扩展理论对中心极限定理扩展，可知收敛性受分布的偏度控制[1]。换句话说，根据中心极限定理，分布越对称，收敛到正态分布的速度就越快。

同样，如果 $\{x_i\}$ 只有一个非零元素，则有

$$f\left(\sum_{i=1}^{n} x_i = 1, p\right) = np\prod_{i=1}^{n-1}(1-p)$$

其中，n 表示从 n 个元素 x_i 中选择一个元素的 n 种方式。如此，我们可以构造整个密度：

$$f\left(\sum_{i=1}^{n} x_i = k, p\right) = C_n^k p^k (1-p)^{n-k}$$

其中，右边第一项是二项式系数，表示 n 次硬币抛掷中有 k 次正面朝上的组合数。这是二项分布，不是 $\hat{p}$ 的密度，而是 $n\hat{p}$ 的密度。我们将让它保持原样，因为在下面使用起来更容易。我们只需要关注因子 n。

（3）置信区间

既然有了估计量 $\hat{p}$ 的全密度，我们准备提出一些有意义的问题。例如，估计值 $\hat{p}$ 在真值 p 的 ε 范围内的概率

$$\mathbb{P}(|\hat{p} - p| \leqslant \varepsilon p)$$

是多少？更具体地说，我们想知道估计值 $\hat{p}$ 出现在真值 p 的 ε 范围内的概率是多少？假设我们进行了 1000 次抛硬币试验，产生了 1000 个不同的估计值 $\hat{p}$，1000 个如此计算的估计值 $\hat{p}$ 中，落在真值 p 的 ε 范围内的百分比是多少？将上述方程改写成如下形式：

$$\mathbb{P}(p - \varepsilon p < \hat{p} < p + \varepsilon p) = \mathbb{P}\left(np - n\varepsilon p < \sum_{i=1}^{n} x_i < np + n\varepsilon p\right)$$

输入最糟糕情况（即方差最大）下的数字，此时有 $p=1/2$。如果 $\varepsilon=1/100$，则有

$$\mathbb{P}\left(\frac{99n}{100} < \sum_{i=1}^{n} x_i < \frac{101n}{100}\right)$$

因为和为整数值，所以计算时需要确保 $n>100$。当 $n=101$ 时，得到

$$\mathbb{P}\left(\frac{9999}{100} < \sum_{i=1}^{101} x_i < \frac{10\,201}{100}\right) = f\left(\sum_{i=1}^{101} x_i = 50, p\right)\cdots$$

$$= C_{101}^{50}(1/2)^{50}(1-1/2)^{101-50} = 0.079$$

这表示在 $p=1/2$ 的最糟糕情况下，进行 101 次试验，估计值在真值 $p=1/2$ 的 1% 范围内所占比例为 8%。过于在意这样的结果会让我们不太满意。如果硬币很重，难以重复 101 次试验，那该怎么办？

让我们换一种思考方式：如果只能重复抛硬币试验 100 次，那么能在多大程度上以大概率（比如 95%）接近真值？在这种情况下，我们需要求解 ε，而不是为 ε 取值。把 $n=100$ 代入式中，可得

$$\mathbb{P}\left(50 - 50\varepsilon < \sum_{i=1}^{100} x_i < 50 + 50\varepsilon\right) = 0.95$$

由此求出 ε。幸好，计算所需的工具早已包含在 Scipy 模块中。

```
>>> from scipy.stats import binom
>>> # n=100, p = 0.5, distribution of the estimator phat
>>> b=binom(100,.5)
>>> # symmetric sum the probability around the mean
>>> g = lambda i:b.pmf(np.arange(-i,i)+50).sum()
>>> print (g(10)) # approx 0.95
0.9539559330706295
```

图 3.5 给出了 $\hat{p}$ 的概率质量函数。

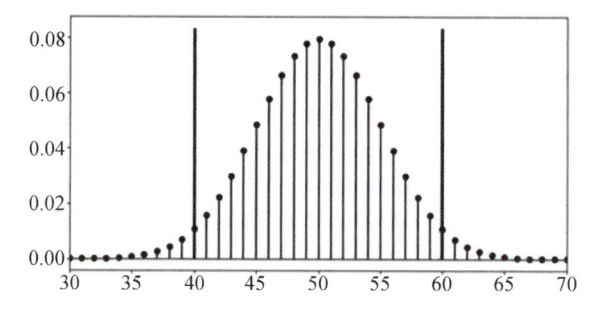

图 3.5　$\hat{p}$ 的概率质量函数，两条垂直线之间构成置信区间

图 3.5 中的两条垂直线表示距离均值有多远才能积累到 95％ 的概率。现在，我们可以求解下式：

$$50 + 50\varepsilon = 60$$

得出 $\varepsilon=1/5$ 或 20％。这表示在 100 次抛硬币试验中，当出现最糟糕情况（即 $p=1/2$）时，估计值在真值的 20％ 范围内所占比例为 95％。采用以下代码加以验证：

```
>>> from scipy.stats import bernoulli
>>> b=bernoulli(0.5) # coin distribution
>>> xs = b.rvs(100) # flip it 100 times
>>> phat = np.mean(xs) # estimated p
>>> print (abs(phat-0.5) < 0.5*0.20) # make it w/in interval?
True
```

继续重复，看看我们是否能在这个范围内达到 95％ 的比例：

```
>>> out=[]
>>> b=bernoulli(0.5) # coin distribution
>>> for i in range(500):    # number of tries
...      xs = b.rvs(100)     # flip it 100 times
...      phat = np.mean(xs) # estimated p
...      out.append(abs(phat-0.5) < 0.5*0.20 ) # within 20% ?
...
>>> # percentage of tries w/in 20% interval
>>> print (100*np.mean(out))
97.39999999999999
```

这看来是有效的。这样我们就有了可以估算估计量 $\hat{p}$ 的质量的方法。

(4) 没有微积分的最大似然估计

前面的例子说明了如何使用微积分来计算最大似然估计值。必须强调的是，最大似然原理并不依赖于微积分，并且可以扩展到微积分不适用的更一般的情况。例如，设 X 均匀分布于区间 $[0,\theta]$，给定 X 的 n 个测量值，有如下似然函数：

$$L(\theta) = \prod_{i=1}^{n} \frac{1}{\theta} = \frac{1}{\theta^n}$$

其中每个 $x_i \in [0,\theta]$。请注意，此函数的斜率在任何地方都不为零，所以通常的微积分方法在这里是行不通的。因为似然原理是将单个均匀密度做乘法运算，如果任一 x_i 的值超出了给定区间 $[0,\theta]$，似然估计的结果将为 0，这是因为在区间 $[0,\theta]$ 之外的均匀密度为 0。这样不利于最大似然估计。观察似然函数可以发现函数随着 θ 的增大而减小，所以使似然值最大的 θ 就是 x_i 的最大值。简言之，最大似然估计可表示为

$$\theta_{\mathrm{ML}} = \max_i x_i$$

同样，我们需要通过此估计量的分布来判断这种方法的好坏。在这种情形下，判断方法较为简单。最大似然函数的累积密度函数为

$$\mathbb{P}(\hat{\theta}_{\mathrm{ML}} < v) = \mathbb{P}(x_0 \leqslant v \wedge x_1 \leqslant v \wedge \cdots \wedge x_n \leqslant v)$$

由于所有的 x_i 均匀分布在区间 $[0,\theta]$，所以有

$$\mathbb{P}(\hat{\theta}_{\mathrm{ML}} < v) = \left(\frac{v}{\theta}\right)^n$$

得出如下概率密度函数：

$$f_{\hat{\theta}_{\mathrm{ML}}}(\theta_{\mathrm{ML}}) = n\theta_{\mathrm{ML}}^{n-1} \theta^{-n}$$

然后，可以如下计算均值和方差：

$$\mathbb{E}(\theta_{\mathrm{ML}}) = (\theta n)/(n+1)$$

$$\mathbb{V}(\theta_{\mathrm{ML}}) = (\theta^2 n)/(n+1)^2/(n+2)$$

为了快速进行健全性检查，我们可以如下编写当 $\theta=1$ 时的仿真代码：

```
>>> from scipy import stats
>>> rv = stats.uniform(0,1)  # define uniform random variable
>>> mle=rv.rvs((100,500)).max(0) # max along row-dimension
>>> print (mean(mle)) # approx n/(n+1) = 100/101 ~= 0.99
0.989942138048
>>> print (var(mle)) #approx n/(n+1)**2/(n+2) ~= 9.61E-5
9.95762009884e-05
```

> **编程技巧**
>
> 用于最大似然估计(mle)计算的后缀 max(0)表示取被计算数组沿行(第 0 行)维元素中的最大值。

我们也可以用函数 hist(mle)绘制仿真的最大似然估计值的直方图并将其与上面推导出的概率密度函数相比较。

在本节中，我们使用科学的 Python 堆栈对硬币抛掷试验进行数值分析，探索了最大

似然估计的概念。我们还探讨了微积分不适用于最大似然估计的情况。有两点很重要，需要牢记：第一，最大似然估计产生的数据函数本身就是一个随机变量，并有自己的概率分布，我们可以使用与估计量本身相关的概率分布来检查估计值周围的置信区间，从而获得所导出的估计量的质量；第二，最大似然估计即使在基本微积分不适用的情况下也适用[2]。

3.4.2 Delta 方法

有时我们想要描述随机变量的函数的分布。为了以这种方式扩展和推广中心极限定理，我们需要泰勒级数展开式。回想一下，泰勒级数展开式是以下形式的函数的近似：

$$T_r(x) = \sum_{i=0}^{r} \frac{g^{(i)}(a)}{i!}(x-a)^i$$

这基本上表示，函数 g 可以用一个基于其在 a 点的导数的多项式来充分逼近 a 点。在陈述一般定理之前，我们先举个例子来理解这种方法是如何工作的。

例 设随机变量 X 有期望 $\mathbb{E}(X)=\mu \neq 0$，此外再设一个适当的函数 g，我们需要知道 $g(X)$ 的分布。应用泰勒级数展开，可得：

$$g(X) \approx g(\mu) + g'(\mu)(X-\mu)$$

如果我们用 $g(X)$ 作为 $g(\mu)$ 的估计量，则可以近似得到如下期望和方差：

$$\mathbb{E}(g(X)) = g(\mu)$$
$$\mathbb{V}(g(X)) = (g'(\mu))^2 \mathbb{V}(X)$$

具体地说，假设我们想要估计比值 $\frac{p}{1-p}$。例如，如果 $p=2/3$，则比值为 $2:1$，这表示一种结果的比值是另一种结果比值的两倍。这样，我们有函数 $g(p)=\frac{p}{1-p}$，需要求出方差 $\mathbb{V}(g(\hat{p}))$。在抛硬币试验中，我们从服从伯努利分布的样本数据 X_k 得到估计量 $\hat{p}=\frac{1}{n}\sum X_k$，从而有

$$\mathbb{E}(\hat{p}) = p$$
$$\mathbb{V}(\hat{p}) = \frac{p(1-p)}{n}$$

又因为 $g'(p)=1/(1-p)^2$，所以得出

$$\mathbb{V}(g(\hat{p})) = (g'(p))^2 \mathbb{V}(\hat{p})$$
$$= \left(\frac{1}{(1-p)^2}\right)^2 \frac{p(1-p)}{n}$$
$$= \frac{p}{n(1-p)^3}$$

这是估计量 $g(\hat{p})$ 的近似方差。仿真代码如下：

```
>>> from scipy import stats
>>> # compute MLE estimates
>>> d=stats.bernoulli(0.1).rvs((10,5000)).mean(0)
>>> # avoid divide-by-zero
>>> d=d[np.logical_not(np.isclose(d,1))]
>>> # compute odds ratio
>>> odds = d/(1-d)
>>> print ('odds ratio=',np.mean(odds),'var=',np.var(odds))
odds ratio= 0.12289206349206351 var= 0.01797950092214664
```

上述代码最后一行的第一个数据是仿真比值的均值，第二个数字是估计的方差。根据上面的方差估计，我们有 $\mathbb{V}(g(1/10)) \approx 0.0137$，对于这个近似值来说还不算太糟。回想一下，我们想从 $\hat{p}$ 估算比值，上述代码用了 5000 个 $\hat{p}$ 的估计值来估计 $\mathbb{V}(g)$，当 $p = 1/10$ 时，比值为 $1/9 \approx 0.111$。

编程技巧

上述代码使用函数 np.isclose 从仿真中识别那些元素，并使用函数 np.logical_not 从数据中删除这些元素，因为这些比值存在分母为零的情况。

我们用 0.5 而不是 0.3 的正面朝上的概率再试一次。

```
>>> from scipy import stats
>>> d=stats.bernoulli(.5).rvs((10,5000)).mean(0)
>>> d=d[np.logical_not(np.isclose(d,1))]
>>> print( 'odds ratio=',np.mean(d),'var=',np.var(d))
odds ratio= 0.499379627776666 var= 0.0245123227762879256
```

这个例子中的比值为 1，与已知相去甚远。根据近似应该得到 $\mathbb{V}(g) = 0.4$，但与仿真模拟得到的不一致。这是因为只有在比值接近线性时近似效果好，而在其他地方近似效果差，如图 3.6 所示。

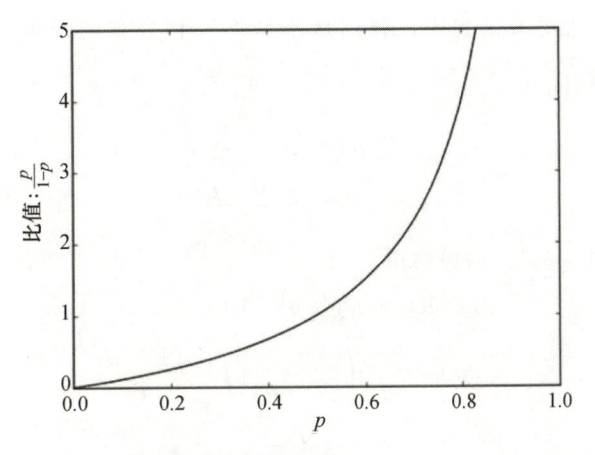

图 3.6 对于较小的 p，比值接近线性变化，但随着 p 趋于 1，比值变得无穷大。Delta 方法对于较小的 p 更有效，其中线性近似效果更好

3.5 假设检验和 p 值

有时很难将结果明确地归因于因果关系。例如，试验是否产生了你所希望的结果？也许确实发生了什么，但这种影响不足以将其与不可避免的测量误差或周围环境中的其他因素区分开。假设检验是解决这些问题的一种强有力的统计方法。我们再次来看未知参数为 p 的抛硬币试验，每次独立的抛硬币试验服从伯努利分布。第一步，建立独立的假设。首先，H_0 是所谓的原假设，它可以是

$$H_0 : \theta < \frac{1}{2}$$

然后，备择假设是

$$H_1 : \theta \geqslant \frac{1}{2}$$

通过这种设置，可将问题归结为找出数据最符合哪个假设。为从这些假设中做出选择，我们需要一个统计检验，该统计检验是将样本集合 $\boldsymbol{X}_n = \{X_i\}_n$ 映射到实域的函数 G，其中 X_i 为正面或反面结果（$X_i \in \{0,1\}$）。换句话说，我们要计算 $G(\boldsymbol{X}_n)$ 并检查它是否超过阈值 c。如果没超过，则接受 H_0，反之则接受 H_1，其数学符号表示如下：

$$G(\boldsymbol{X}_n) < c \Rightarrow H_0$$
$$G(\boldsymbol{X}_n) \geqslant c \Rightarrow H_1$$

总之，我们有观测数据 $\boldsymbol{X}_n$ 和将该数据映射到实域的函数 G。然后，以常数 c 作为阈值，不等式有效地将实域划分成两个部分，每个假设对应一个部分。

不管检验函数 G 是什么，它都会犯两种类型的错误——弃真错误（False Negtive）和取伪错误（False Positive）。取伪错误表示当统计检验结果显示应该接受 H_1 时，我们却接受了 H_0，如表 3.1 所示。

表 3.1　假设检验真值表

	接受 H_0	接受 H_1
H_0 为真	正确	取伪错误（第 I 类错误）
H_1 为真	弃真错误（第 II 类错误）	正确（真检测）

对于这个例子，取伪错误（亦称误报，False Alarm）可表示为

$$P_{\text{FA}} = \mathbb{P}\left(G(\boldsymbol{X}_n) > c \,\big|\, \theta \leqslant \frac{1}{2}\right)$$

亦可表示为

$$P_{\text{FA}} = \mathbb{P}(G(\boldsymbol{X}_n) > c \,|\, H_0)$$

同样，另一种错误类型——弃真错误可表示为

$$P_{\text{FN}} = \mathbb{P}(G(\boldsymbol{X}_n) < c \,|\, H_1)$$

通过为其中一个错误选择一些可接受的值，我们可以解决另一个错误。这种方法通常是选择一个 P_{FA} 值，然后找到相应的 P_{FN} 值。需要注意的是，这在工程学上常常被称作**检测概率**，定义为

$$P_D = 1 - P_{FN} = \mathbb{P}(G(\boldsymbol{X}_n) > c \,|\, H_1)$$

换句话说，这是当检验函数超过阈值时接受 H_1 的概率，这也被称为**真检测的概率**。

3.5.1　回到抛硬币的例子

在之前的最大似然估计讨论中，我们希望推导出抛硬币试验中正面朝上概率值的估计值。对于假设检验，我们想问一个更细致的问题：硬币正面朝上的概率是大于 1/2 还是小于 1/2？正如我们刚刚确定的那样，这导致了两种假设：

$$H_0 : \theta < \frac{1}{2}$$

$$H_1 : \theta > \frac{1}{2}$$

假设我们有 5 个观测结果，我们需要函数 G 和阈值 c 来确定选取何种假设。现将 5 个观测结果中得到硬币正面朝上的次数作为标准。因此，我们有

$$G(\boldsymbol{X}_5) := \sum_{i=1}^{5} X_i$$

并进一步假设，仅当 5 次观测结果均为正面朝上时，才选取 H_1，我们称之为"全部正面朝上检验"。

因 X_i 均为随机变量，故函数 G 也是随机变量，我们需要找到与函数 G 对应的概率质量函数。假设每次抛硬币试验均独立，5 次正面朝上的概率是 θ^5，这意味着基于未知的潜在概率拒绝假设 H_0（同时也意味着接受假设 H_1，因为只有这两种假设）的概率是 θ^5。通俗地说，这是已知的，其中的幂函数由 β 表示，如图 3.7 所示。

$$\beta(\theta) = \theta^5$$

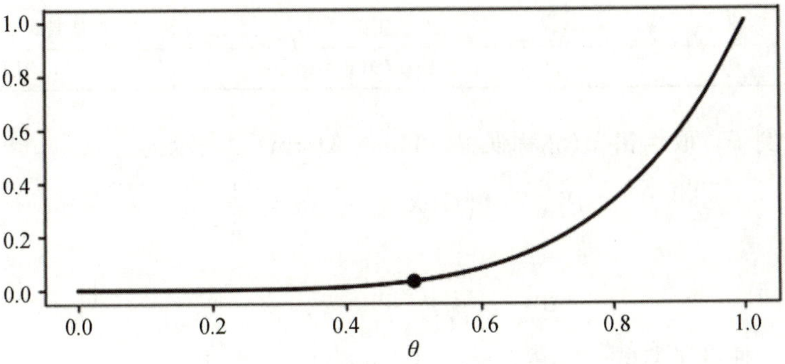

图 3.7　"全部正面朝上检验"的幂函数，图中黑圆点表示函数指示值 α

现在，误报概率为

$$P_{\mathrm{FA}} = \mathbb{P}(G(\boldsymbol{X}_n) = 5 \,|\, H_0) = \mathbb{P}(\theta^5 \,|\, H_0)$$

请注意，这是 θ 的函数，这意味着存在许多与此检验相对应的误报概率值。为了保守起见，我们选取此函数的上确界（即最大值），它被称为检验水平，通常用 α 表示：

$$\alpha = \sup_{\theta \in \Theta_0} \beta(\theta)$$

本例中，$\Theta_0 = \{\theta < 1/2\}$，于是有

$$\alpha = \sup_{\theta < \frac{1}{2}} \theta^5 = \left(\frac{1}{2}\right)^5 = 0.031\ 25$$

同理，检测概率

$$P_{\mathrm{D}}(\theta) = \mathbb{P}(\theta^5 \,|\, H_1)$$

也是参数 θ 的函数。该检验的问题在于，对于大多数 θ 域来说 P_{D} 都非常低，例如，只有当 $\theta > 0.98$ 时 P_{D} 才能达到 90%。也就是说，如果抛 100 次硬币有 98 次正面朝上，那么我们就可以可靠地检测到假设 H_1。理想情况下，我们希望对于与 H_0 相对应的域（即 Θ_0）的检验为 0，与 H_1 相对应的域（θ_1）的检验为 1。然而，即使我们增加观测序列的长度，也无法通过该检验避免这种影响。我们可以通过绘制 θ^n 的曲线图来观察当 n 越来越大时的情况。

多数投票检验 由于在"全部正面朝上检验"中存在的检测概率问题，我们是否可以考虑另一个可能给出我们想要的性能的检验？假设如果多数结果为正面朝上，则拒绝 H_0。然后，使用与上述相同的推理，得到

$$\beta(\theta) = \sum_{k=3}^{5} \mathrm{C}_5^k \theta^k (1-\theta)^{5-k}$$

图 3.8 给出了"多数投票检验"和"全部正面朝上检验"的幂函数。

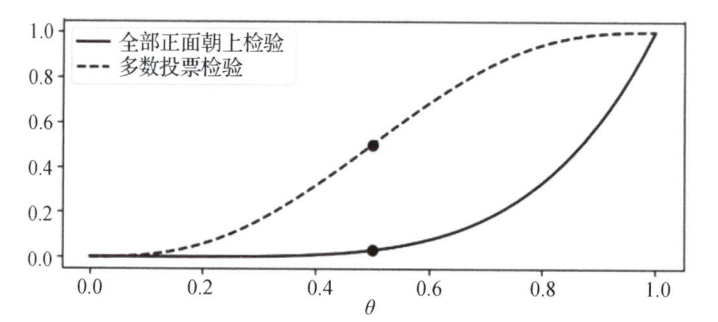

图 3.8 "多数投票检验"与"全部正面朝上检验"的幂函数对比

此时，新检验水平为

$$\alpha = \sup_{\theta < \frac{1}{2}} \theta^5 + 5\theta^4(-\theta+1) + 10\theta^3(-\theta+1)^2 = \frac{1}{2}$$

如前所述，只有当基本参数 $\theta > 0.75$ 时，检测概率才能达到 90%。当样本数量超过 5 个会出现什么结果？例如，假设我们有 $n = 100$ 个样本，并且我们想改变"多数投票检验"的阈值，比如 100 次抛硬币实验有 60 次正面朝上时（即 $k = 60$）接受 H_1，此时的 β 函数为

$$\beta(\theta) = \sum_{k=60}^{100} C_{100}^{k} \theta^{k} (1 - \theta)^{100-k}$$

这种形式过于复杂，不便书写，但 Sympy 的统计模块中包含了这种计算需要用到的所有工具。

```
>>> from sympy.stats import P, Binomial
>>> theta = S.symbols('theta',real=True)
>>> X = Binomial('x',100,theta)
>>> beta_function = P(X>60)
>>> print (beta_function.subs(theta,0.5)) # alpha
0.0176001001088524
>>> print (beta_function.subs(theta,0.70))
0.979011423996075
```

这些结果比之前的结果好得多，这是因为 β 函数要陡得多。如果 100 次抛硬币试验有 60 次正面朝上时接受 H_1，那么我们大约有 1.8% 的概率在错误接受 H_1。此外，如果真值 $p > 0.7$，我们将有大约 97% 的概率得出正确结论。通过下述仿真代码可以快速检查结果：

```
>>> from scipy import stats
>>> rv=stats.bernoulli(0.5) # true p = 0.5
>>> # number of false alarms ~ 0.018
>>> print (sum(rv.rvs((1000,100)).sum(axis=1)>60)/1000.)
0.025
```

上述代码非常精简，所以我们对其注解如下：

首先，在第一行中使用 scipy.stats 模块来定义抛硬币试验的伯努利随机变量。然后，使用变量的 rvs 方法生成 1000 次试验，每次试验均有 100 枚硬币，这将产生一个 1000×100 矩阵，其中行表示 1000 次的独立试验，列表示试验中 100 枚硬币的抛掷结果。sum(axis=1) 表示对矩阵每行的列元素执行求和运算。因为矩阵元素非 0 即 1，所以求和运算可计算每行（即每次试验）正面朝上的硬币总个数。而 sum(axis=1)>60 表示计算其中值大于 60 且长度为 1000 的布尔向量，最左侧的 sum 会将这些布尔值相加。也就是说，布尔向量中的条目为 True 或 False，最左侧的 sum 计算表示，在 1000 次相互独立且重复的抛硬币试验中，100 个硬币中超过 60 枚硬币正面朝上的总试验次数。将这个总试验次数除以 1000，就可以快速近似求出真值 $p = 0.5$ 时的误报概率。

3.5.2 ROC 曲线

因为"多数投票检验"属于二分类模型，所以我们可以用 (P_{FA}, P_D) 图来分析**接收端操作特征**（Receiver Operating Characteristic，ROC）。该术语引自雷达系统，但它是一种非

常通用的方法，用于将这些问题全部整合在一张图中。下面，我们考虑一个具有两种假设的典型信号处理示例。假设 H_0 表示接收端有噪声但无信号，即

$$H_0 : X = \varepsilon$$

其中，$\varepsilon \sim \mathcal{N}(0, \sigma^2)$ 属于加性噪声。备择假设 H_1 表示接收端有确定信号，即

$$H_1 : X = \mu + \varepsilon$$

与抛硬币的问题一样，需要在两种假设中选择一种。对于假设 H_0，我们有 $X \sim \mathcal{N}(0, \sigma^2)$；对于假设 H_1，我们有 $\varepsilon \sim \mathcal{N}(\mu, \sigma^2)$。回想一下，我们只观察 x 的值，但必须根据这些观测值选择 H_0 或 H_1。因此我们需要一个阈值 c 来与 x 做比较以区分两种假设。图 3.9 给出了每种假设下的概率密度函数，黑色垂线即为阈值 c，灰色区域为检测概率 P_D，深灰色区域为误报概率 P_{FA}。该检验评估 x 的每个观测值，如果 $x < c$，则选择 H_0，否则选择 H_1。

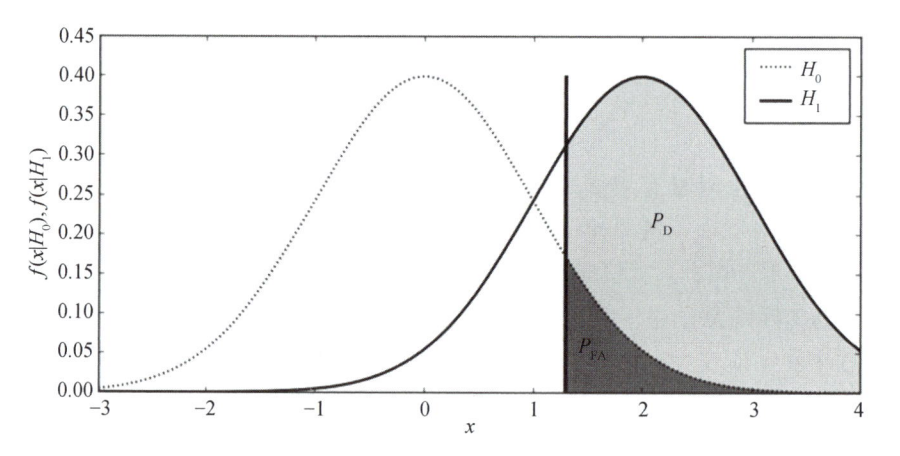

图 3.9　假设 H_0 和 H_1 下的概率密度函数，灰色区域为检测概率，深灰色区域为误报概率，黑色垂线为判决阈值

编程技巧

图 3.9 中阴影由 Matplotlib 库的 `fill_between` 函数绘制，该函数中有一个关键字参数 `where`，用于指定图的某部分应用关键字参数 `color` 所代表的颜色。此外，还有 `fill_betweenx` 函数对图形做水平填充。`text` 函数可将带格式的文本放置在图中任意位置，并且可以使用基本的 LaTeX 格式。

在图 3.9 中，当我们沿着水平轴左右滑动阈值时，每条曲线下相应的区域也随之改变，从而改变 P_D 和 P_{FA} 的值。这样由阈值扫描形成的轮廓就是 ROC 曲线，如图 3.10 表示。图 3.10 显示了一条对角线，该对角线对应于基于抛出的公平硬币做决策。任何有意义的检验都必须比抛硬币做得更好，因此 ROC 曲线弯曲到左上角的次数越多越好。有时

将 ROC 量化为一个数字，代表**曲线下面积**（Area Under the Curve，AUC），如图所示，变化范围从 0.5 到 1.0。在示例中，以 μ 值区分两种概率密度函数。在实际情况下，这将由包括许多复杂权衡因素的信号处理方法来决定。其中的关键在于无论权衡因素如何，都需要由检验本身来区分这两种概率密度函数：好的检验可以区分这两种概率密度函数，差的检验则不能。事实上，当无法区分时，便得到刚刚讨论的抛硬币检验所产生的对角线的情况。

P_{D} 和 P_{FA} 为何值可被接受取决于应用。例如，假设我们在检测一种致命疾病，当 P_{D} 较高时我们可以排除相对较高的 P_{FA}。因为与漏检相比，该检测的管理成本相对较低。另外，误报的成本可能较大，所以使误报概率最小化比潜在的漏检更重要。这些权衡只能由应用和设计因素决定。

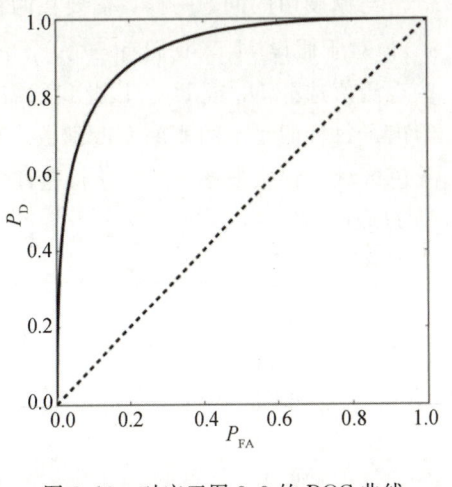

图 3.10　对应于图 3.9 的 ROC 曲线

3.5.3　p 值

假设检验中变化因素有很多，我们需要一种方法来证实我们的发现，其思想是找到检验中拒绝 H_0 的最小水平。因此，p 值是在 H_0 下，检验统计量至少与实际观测结果一样极端的概率。通俗来说，p 值较小时，H_0 应该被拒绝，但这并不意味着 p 值较大时应接受 H_0。这是因为 H_0 为真和检验具有低统计能力时均可能产生较大的 p 值。

如果 H_0 为真，则 p 值在区间（0，1）上均匀分布；如果 H_1 为真，则 p 值集中分布在 0 附近。对于连续分布，可以严格证明这一点，这意味着如果当 p 值小于 α 时拒绝 H_0，则误报概率即为 α。这也许有助于在计算之前对其进行形式化。假设 $\tau(X)$ 是一个检验统计量，随着它的增大而拒绝 H_0。然后，对于每个对应于我们实际拥有数据的样本 x，定义如下函数：

$$p(x) = \sup_{\theta \in \Theta_0} \mathbb{P}_\theta(\tau(X) > \tau(x))$$

该方程指出，在域 Θ_0 上，检验统计量 $\tau(X)$ 超过此特定数据 $\tau(x)$ 的检验统计量值的上确界（即最大）概率被定义为 p 值。因此，这包含了所有 θ 值的最坏情况。

我们可以这样来思考：假如我们拒绝了 H_0，有人会说我们只是运气好，恰巧遇到了对应于拒绝 H_0 的数据。p 值提供了一种解决这个问题的方法，即计算提取有利数据的概率。因此，假设 p 值为 0.05，那么，在 H_0 有效的前提下，找出有利数据的概率是 5%。

下面，我们用一个例子来具体说明。以上面讨论的"多数投票检验"为例，假如我们确实观察到 5 个硬币中有 3 个正面朝上。给定 H_0，观察到此事件的概率为

$$p(x) = \sup_{\theta \in \Theta_0} \sum_{k=3}^{5} C_5^k \theta^k (1-\theta)^{5-k} = \frac{1}{2}$$

对于"全部正面朝上检验",相应的概率计算如下:

$$p(x) = \sup_{\theta \in \Theta_0} \theta^5 = \frac{1}{2^5} = 0.031\ 25$$

仅从 p 值来看,你可能会认为第二种检验表现更好,但仍然存在上文讨论的检测概率问题。因此,p 值有助于总结假设检验的某些方面,但它不能总结整体情况的所有突出方面。

3.5.4　检验统计量

正如我们所看到的,如果没有一个系统的过程,很难得到好的假设检验统计量。Neyman-Pearson 检验是通过修正误报率 α,然后使检测概率最大化得到的。Neyman-Pearson 检验可表述为

$$L(\boldsymbol{x}) = \frac{f_{X|H_1}(\boldsymbol{x})}{f_{X|H_0}(\boldsymbol{x})} \overset{H_1}{\underset{H_0}{\gtrless}} \gamma$$

其中,L 为似然比。选择阈值 γ,使得:

$$\int_{x:L(\boldsymbol{x})>\gamma} f_{X|H_0}(\boldsymbol{x}) \mathrm{d}\boldsymbol{x} = \alpha$$

Neyman-Pearson 检验是使用似然比的一系列检验中的一种。

例　假设有一个信号接收器,我们想要区分接收到的只有噪声(H_0)还是信号脉冲噪声(H_1)。对于只有噪声的情况,我们有 $x \sim \mathcal{N}(0,1)$;对于信号脉冲噪声的情况,我们有 $x \sim \mathcal{N}(1,1)$。换句话说,分布的均值在信号存在时发生变动,这是信号处理和通信中一个非常常见的问题。然后,Neyman-Pearson 检验可归结为

$$L(x) = \mathrm{e}^{-\frac{1}{2}+x} \overset{H_1}{\underset{H_0}{\gtrless}} \gamma$$

现在,我们必须找到解决表征 Neyman-Pearson 检验的最大化问题的阈值 γ,对上式取自然对数,整理可得

$$x \overset{H_1}{\underset{H_0}{\gtrless}} \frac{1}{2} + \log \gamma$$

接下来,根据

$$\int_{1/2+\log \gamma}^{\infty} f_{X|H_0}(x) \mathrm{d}x = \alpha$$

进行计算以找到与所需 α 对应的 γ。例如,取 $\alpha = 1/100$ 时,$\gamma \approx 6.21$。为了总结这种情况下的检验,我们有

$$x \overset{H_1}{\underset{H_0}{\gtrless}} 2.32$$

即当 X 的样本值 x 超过阈值 2.32 时，接受 H_1，否则接受 H_0。以下代码展示了如何使用 Sympy 模块和 Scipy 模块解决此示例。首先，设置似然比：

```
>>> import sympy as S
>>> from sympy import stats
>>> s = stats.Normal('s',1,1) # signal+noise
>>> n = stats.Normal('n',0,1) # noise
>>> x = S.symbols('x',real=True)
>>> L = stats.density(s)(x)/stats.density(n)(x)
```

然后，计算 γ 值：

```
>>> g = S.symbols('g',positive=True) # define gamma
>>> v=S.integrate(stats.density(n)(x),
...              (x,S.Rational(1,2)+S.log(g),S.oo))
```

编程技巧

　　使用关键字参数 positive=True 提供关于 Sympy 变量的附加信息，有助于内部简化算法更快更好地工作。这在处理涉及特殊函数的复杂积分时特别有用。此外，请注意，我们使用 Rational 函数来定义分数 1/2，这也是为 Sympy 提供提示的另一种方法。否则，分数的浮点表示很可能会掩盖简单的分数，从而错过内部简化的机会。

我们想要求解出上面表达式中的 g。Sympy 有一些内置的数值求解器，如下所示：

```
>>> print (S.nsolve(v-0.01,3.0)) # approx 6.21
6.21116124253284
```

请注意，在这种情况下，最好使用数值求解器，因为 Sympy 的 solve 函数可能会花费很长时间才能解决此问题。

(1) 广义似然比检验

似然比检验可使用统计量

$$\Lambda(\boldsymbol{x}) = \frac{\sup\limits_{\theta \in \Theta_0} L(\theta)}{\sup\limits_{\theta \in \Theta} L(\theta)} = \frac{L(\hat{\theta}_0)}{L(\hat{\theta})}$$

来推广，其中，$\hat{\theta}_0$ 在约束 $\theta \in \Theta_0$ 的情况下使 $L(\theta)$ 最大化，而 $\hat{\theta}$ 为最大似然估计量。从广义的似然比检验可以看出，分母通常为最大似然估计量，分子是在限制域(Θ_0)上的最大似然估计量。这意味着该比率始终小于 1，因为整个空间上的最大似然估计量至少总是与更受限空间上的最大似然估计量一样大。当比率 Λ 足够小时，表示整个域(Θ)上的最大似然估计量较大，这也意味着可以可靠地拒绝原假设 H_0。棘手之处在于 Λ 的统计分布通常很难看清。幸运的是，Wilks 定理指出，如果 n 足够大，$-2\log\Lambda$ 近似服从卡方分布，自由度为 $r-r_0$，其中，r 为 Θ 中自由参数的数量，r_0 为 Θ_0 中自由参数的数量。有了这个结果，如果我们想要在检验水平 α 上做近似检验，则可以在 $-2\log\Lambda \geqslant \chi^2_{r-r_0}(\alpha)$ 时拒绝 H_0，其中，$\chi^2_{r-r_0}(\alpha)$ 表示卡方分布 $\chi^2_{r-r_0}$ 的 $1-\alpha$ 分位数。然而，这个结果的问题是没有明确的方法知道 n 应该有多大。这种广义似然比检验的优点是它可以同时检验多个假设，如下例所示。

　　例　让我们回到抛硬币的例子，但现在我们有 3 个不同的硬币。似然函数为
$$L(p_1,p_2,p_3) = \text{binom}(k_1;n_1,p_1)\text{binom}(k_2;n_2,p_2)\text{binom}(k_3;n_3,p_3)$$
其中，binom 是具有给定参数的二项分布，例如：
$$\text{binom}(k;n,p) = \sum_{k=0}^{n} C_n^k p^k (1-p)^{n-k}$$

　　原假设是 3 个硬币具有相同的正面朝上的概率，即 $H_0 : p = p_1 = p_2 = p_3$。备择假设是 3 个硬币中至少有一个正面朝上的概率不同。首先考虑 Λ 中的分子，可得到 p 的最大似然估计量。因为原假设是所有的 p 值都相等，可以将其视为一个大的二项分布，其中，$n = n_1 + n_2 + n_3$，$k = k_1 + k_2 + k_3$ 是所有硬币中正面朝上的总数。因此，在原假设下，k 的分布是关于参数为 n 和 p 的二项分布。那么这个分布的最大似然估计量是什么？我们之前处理过这样的问题，得出：
$$\hat{p}_0 = \frac{k}{n}$$

　　换句话说，原假设下的最大似然估计量是在 n 次试验序列中总共观察到的估计量 k 的比例。我们现在用它来代替原假设下的似然估计量，将 Λ 的分子改写为
$$L(\hat{p}_0,\hat{p}_0,\hat{p}_0) = \text{binom}(k_1;n_1,\hat{p}_0)\text{binom}(k_2;n_2,\hat{p}_0)\text{binom}(k_3;n_3,\hat{p}_0)$$

　　对于 Λ 的分母（它表示在整个空间上最大化的情况），每个独立二项分布的最大似然估计量也是如此，即
$$\hat{p}_i = \frac{k_i}{n_i}$$

这使分母的似然函数度为
$$L(\hat{p}_1,\hat{p}_2,\hat{p}_3) = \text{binom}(k_1;n_1,\hat{p}_1)\text{binom}(k_2;n_2,\hat{p}_2)\text{binom}(k_3;n_3,\hat{p}_3)$$

　　对于每个 $i \in \{1,2,3\}$ 二项式分布，统计量 Λ 为
$$\Lambda(k_1,k_2,k_3) = \frac{L(\hat{p}_0,\hat{p}_0,\hat{p}_0)}{L(\hat{p}_1,\hat{p}_2,\hat{p}_3)}$$

　　Wilks 定理指出，$-2\log\Lambda$ 为卡方分布。我们可以使用 Sympy 和 Scipy 中的统计工具来计算这个例子：

```
>>> from scipy.stats import binom, chi2
>>> import numpy as np
>>> # some sample parameters
>>> p0,p1,p2 = 0.3,0.4,0.5
>>> n0,n1,n2 = 50,180,200
>>> brvs= [ binom(i,j) for i,j in zip((n0,n1,n2),(p0,p1,p2))]
>>> def gen_sample(n=1):
```

```
...         'generate samples from separate binomial distributions'
...         if n==1:
...             return [i.rvs() for i in brvs]
...         else:
...             return [gen_sample() for k in range(n)]
...
```

编程技巧

请注意 gen_sample 函数定义中的递归，其中函数的条件子句会调用函数自身。这是代码复用并生成向量化输出的快速方法。使用 np.vectorize 是另一种方式，但在这种情况下，代码很简单，可以使用条件子句。在 Python 中，由于堆栈帧的管理方式，具有嵌套递归的代码通常对性能不利。但是，这里我们只递归一次，所以可以忽略这种影响。

接下来，我们计算统计量 Λ 的分子的对数：

```
>>> k0,k1,k2 = gen_sample()
>>> print (k0,k1,k2)
12 68 103
>>> pH0 = sum((k0,k1,k2))/sum((n0,n1,n2))
>>> numer = np.sum([np.log(binom(ni,pH0).pmf(ki))
...                     for ni,ki in
...                         zip((n0,n1,n2),(k0,k1,k2))])
>>> print (numer)
-15.545863836567879
```

请注意，我们对 $\hat{p}_0$ 使用了原假设估计。同样，对分母取对数，如下所示：

```
>>> denom = np.sum([np.log(binom(ni,pi).pmf(ki))
...                     for ni,ki,pi in
...                         zip((n0,n1,n2),(k0,k1,k2),(p0,p1,p2))])
>>> print (denom)
-8.424106480792402
```

现在，我们采用如下方式计算统计量 Λ 的对数，并根据 Wilks 定理看看对应的值是什么：

```
>>> chsq=chi2(2)
>>> logLambda =-2*(numer-denom)
>>> print (logLambda)
14.243514711550954
>>> print (1- chsq.cdf(logLambda))
0.0008073467083287156
```

由于上述计算的值低于 5% 的显著性水平，因此我们拒绝了所有硬币都具有相同的正面朝上概率的原假设。注意，这里有两个自由度，因为原假设（参数为 p）和备择假设（参数为 p_1、p_2、p_3）之间的参数数量之差为 2。我们可以使用以下代码（最后几个代码块的组合）构建一个快速的蒙特卡罗仿真来检查这个示例的检测概率：

```
>>> c= chsq.isf(.05) # 5% significance level
>>> out = []
>>> for k0,k1,k2 in gen_sample(100):
...     pH0 = sum((k0,k1,k2))/sum((n0,n1,n2))
...     numer = np.sum([np.log(binom(ni,pH0).pmf(ki))
...                         for ni,ki in
...                             zip((n0,n1,n2),(k0,k1,k2))])
...     denom = np.sum([np.log(binom(ni,pi).pmf(ki))
...                         for ni,ki,pi in
...                             zip((n0,n1,n2),(k0,k1,k2),(p0,p1,p2))])
...     out.append(-2*(numer-denom)>c)
...
>>> print (np.mean(out)) # estimated probability of detection
0.59
```

上面的仿真给出了对这组示例参数的估计检测概率。这种相对较低的检测概率表明，虽然检验不太可能(即在 5% 的显著性水平上)错误地选择原假设，但它同样遗漏了 H_1 的情况(即检测概率较低)。权衡二者之间谁更重要取决于问题的特定背景。在某些情况下，我们可能更倾向于误报，以避免遗漏更多的 H_1 情况。

(2) 置换检验

置换检验是检验样本是否来自同一分布的好方法。例如，假设

$$X_1, X_2, \cdots, X_m \sim F$$
$$Y_1, Y_2, \cdots, Y_n \sim G$$

也就是说，X_i 和 Y_i 来自不同的分布。假设我们有一些检验统计量，例如：

$$T(X_1, \cdots, X_m, Y_1, \cdots, Y_n) = |\overline{X} - \overline{Y}|$$

在 $F = G$ 的原假设下，$(n+m)!$ 个排列是等可能的。因此，假设对于 $(n+m)!$ 个排列中的每一个，我们有如下统计量值：

$$\{T_1, T_2, \cdots, T_{(n+m)!}\}$$

然后，在原假设下，这些值中的每一个都是等可能的。在原假设下，T 分布是每个 T 值的权重为 $1/(n+m)!$ 的**置换分布**。假设 t_0 是检验统计量的观测值，并假设 T 值很大时拒绝原假设，那么置换检验的 p 值如下：

$$p(T > t_0) = \frac{1}{(n+m)!} \sum_{j=1}^{(n+m)!} I(T_j > t_0)$$

其中，$I()$ 是指示函数。$(n+m)!$ 取大值时，我们可以从所有排列的集合中随机采样来估计这个 p 值。

例　让我们回到上次抛硬币的例子，但现在我们只有两枚硬币。假设两枚硬币正面朝上的概率相同，我们可以使用 Numpy 中的内置函数来计算随机排列：

```
>>> x=binom(10,0.3).rvs(5) # p=0.3
>>> y=binom(10,0.5).rvs(3) # p=0.5
>>> z = np.hstack([x,y]) # combine into one array
>>> t_o = abs(x.mean()-y.mean())
>>> out = [] # output container
```

```
>>> for k in range(1000):
...     perm = np.random.permutation(z)
...     T=abs(perm[:len(x)].mean()-perm[len(x):].mean())
...     out.append((T>t_o))
...
>>> print ('p-value = ', np.mean(out))
p-value =  0.0
```

请注意，总排列空间的大小为 8！＝40 320，所以我们从这个空间中取相对较少（即 100）的随机排列。

(3) Wald 检验

Wald（沃尔德）检验是一种渐近检验。假设我们有 $H_0:\theta=\theta_0$ 和 $H_1:\theta\neq\theta_0$，相应的统计量定义为

$$W = \frac{\hat{\theta}_n - \theta_0}{\text{se}}$$

其中，$\hat{\theta}$ 是最大似然估计量，se 是标准误差：

$$\text{se} = \sqrt{\mathbb{V}(\hat{\theta}_n)}$$

在一般条件下，$W \xrightarrow{d} \mathcal{N}(0,1)$。因此，当 $|W| > z_{\alpha/2}$ 时，渐近检验在水平 α 时拒绝，其中 $z_{\alpha/2}$ 对应于 $\mathbb{P}(|Z| > z_{\alpha/2})=\alpha$，而 $Z \sim \mathcal{N}(0,1)$。对于抛硬币例子，如果 $H_0:\theta=\theta_0$，则有

$$W = \frac{\hat{\theta} - \theta_0}{\sqrt{\hat{\theta}(1-\hat{\theta})/n}}$$

我们可以使用以下代码在通常的 5％显著性水平上进行仿真：

```
>>> from scipy import stats
>>> theta0 = 0.5 # H0
>>> k=np.random.binomial(1000,0.3)
>>> theta_hat = k/1000. # MLE
>>> W = (theta_hat-theta0)/np.sqrt(theta_hat*(1-theta_hat)/1000)
>>> c = stats.norm().isf(0.05/2) # z_{alpha/2}
>>> print (abs(W)>c) # if true, reject H0
True
```

这里拒绝 H_0，因为真值 $\theta=0.3$，原假设是 $\theta=0.5$。请注意，本例中 $n=1000$，这使结果的渐近效果很好。我们可以采用以下代码重新仿真这个示例，以估计其检测概率：

```
>>> theta0 = 0.5 # H0
>>> c = stats.norm().isf(0.05/2.) # z_{alpha/2}
>>> out = []
>>> for i in range(100):
...     k=np.random.binomial(1000,0.3)
...     theta_hat = k/1000. # MLE
...     W = (theta_hat-theta0)/np.sqrt(theta_hat*(1-theta_hat)/1000.)
...     out.append(abs(W)>c) # if true, reject H0
...
>>> print (np.mean(out)) # detection probability
1.0
```

3.5.5　多重假设检验

到目前为止，我们主要关注两个相互竞争的假设。现在，我们需要考虑多重比较。我们对 n 个相互竞争的假设 H_k 序列进行了原假设检验。我们获得每个假设的 p 值，所以现在有多个 p 值 $\{p_k\}$ 要考虑。为了将此序列归结为一个标准，我们可以做以下论证。给定 n 个非真的独立假设，得到至少一个误报的概率如下：

$$P_{FA} = 1 - (1 - p_0)^n$$

其中，p_0 是单个 p 值的阈值（例如 0.05）。问题在于，当 $n \to \infty$ 时有 $p_{FA} \to 1$。如果我们想同时进行多次比较并控制总体误报率，那么应该在假定所有互相竞争的假设都无效的情况下计算整体 p 值。解决这个问题的最常见方法是使用 Bonferroni 校正，它表示个体显著性水平应降低到 p/n。显然，这使得任何一个特定的假设都很难被表明是有意义的。这种保守限制的自然结果是降低了实验的统计能力，从而使它更有可能失去真正的效果。

1995 年，Benjamini 和 Hochberg 设计了一种简单的方法来判断哪些 p 值具有统计意义。这个过程是先按升序对 p 值列表进行排序，选择一个错误发现率（例如 q），然后在排序列表中找到最大的 p 值，使得 $p_k \leqslant kq/n$，其中 k 表示 p 值在排序列表中的位置；最后，声明 p_k 值和其他所有小于它的值的统计意义。此过程保证了误报的比例小于 q（平均值）。Benjamini-Hochberg 方法（及其扩展方法）是快速且有效的，被广泛应用于研究遗传学或疾病领域，可检验数百个主要的错误假设。此外，此方法的统计能力要优于 Bonferroni 校正方法。

3.5.6　Fisher 精确检验

列联表表示不同分类之间的两类样本总体的划分，如表 3.2 所示。问题是观察到的表是否符合样本总体的随机划分，受边际总和的约束。请注意，这是一个 2×2 的列联表，由于受行和列的总和约束，表中任何条目的更改都会自动影响所有其他项。这意味着可以有意义地提出类似于"在随机划分下，特定表项至少与给定值一样大的概率是多少？"这样的等价问题。

表 3.2　列联表示例

	感染	未感染	总和
男性	13	11	24
女性	12	1	13
总和	25	12	37

Fisher 精确检验可以解决这个问题。其思想是在边际行和列之和的条件下计算表中某个特定条目的概率：

$$\mathbb{P}(X_{i,j} \mid r_1, r_2, c_1, c_2)$$

其中，$X_{i,j}$ 为 (i,j) 表项，r_1 表示第一行的总和，r_2 表示第二行的总和，c_1 表示第一列的总和，c_2 表示第二列的总和。这个概率由**超几何分布**给出。回想一下，超几何分布给出了从恰好由两种不同类别组成的 N 个人中抽取 k 个样本（无放回）的概率：

$$\mathbb{P}(X = k) = \frac{C_K^k \, C_{N-K}^{n-k}}{C_N^n}$$

其中，N 为总体大小，K 为可能有利的采样总数，n 是样本的数量，k 是观察到的有利采样数量。随着变量的相应识别，超几何分布给出了所需的条件概率：$K=r_1$，$k=x$，$n=c_1$，$N=r_1+r_2$。

在表 3.2 的示例中，在 $c_1=25$ 名感染者的总体（包括 $r_2=12$ 名女性）以及 $r_1=24$ 名男性的总体中，有 $x=13$ 名男性感染者。应用 scipy. stats 模块可实现 Fisher 精确检验，如下所示：

```
>>> import scipy.stats
>>> table = [[13,11],[12,1]]
>>> odds_ratio, p_value=scipy.stats.fisher_exact(table)
>>> print(p_value)
0.02718387758955712
```

scipy. stats. fisher_exact 函数的 alternative 参数默认值是双边检验（two-sided）。以下是单边检验（less）的结果：

```
>>> import scipy.stats
>>> odds_ratio, p_value=scipy.stats.fisher_exact(table,alternative='less')
>>> print(p_value)
0.018976707519532877
```

这意味着 p 值是通过对列联表的概率求和来计算的，这些列联表没有给定表那么极端。为加深对此的理解，我们使用 scipy. stats. hypergeom 函数来计算感染人数小于或等于 13 的概率。

```
>>> hg = scipy.stats.hypergeom(37, 24, 25)
>>> probs = [(hg.pmf(i)) for i in range(14)]
>>> print (probs)
[0.0, 0.0, 0.0, 0.0, 0.0, 0.0, 0.0, 0.0, 0.0, 0.0, 0.0, 0.0,
0.0014597467322717626, 0.017516960787261115]
>>> print(sum(probs))
0.018976707519532877
```

这与我们先前采用 scipy. stats. fisher_exact 函数获得的 p 值相同。另一种 alternative 参数设置是类比求和的单边检验（greater），如下所示：

```
>>> odds_ratio, p_value=scipy.stats.fisher_exact(table,alternative='greater')
>>> probs = [hg.pmf(i) for i in range(13,25)]
>>> print(probs)
[0.017516960787261115, 0.08257995799708828, 0.2018621195484381,
0.28386860561499044, 0.24045340710916852, 0.12467954442697629,
0.039372487713781906, 0.00738234144633414, 0.0007812001530512284,
4.261091743915799e-05, 1.0105355914424832e-06, 7.017608273906114e-09]
>>> print(p_value)
0.9985402532677288
>>> print(sum(probs))
0.9985402532677288
```

最后，双边检验版本排除了那些小于给定表概率的单个表概率：

```
>>> _,p_value=scipy.stats.fisher_exact(table)
>>> probs = [ hg.pmf(i) for i in range(25) ]
>>> print(sum(i for i in probs if i<= hg.pmf(13)))
0.027183877589557117
>>> print(p_value)
0.02718387758955712
```

因此，对于这个特定的列联表，我们可以合理地得出如下结论：在这个总体中有 13 名男性感染者在统计学上具有显著性，p 值小于 5％。

由于底层组合学的性质，对大于 2×2 的表执行这种分析很容易在计算上产生挑战，并且通常需要专门的近似方法。

在本节中，我们讨论了统计假设检验的结构，并定义了该过程常用的各种术语，以及它们在抛硬币示例中含义的说明。一方面，从工程的角度来看，假设检验不像置信区间和点估计那么普遍。另一方面，假设检验在社会科学和医学领域中应用较多，必须处理可能限制样本量大小或假设检验准则的其他方面的实际约束。在工程中，我们通常可以灵活控制使用的样本和模型，因为它们通常是可以重复和一致测量的无生命物体。人类研究显然不是这样的，因为人类研究通常还有其他伦理和法律层面的问题需要考虑。

3.6　置信区间

在之前的抛硬币示例中，我们讨论了正面朝上的潜在概率的估计。这里我们推导出估计量为

$$\hat{p}_n = \frac{1}{n} \sum_{i=1}^{n} X_i$$

其中，$X_i \in \{0,1\}$，置信区间可以让我们估计与要估计的真实值的接近程度。从逻辑上讲，这似乎很奇怪，不是吗？我们的确不知道要估计的确切值（否则，为什么要估计它？），然而，我们知道我们能多接近未知值吗？最后，我们要做诸如"某个区间内的值的概率为 90％"之类的陈述。不幸的是，这是我们无法用之前的方法给出的。请注意，通过使用**可信区间**，贝叶斯估计能给出更接近此陈述的陈述，但这是后话了。在这种情况下，我们能做的大致如下：如果多次运行试验，那么置信区间将在 90％ 的时间内捕获真实参数。

让我们回到抛硬币的例子，看看它的实际效果。获得置信区间的一种方法是使用 2.11.3 节中专门用于伯努利变量的霍夫丁不等式，如下所示：

$$\mathbb{P}(|\hat{p}_n - p| > \varepsilon) \leq 2\exp(-2n\varepsilon^2)$$

现在，我们可以给出区间 $\mathbb{I} = [\hat{p}_n - \varepsilon_n, \hat{p}_n + \varepsilon_n]$，其中 ε_n 被精心构造为

$$\varepsilon_n = \sqrt{\frac{1}{2n}\log\frac{2}{\alpha}}$$

这使得霍夫丁不等式的右侧等于 α。于是，我们最终得到如下公式：

$$\mathbb{P}(p \notin \mathbb{I}) = \mathbb{P}(|\hat{p}_n - p| > \varepsilon_n) \leqslant \alpha$$

因此，$\mathbb{P}(p \in \mathbb{I}) \geqslant 1-\alpha$。作为数值例子，取 $n=100$，$\alpha=0.05$，然后代入所有已知数据，可得 $\varepsilon_n=0.136$。因此，这里的 95% 置信区间为

$$\mathbb{I} = [\hat{p}_n - \varepsilon_n, \hat{p}_n + \varepsilon_n] = [\hat{p}_n - 0.136, \hat{p}_n + 0.136]$$

下面的仿真代码示例可以让我们观察是否真的可以在置信区间内捕获真实参数：

```
>>> from scipy import stats
>>> import numpy as np

>>> b= stats.bernoulli(.5) # fair coin distribution
>>> nsamples = 100
>>> # flip it nsamples times for 200 estimates
>>> xs = b.rvs(nsamples*200).reshape(nsamples,-1)
>>> phat = np.mean(xs,axis=0) # estimated p
>>> # edge of 95% confidence interval
>>> epsilon_n=np.sqrt(np.log(2/0.05)/2/nsamples)
>>> pct=np.logical_and(phat-epsilon_n<=0.5,
...                     0.5 <= (epsilon_n +phat)
...                     ).mean()*100
>>> print ('Interval trapped correct value ', pct,'% of the time')
Interval trapped correct value  99.5 % of the time
```

结果表明，估计量和相应的区间至少能够在 95% 的时间内捕捉真值。这就是置信区间的作用。

然而，通常的做法是不使用霍夫丁不等式，而是使用渐近正态的参数。标准误差的定义如下：

$$\mathbf{se} = \sqrt{\mathbb{V}(\hat{\theta}_n)}$$

其中，给定 n 个数据样本 X_n，$\hat{\theta}_n$ 是参数 θ 的点估计量，且 $\mathbb{V}(\hat{\theta}_n)$ 是 $\hat{\theta}_n$ 的方差。同样，估计的标准误差是 $\widehat{\mathbf{se}}$。例如，在抛硬币例子中，估计量是 $\hat{p} = \sum X_i/n$，对应的方差为 $\mathbb{V}(\hat{p}_n)=p(1-p)/n$。代入点估计值可得估计的标准误差，即 $\widehat{\mathbf{se}} = \sqrt{\hat{p}(1-\hat{p})/n}$。由于最大似然估计量是渐近正态的 ⊖，因此 $\hat{p}_n \sim \mathcal{N}(p, \widehat{\mathbf{se}}^2)$。如果想得到 $1-\alpha$ 置信区间，我们可以计算

$$\mathbb{P}(|\hat{p}_n - p| < \xi) > 1-\alpha$$

但由于我们知道 $(\hat{p}_n - p)$ 服从渐近正态分布，$\mathcal{N}(0, \widehat{\mathbf{se}}^2)$，因此我们可以计算

$$\int_{-\xi}^{\xi} \mathcal{N}(0, \widehat{\mathbf{se}}^2)\mathrm{d}x > 1-\alpha$$

这看起来很难计算，因为我们需要找到 ξ，但 Scipy 给出了我们需要的功能。

⊖ 为了使最大似然估计的这一性质发挥作用，必须满足一定的技术规律性条件，详情请参考文献[2]。

```
>>> # compute estimated se for all trials
>>> se=np.sqrt(phat*(1-phat)/xs.shape[0])
>>> # generate random variable for trial 0
>>> rv=stats.norm(0, se[0])
>>> # compute 95% confidence interval for that trial 0
>>> np.array(rv.interval(0.95))+phat[0]
array([0.42208023, 0.61791977])
>>> def compute_CI(i):
...     return stats.norm.interval(0.95,loc=i,
...                        scale=np.sqrt(i*(1-i)/xs.shape[0]))
...
>>> lower,upper = compute_CI(phat)
```

图 3.11 给出了渐近置信区间和根据霍夫丁不等式得出的置信区间（简称霍夫丁区间）。如图所示，霍夫丁区间比渐近置信区间要宽松一些。然而，这只在渐近近似有效时才成立。换句话说，存在一定数量的 n 个样本，渐近置信区间可能对其不起作用。因此，尽管霍夫丁区间可能更宽松一些，但它不需要关于渐近收敛的参数。然而，在实践中，渐近收敛总是在起作用（即使没有明确说明）。

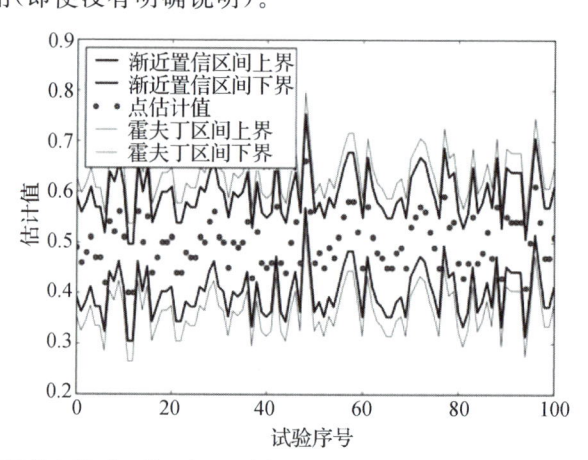

图 3.11　灰色圆圈是由渐近置信区间和霍夫丁区间上下限定的点估计值。渐近置信区间更
　　　　紧凑，因为基础渐近假设对这些估计值是有效的

置信区间和假设检验　事实证明，假设检验和置信区间之间存在着密切的双重关系。为了看到这一点，考虑以下正态分布的假设检验，假设分别为 $H_0 : \mu = \mu_0$ 与 $H_1 : \mu \neq \mu_0$。合理的检验具有以下拒绝域：

$$\left\{ x : |\overline{x} - \mu_0| > z_{\alpha/2} \frac{\sigma}{\sqrt{n}} \right\}$$

其中，$\mathbb{P}(Z > z_{\alpha/2}) = \alpha/2$，$\mathbb{P}(-z_{\alpha/2} < Z < z_{\alpha/2}) = 1 - \alpha$，$Z \sim \mathcal{N}(0, 1)$。这等同于说对应于接受 H_0 的区域为

$$\overline{x} - z_{\alpha/2} \frac{\sigma}{\sqrt{n}} \leqslant \mu_0 \leqslant \overline{x} + z_{\alpha/2} \frac{\sigma}{\sqrt{n}} \tag{3.6.0.1}$$

因为检验水平为 α，所以误报概率 $\mathbb{P}(H_0 \text{ rejected} | \mu = \mu_0) = \alpha$。同样，$\mathbb{P}(H_0 \text{ accepted} | \mu = \mu_0) = 1 - \alpha$。把所有这些与上面定义的区间放在一起，可得

$$\mathbb{P}\left(\overline{x} - z_{\alpha/2} \frac{\sigma}{\sqrt{n}} \leqslant \mu_0 \leqslant \overline{x} + z_{\alpha/2} \frac{\sigma}{\sqrt{n}} \,\Big|\, H_0\right) = 1 - \alpha$$

因为这对任何 μ_0 都有效，所以我们可以去掉条件 H_0，得到

$$\mathbb{P}\left(\overline{x} - z_{\alpha/2} \frac{\sigma}{\sqrt{n}} \leqslant \mu_0 \leqslant \overline{x} + z_{\alpha/2} \frac{\sigma}{\sqrt{n}}\right) = 1 - \alpha$$

现在可能很明显，式（3.6.0.1）中的区间是 $1 - \alpha$ 置信区间！因此，我们通过反转水平 α 检验的接受区域获得了置信区间。假设检验确定了参数，然后询问哪些样本值（即接受区域）与该固定值一致。或者，置信区间确定样本值，然后询问哪些参数值（即置信区间）使该样本值最合理。请注意，有时这种反演方法会导致不相交的区间（称为**置信集**）。

3.7 线性回归

线性回归是统计学的核心：给定一组数据点，现有数据与尚未看到的数据之间的关系是什么？一个数据集的信息应该如何传播到其他数据集？线性回归提供了以下模型：

$$\mathbb{E}(Y | X = x) \approx ax + b$$

来解决这个问题。也就是说，给定 X 的特定值，假设条件期望是这些特定值的线性函数。然而，由于观测值本身不是期望值，该模型用加性噪声项来进行调整。换句话说，观测变量（也称响应、目标、因变量）被建模为

$$\mathbb{E}(Y | X = x_i) + \varepsilon_i \approx ax + b + \varepsilon_i = y$$

其中，$\mathbb{E}(\varepsilon_i) = 0$，$\varepsilon_i$ 是独立同分布变量并且 ε_i 的分布函数取决于问题，尽管它通常被假定为高斯分布。$X = x$ 值称为自变量、协变量或回归量。

让我们看看是否可以使用迄今为止开发的所有方法来理解这种回归形式。第一个任务是确定如何估计未知线性参数 a 和 b。为了使其具体化，我们假设 $\varepsilon \sim \mathcal{N}(0, \sigma^2)$。请记住，$\mathbb{E}(Y | X = x)$ 是 x 的确定性函数。换句话说，变量 x 随每次抽样而变化，但数据收集完成后，这些将不再是随机量。因此，对于固定的 x，y 是由 ε 生成的随机变量。也许我们应该将 ε 表示为 ε_x 以强调这一点，但是因为 ε 在每个固定的 x 上是独立同分布的随机变量，所以这将是多余的。由于高斯加性噪声，y 的分布完全由其均值和方差

$$\mathbb{E}(y) = ax + b$$

$$\mathbb{V}(y) = \sigma^2$$

来表征。使用最大似然法，我们写出对数似然函数

$$\mathcal{L}(a, b) = \sum_{i=1}^{n} \log \mathcal{N}(ax_i + b, \sigma^2) \propto \frac{1}{2\sigma^2} \sum_{i=1}^{n} (y_i - ax_i - b)^2$$

请注意，我们舍弃了与最大值无关的项。对 a 求导，得到以下等式：

$$\frac{\partial \mathcal{L}(a,b)}{\partial a} = 2\sum_{i=1}^{n} x_i(b + ax_i - y_i) = 0$$

同样，对参数 b 求导，可得

$$\frac{\partial \mathcal{L}(a,b)}{\partial b} = 2\sum_{i=1}^{n} (b + ax_i - y_i) = 0$$

下面的代码对一些数据进行了仿真，并使用 Numpy 工具计算参数，如下所示：

```
>>> import numpy as np
>>> a = 6;b = 1 # parameters to estimate
>>> x = np.linspace(0,1,100)
>>> y = a*x + np.random.randn(len(x))+b
>>> p,var_=np.polyfit(x,y,1,cov=True) # fit data to line
>>> y_ = np.polyval(p,x) # estimated by linear regression
```

图 3.12 左侧的图显示了根据数据绘制的线性回归线。估计的参数在图上方注明。图 3.12 右侧的直方图显示了模型中的残差。检查任何正态回归的残差始终是一个好主意。这些是每个 x_i 值的拟合线和数据中相应的 y_i 值之间的差异。请注意，x 不必是一致单调的。

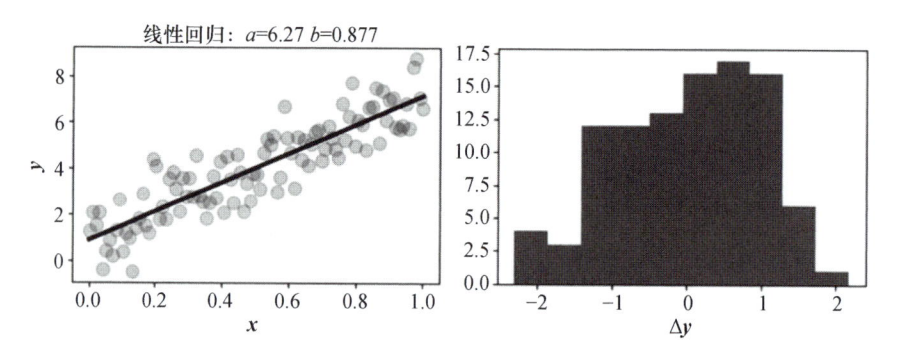

图 3.12　左图显示了数据和线性回归线，右图显示了回归误差的直方图

为了将确定性变化与随机变化解耦，我们可以根据 x 和 y 的数据将上面的问题写成以下形式：

$$y_i = ax_i + b + \varepsilon_i$$

其中，$\varepsilon_i \sim \mathcal{N}(0,\sigma^2)$。假设这个分量有 m 个样本，如 $\{y_{i,k}\}_{k=1}^m$。按照通常的程序，我们可以得到 y_i 均值的估计量：

$$\hat{y}_i = \frac{1}{m}\sum_{k=1}^{m} y_{i,k}$$

然而，这并没有告诉我们关于参数 a 和 b 的任何信息，因为它们在计算中是不可分离的，也就是说，我们有

$$\mathbb{E}(y_i) = ax_i + b$$

但我们仍然只有一个方程和两个未知参数（a 和 b）。如果我们考虑并建立另一个分量 y_j，又会如何呢？

$$y_j = ax_j + bj + \varepsilon_i$$

我们可以得到

$$\mathbb{E}(y_j) = ax_j + b$$

所以，我们现在至少有两个方程和两个未知参数，并且知道如何使用估计量 $\hat{y}_i$ 和 $\hat{y}_j$ 从数据中估计这些方程的左边。我们用下面的代码示例看看这是如何工作的（见图 3.13）：

```
>>> x0, xn =x[0],x[80]
>>> # generate synthetic data
>>> y_0 = a*x0 + np.random.randn(20)+b
>>> y_1 = a*xn + np.random.randn(20)+b
>>> # mean along sample dimension
>>> yhat = np.array([y_0,y_1]).mean(axis=1)
>>> a_,b_=np.linalg.solve(np.array([[x0,1],
...                                 [xn,1]]),yhat)
```

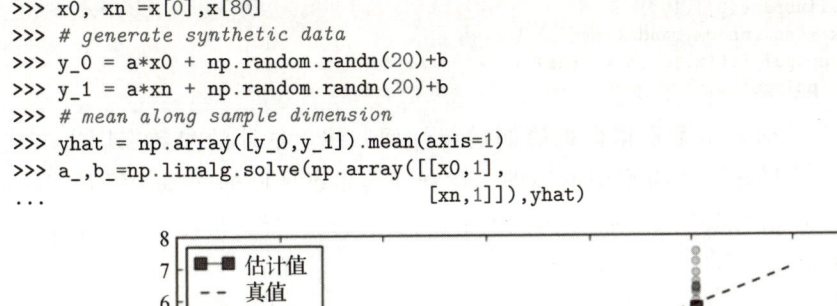

图 3.13　根据数据值绘制拟合线和真实线，实线两端的正方形表示每组数据的均值

编程技巧

先前的代码使用了 Numpy 中 `linalg` 模块的 `solve` 函数，该模块包含 Numpy 中的核心线性代数代码，该代码包含经过实战测试的 LAPACK 库。

对于 $x_0 = 0$ 的情况，我们可以写出估计参数的解：

$$\hat{a} = \frac{\hat{y}_i - \hat{y}_0}{x_i}$$

$$\hat{b} = \hat{y}_0$$

这些估计量的期望和方差如下：

$$\mathbb{E}(\hat{a}) = \frac{ax_i}{x_i} = a$$

$$\mathbb{E}(\hat{b}) = b$$

$$\mathbb{V}(\hat{a}) = \frac{2\,\sigma^2}{x_i^2}$$

$$\mathbb{V}(\hat{b}) = \sigma^2$$

期望值表明，估计量是无偏的。估计量 $\hat{a}$ 的方差随着点 x_i 的增大而减小。也就是说，为了拟合直线，最好让样本沿着水平轴延伸得更远。这个方差量化了那些远距离点的杠杆作用。

(1) 投影法回归

我们来看是否能将投影方法应用于一般情况。在向量表示法中，我们可以写成

$$y = ax + b\mathbf{1} + \varepsilon$$

其中，$\mathbf{1}$ 是全 1 向量。接着我们使用内积符号给出

$$\langle x, y \rangle = \mathbb{E}(x^{\mathrm{T}} y)$$

然后，取某个 $x_1 \in \mathbf{1}^{\perp\ominus}$ 的内积，我们得到：

$$\langle y, x_1 \rangle = a \langle x, x_1 \rangle$$

回想一下 $\mathbb{E}(\varepsilon) = \mathbf{0}$，我们最终求解出 a 为

$$\hat{a} = \frac{\langle y, x_1 \rangle}{\langle x, x_1 \rangle} \tag{3.7.0.1}$$

这非常简洁，但现在我们有了神秘的 x_1 向量。这是从哪里来的？如果将 x 投影到 $\mathbf{1}^{\perp}$ 上，那么我们会在 $\mathbf{1}^{\perp}$ 空间中得到 x 的最小均方误差近似值。因此，我们取

$$x_1 = P_{\mathbf{1}^{\perp}}(x)$$

记住，$P_{\mathbf{1}^{\perp}}$ 是一个投影矩阵，因此 x_1 的长度最多为 x。这意味着 $\hat{a}$ 方程中的分母实际上只是 $P_{\mathbf{1}^{\perp}}$ 坐标系中 x 向量的长度。因为投影是正交的（即具有最小长度），所以应用勾股定理给出如下公式：

$$\langle x, x_1 \rangle^2 = \langle x, x \rangle - \langle \mathbf{1}, x \rangle^2$$

公式右边第一项是 x 向量的长度，最后一项是与 $P_{\mathbf{1}^{\perp}}$ 正交的坐标系中 x 的长度，即 $\mathbf{1}$ 的长度。我们可以用这种几何解释来更详细地了解典型线性回归的情况。分母是 x 的正交投影这一事实告诉我们，选择 x_1 对减少 $\hat{a}$ 方差的影响最大。也就是说，x 与 $\mathbf{1}$ 对齐的次数越多，$\hat{a}$ 的方差越差。这很直观，因为 x 越接近 $\mathbf{1}$，它就越恒定，我们已经从一维的例子中看到，x 项之间的距离会减小方差。我们已经知道 $\hat{a}$ 是一个无偏估计量，并且我们特意选择 x_1 作为投影，因为我们知道它的方差也是最小的。这种估计量被称为最小方差无偏估计量（Minimum-Variance Unbiased Estimator，MVUE）。

同理，我们检查等式（3.7.0.1）中 $\hat{a}$ 的分子。我们可以按如下方式表示 x_1：

$$x_1 = x - P_{\mathbf{1}} x$$

⊖　由所有向量 a（满足 $\langle a, \mathbf{1} \rangle = 0$）组成的空间，表示为 $\mathbf{1}^{\perp}$。

其中，P_1 是 x 在向量 1 上的投影矩阵。利用投影矩阵，$\hat{a}$ 的分子变成了：

$$\langle y, x_1 \rangle = \langle y, x \rangle - \langle y, P_1 x \rangle$$

请注意，

$$P_1 = 11^{\mathrm{T}} \frac{1}{n}$$

所以，

$$\langle y, P_1 x \rangle = (y^{\mathrm{T}} 1)(1^{\mathrm{T}} x)/n = \left(\sum y_i \right)\left(\sum x_i \right)/n$$

同样，对于分母，有

$$\langle x, P_1 x \rangle = (x^{\mathrm{T}} 1)(1^{\mathrm{T}} x)/n = \left(\sum x_i \right)\left(\sum x_i \right)/n$$

因此，将所有这些代入等式，可得

$$\hat{a} = \frac{x^{\mathrm{T}} y - \left(\sum x_i \right)\left(\sum y_i \right)/n}{x^{\mathrm{T}} x - \left(\sum x_i \right)^2/n}$$

相应的方差为

$$\mathbb{V}(\hat{a}) = \sigma^2 \frac{\| x_1 \|^2}{\langle x, x_1 \rangle^2}$$

$$= \frac{\sigma^2}{\| x \|^2 - n(\overline{x^2})}$$

对 $\hat{b}$ 使用相同的方法，可得

$$\hat{b} = \frac{\langle y, x^{\perp} \rangle}{\langle 1, x^{\perp} \rangle} \tag{3.7.0.2}$$

$$= \frac{\langle y, 1 - P_x(1) \rangle}{\langle 1, 1 - P_x(1) \rangle} \tag{3.7.0.3}$$

$$= \frac{x^{\mathrm{T}} x \left(\sum y_i \right)/n - x^{\mathrm{T}} y \left(\sum x_i \right)/n}{x^{\mathrm{T}} x - \left(\sum x_i \right)^2/n} \tag{3.7.0.4}$$

其中，

$$P_x = \frac{xx^{\mathrm{T}}}{\| x \|^2}$$

方差为

$$\mathbb{V}(\hat{b}) = \sigma^2 \frac{\langle 1 - P_x(1), 1 - P_x(1) \rangle}{\langle 1, 1 - P_x(1) \rangle^2}$$

$$= \frac{\sigma^2}{n - \frac{(n \overline{x})^2}{\| x \|^2}}$$

(2) 对估计量进行限定

上述方差公式带有未知量 σ^2，我们必须使用估计量根据数据估算。我们可以将残差

平方和表示为

$$\mathrm{RSS} = \sum_i (\hat{a}\, x_i + \hat{b} - y_i)^2$$

因此，σ^2 的估计量可以表示为

$$\hat{\sigma}^2 = \frac{\mathrm{RSS}}{n-2}$$

其中，n 为样本数。这也被称为**残差均方**。$n-2$ 表示**自由度**（degree of freedom，df）。因为我们根据相同的数据估计了两个参数，所以自由度为 $n-2$ 而不是 n。因此，一般来说，df＝$n-p$，其中 p 是估计的参数的数量。在假设噪声为高斯噪声的情况下，RSS/σ^2 是具有 $n-2$ 个自由度的卡方分布。另一个重要的项是关于均值的平方和（也被称为校正平方和）：

$$\mathrm{SYY} = \sum_i (y_i - \overline{y})^2$$

SYY 的想法是不使用数据 x_i 而只使用数据 y_i 的均值来估计 y，这两项引出一个新项 R^2：

$$R^2 = 1 - \frac{\mathrm{RSS}}{\mathrm{SYY}}$$

请注意，对于完美回归，$R^2＝1$。也就是说，如果回归得到的每个数据点 y_i 都完全正确，那么 RSS＝0，于是 R^2 等于 1。因此，R^2 项用于测量拟合优度。scipy 中的 stats 模块会自动计算许多这样的项：

```
from scipy import stats
slope,intercept,r_value,p_value,stderr = stats.linregress(x,y)
```

其中，变量 r_value 的平方即为上述 R^2。计算出的 p_value 是原假设为"直线的斜率为零"的双边假设检验。换句话说，这检验了线性回归对于该假设的数据是否有意义。Statsmodels 模块通过使回归更容易并跟踪这些参数，为 Scipy 的 stats 模块提供了强大的扩展功能。通过为数据创建 Pandas DataFrame，我们使用 Statsmodels 框架重新表述我们的问题：

```
import statsmodels.formula.api as smf
from pandas import DataFrame
import numpy as np
d = DataFrame({'x':np.linspace(0,1,10)}) # create data
d['y'] = a*d.x+ b + np.random.randn(*d.x.shape)
```

既然上面的 Pandas DataFrame 中有了输入数据，我们可以按如下方式进行回归：

```
results = smf.ols('y ~ x', data=d).fit()
```

符号~表示 $y＝ax+b+\varepsilon$，其中常数 b 隐含在 Statsmodels 的这种用法中。字符串中的名称取自 DataFrame 中的列。这使得在 DataFrame 中的命名列之间构建具有复杂交互的模型变得非常容易。我们可以通过查看摘要来检查模型拟合报告：

```
print (results.summary2())
                Results: Ordinary least squares
=================================================================
Model:               OLS          Adj. R-squared:     0.808
Dependent Variable:  y            AIC:                28.1821
Date:                0000-00-00 00:00  BIC:           00.0000
No. Observations:    10           Log-Likelihood:     -12.091
Df Model:            1            F-statistic:        38.86
Df Residuals:        8            Prob (F-statistic): 0.000250
R-squared:           0.829        Scale:              0.82158
-----------------------------------------------------------------
              Coef.    Std.Err.    t      P>|t|    [0.025   0.975]
-----------------------------------------------------------------
Intercept    1.5352    0.5327    2.8817   0.0205   0.3067   2.7637
x            5.5990    0.8981    6.2340   0.0003   3.5279   7.6701
```

这里的内容比我们目前讨论的要多得多，Statsmodels 文档是获取有关此报告的完整信息的最佳途径。F 统计量试图捕获包含和不包含斜率参数的对比。也就是说，考虑以下两个假设：

$$H_0: \mathbb{E}(Y|X=x) = b$$

$$H_1: \mathbb{E}(Y|X=x) = b + ax$$

为了量化加入斜率项对回归有多大的好处，我们计算

$$F = \frac{\text{SYY} - \text{RSS}}{\hat{\sigma}^2}$$

上式的分子计算回归中包括斜率和仅使用 y_i 均值两种情况的残差平方误差的差值。再一次，如果我们假设（或可以渐近地宣称）噪声项 ε 是高斯噪声，$\varepsilon \sim \mathcal{N}(0, \sigma^2)$，那么 H_0 假设将遵循具有分子和分母自由度的 F 分布[⊖]。在本例中，$F \sim F(1, n-2)$。上述 Statsmodels 报告了该统计量的值。相应报告的概率表明了如果 H_0 为真，F 超过其计算值的可能性。所以，从中得到的重要信息是，在高斯加性噪声假设下，包括斜率导致的平方误差的减少量要比从该数据中选择 n 个有利数据导致的预期减少量要小得多。这证明包括斜率对于该数据是有意义的。

Statsmodels 报告还显示了调整后的 R^2 项：

$$R^2_{\text{Adjusted}} = 1 - \frac{\text{RSS}/(n-p)}{\text{SYY}/(n-1)}$$

这是对 R^2 的修正，它考虑了回归拟合的参数数量 p 和样本大小 n。除非 $p=1$（即仅估算 b），否则它始终低于 R^2。当试图用相对较小的 n 拟合许多参数时，这成为比较回归的更好的方法。

（3）线性预测

使用线性回归进行预测会引入一些其他问题。期望公式如下：

$$\mathbb{E}(Y|X=x) \approx \hat{a}x + \hat{b}$$

我们已经根据数据确定了 $\hat{a}$ 和 $\hat{b}$。给定一个新点 x_p，我们可以计算出

⊖ F 分布 $F(m,n)$ 有两个整数自由度参数 m 和 n。

$$\hat{y}_p = \hat{a}\,x_p + \hat{b}$$

$\hat{y}_p$ 即为预测值。这就相当于说，基于 x_p 对 y 的最佳预测结果是上述条件期望。其方差为

$$\mathbb{V}(y_p) = x_p^2\,\mathbb{V}(\hat{a}) + \mathbb{V}(\hat{b}) + 2x_p\,\mathrm{cov}(\hat{a}\hat{b})$$

请注意，式中有协方差是因为 $\hat{a}$ 和 $\hat{b}$ 来自相同的数据。我们可以使用公式（3.7.0.1）中的符号来计算 $\mathrm{cov}(\hat{a}\hat{b})$：

$$\mathrm{cov}(\hat{a}\hat{b}) = \frac{\boldsymbol{x}_1^{\mathrm{T}}\,\mathbb{V}\{\boldsymbol{y}\boldsymbol{y}^{\mathrm{T}}\}\,\boldsymbol{x}^{\perp}}{(\boldsymbol{x}_1^{\mathrm{T}}\boldsymbol{x})(\mathbf{1}^{\mathrm{T}}\boldsymbol{x}^{\perp})} = \frac{\boldsymbol{x}_1^{\mathrm{T}}\,\sigma^2\,\boldsymbol{I}\boldsymbol{x}^{\perp}}{(\boldsymbol{x}_1^{\mathrm{T}}\boldsymbol{x})(\mathbf{1}^{\mathrm{T}}\boldsymbol{x}^{\perp})}$$

$$= \sigma^2\,\frac{\boldsymbol{x}_1^{\mathrm{T}}\boldsymbol{x}^{\perp}}{(\boldsymbol{x}_1^{\mathrm{T}}\boldsymbol{x})(\mathbf{1}^{\mathrm{T}}\boldsymbol{x}^{\perp})} = \sigma^2\,\frac{(\boldsymbol{x}-\boldsymbol{P}_1\boldsymbol{x})^{\mathrm{T}}\boldsymbol{x}^{\perp}}{(\boldsymbol{x}_1^{\mathrm{T}}\boldsymbol{x})(\mathbf{1}^{\mathrm{T}}\boldsymbol{x}^{\perp})}$$

$$= \sigma^2\,\frac{-\boldsymbol{x}^{\mathrm{T}}\boldsymbol{P}_1^{\mathrm{T}}\boldsymbol{x}^{\perp}}{(\boldsymbol{x}_1^{\mathrm{T}}\boldsymbol{x})(\mathbf{1}^{\mathrm{T}}\boldsymbol{x}^{\perp})} = \sigma^2\,\frac{-\boldsymbol{x}^{\mathrm{T}}\dfrac{1}{n}\mathbf{1}\mathbf{1}^{\mathrm{T}}\boldsymbol{x}^{\perp}}{(\boldsymbol{x}_1^{\mathrm{T}}\boldsymbol{x})(\mathbf{1}^{\mathrm{T}}\boldsymbol{x}^{\perp})}$$

$$= \sigma^2\,\frac{-\boldsymbol{x}^{\mathrm{T}}\dfrac{1}{n}\mathbf{1}}{(\boldsymbol{x}_1^{\mathrm{T}}\boldsymbol{x})} = \frac{-\sigma^2\overline{x}}{\displaystyle\sum_{i=1}^{n}(x_i^2-\overline{x}^2)}$$

将所有这些代入方差公式后，我们得到

$$\mathbb{V}(y_p) = \sigma^2\,\frac{x_p^2 - 2x_p\,\overline{x} + \|\boldsymbol{x}\|^2/n}{\|\boldsymbol{x}\|^2 - n\,\overline{x}^2}$$

一般在实践中，我们对 σ^2 使用估计量估计。

对于 y_p 的置信区间，有一个重要的结论。我们不能简单地使用 $\mathbb{V}(y_p)$ 的平方根来计算置信区间，因为模型中包含了额外的噪声项。特别是，参数是根据数据利用一组统计量来计算的，但现在必须包括预测部分噪声项的不同实现。这意味着我们需要计算

$$\eta^2 = \mathbb{V}(y_p) + \sigma^2$$

于是，95% 置信区间 $y_p \in (y_p - 2\hat{\eta},\ y_p + 2\hat{\eta})$ 可所示为

$$\mathbb{P}(y_p - 2\hat{\eta} < y_p < y_p + 2\hat{\eta}) \approx \mathbb{P}(-2 < \mathcal{N}(0,1) < 2) \approx 0.95$$

其中，$\hat{\eta}$ 用 σ 及 $\mathbb{V}(y_p)$ 的估算值代替。

3.7.1　扩展至多个协变量

基于我们所拥有的机制，考虑多个回归量只需进行简短的符号变换，如下所示：

$$\boldsymbol{Y} = \boldsymbol{X}\boldsymbol{\beta} + \boldsymbol{\varepsilon}$$

其中，$\mathbb{E}(\boldsymbol{\varepsilon}) = \boldsymbol{0}$，$\mathbb{V}(\boldsymbol{\varepsilon}) = \sigma^2\boldsymbol{I}$。因此，$\boldsymbol{X}$ 是回归量的 $n \times p$ 满秩矩阵，$\boldsymbol{Y}$ 是观测值的 n 维向量。请注意，常数项已作为全 1 列包含在 $\boldsymbol{X}$ 中。$\boldsymbol{\beta}$ 相应的估计解如下：

$$\hat{\boldsymbol{\beta}} = (\boldsymbol{X}^{\mathrm{T}}\boldsymbol{X})^{-1}\boldsymbol{X}^{\mathrm{T}}\boldsymbol{Y}$$

相应的方差为

$$\mathbb{V}(\hat{\boldsymbol{\beta}}) = \sigma^2 (\boldsymbol{X}^{\mathrm{T}} \boldsymbol{X})^{-1}$$

并且在高斯误差的假设下，我们有

$$\hat{\boldsymbol{\beta}} \sim \mathcal{N}(\boldsymbol{\beta}, \sigma^2 (\boldsymbol{X}^{\mathrm{T}} \boldsymbol{X})^{-1})$$

σ^2 的无偏估计量为

$$\hat{\sigma}^2 = \frac{1}{n-p} \sum \hat{\varepsilon}_i^2$$

其中，$\hat{\boldsymbol{\varepsilon}} = \boldsymbol{X}\hat{\boldsymbol{\beta}} - \boldsymbol{Y}$ 为残差向量。Tukey 将以下矩阵命名为帽子矩阵（又称投影矩阵）：

$$\boldsymbol{V} = \boldsymbol{X}(\boldsymbol{X}^{\mathrm{T}} \boldsymbol{X})^{-1} \boldsymbol{X}^{\mathrm{T}}$$

因为它将 $\boldsymbol{Y}$ 映射到 $\hat{\boldsymbol{Y}}$：

$$\hat{\boldsymbol{Y}} = \boldsymbol{V}\boldsymbol{Y}$$

作为练习，你可以检查 $\boldsymbol{V}$ 是否为投影矩阵。请注意，该矩阵仅是 $\boldsymbol{X}$ 的函数。$\boldsymbol{V}$ 的对角元素被称为**杠杆值**，包含在闭区间 $[1/n, 1]$ 中。这些项测量了 x_i 值与 n 个观测值的均值之间的距离。因此，杠杆项仅取决于 $\boldsymbol{X}$。这是我们对杠杆最初讨论的概括，其中我们仅在两个 x_i 点有多个样本。使用帽子矩阵，我们可以计算每个残差 $e_i = \hat{y} - y_i$ 的方差，即

$$\mathbb{V}(e_i) = \sigma^2 (1 - v_i)$$

其中，$v_i = V_{i,i}$。给定上述 v_i 的边界，它们总是小于 σ^2。

当两列或多个列共线时，$\boldsymbol{X}$ 列中的简并性可能会成为一个问题。我们已经在单一回归量示例中看到了这一点，其中 x 接近 1 是坏消息。为了补偿这种影响，我们可以加载对角元素并求解未知参数，如下所示：

$$\hat{\boldsymbol{\beta}} = (\boldsymbol{X}^{\mathrm{T}} \boldsymbol{X} + \alpha \boldsymbol{I})^{-1} \boldsymbol{X}^{\mathrm{T}} \boldsymbol{Y}$$

其中，$\alpha > 0$ 是一个可调超参数。这种方法被称为**岭回归**，由 Hoerl 和 Kenndard 在 1970 年提出。可以看出，这等效于最小化以下目标：

$$\| \boldsymbol{Y} - \boldsymbol{X}\boldsymbol{\beta} \|^2 + \alpha \| \boldsymbol{\beta} \|^2$$

换句话说，估计的 $\boldsymbol{\beta}$ 的长度会被较大的 α 惩罚。这具有稳定后续反向计算的效果，还提供了一种平衡偏差和方差的方法，我们将在 4.8 节详细讨论。

(1) 解释残差

我们假设模型有一个加性高斯噪声项。我们可以通过检验拟合后的残差来检查这个假设的贪婪性。残差是拟合值与原始数据之间的差值：

$$\hat{\varepsilon}_i = \hat{a} x_i + \hat{b} - y_i$$

尽管 p 值和 F 比可以表明计算回归斜率是否有意义，但我们可以直接得到加性高斯噪声的关键假设。

对于足够小的维度，scipy.stats.probplot 通过绘制标准化残差

$$r_i = \frac{e_i}{\hat{\sigma} \sqrt{1 - v_i}}$$

曲线以一种或另一种方式提供了快速的视觉证据。独立同分布假设也意味着同方差（所有

r_i 具有相等的方差）。在加性高斯噪声假设下，e_i 也应按 $\mathcal{N}(0, \sigma^2(1-v_i))$ 分布。归一化残差 r_i 应该根据 $\mathcal{N}(0, 1)$ 进行分布。因此，任何 $r_i \notin [-1.96, 1.96]$ 的存在在 5% 显著性水平下都不应是常见的，从而引起对同方差假设的怀疑。

scipy. stats. leven 中的 Levene 检验检验了所有方差都相等的原假设。这基本上检查了标准化残差在 x_i 上的变化是否超过预期。在同方差假设下，方差应该独立于 x_i。如果不独立，那么表示分析中缺少某个变量，或者变量本身应转换（例如，使用对数函数）为另一种可以减少这种影响的格式。此外，我们可以使用加权最小二乘法代替普通最小二乘法。

（2）变量缩放

我们很容易在多元回归中得出结论：任何 β 项中的小系数都意味着这些项不重要。但是，简单的单位转换都可能会导致这种效果。例如，如果其中一个回归量以公里为单位，而其他回归量以米为单位，那么仅比例因子就可以给人以过大或过小效果的印象。解释这一点的常用方法是缩放回归量，以便

$$x' = \frac{x - \overline{x}}{\sigma_x}$$

这样做的副作用是将斜率参数转换为相关系数，相关系数的范围为 ± 1。

（3）有影响力的数据

我们已经讨论了杠杆的概念。影响力的概念将杠杆作用与异常值结合了起来。为了理解影响力，参照图 3.14。

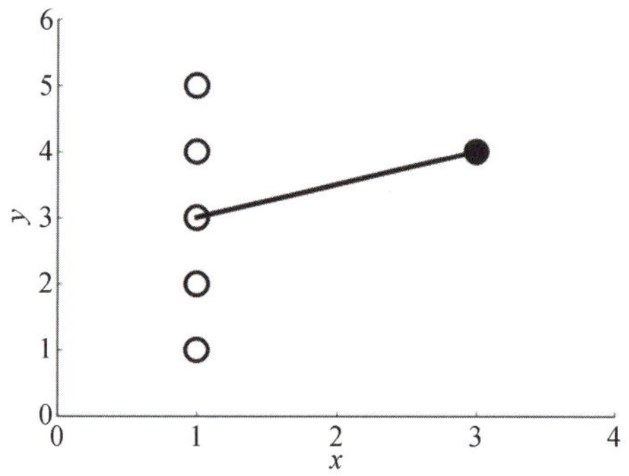

图 3.14 中右侧的点是唯一有助于计算拟合线斜率的点。因此，在这个意义上它是非常有影响力的。库克距离是从数字上理解这个概念的好方法。为了计算库克距离，我们必须计算删除第 i 个点的估计的目标变量的第 j 个分量，我们称之为 $y_{j(i)}$。然后，我们计算：

$$D_i = \frac{\sum\limits_{j}(\hat{y}_j - \hat{y}_{j(i)})^2}{p/n \sum\limits_{j}(\hat{y}_j - y_j)^2}$$

图 3.14 右侧的点对该数据的影响过大，因为它是唯一用于确定拟合线斜率的点

其中，p 是估计项的数量（例如，在二元情况下 $p = 2$）。该计算通过预测有无每个点的目标变量来强调异常值的影响。在图 3.14 中，左边任何一个点的丢失都不会对估计的目标变量产生很大的影响，但失去右边的单点肯定会产生很大影响。右边的点似乎不是一个异常值（它位于拟合线上），但这是因为它的影响力足以旋转拟合线来与其对齐。如上一个等式所示，库克距离通过忽略每个样本并重新拟合其余的样本来捕获这种效应。图 3.15 给出了根据图 3.14 中数据计算出的库克距离，可以看出右侧的数据点（样本索引

为 5）对拟合线的影响过大。根据经验，库克距离值大于 1 是可疑的。

作为另一个影响示例，请考虑图 3.16，它给出了一些排列整齐的数据，但有一个异常值（实心黑色圆圈），还给出了针对此数据计算出的库克距离，并强调了异常值的存在。由于计算涉及留下单个样本并重新对其余样本进行计算，因此它可能是一项耗时的操作，适用于相对较小的数据集。人们总是倾向于淡化异常值的重要性，因为它与受欢迎的模型相冲突。但我们必须仔细检查异常值，以了解模型无法捕获它们的原因。原因可能像错误的数据收集一样简单，也可能表明忽视了更深层次的问题。以下代码显示了库克距离是如何计算的：

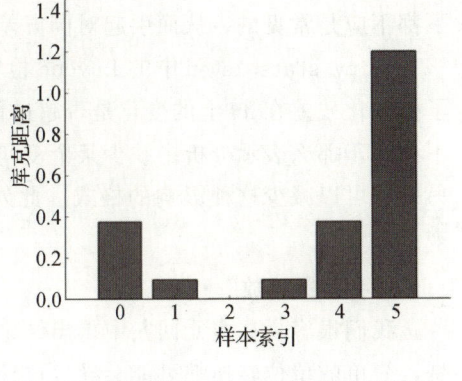

图 3.15　根据图 3.14 中的数据计算出的库克距离

```
>>> fit = lambda i,x,y: np.polyval(np.polyfit(x,y,1),i)
>>> omit = lambda i,x: ([k for j,k in enumerate(x) if j !=i])
>>> def cook_d(k):
...     num = sum((fit(j,omit(k,x),omit(k,y))-fit(j,x,y))**2 for j in x)
...     den = sum((y-np.polyval(np.polyfit(x,y,1),x))**2/len(x)*2)
...     return num/den
...
```

编程技巧

函数 omit 对数据进行扫描并排除第 i 个数据元素。嵌入式 enumerate 函数将可迭代对象中的每个元素与其对应的索引关联起来。

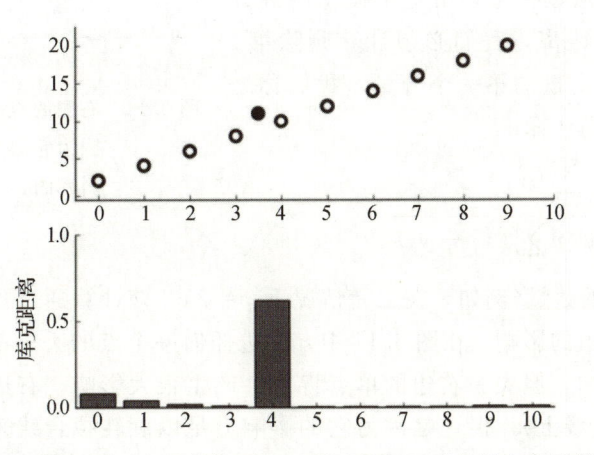

图 3.16　排列整齐的数据和一个异常值（实心黑色圆圈）以及根据它们计算出的库克距离，并显示出第 5 个点（即异常值）具有不成比例的影响

3.8　最大后验概率

通过最大似然估计法，我们看到了如何利用最大似然原理推导出一个数据公式来估计基础参数（比如 θ）。在该方法下，参数是固定的，但未知。如果我们稍微改变视角，并将基础参数作为随机变量来考虑，这就会导致估计方法更灵活。该方法是贝叶斯统计方法族中最简单的方法，与最大似然估计关系最为密切。它在通信和信号处理领域非常流行，并且是这些领域中许多重要算法的支撑。

假设参数 θ 也是随机变量，与其他随机变量的联合分布为 $f(x,\theta)$。根据贝叶斯定理，有

$$\mathbb{P}(\theta\,|\,x) = \frac{\mathbb{P}(x\,|\,\theta)\mathbb{P}(\theta)}{\mathbb{P}(x)}$$

$\mathbb{P}(x\,|\,\theta)$ 项是我们之前见过的常见似然项。分母中的 $\mathbb{P}(x)$ 项是数据 x 的先验概率，它明确提出了一个非常有力的主张：即使在收集或处理任何数据之前，我们也知道该数据的概率是多少。$\mathbb{P}(\theta)$ 是参数的先验概率。换句话说，不管收集的数据是什么，这都是参数本身的概率。

在特定的应用中，你是否认为提出这些声明是合理的，这取决于你自己和手头的问题。有许多有说服力的哲学论据，但在应用任何方法时，要记住的主要问题是，这些假设对于手头的问题是否合理。

现在，我们只假设我们以某种方式有 $\mathbb{P}(\theta)$，下一步是使这个表达式在 θ 上最大化。最大化的结果就是 θ 的最大后验概率（Maximum A-Posteriori，MAP）估计量。因为最大化是关于 θ 而不是 x 的，所以我们可以忽略 $\mathbb{P}(x)$。为了使事情具体化，我们回到最初的掷硬币问题。根据之前的分析，我们知道该问题的似然函数为

$$\ell(\theta) := \theta^k (1-\theta)^{(n-k)}$$

其中，硬币正面朝上的概率是 θ。下一步是计算先验概率 $\mathbb{P}(\theta)$。对于这个例子，我们将选择 $\beta(6,6)$ 分布（如图 3.17 的左上角所示）。β 系列分布是一个"金矿"，因为它允许使用很少的输入参数进行多种分布。现在一切皆备，我们开始最大化后验函数 $\mathbb{P}(\theta\,|\,x)$。因为对数是凸的，所以我们可以使用它，在不改变正在寻找的极值的情况下将乘积运算转换为求和运算，从而简化最大化过程。因此，我们更喜欢使用 $\mathbb{P}(\theta|x)$ 的对数，如下所示：

$$\mathcal{L} := \log \mathbb{P}(\theta|x) = \log \ell(\theta) + \log \mathbb{P}(\theta) - \log \mathbb{P}(x)$$

手工处理此运算很乏味，但对 Sympy 来说这是一项简单的工作：

```
>>> import sympy
>>> from sympy import stats as st
>>> from sympy.abc import p,k,n
# setup objective function using sympy.log
>>> obj=sympy.expand_log(sympy.log(p**k*(1-p)**(n-k)*
```

```
                          st.density(st.Beta('p',6,6))(p)))
# use calculus to maximize objective
>>> sol=sympy.solve(sympy.simplify(sympy.diff(obj,p)),p)[0]
>>> sol
(k + 5)/(n + 10)
```

这意味着我们对 θ 的 MAP 估计为

$$\hat{\theta}_{\text{MAP}} = \frac{k+5}{n+10}$$

其中，k 是样本中正面出现的次数。这显然是 θ 的有偏估计量，因为

$$\mathbb{E}(\hat{\theta}_{\text{MAP}}) = \frac{5+n\theta}{10+n} \neq \theta$$

但这种有偏估计量不好吗？为什么会有人想要有偏估计量呢？记住，我们构造整个估计时利用 $\mathbb{P}(\theta)$ 的先验概率，这有利于（有偏！）根据先验的估计。例如，如果 $\theta=1/2$，MAP 估计量的计算结果为 $\hat{\theta}_{\text{MAP}}=1/2$。这里没有偏差！这是因为先验概率的峰值在 $\hat{\theta}=1/2$ 处。

为了计算该估计量的相应方差，我们需要中间结果

$$\mathbb{E}(\hat{\theta}_{\text{MAP}}^2) = \frac{25+10n\theta+n\theta((n-1)p+1)}{(10+n)^2}$$

从而得到如下方差：

$$\mathbb{V}(\hat{\theta}_{\text{MAP}}) = \frac{n(1-\theta)}{(n+10)^2}\theta$$

让我们暂停一下，并将其与之前的最大似然估计量

$$\hat{\theta}_{\text{ML}} = \frac{1}{n}\sum_{i=1}^{n}X_i = \frac{k}{n}$$

进行比较，正如我们之前所讨论的，最大似然估计量是无偏的，其方差为

$$\mathbb{V}(\hat{\theta}_{\text{ML}}) = \frac{\theta(1-\theta)}{n}$$

这个方差与 MAP 估计量的方差相比如何？两者的比值为

$$\frac{\mathbb{V}(\hat{\theta}_{\text{MAP}})}{\mathbb{V}(\hat{\theta}_{\text{ML}})} = \frac{n^2}{(n+10)^2}$$

该比值表明 MAP 估计量的方差小于最大似然估计量的方差。这是有偏差 MAP 估计量的好处——它需要更少的样本来估计基础参数是否与先验概率一致。如果不是有偏的，那么将需要更多的样本来使估计量远离偏差。当 $n \to \infty$ 时，比值趋于 1。这意味着在有足够样本的情况下，方差减少的好处就消失了。

上述讨论通过先验分布承认一定程度的任意性。然而，我们不必只选择一个先验。下面展示了如何将前一个后验分布作为下一个后验分布的先验：

$$\mathbb{P}(\theta\,|\,x_{k+1}) = \frac{\mathbb{P}(x_{k+1}\,|\,\theta)\mathbb{P}(\theta\,|\,x_k)}{\mathbb{P}(x_{k+1})}$$

　　这是一个非常不同的策略，因为我们使用每个数据样本 x_k 作为后验分布的参数，而不是将所有样本集中在一个总和（这是我们在前面的例子中得到 k 项的地方）中。这种情况更难分析，因为由于 x 随机变量的注入，每个增量后验分布本身就是一个随机函数。另外，这更符合一般的贝叶斯方法，因为很明显，该估计过程的输出是后验分布函数，而不仅仅是单个参数估计值。

　　图 3.17 阐述了该方法。顶行最左边的图显示了先验概率（$\beta(6,6)$），各曲线顶部的点显示了 θ 的最新 MAP 估计值。因此，在获得任何数据之前，先验概率的峰值就是估计值。右下图显示了 $x_0 = 0$ 对递增先验概率的影响。请注意，估计值几乎没有向左移动。这是因为数据的影响并没有导致先验概率偏离原来的 $\beta(6,6)$ 分布。图中的前两行都有 $x_k = 0$，只是为了说明这些数据可以将原始先验概率向左移动多远。子图顶部的点显示了 MAP 估计值如何随着更多数据的加入而逐帧变化。其余的图，自上而下、从左到右地显示了 $x_k = 1$ 的先验概率的增量变化。同样，这显示了估计值可以从开始位置向右拉多远。对于这个例子，有相同数量的 $x_k = 0$ 和 $x_k = 1$ 数据，对应于 $\theta = 1/2$。

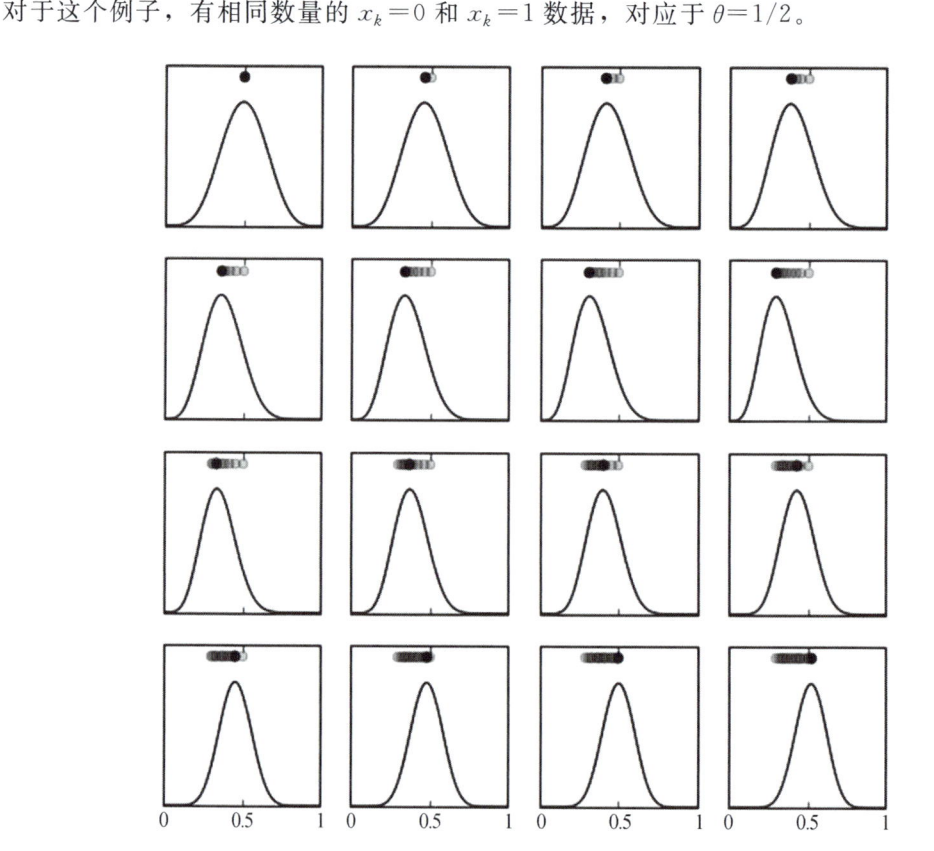

图 3.17　左上角显示的是 $\beta(6,6)$ 分布的先验概率，每个子图峰值附近的点表示该帧的 MAP 估计值

编程技巧

以下是对图 3.17 构造方式的快速解释。第一步是从数据中递归地创建后验概率。注意，对示例数据进行排序，使进程易视为序列查看。

```
from sympy.abc import p,x
from scipy.stats import density, Beta, Bernoulli
prior = density(Beta('p',6,6))(p)
likelihood=density(Bernoulli('x',p))(x)
data = (0,0,0,0,0,0,0,1,1,1,1,1,1,1,1)
posteriors = [prior]
for i in data:
    posteriors.append(posteriors[-1]*likelihood.subs(x,i))
```

有了后验概率，下一步是使用 Scipy 的 optimize 模块中的 fminbound 函数计算每帧的峰值。

```
pvals = linspace(0,1,100)
mxvals = []
for i,j in zip(ax.flat,posteriors):
    i.plot(pvals,sympy.lambdify(p,j)(pvals),color='k')
    mxval = fminbound(sympy.lambdify(p,-j),0,1)
    mxvals.append(mxval)
    h = i.axis()[-1]
    i.axis(ymax=h*1.3)
    i.plot(mxvals[-1],h*1.2,'ok')
    i.plot(mxvals[:-1],[h*1.2]*len(mxvals[:-1]),'o')
```

图 3.18 与图 3.17 相同，只是初始先验概率为 $\beta(1.3, 1.3)$ 分布，其波瓣比 $\beta(6, 6)$ 分布更宽。如图所示，基于合并的 x_k 数据，该先验能够以一种或另一种方式更剧烈地摇摆。这意味着它可以更快地适应与初始先验不太一致的数据，因此不需要大量数据来忘却先验概率。根据应用的不同，忘记或坚持先验概率的能力对于分析人员来说是一个设计问题。在本例中，由于数据代表了一个 $\theta = 1/2$ 的参数，两个先验最终确定在一个大致相同的估计后验上。然而，如果不是这种情况（即 $\theta \neq 1/2$），那么第二个先验会对相同数量的数据产生更好的估计。

因为我们有完整的后验密度，所以可以计算与前面讨论的置信区间密切相关的东西，除非在这种情况下，给定贝叶斯解释，它被称为可信区间或可信集。这个想法是，我们想在峰值周围找到一个对称区间，它占后验密度的 95%（比如）。这意味着我们可以说估计的参数在可信区间内的概率是 95%。计算需要大量的数值处理，因为即使我们有后验密度，也很难进行解析积分，并且需要数值求积（参见 Scipy 的 integrate 模块）。图 3.19 显示了后验密度下占 95% 的区间范围和阴影区域。

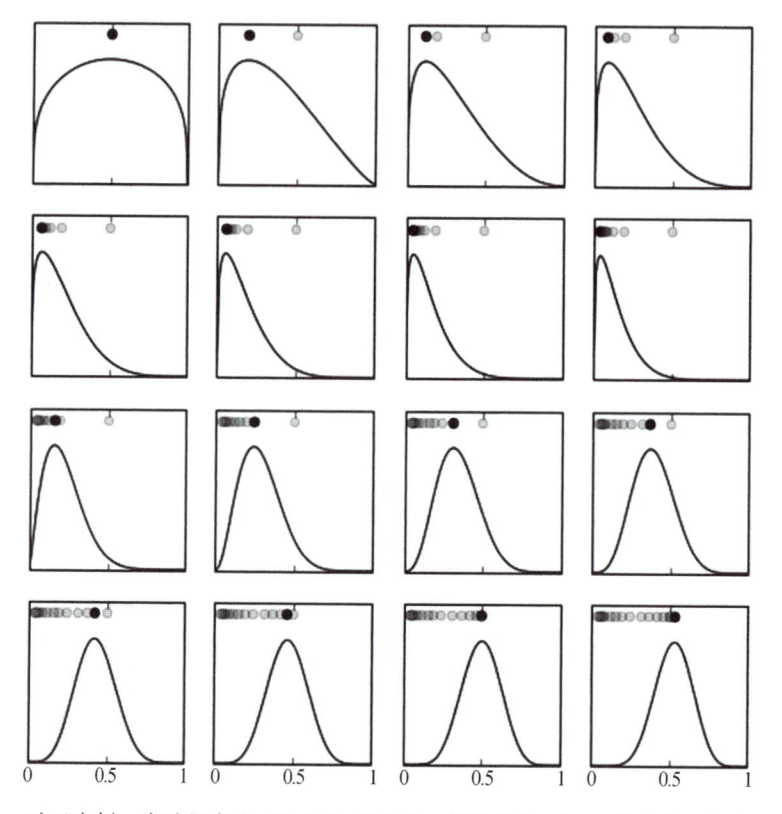

图 3.18　对于本例，先验概率为 $\beta(1.3,1,3)$ 分布，其主瓣比 $\beta(6,6)$ 分布宽。每个子图峰值
　　　　　附近的点表示该帧的 MAP 估计值

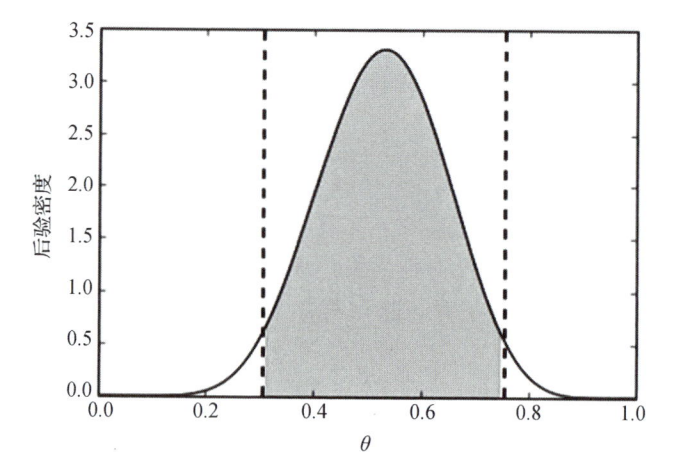

图 3.19　贝叶斯最大后验概率中的可信区间是后验密度中阴影区域对应的区间

3.9 鲁棒统计

我们考虑了最大似然估计（MLE）和最大后验概率（MAP）估计，在每种情况下，我们都从某种概率密度函数开始，并进一步假设样本是独立同分布的。鲁棒统计[3]背后的思想是构建能够经受住其中一个或两个假设削弱的估计量。更具体地说，假设有一个除对少数异常值外运行良好的模型。人们倾向于忽略异常值并继续运行。鲁棒估计法提供了一种严格的方法来处理异常值，而无须挑选适合你喜欢的模型的数据。

(1) 位置的概念

我们需要的第一个概念是**位置**，这是**中心值**概念的概括。通常，我们只是为此使用均值的估计值，但稍后我们将看到为什么这可能是一个坏主意。位置的一般概念满足以下要求：设 X 是分布为 F 的随机变量，$\theta(X)$ 是 F 的一些描述性度量。如果对于任何常数 a 和 b，我们有

$$\theta(X+b) = \theta(X) + b \tag{3.9.0.1}$$

$$\theta(-X) = -\theta(X) \tag{3.9.0.2}$$

$$X \geqslant 0 \Rightarrow \theta(X) \geqslant 0 \tag{3.9.0.3}$$

$$\theta(aX) = a\theta(X) \tag{3.9.0.4}$$

则称 $\theta(X)$ 是位置的度量。第一个条件称为**位置等方差**（或信号处理术语中的**位移不变性**）。第四个条件称为**尺度等方差**，这意味着测量 X 的单位不应影响位置估计量的值。这些条件捕捉了分布中心性的直觉，或者大多数概率质量所在的位置。

例如，样本均值估计量为 $\hat{\mu} = \frac{1}{n} \sum X_i$。第一个条件显然满足 $\hat{\mu} = \frac{1}{n} \sum (X_i + b) = b + \frac{1}{n} \sum X_i = b + \hat{\mu}$。我们考虑第二个条件，有 $\hat{\mu} = \frac{1}{n} \sum (-X_i) = -\hat{\mu}$。最后，最后一个条件满足 $\hat{\mu} = \frac{1}{n} \sum aX_i = a\hat{\mu}$。

(2) 鲁棒估计和污染

既然位置参数中包含了广义的中心位置，那么我们可以用它做什么呢？之前，我们假设样本都是同分布的。关键想法是，这些样本实际上可能来自一个被附近另一个分布污染的单一分布，如下所示：

$$F(X) = \varepsilon G(X) + (1-\varepsilon) H(X)$$

其中，ε 在 0 和 1 之间随机切换。这意味着数据样本 $\{X_i\}$ 实际上来自两个独立的分布 $G(x)$ 和 $H(X)$。我们只是不知道它们是如何混合在一起的。我们需要的是能捕捉到在 $H(X)$ 随机间歇污染情况下 $G(x)$ 的位置的估计量。例如，可能是这种污染导致了模型中的异常值，否则该异常值会很好地适用于主导的 F 分布。情况可能比这更糟，因为我们不知道

只有一个污染的 $H(X)$ 分布。还可能有一整套分布会污染 $G(x)$。这意味着我们构建的任何估计量都必须来自更广义的分布族，而不是像最大似然法假设的那样来自单个分布。这就是鲁棒估计如此困难的原因：它必须处理函数分布的空间，而不是来自特定概率分布的参数。

(3) 广义最大似然估计

M 估计是广义最大似然估计。回想一下，对于最大似然法，我们希望最大化似然函数

$$L_\mu(x_i) = \prod f_0(x_i - \mu)$$

然后求估计量 $\hat{\mu}$，使

$$\hat{\mu} = \arg \max_\mu L_\mu(x_i)$$

到目前为止，一切都和通常的最大似然推导是一样的，只是我们没有假设一个特定的 f_0 作为 $\{x_i\}$ 的分布。定义

$$\rho = -\log f_0$$

我们得到了更方便的似然积形式并且最优 $\hat{\mu}$ 为

$$\hat{\mu} = \arg \min_\mu \sum \rho(x_i - \mu)$$

如果 ρ 是可微的，那么将其对 μ 微分，可得

$$\sum \psi(x_i - \hat{\mu}) = 0 \qquad (3.9.0.5)$$

其中，$\psi = \rho'$，即 ρ 的一阶导数。出于技术原因，我们假设 ψ 在增加。到目前为止，看起来我们只是在推导一些定义，但关键思想是我们想考虑一般的 ρ 函数，它可能不是任何分布的最大似然估计。因此，我们现在的重点是揭示 $\hat{\mu}$ 的本质。

(4) M 估计的分布

对于给定分布 F，我们将 $\mu_0 = \mu(F)$ 定义为

$$\mathbb{E}_F(\psi(x - \mu_0)) = 0$$

的解。这是技术性的表现，但事实证明 $\hat{\mu} \sim \mathcal{N}\left(\mu_0, \dfrac{v}{n}\right)$，且

$$v = \frac{\mathbb{E}_F(\psi(x - \mu_0)^2)}{(\mathbb{E}_F(\psi'(x - \mu_0)))^2}$$

因此，我们可以说 $\hat{\mu}$ 是渐近正态的，渐近值为 μ_0，渐近方差为 v。由此得到效率比，其定义如下：

$$\text{Eff}(\hat{\mu}) = \frac{v_0}{v}$$

其中，v_0 是 MLE 量的渐近方差，度量了 $\hat{\mu}$ 离最优佳的距离有多近。换句话说，这就提供了样本中异常值污染的成本。例如，如果对于渐近方差为 v_1 和 v_2 的两个估计量，我们有 $v_1 = 3v_2$，那么第一个估计量需要三倍的观测值才能获得与第二个相同的方差。此外，

对于 $F=\mathcal{N}$ 的样本均值（即 $\hat{\mu} = \frac{1}{n}\sum X_i$），我们有 $\rho = x^2/2$ 和 $\psi = x$ 以及 $\psi' = 1$。因此，我们有 $v=\mathbb{V}(x)$。此外，使用样本中位数作为位置的估计量，我们得到 $v=1/(4f(\mu_0)^2)$。因此，如果有 $F=\mathcal{N}(0,1)$，对于样本中位数，我们得到了 $v=2\pi/4\approx1.571$。这意味着样本中位数大约需要样本数量的 1.6 倍，才能获得与样本均值相同的位置方差。样本中位数远比样本均值不易受异常值的影响，因此这可以看出样本的鲁棒成本。

（5）M 估计作为加权均值

考虑 M 估计的一种方法是作为加权均值。从操作上来说，这意味着我们希望用权重函数限定单个数据点的影响，但当将数据作为一个整体时，仍然提供良好的估计参数。大多数时候，我们都有 $\psi(0)=0$ 且 $\psi'(0)$ 存在，使得 ψ 在原点处是近似线性的。使用以下定义：

$$W(x) = \begin{cases} \psi(x)/x, & x \neq 0 \\ \psi'(x), & x = 0 \end{cases}$$

我们可以将公式（3.9.0.5）写为

$$\sum W(x_i - \hat{\mu})(x_i - \hat{\mu}) = 0 \qquad (3.9.0.6)$$

对 $\hat{\mu}$ 进行求解，可得

$$\hat{\mu} = \frac{\sum w_i x_i}{\sum w_i}$$

其中，$w_i = W(x_i - \hat{\mu})$。这实际上没有用处，因为 w_i 包含 $\hat{\mu}$，而 $\hat{\mu}$ 正是我们试图求解的。剩下的问题是如何选取 ψ 函数。这仍然是一个悬而未决的问题，但 Huber 函数是一个经过充分研究的选择。

（6）Huber 函数

Huber 函数族的定义如下：

$$\rho_k(x) = \begin{cases} x^2, & |x| \leqslant k \\ 2k|x| - k^2, & |x| > k \end{cases}$$

相应的衍生物 $2\psi_k(x)$ 为

$$\psi_k(x) = \begin{cases} x, & |x| \leqslant k \\ \mathrm{sgn}(x)k, & |x| > k \end{cases}$$

其中，极限情况 $k\to\infty$ 和 $k\to0$ 分别对应于均值和中位数。要了解这一点，取 $\psi_\infty = x$，因此 $W(x)=1$，公式（3.9.0.6）变为

$$\sum_{i=1}^{n}(x_i - \hat{\mu}) = 0$$

求解可得 $\hat{\mu} = \frac{1}{n}\sum x_i$。注意，选择 $k=0$ 会得到样本中位数，但这求解起来并不简单。尽

管如此，Huber 函数提供了一种在具有可调参数 k 的位置估计值（即均值与中位数）之间切换的方法。与 Huber 的 ψ 对应的 W 函数如下：

$$W_k(x) = \min\left\{1, \frac{k}{|x|}\right\}$$

图 3.20 展示了 $k=2$ 的 Huber 权重函数和一些样本点。其思想是位置 $\hat{\mu}$ 是由公式 (3.9.0.6) 计算出的，位于权重函数的中间位置，以便这些项（即内部点）的值完全反映在位置估计中。黑色的圆圈代表值被权重函数衰减的异常值，因此在位置估计中只利用其一小部分。

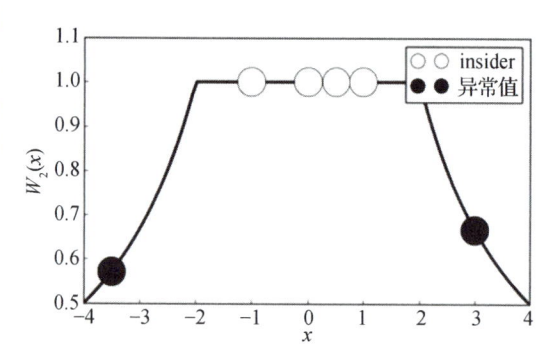

图 3.20　Huber 权重函数 $W_2(x)$ 和一些数据点，就鲁棒位置估计而言，这些点分为内部点或异常值

(7) 断点

到目前为止，我们对鲁棒性的讨论非常抽象。一个更具体的鲁棒性概念来自断点。简单地说，断点描述了当估计量中的单个数据点以可能的最具破坏性的方式改变时会发生什么。例如，假设我们有样本均值 $\hat{\mu} = \sum x_i/n$，令其中一个 x_i 点是无限的。这个估计值会怎么样？它也会是无限的。这意味着估计量的断点是 0%。另外，中位数的断点为 50%，这意味着计算中位数的数据中有一半可以无限大，而不会影响中位数。中位数是一个排名统计量，它更关心数据的相对排名，而不是数据的值，这就解释了其鲁棒性。

表示断点最简单但仍然正式的方法是取 n 个数据点 $\mathcal{D} = \{(x_i, y_i)\}$。假设 T 是一个回归估计量，产生一个回归系数向量 $\boldsymbol{\theta}$，即

$$T(\mathcal{D}) = \boldsymbol{\theta}$$

同样，考虑所有可能的损坏样本 $\mathcal{D}'$。由这种污染造成的最大偏差如下：

$$\text{bias}_m = \sup_{\mathcal{D}'} \|T(\mathcal{D}') - T(\mathcal{D})\|$$

其中，sup 扫描所有可能的 m 个污染样本。使用此方法，断点的定义如下：

$$\varepsilon_m = \min\left\{\frac{m}{n} : \text{bias}_m \to \infty\right\}$$

例如，在最小二乘回归中，即使只有一个无穷远的点也会导致 T 无穷大。因此，对于最小二乘回归，$\varepsilon_m = 1/n$，$n \to \infty$ 时，有 $\varepsilon_m \to 0$。

(8) 估计尺度

在鲁棒统计中，**尺度**是对数据分散情况的度量。通常，我们使用估计的标准差，但这有一个糟糕的断点。更糟糕的是，为了得到好的估计位置，我们必须提前知道尺度，或者同时估计它。这些方法都不容易计算封闭形式的解，必须进行数值计算。

估计尺度最常用的方法是使用中位数绝对偏差：

$$\text{MAD} = \text{Med}(|\boldsymbol{x} - \text{Med}(\boldsymbol{x})|)$$

换句话说，取数据 $\boldsymbol{x}$ 的中位数，然后从数据中减去该中位数，然后取结果绝对值的中位数。另一个很好地估计数据分散情况的量是四分位距：

$$\text{IQR} = x_{(n-m+1)} - x_{(n)}$$

其中，$m = \lceil n/4 \rceil$。$x_{(n)}$ 表示数据排序后的第 n 个数据元素。因此，在这种表示法中，$\max(\boldsymbol{x}) = x_{(n)}$。在 $x \sim \mathcal{N}(\mu, \sigma^2)$ 的情况下，MAD 和 IQR 是 σ 的常数倍数，因此归一化 MAD 如下：

$$\text{MADN}(x) = \frac{\text{MAD}}{0.675}$$

该数字来自对应于 0.75 水平的正态分布的逆 CDF。鉴于计算的复杂性，联合估计位置和尺度是一个纯粹的数学问题。幸运的是，Statsmodels 模块有许多这样的功能可供使用。我们用以下代码创建一些受污染的数据：

```
import statsmodels.api as sm
from scipy import stats
data=np.hstack([stats.norm(10,1).rvs(10),
                stats.norm(0,1).rvs(100)])
```

这些数据与本节开始时的污染模型相对应。如图 3.21 的直方图所示，有两个正态分布，一个分布整齐地以零为中心，代表大多数样本，另一些数据来自右侧不太规则的正态分布。请注意，右边的一组罕见的样本使均值和中位数估计值区分开来。在没有右侧污染分布的情况下，该数据的标准差应接近 1。然而，通常的标准差（np. std）的非鲁棒估计约为 3。使用 MADN 估计量（sm. robust. scale. mad(data)），我们得到标准差大约为 1.25。因此，数据分散情况的鲁棒估计不会因污染分布的存在而受到影响。

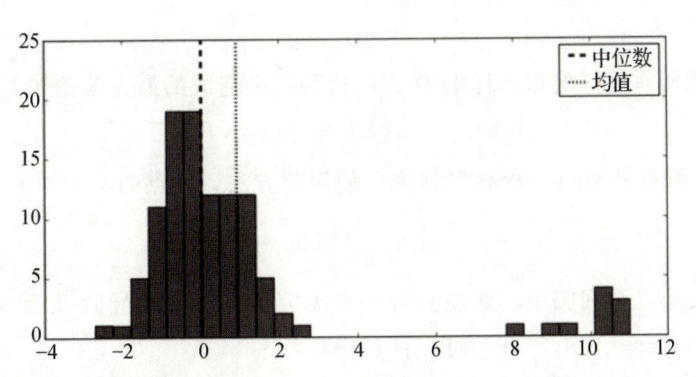

图 3.21　样本数据的直方图。请注意，右侧的罕见样本组将均值和中位数估计值区分开来

广义最大似然 M 估计可推广到使用 Huber 函数的联合尺度和位置估计。例如：

```
huber = sm.robust.scale.Huber()
loc,scl=huber(data)
```

它实现了 Huber 提出的位置和尺度联合估计的一举两得的方法。这种估计是鲁棒回归方法的关键组成部分,其中许多方法已在 Statsmodels 的 `Statsmodels.formula.api.rlm` 中实现。有关它的文档可提供更多信息。

3.10 自助法

正如我们所看到的,确定某个量的估计量的概率密度分布是非常困难的,甚至是不可能的。自助法(bootstrap)背后的思想是,我们可以通过计算来近似这些函数,否则这些函数不可能通过解析求解。

我们来看一个简单的例子。假设我们有一组随机变量$\{X_1, X_2, \cdots, X_n\}$,其中每个 $X_k \sim F$。换句话说,这些样本都来自相同的未知分布 F。通过实验,我们得到了以下样本集:

$$\{x_1, x_2, \cdots, x_n\}$$

该集合的样本均值为

$$\overline{x} = \frac{1}{n} \sum_{i=1}^{n} x_i$$

下一个问题是样本均值与真实均值 $\theta = \mathbb{E}_F(X)$ 有多接近。请注意,X 的二阶中心矩为

$$\mu_2(F) := \mathbb{E}_F(X^2) - (\mathbb{E}_F(X))^2$$

给定基本分布 F 中的 n 个样本,样本均值 $\overline{x}$ 的标准差为

$$\sigma(F) = (\mu_2(F)/n)^{1/2}$$

不幸的是,因为我们只有一组样本$\{x_1, x_2, \cdots, x_n\}$,没有 F,所以无法计算标准差,必须使用估计的标准误差:

$$\overline{\sigma} = (\overline{\mu}/n)^{1/2}$$

其中,$\overline{\mu}_2 = \sum (x_i - \overline{x})^2/(n-1)$,是 $\mu_2(F)$ 的无偏估计。然而,这并不是唯一的方法。相反,我们可以用某个估计量$\hat{F}$来代替 F。F 作为$\{x_1, x_2, \cdots, x_n\}$的分段函数,通过使每个 x_i 的概率质量为 $1/n$ 获得。有了这些,我们可以计算出估计的标准误差:如下所示:

$$\hat{\sigma}_B = (\mu_2(\hat{F})/n)^{1/2}$$

这被称为标准误差的自助估计。不幸的是,故事到此结束。即使在更一般的情况下,也没有清晰的公式 $\sigma(F)$ 可以将 F 替换为 $\hat{F}$。

这就是计算机发挥作用的地方。我们实际上不需要知道公式 $\sigma(F)$,因为我们可以使用重采样方法来计算它。关键思想是从$\{x_1, x_2, \cdots, x_n\}$进行有放回采样。来自该集合的新的 n 个独立抽取(有放回)样本的集合是**引导样本**:

$$y^* = \{x_1^*, x_2^*, \cdots, x_n^*\}$$

蒙特卡罗算法首先选择大量的自助样本 $\{y_k^*\}$，然后计算每个样本的统计量，再以通常的方式计算结果的样本标准差。因此，统计量 θ 的自助估计如下：

$$\hat{\sigma}_B^* = \frac{1}{B} \sum_k \hat{\theta}^*(k)$$

对应的样本标准差的平方为

$$\hat{\sigma}_B^2 = \frac{1}{B-1} \sum_k (\hat{\theta}^*(k) - \hat{\theta}_B^*)^2$$

这个过程比符号所暗示的要简单得多。我们使用 Python 通过简单的示例来探讨这一点。以下代码块根据 $\beta(3,2)$ 分布设置了一些样本：

```
>>> import numpy as np
>>> from scipy import stats
>>> rv = stats.beta(3,2)
>>> xsamples = rv.rvs(50)
```

由于这是模拟数据，因此我们知道均值为 $\mu_1 = 3/5$，且 $n=50$ 个样本均值的标准差为 $\bar{\sigma} = \sqrt{2}/50$，我们稍后将对此进行验证。

图 3.22 给出了 $\beta(3,2)$ 分布和相应的样本直方图。直方图表示 $\hat{F}$，是我们获得自助样本的分布。如图所示，$\hat{F}$ 是对 F 密度（平滑实线）的相当粗略的估计，但就以下自助估计而言，这不是一个严重的问题。事实上，近似值 $\hat{F}$ 有一种自然的倾向，即向概率质量的大部分靠拢。这是一个特性，不是 bug。这是解释自助法的基本机制，但是相关证明不在本书的讨论范围内。以下代码将生成自助样本：

```
>>> yboot = np.random.choice(xsamples,(100,50))
>>> yboot_mn = yboot.mean()
```

因此自助估计的代码如下：

```
>>> np.std(yboot.mean(axis=1)) # approx sqrt(1/1250)
0.025598763883825818
```

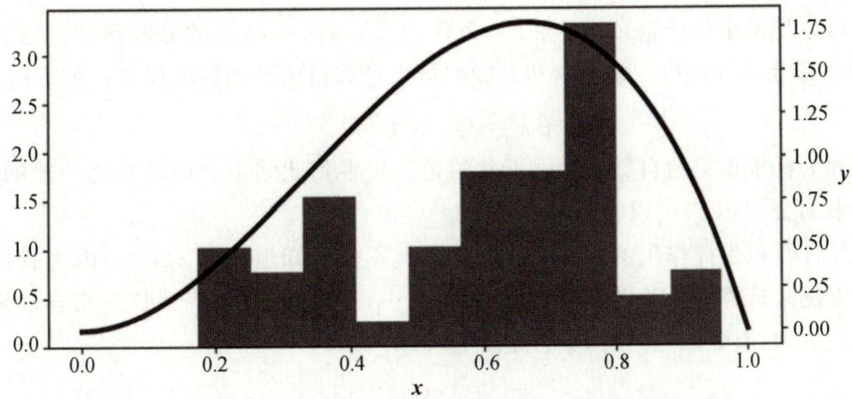

图 3.22 $\beta(3,2)$ 分布及其近似直方图

图 3.23 给出了从自助样本中计算出的样本均值的分布。如前所述，以下代码块将展示如何使用 sympy.stats 来计算前面引用的 $\beta(3,2)$ 参数：

```python
>>> import sympy as S
>>> import sympy.stats
>>> for i in range(50): # 50 samples
...     # load sympy.stats Beta random variables
...     # into global namespace using exec
...     execstring = "x%d = S.stats.Beta('x'+str(%d),3,2)"%(i,i)
...     exec(execstring)
...
>>> # populate xlist with the sympy.stats random variables
>>> # from above
>>> xlist = [eval('x%d'%(i)) for i in range(50) ]
>>> # compute sample mean
>>> sample_mean = sum(xlist)/len(xlist)
>>> # compute expectation of sample mean
>>> sample_mean_1 = S.stats.E(sample_mean)
>>> # compute 2nd moment of sample mean
>>> sample_mean_2 = S.stats.E(S.expand(sample_mean**2))
>>> # standard deviation of sample mean
>>> # use sympy sqrt function
>>> sigma_smn = S.sqrt(sample_mean_2-sample_mean_1**2) # sqrt(2)/50
>>> print(sigma_smn)
sqrt(-9*hyper((4,), (6,), 0)**2/25 + hyper((5,), (7,), 0)/125 + 49/(20000*beta
(3, 2)**2))
```

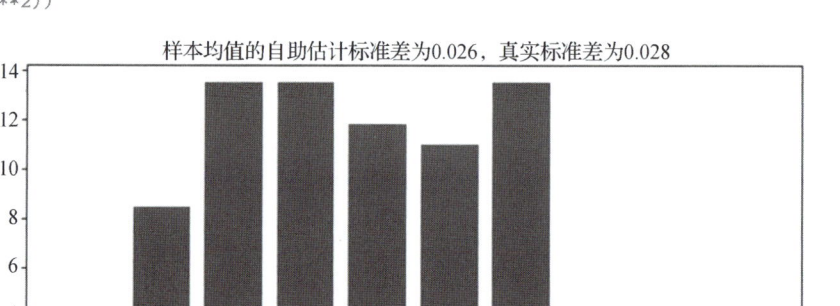

图 3.23　对于每个自助样本，我们计算样本均值，此图为这些样本均值的直方图，将用于计算标准差的自举估计

编程技巧

使用 exec 函数可以创建 Sympy 随机变量序列。Sympy 具有可以自动创建 Sympy 符号序列的 var 函数，但统计模块中没有相应的函数来为随机变量执行此操作。

例　回忆一下 3.4.2 节中的 Delta 方法。假设我们有一组伯努利硬币抛掷（变量为

X_i），其中正面朝上的概率为 p。我们对 p 的最大似然估计是 $\hat{p} = \sum X_i/n$。我们知道这个估计量是无偏估计量，其中 $\mathbb{E}(\hat{p})=p$，$\mathbb{V}(\hat{p})=p(1-p)/n$。假设我们想用这些数据来估计伯努利试验的方差[$\mathbb{V}(X)=p(1-p)$]。根据 Delta 法，有 $g(x)=x(1-x)$。我们对该方差的最大似然估计是 $\hat{p}(1-\hat{p})$。我们要计算这个量的方差。利用 Delta 法的结果，我们得到

$$\mathbb{V}(g(\hat{p})) = (1-2\hat{p})^2 \mathbb{V}(\hat{p})$$

$$\mathbb{V}(g(\hat{p})) = (1-2\hat{p})^2 \frac{\hat{p}(1-\hat{p})}{n}$$

我们通过简短的仿真来看看它有多有用：

```
>>> from scipy import stats
>>> import numpy as np
>>> p= 0.25 # true head-up probability
>>> x = stats.bernoulli(p).rvs(10)
>>> print(x)
[0 0 0 0 0 0 1 0 0 0]
```

p 的最大似然估计量是 $\hat{p} = \sum X_i/n$：

```
>>> phat = x.mean()
>>> print(phat)
0.1
```

然后，将其代入上面的 Delta 法近似值中：

```
>>> print((1-2*phat)**2*(phat)**2/10)
0.0006400000000000003
```

现在，我们尝试使用方差的自助估计：

```
>>> phat_b=np.random.choice(x,(50,10)).mean(1)
>>> print(np.var(phat_b*(1-phat_b)))
0.0050490000000000005
```

这说明 Delta 方法估计的方差与自助方法估计的方差不同，哪种方法更好呢？对于这种情况，我们可以直接使用 Sympy 来解决。

```
>>> import sympy as S
>>> from sympy.stats import E, Bernoulli
>>> xdata =[Bernoulli(i,p) for i in S.symbols('x:10')]
>>> ph = sum(xdata)/float(len(xdata))
>>> g = ph*(1-ph)
```

编程技巧

S.symbols('x:10')函数中的参数返回名为 x1、x2 等的 Sympy 符号序列。这是按顺序创建和命名每个符号的简略表达。

注意，g 代表 $g(\hat{p}) = \hat{p}(1 - \hat{p})$，我们试图估计其方差。然后，我们可以代入估计的 $\hat{p}$，从而得到正确的方差值：

```
>>> print(E(g**2) - E(g)**2)
0.00442968750000000
```

这种情况通常是有代表性的，Delta 方法倾向于低估方差，而自助估计在这里更好。

3.10.1　参数化自助法

在上一个示例中，我们使用 $\{x_1, x_2, \cdots, x_n\}$ 样本作为 $\hat{F}$ 的基础，用 $1/n$ 对每个样本进行加权。另一种方法是假设样本来自某个特定分布，根据样本集估计该分布的参数，然后使用自助机制利用这样导出的参数从假设的分布中提取样本。例如，以下代码块将对一个正态分布执行此操作：

```
>>> rv = stats.norm(0,2)
>>> xsamples = rv.rvs(45)
>>> # estimate mean and var from xsamples
>>> mn_ = np.mean(xsamples)
>>> std_ = np.std(xsamples)
>>> # bootstrap from assumed normal distribution with
>>> # mn_,std_ as parameters
>>> rvb = stats.norm(mn_,std_) #plug-in distribution
>>> yboot = rvb.rvs(1000)
```

样本方差估计量如下：

$$S^2 = \frac{1}{n-1} \sum (X_i - \overline{X})^2$$

假设样本服从正态分布，这意味着 $(n-1)S^2/\sigma^2$ 服从 $n-1$ 自由度的卡方分布。因此，方差为 $\mathbb{V}(S^2) = 2\sigma^4/(n-1)$。同样，MLE 结果为 $\mathbb{V}(S^2) = 2\hat{\sigma}^4/(n-1)$。下面的代码使用 MLE 和自助法计算样本方差 S^2 的方差：

```
>>> # MLE-Plugin Variance of the sample mean
>>> print(2*(std_**2)**2/9.)          # MLE plugin
2.22670148617726
>>> # Bootstrap variance of the sample mean
>>> print(yboot.var())
3.2946788568183387
>>> # True variance of sample mean
>>> print(2*(2**2)**2/9.)
3.5555555555555554
```

这表明这里的自助估计比 MLE 估计要好。

请注意，由于所有机制都是相同的，因此这种技术对于具有许多参数的多元分布来说更加强大。因此，自助法是一种很好的计算标准误差的通用方法，但在极限情况下，它是否收敛于正确的值？这就是一致性问题。不幸的是，要回答这个问题需要更多更深入的数学知识。简单来说，对于估计标准误差，自助法在很多情况下都能给出一致的估计量，因此它绝对在你的工具箱占有一席之地。

3.11　高斯–马尔可夫模型

在这一节中，我们介绍著名的高斯–马尔可夫问题，这将用到我们迄今为止介绍的所有知识。高斯–马尔可夫模型是噪声参数估计的基本模型，因为它在给定噪声间接测量的情况下估计不可观察的参数。在所有高斯模型的研究中都出现了同一模型的化身。

继 Luenberger[4] 之后，我们考虑以下问题：

$$y = W\beta + \varepsilon$$

其中，W 是 $n \times m$ 矩阵，y 是 $n \times 1$ 向量。同样，ε 是均值和协方差均为零的 n 维正态分布随机向量，且

$$\mathbb{E}(\varepsilon\varepsilon^{\mathrm{T}}) = Q$$

请注意，工程系统通常提供一种**校准模式**，你可以在该模式下估计 Q，因此假设你对噪声统计数据有一定的了解并不是一种幻想。问题是要找到一个矩阵 K，使得 $\hat{\beta} = K^{\mathrm{T}} y$ 近似于 β。注意，我们只能通过 y 了解 β，所以我们不能直接测量它。此外，K 是矩阵，而不是向量，因此需要计算 $m \times n$ 个元素。

我们可以用常用的方法来解决 MMSE 问题：

$$\min_{K} \mathbb{E}(\|\hat{\beta} - \beta\|^2)$$

我们可以写成

$$\min_{K} \mathbb{E}(\|\hat{\beta} - \beta\|^2) = \min_{K} \mathbb{E}(\|K^{\mathrm{T}} y - \beta\|^2) = \min_{K} \mathbb{E}(\|K^{\mathrm{T}} W\beta + K^{\mathrm{T}}\varepsilon - \beta\|^2)$$

由于 ε 是这里唯一的随机变量，因此可简化为

$$\min_{K} \|K^{\mathrm{T}} W\beta - \beta\|^2 + \mathbb{E}(\|K^{\mathrm{T}}\varepsilon\|^2)$$

下一步是使用矩阵迹的性质计算

$$\mathbb{E}(\|K^{\mathrm{T}}\varepsilon\|^2) = \mathrm{Tr}\, \mathbb{E}(K^{\mathrm{T}}\varepsilon\varepsilon^{\mathrm{T}} K) = \mathrm{Tr}(K^{\mathrm{T}} Q K)$$

综上所述，有

$$\min_{K} \|K^{\mathrm{T}} W\beta - \beta\|^2 + \mathrm{Tr}(K^{\mathrm{T}} Q K)$$

现在，如果我们要求解 K，它将是 β 的函数，这与估计量 $\hat{\beta}$ 是要估计的 β 的函数是一样的，这毫无意义。然而，如果有 $K^{\mathrm{T}} W = I$，那么第一项就消失了，问题将简化为

$$\min_{K} \mathrm{Tr}(K^{\mathrm{T}} Q K)$$

其约束为

$$K^{\mathrm{T}} W = I$$

此要求与断言估计量是无偏的相同，即

$$\mathbb{E}(\hat{\beta}) = K^{\mathrm{T}} W\beta = \beta$$

为了将这个问题与我们之前的讨论联系起来，我们令 K 的第 i 列为 k_i。现在，我们

可以将问题重写为

$$\min_{K}(\boldsymbol{k}_i^{\mathrm{T}}\boldsymbol{Q}\boldsymbol{k}_i)$$

$$\boldsymbol{W}^{\mathrm{T}}\boldsymbol{k}_i = \boldsymbol{e}_i$$

并且我们知道如何利用我们之前关于约束优
化的方法解决这个问题：

$$\boldsymbol{k}_i = \boldsymbol{Q}^{-1}\boldsymbol{W}(\boldsymbol{W}^{\mathrm{T}}\boldsymbol{Q}^{-1}\boldsymbol{W})^{-1}\boldsymbol{e}_i$$

现在，我们要做的就是将它们堆叠在一
起以获得通用解：

$$\boldsymbol{K} = \boldsymbol{Q}^{-1}\boldsymbol{W}(\boldsymbol{W}^{\mathrm{T}}\boldsymbol{Q}^{-1}\boldsymbol{W})^{-1}$$

当你把所有的概念都列出来时，这就很
容易了！误差的协方差为

$$\mathbb{E}(\hat{\boldsymbol{\beta}} - \boldsymbol{\beta})(\hat{\boldsymbol{\beta}} - \boldsymbol{\beta})^{\mathrm{T}} = \boldsymbol{K}^{\mathrm{T}}\boldsymbol{Q}\boldsymbol{K} = (\boldsymbol{W}^{\mathrm{T}}\boldsymbol{Q}^{-1}\boldsymbol{W})^{-1}$$

图 3.24 用圆圈表示模拟的 $\boldsymbol{y}$ 数据。黑
点表示每个样本的相应估计值 $\hat{\boldsymbol{\beta}}$。黑线表示
$\boldsymbol{\beta}$ 的真实值与估计的 $\boldsymbol{\beta}$ 的均值 $\hat{\boldsymbol{\beta}}_m$。矩阵 $\boldsymbol{K}$
将圆圈映射到相应的点上。请注意，有许多
可能的方法可以将圆圈映射到平面上，但 $\boldsymbol{K}$
是使 $\boldsymbol{\beta}$ 的 MSE 最小化的那个。

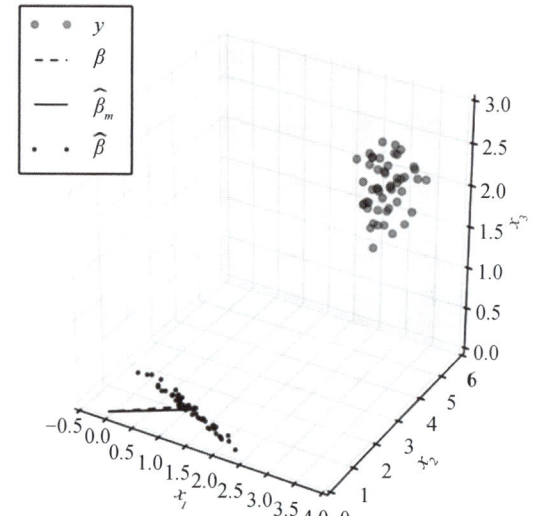

图 3.24　圆圈表示由 xy 平面中黑点估计的点

　　下面的代码片段提供了一个快速的代码演练。为了模拟目标数据，我们定义相关
如下矩阵：

```
Q = np.eye(3)*0.1 # error covariance matrix
# this is what we are trying estimate
beta = matrix(ones((2,1)))
W = matrix([[1,2],
            [2,3],
            [1,1]])
```

然后，我们生成噪声项并创建模拟数据 $\boldsymbol{y}$：

```
ntrials = 50
epsilon = np.random.multivariate_normal((0,0,0),Q,ntrials).T
y=W*beta+epsilon
```

　　图 3.25 展示了图 3.24 的水平 xy 平面中的更多细节。图 3.25 显示了根据相应的模
拟数据 $\boldsymbol{y}$ 对 $\hat{\boldsymbol{\beta}}$ 的各个估计值。虚线代表 $\boldsymbol{\beta}$ 的真实值，实线($\hat{\boldsymbol{\beta}}_m$)代表所有点的均值。灰色
区域为估计的 $\boldsymbol{\beta}$ 值的协方差提供误差椭圆。

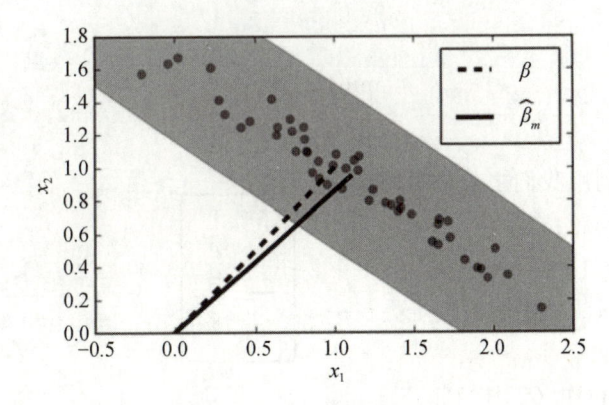

图 3.25　关注图 3.24 中的 xy 平面，虚线表示 $\boldsymbol{\beta}$ 的真实值，实线代表估计值 $\hat{\boldsymbol{\beta}}_m$ 的均值

编程技巧

下面的代码片段提供了图 3.25 构造的快速演练。要绘制椭圆，我们需要导入补丁原语：

```
from matplotlib.patches import Ellipse
```

根据以下 bm_cov 变量中 $\boldsymbol{\beta}$ 的各个估计值的协方差矩阵计算误差椭圆的参数：

```
U,S,V = linalg.svd(bm_cov)
err = np.sqrt((matrix(bm))*(bm_cov)*(matrix(bm).T))
theta = np.arccos(U[0,1])/np.pi*180
```

然后，我们绘制添加缩放的椭圆：

```
ax.add_patch(Ellipse(bm,err*2/np.sqrt(S[0]),
                     err*2/np.sqrt(S[1]),
                     angle=theta,color='gray'))
```

3.12　非参数方法

到目前为止，我们已经介绍了将推理或预测简化为参数拟合的参数化方法。然而，在参数化方法中，我们必须为数据的未知概率分布假设一个特定的函数形式。非参数方法通过推广到函数类消除了假设特定函数形式的需要。

3.12.1　核密度估计

我们已经在直方图上大量使用了这种方法，这是核密度估计的一个特例。直方图被认为是估计数据潜在概率分布的最粗略和最有用的非参数方法。

为了使直方图形式化，并将直方图置于与我们先前估计相同的基础上，假设 $\mathcal{X} = [0, 1]^d$ 是 d 维单位立方体，h 是箱子（bin）或子立方体的带宽或大小。于是，有 $N \approx (1/h)^d$

个这样的箱子$\{B_1, B_2, \cdots, B_N\}$，每个箱子的体积是$h^d$。有了所有这些，我们可以将直方图写成具有以下形式的概率密度估计量：

$$\hat{p}_h(x) = \sum_{k=1}^{N} \frac{\hat{\theta}_k}{h} I(x \in B_k)$$

其中

$$\hat{\theta}_k = \frac{1}{n} \sum_{j=1}^{n} I(X_j \in B_k)$$

是每个箱子(B_k)中数据点(X_k)的比例。我们想要限制$\hat{p}_h(x)$的偏差和方差。请记住，我们正在尝试估计一个关于x的函数，但是所有可能的概率分布函数的集合非常大且难以管理。因此，我们需要将注意力放在所谓的 Lipschitz 函数

$$\mathcal{P}(L) = \{ p : |p(x) - p(y)| \leqslant L \| x - y \|, \forall x, y \}$$

的概率分布上。粗略地说，这些是斜率（即增长率）以L为界的密度函数。结果表明，直方图估计量的偏差限制为

$$\int |p(x) - \mathbb{E}(\hat{p}_h(x))| \, dx \leqslant Lh\sqrt{d}$$

同样，对于某些常数C，方差有以下限制：

$$\mathbb{V}(\hat{p}_h(x)) \leqslant \frac{C}{nh^d}$$

将它们放在一起意味着风险的界限为

$$R(p, \hat{p}) = \int \mathbb{E}(p(x) - \hat{p}_h(x))^2 \, dx \leqslant L^2 h^2 d + \frac{C}{nh^d}$$

这个上界最小的条件为

$$h = \left(\frac{C}{L^2 nd} \right)^{\frac{1}{d+2}}$$

特别是，这意味着

$$\sup_{p \in \mathcal{P}(L)} R(p, \hat{p}) \leqslant C_0 \left(\frac{1}{n} \right)^{\frac{2}{d+2}}$$

其中，常数C_0是L的函数。有一个定理[2]证明了这个界限，这基本上意味着直方图是 Lipschitz 函数的一个非常强大的概率密度估计量，风险为$\left(\dfrac{1}{n} \right)^{\frac{2}{d+2}}$。请注意，此类函数不一定是平滑的，因为 Lipschitz 条件允许非平滑函数。虽然这是一个令人放心的结果，但我们通常无法提前知道特定概率属于哪个函数类（是否是 Lipschitz 函数）。尽管如此，如果没有这个结果，将很难理解风险随维度d和样本量n的变化率。图 3.26 展示了$\beta(2,2)$分布的概率分布函数与不同n值下计算的直方图的比较。每个点上的箱线图展示了直方图每个区间（即箱子）的变化如何随着n的增加而减少。上面的风险函数$R(p, \hat{p})$是基于对直方图（x的分段函数）和概率分布函数之间差的平方的积分。

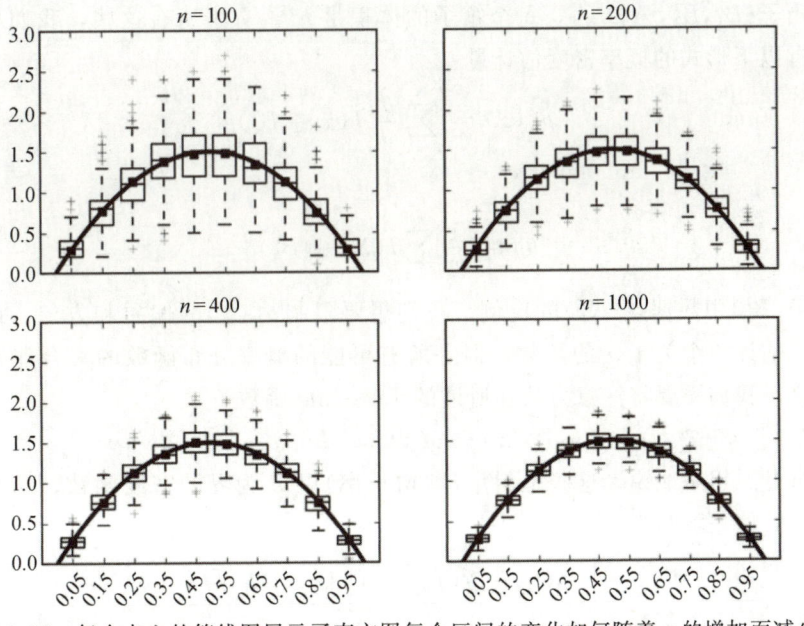

图 3.26　每个点上的箱线图展示了直方图每个区间的变化如何随着 n 的增加而减少

编程技巧

下面的代码片段是图 3.26 的主体代码。

```
def generate_samples(n,ntrials=500):
    phat = np.zeros((nbins,ntrials))
    for k in range(ntrials):
        d = rv.rvs(n)
        phat[:,k],_=histogram(d,bins,density=True)
    return phat
```

代码使用了 Numpy 的 histogram 函数。为了与风险函数 $R(p, \hat{p})$ 保持一致，我们必须确保 bins 关键字参数使用 bin 边缘序列而不是单个整数正确格式化。此外，density=True 关键字参数适当地对直方图进行了归一化，以便正确缩放直方图与模拟贝塔分布的概率分布函数之间的比较。

3.12.2　核平滑

我们可以使用核函数将我们的方法扩展到其他函数类。一维平滑核是具有以下特性的平滑函数 K：

$$\int K(x)\,\mathrm{d}x = 1$$

$$\int xK(x)\,\mathrm{d}x = 0$$

$$0 < \int x^2 K(x)\,\mathrm{d}x < \infty$$

例如，$K(x)=I(x)/2$ 是箱形核，当 $|x|\leqslant 1$ 时，$I(x)=1$，否则 $I(x)=0$。核密度估计量与直方图估计量非常相似，只不过现在我们在每个点上放了一个核函数，如下所示：

$$\hat{p}(x) = \frac{1}{n}\sum_{i=1}^{n}\frac{1}{h^d}K\left(\frac{\|x-X_i\|}{h}\right)$$

其中，$X \in \mathbb{R}^d$。图 3.27 展示了使用高斯核函数 $K(x)=\mathrm{e}^{-x^2/2}/\sqrt{2\pi}$ 进行核密度估计的示例。图 3.27 中上方的图中的垂直线显示了 5 个数据点。虚线表示每个数据点上的 $K(x)$ 函数。下方的图显示了整体核密度估计值，它是上图的缩放总和。

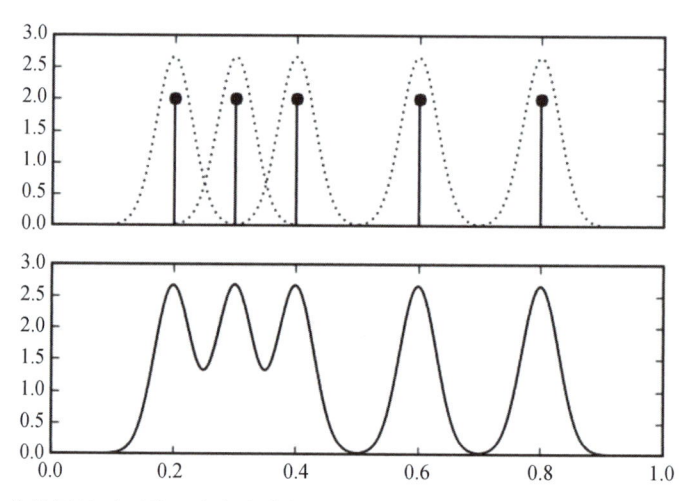

图 3.27　上方的图显示了放置在每个数据点上的核函数，下方的图显示了复合核密度估计值，它是上方图中各个函数的和

文献[2]中有一个重要的技术结果，即核密度估计量从 3.4 节中讨论的意义上来说是极小化极大估计。从广义上说，这意味着核密度估计的类似风险近似受以下因素的限制：

$$R(p,\hat{p}) \lesssim n^{-\frac{2m}{2m+d}}$$

对于某个常数 C，m 是一个与概率密度函数导数的边界有关的因子。例如，如果密度函数的二阶导数是有界的，则 $m=2$。这意味着该估计量的收敛速度随着维度 d 的增加而降低。

交叉验证　作为一个实际问题，核密度估计（包括作为特殊情况的直方图）的棘手部分是我们需要使用数据以某种方式计算带宽 h。对于一些常见的核，有几种经验法则方法，包括 Silverman 规则和高斯核的 Scott 规则。例如，Scott 规则是简单地计算 $h = n^{-1/(d+4)}$，而 Silverman 规则是计算 $h = (n(d+2)/4)^{(-1/(d+4))}$。这种规则假设潜在的概率密度函数属于某个族（例如高斯函数族），然后推导出某种类型的核密度估计量的最佳 h，该核密度估计量通常具有额外的函数性质（例如，具有特定阶数的连续导数）。在实践中，这些规则似乎非常有效，特别是对于单峰概率密度函数。避免这些类型的假设意味着直接从数据计算带宽，这就是交叉验证的意义所在。

交叉验证是一种从数据估计带宽的方法。其思想是写出以下积分平方误差（Integrated Squared Error，ISE）：

$$\mathrm{ISE}(\hat{p}_h, p) = \int (p(x) - \hat{p}_h(x))^2 \,\mathrm{d}x$$

$$= \int \hat{p}_h(x)^2 \,\mathrm{d}x - 2\int p(x)\,\hat{p}_h \,\mathrm{d}x + \int p(x)^2 \,\mathrm{d}x$$

这个表达式的问题在于中间项[⊖]

$$\int p(x)\,\hat{p}_h \,\mathrm{d}x$$

其中，$p(x)$是我们试图用$\hat{p}_h$估计的值。此表达式的形式看起来像是$\hat{p}_h$对密度$p(x)$的期望 $\mathbb{E}(\hat{p}_h)$。它可用均值来近似：

$$\mathbb{E}(\hat{p}_h) \approx \frac{1}{n} \sum_{i=1}^{n} \hat{p}_h(X_i)$$

这种方法的问题是计算$\hat{p}_h$使用的数据与这种近似计算用到的数据相同。解决这个问题的方法是将数据分成两个大小相等的数据块 D_1、D_2，然后计算 D_1 集合上不同 h 值序列的$\hat{p}_h$。当我们对 D_2 集合中的数据（Z_i）应用上述近似计算时，有

$$\mathbb{E}(\hat{p}_h) \approx \frac{1}{|D_2|} \sum_{Z_i \in D_2} \hat{p}_h(Z_i)$$

将这个近似值代入积分平方误差就得到了目标函数

$$\mathrm{ISE} \approx \int \hat{p}_h(x)^2 \,\mathrm{d}x - \frac{2}{|D_2|} \sum_{Z_i \in D_2} \hat{p}_h(Z_i)$$

一些代码可使这些步骤具体化。我们将需要一些来自 Scikit-learn 的工具。

```
>>> from sklearn.model_selection import train_test_split
>>> from sklearn.neighbors.kde import KernelDensity
```

train_test_split 函数可以轻松拆分数据并跟踪交叉验证所需的 D_1 和 D_2 集合。Scikit-learn 已经拥有强大且灵活的核密度估计量实现。为了计算目标函数，我们需要 Scipy 提供一些基本的数值积分工具。对于本示例，我们将从 $\beta(2,2)$ 分布生成样本，该分布已在 Scipy 的 stats 子模块中实现。

```
>>> from scipy.integrate import quad
>>> from scipy import stats
>>> rv= stats.beta(2,2)
>>> n=100                 # number of samples to generate
>>> d = rv.rvs(n)[:,None] # generate samples as column-vector
```

⊖ 我们对最后一项不感兴趣，因为我们只对 ISE 中的相对变化感兴趣。

　　最后一行中使用 [:, None] 将 rvs 函数返回的 Numpy 数组格式化为列维度为 1 的 Numpy 向量。这是 KernelDensity 构造函数所必需的，因为列维度代表 Scikit-learn 的不同特征。因此，即使只有一个特征，我们仍然需要遵守 Scikit-learn 所依赖的结构化输入。除了使用 None 之外，还有很多方法可以注入额外的维度。例如，隐晦的 np. c_ 或明显的 [:, np. newaxis] 可以做同样的事情，就像 np. reshape 函数一样。

　　下一步是将数据分成两半，并在每个 h_i 带宽上循环，以基于 D_1 数据创建单独的核密度估计量：

```
>>> train,test,_,_=train_test_split(d,d,test_size=0.5)
>>> kdes=[KernelDensity(bandwidth=i).fit(train)
...              for i in [.05,0.1,0.2,0.3]]
```

编程技巧

　　请注意，Python 中的单下划线符号表示上次计算的结果。上面的代码将 train_test_split 返回的元组解压为 4 个元素。因为我们只对前两个感兴趣，所以将最后两个分配给下划线符号。这是一种文体用法，可以让读者清楚地知道元组的最后两个元素是未使用的。虽然，我们也可以将最后两个元素分配给一对我们以后不使用的虚拟变量，但是浏览代码的读者可能会认为这些虚拟变量是相关的。

　　最后一步是循环遍历所创建的核密度估计量并计算目标函数：

```
>>> import numpy as np
>>> for i in kdes:
...     f = lambda x: np.exp(i.score_samples(x))
...     f2 = lambda x: f([[x]])**2
...     print('h=%3.2f\t %3.4f'%(i.bandwidth,quad(f2,0,1)[0]
...           -2*np.mean(f(test))))
...
h=0.05-1.1323
h=0.10-1.1336
h=0.20-1.1330
h=0.30-1.0810
```

编程技巧

　　最后一个代码块中定义的 lambda 函数是必需的，因为 Scikit-learn 通过 score_samples 函数将核密度估计的返回值实现为对数。Scipy 的数值求积函数 quad 计算目标函数的 $\int \hat{p}_h(x)^2 \mathrm{d}x$ 部分。

　　Scikit-learn 有许多更高级的工具来自动化这种超参数（即核密度带宽）搜索。为了使用这些高级工具，我们需要定义以下包装类来稍微改变当前问题的格式（见图 3.28）：

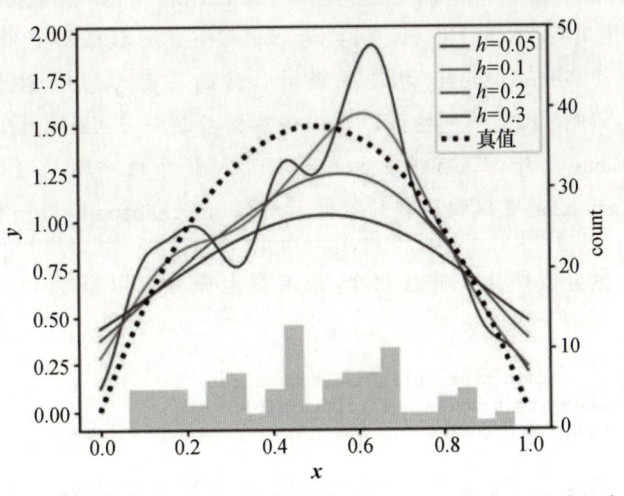

图 3.28　每一条曲线都是给定带宽的不同核密度估计，下方给出了简单的直方图以供参考

```
>>> class KernelDensityWrapper(KernelDensity):
...     def predict(self,x):
...         return np.exp(self.score_samples(x))
...     def score(self,test):
...         f = lambda x: self.predict(x)
...         f2 = lambda x: f([[x]])**2
...         return -(quad(f2,0,1)[0]-2*np.mean(f(test)))
...
```

这相当于将上面的代码重新组织成 Scikit-learn 需要的函数。接下来，我们创建要搜索的参数字典（params），然后使用 fit 函数开始网格搜索：

```
>>> from sklearn.model_selection import GridSearchCV
>>> params = {'bandwidth':np.linspace(0.01,0.5,10)}
>>> clf = GridSearchCV(KernelDensityWrapper(), param_grid=params,cv=2)
>>> clf.fit(d)
GridSearchCV(cv=2,error_score='raise-deprecating',
estimator=KernelDensityWrapper(algorithm='auto',atol=0,bandwidth=1.0,
breadth_first=True,kernel='gaussian',leaf_size=40,
metric='euclidean',metric_params=None,rtol=0),
fit_params=None,iid='warn',n_jobs=None, param_grid={'bandwidth':
array([0.01,0.06 444,0.11889,0.17333,0.22778,0.28222,0.33667, 0.39111,
0.44556,0.5])},
pre_dispatch='2*n_jobs',refit=True,return_train_score='warn',
scoring=None,verbose=0)
>>> print (clf.best_params_)
{'bandwidth': 0.17333333333333334}
```

网格搜索遍历 params 字典中的所有元素，并报告该参数值列表的最佳带宽。上面的 cv 关键字参数指定我们要将数据拆分为两个大小相同的集合以进行训练和测试。我们还可以检查网格上每个点的目标函数值，如下所示：

```
>>> clf.cv_results_['mean_test_score']
array([0.60758058,1.06324954,1.11858734,1.13187097,1.12006532,
1.09186225,1.05391076,1.01126161,0.96717292,0.92354959])
```

请记住，网格搜索会检查多个折叠以进行交叉验证，从而计算上述均值和标准差。请注意，如果你宁愿指定参数的分布而不是列表，还有 RandomizedSearchCV 可供使用。这对于搜索非常大的参数空间特别有用，因为详尽的网格搜索在计算上成本过于高昂。尽管核密度估计量易于理解且具有许多吸引人的分析特性，但它们对于大型高维数据集实际上令人望而却步。

3.12.3 非参数回归估计

除了估计潜在概率密度之外，我们还可以使用非参数方法来计算生成数据的潜在函数的估计值。以下形式的非参数回归估计称为线性平滑：

$$\hat{y}(x) = \sum_{i=1}^{n} \ell_i(x)\, y_i$$

为了了解平滑的性能，我们将风险定义为

$$R(\hat{y}, y) = \mathbb{E}\left(\frac{1}{n}\sum_{i=1}^{n}\left(\hat{y}(x_i) - y(x_i)\right)^2\right)$$

然后找到最小化它的最佳 $\hat{y}$。这个度量的问题是我们不知道 $y(x)$，这就是为什么我们试图用 $\hat{y}(x)$ 来近似它。我们可以使用手头的数据进行估计，如下所示：

$$\hat{R}(\hat{y}, y) = \frac{1}{n}\sum_{i=1}^{n}\left(\hat{y}(x_i) - Y_i\right)^2$$

其中，我们用数据 Y_i 来代替未知函数值 $y(x_i)$。这种方法的问题在于我们使用数据来估计函数，然后又使用相同的数据来评估这样做的风险。这种双重倾斜导致过于乐观的估计量。解决这个难题的一个方法是使用留一交叉验证，其中 $\hat{y}$ 函数是使用除一个数据对之外的所有数据对 (X_i, Y_i) 估计的。然后，使用剩下的这一对数据估计上述风险。理论上，可以写作

$$\hat{R}(\hat{y}, y) = \frac{1}{n}\sum_{i=1}^{n}\left(\hat{y}_{(-i)}(x_i) - Y_i\right)^2$$

其中，$\hat{y}_{(-i)}$ 表示在不使用第 i 个数据对的情况下计算估计量。不幸的是，对于相对较小的数据集以外的任何其他数据集，在实践中使用留一交叉验证很快会被禁止。我们很快就会遇到这个问题，但我们先考虑一个非参数平滑的具体例子。

3.12.4 最近邻回归

最简单的非参数回归方法是 k 最近邻回归。用文字解释比用数学公式写出来更容易。给定一个输入 x，在包含它的 k 个簇中找到最接近的一个，然后返回该簇中数据值的均值。作为单变量的例子，我们考虑下面的线性调频波形：

$$y(x) = \cos\left(2\pi\left(f_0 x + \frac{BWx^2}{2\tau}\right)\right)$$

这种波形在高分辨率雷达应用中非常重要。f_0 是信号的起始频率，BW/τ 是信号的频率斜率。对于我们的例子，它在定义域上是非均匀的这一事实很重要。我们通过对线性调频波形采样，可以很容易地创建一些数据，如下所示：

```
>>> import numpy as np
>>> from numpy import cos, pi
>>> xi = np.linspace(0,1,100)[:,None]
>>> xin = np.linspace(0,1,12)[:,None]
>>> f0 = 1 # init frequency
>>> BW = 5
>>> y = np.cos(2*pi*(f0*xin+(BW/2.0)*xin**2))
```

我们可以利用这些数据通过 Scikit-learn 构建简单的最近邻估计量：

```
>>> from sklearn.neighbors import KNeighborsRegressor
>>> knr=KNeighborsRegressor(2)
>>> knr.fit(xin,y)
KNeighborsRegressor(algorithm='auto',leaf_size=30,metric='minkowski',
metric_params=None,n_jobs=None,n_neighbors=2,p=2, weights='uniform')
```

编程技巧

　　Scikit-learn 有一个非常一致的界面。上述 `fit` 函数将模型参数拟合到数据。相应的 `predict` 函数返回给定任意输入的模型输出。我们将在第 4 章花更多时间介绍 Scikit-learn。最后的 [:, None] 部分只是为了满足 Scikit-learn 的维度要求而将列维度注入数组。

　　图 3.29 给出了采样信号（圆圈）与最近邻估计生成的值（实线）的对比。虚线表示完整的未采样线性调频信号，其频率随 x 的增加而增加。这对于本示例很重要，因为它为这个问题增加非平稳性，即函数随着 x 的增加而逐渐摆动。估计曲线和信号之间的区域用阴影表示。由于最近邻估计仅使用两个最近邻点，对于每个新的 x，它在训练数据中围绕 x 寻找两个相邻的 X_i，然后对相应的 Y_i 值进行平均，以计算对应于 x 的估计值。也就是说，如果取图形中每一对相邻的连续圆圈，就会发现水平实线在垂直轴上拆分了这对圆圈。我们可以通过改变构造函数来调整最近邻点的数量：

```
>>> knr=KNeighborsRegressor(3)
>>> knr.fit(xin,y)
KNeighborsRegressor(algorithm='auto',leaf_size=30,metric='minkowski',
metric_params=None,n_jobs=None,n_neighbors=3,p=2, weights='uniform')
```

由此产生以下相应的图 3.30。

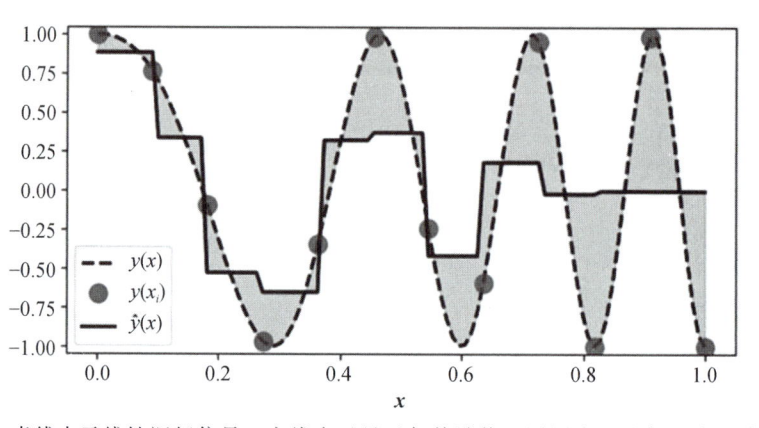

图 3.29　虚线表示线性调频信号，实线表示最近邻估计值。圆圈表示我们用来拟合最近邻估计值的样本点。阴影区域表示估计值和未采样线性调频信号之间的差距

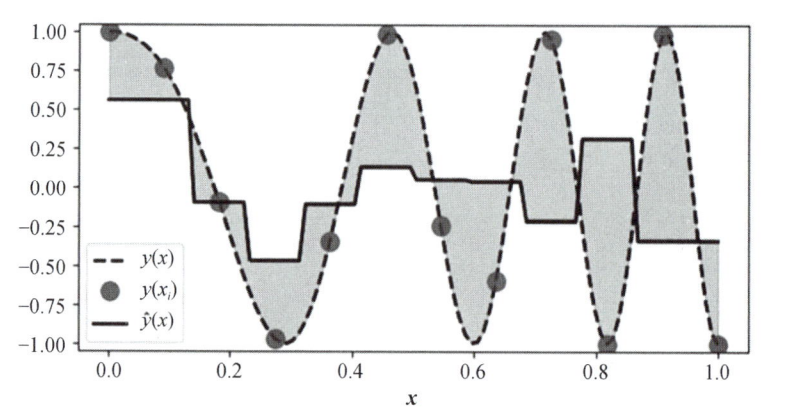

图 3.30　与图 3.29 相同，只是这里采用三个最近邻点构建估计量

对于该示例，图 3.30 显示，由于线性调频信号不是均匀连续的，因此，近邻点越多，拟合效果越差，尤其是在信号末尾，那里的差异越来越大。

Scikit-learn 提供了许多交叉验证工具。以下代码设置了留一交叉验证工具：

```
>>> from sklearn.model_selection import LeaveOneOut
>>> loo=LeaveOneOut()
```

LeaveOneOut 对象是一个可迭代对象，它生成一组不相交的数据索引：一个用于拟合模型（训练集），另一个用于评估模型（测试集）。以下代码块循环遍历由 loo 变量提供的不相交的训练和测试索引集合，以评估在 out 列表中累积的估计风险。

```
>>> out=[]
>>> for train_index, test_index in loo.split(xin):
...     _=knr.fit(xin[train_index],y[train_index])
...     out.append((knr.predict(xi[test_index])-y[test_index])**2)
...
>>> print( 'Leave-one-out Estimated Risk: ',np.mean(out),)
Leave-one-out Estimated Risk:  1.0351713662681845
```

上述代码的最后一行报告了估计的风险。

可以使用矩阵

$$\mathcal{S} = \left[\ell_i(x_j)\right]_{i,j}$$

重写这种类型的线性平滑，所以，

$$\hat{\boldsymbol{y}} = \mathcal{S}y$$

其中，$\boldsymbol{y} = [Y_1, Y_2, \cdots, Y_N] \in \mathbb{R}^n$，$\hat{\boldsymbol{y}} = [\hat{y}(x_1), \hat{y}(x_2), \cdots, \hat{y}(x_n)] \in \mathbb{R}^n$。这就产生了一种近似留一交叉验证法的快速方法，如下所示：

$$\hat{R} = \frac{1}{n} \sum_{i=1}^{n} \left(\frac{y_i - \hat{y}(x_i)}{1 - \mathcal{S}_{i,i}}\right)^2$$

然而，这并没有重现上述代码中的方法，因为它假设每个 $\hat{y}_{(-i)}(x_i)$ 采用的最近邻点比 $\hat{y}(x)$ 少一个。

我们可以从 knr 对象中获得该 $\mathcal{S}$ 矩阵，如下所示：

```
>>> _= knr.fit(xin,y) # fit on all data
>>> S=(knr.kneighbors_graph(xin)).todense()/float(knr.n_neighbors)
```

todense 将返回的稀疏矩阵重新格式化为常规 Numpy 矩阵。以下代码给出了该 $\mathcal{S}$ 矩阵的一部分：

```
>>> print(S[:5,:5])
[[0.33333333 0.33333333 0.33333333 0.          0.          ]
 [0.33333333 0.33333333 0.33333333 0.          0.          ]
 [0.         0.33333333 0.33333333 0.33333333 0.          ]
 [0.         0.         0.33333333 0.33333333 0.33333333]
 [0.         0.         0.         0.33333333 0.33333333]]
```

子代码块可以显示最近邻估计正在处理的 y 数据的窗口。例如：

```
>>> print(np.hstack([knr.predict(xin[:5]),(S*y)[:5]]))#columns match
[[ 0.55781314   0.55781314]
 [ 0.55781314   0.55781314]
 [-0.09768138  -0.09768138]
 [-0.46686876  -0.46686876]
 [-0.10877633  -0.10877633]]
```

或更简洁地检查所有条目是否近似相等：

```
>>> np.allclose(knr.predict(xin),S*y)
True
```

这表明最近邻对象的结果与矩阵乘法匹配。

编程技巧

请注意，因为我们将返回的 $\mathcal{S}$ 格式化为 Numpy 矩阵，所以我们会自动获得矩阵乘法，而不是 S*y 项中默认的逐元素乘法。

3.12.5　核回归

在估计概率密度时，我们从直方图开始，然后转向更一般的核密度估计。同样，我们也可以使用 Nadaraya-Watson 核回归估计量将最近邻回归扩展到基于核的回归。给定带宽 $h>0$，核回归估计量定义为

$$\hat{y}(x) = \frac{\displaystyle\sum_{i=1}^{n} K\left(\frac{x-x_i}{h}\right) Y_i}{\displaystyle\sum_{i=1}^{n} K\left(\frac{x-x_i}{h}\right)}$$

不幸的是，Scikit_learn 没有实现这种回归估计量，但是，Jan Hendrik Metzen 在 github.com 上提供了一个兼容版本。

```
>>> from kernel_regression import KernelRegression
```

此代码可以通过指定潜在带宽值（gamma）网格，使用留一交叉验证法对带宽参数进行内部优化，如下所示：

```
>>> kr = KernelRegression(gamma=np.linspace(6e3,7e3,500))
>>> kr.fit(xin,y)
KernelRegression(gamma=6000.0,kernel='rbf')
```

图 3.31 给出了使用高斯核的核估计（黑色粗线）与最近邻估计（黑色实线）的比较。如前所述，数据点显示为圆圈。从图 3.31 可以看出，核估计可以给出最近邻估计遗漏的尖峰。

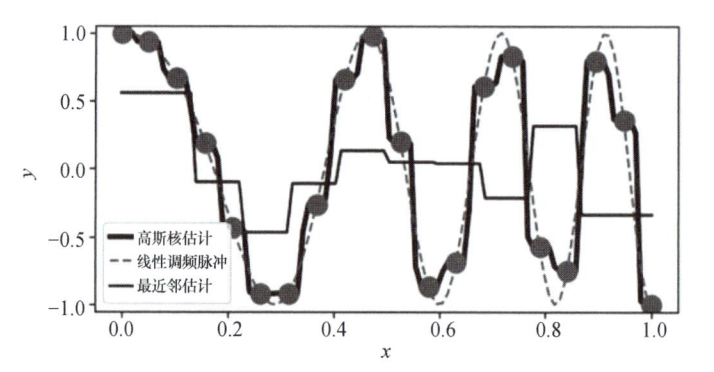

图 3.31　黑色粗线表示高斯核估计，黑色实线表示最近邻估计，数据点显示为圆圈。请注意，与最近邻估计不同，高斯核估计能够挑选出训练数据中的尖峰

因此，最近邻估计和核估计之间的区别是，后者提供了由更多点组成的较平滑的曲线，而前者提供了阶梯形的平均曲线。请注意，核估计在边界和核函数之间存在不匹配的边界附近受到影响。这个问题在更高维度的情况下变得更糟，因为数据会自然地向边界漂移（这是"维数灾难"的结果）。事实上，不可能同时保持局部准确度（即低偏差）和慷

慨的邻域（即低方差）。解决这个问题的一种方法是使用核函数作为窗口来创建局部多项式回归，以定位感兴趣的区域。例如，

$$\hat{y}(x) = \sum_{i=1}^{n} K\left(\frac{x - x_i}{h}\right)(Y_i - \alpha - \beta x_i)^2$$

并且现在我们必须优化两个线性参数 α 和 β。这种方法被称为**局部线性回归**[5-6]。当然，这可以扩展到高阶多项式。请注意，这些方法尚未在 Scikit-learn 中实现。

3.12.6 维数灾难

当维数越来越多时，就会出现所谓的维数灾难。该术语由贝尔曼于 1961 年在研究自适应控制过程时提出。如今，该术语含糊地指随着维数的大幅增加而变得更加复杂的任何事物。尽管如此，这个概念对于识别、描述高维分析和估计的实际困难是有用的。

考虑半径为 r 的 d 维球体的体积：

$$V_s(d,r) = \frac{\pi^{d/2}\, r^d}{\Gamma\left(\dfrac{d}{2} + 1\right)}$$

此外，考虑由 d 维单位立方体包围的球体体积 $V_s\left(d, \dfrac{1}{2}\right)$。立方体的体积始终等于 1，但 $\lim\limits_{d \to \infty} V_s\left(d, \dfrac{1}{2}\right) = 0$。这意味着什么？这意味着立方体的体积被推离球体和立方体的中心，即嵌入了超球面。具体来说，立方体中心到 d 维顶点的距离为 $\sqrt{d}/2$，而到内接球体中心的距离为 $1/2$。该对角线距离与 d 一样趋于无穷大。对于固定的 d，立方体中心的微小球形区域附有许多长刺，就像超维海胆或豪猪一样。

另一种方式是考虑超球体的 $\varepsilon > 0$ 厚皮：

$$\mathcal{P}_\varepsilon = V_s(d,r) - V_s(d, r - \varepsilon)$$

然后，我们考虑以下极限：

$$\lim_{d \to \infty} P_\varepsilon = \lim_{d \to \infty} V_s(d,r)\left(1 - \frac{V_s(d, r - \varepsilon)}{V_s(d, r)}\right) \tag{3.12.6.1}$$

$$= \lim_{d \to \infty} V_s(d,r)\left(1 - \lim_{d \to \infty}\left(\frac{r - \varepsilon}{r}\right)^d\right) \tag{3.12.6.2}$$

$$= \lim_{d \to \infty} V_s(d,r) \tag{3.12.6.3}$$

因此，在极限情况下，ε 厚皮的体积消耗了超球体的体积。

这样做的后果是什么？对于依赖最近邻点的方法，利用局部性来降低偏差变得很困难。例如，假设我们有一个 d 维空间和一个靠近我们想要定位的原点的点。为了估计这一点附近的行为，我们需要平均这一点附近的未知函数，但在高维空间中，找到要平均的近邻点的机会很小。从相反的角度来看，假设我们有一个二元变量，就像抛硬币问题一样。如果我们有 1000 次试验，那么根据我们之前的研究，我们有信心估计出正面朝上

的概率。现在，假设我们有 10 个二元变量，那么我们有 $2^{10}=1024$ 个顶点要估计。如果我们同样有 1000 个点，那么至少有 24 个顶点不会得到任何数据。为了保持相同的分辨率，每个顶点需要 1000 个样本，总共 $1000 \times 1024 \approx 10^6$ 个数据点。因此，若变量数量增加十倍，则需要收集大约 1000 倍的数据点，才能保持相同的统计分辨率。这就是维数灾难。

也许用一些代码可以证明这一点。下面的代码生成二维样本，这些样本被绘制为图 3.32 的点，内切圆为二维。请注意，对于 $d=2$ 维，大多数点都包含在圆中。

```
>>> import numpy as np
>>> v=np.random.rand(1000,2)-1/2.
```

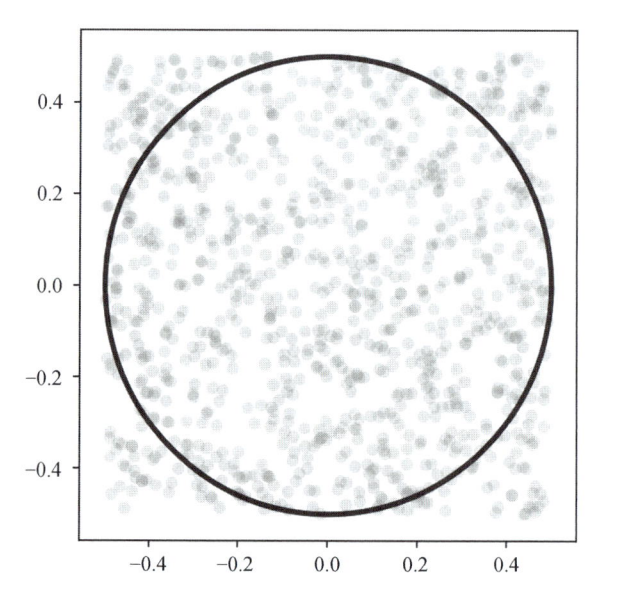

图 3.32　在单位正方形内随机独立均匀分布的二维散点。请注意，大多数点都包含在内切圆中。与直觉相反，这不会随着维数的增加而持续

下一个代码块描述了图 3.33 中的核心计算过程。我们沿每一维创建一组均匀分布的随机变量，然后计算每个 d 维向量与原点的接近程度。那些测量点一半位于超球体内。每次测量的直方图如图 3.33 所示。黑色垂线表示阈值。左侧的值表示超球体中包含的点。因此，图 3.33 表明，随着维数 d 的增加，内接超球体中包含的点越来越少。下面的代码解释了图 3.33 的内容。

```
fig,ax=subplots()
for d in [2,3,5,10,20,50]:
    v=np.random.rand(5000,d)-1/2.
    ax.hist([np.linalg.norm(i) for i in v])
```

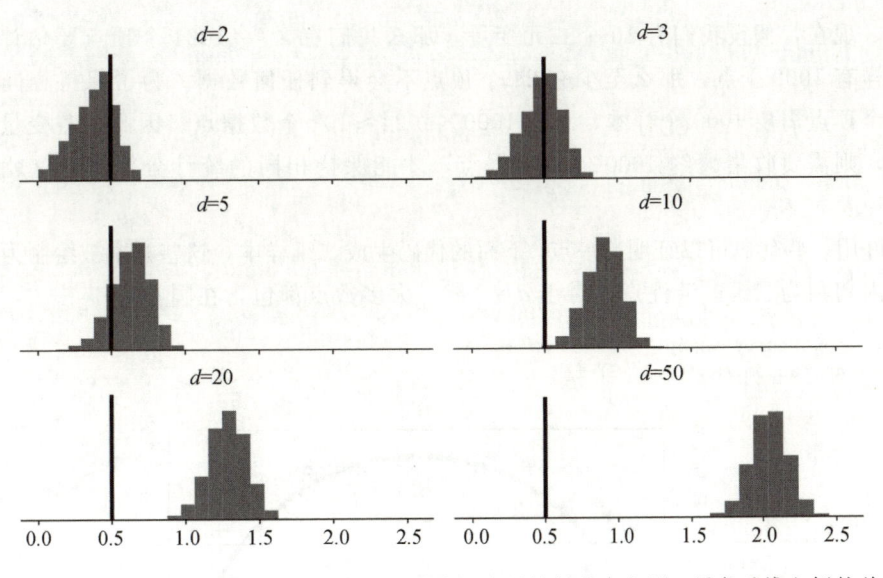

图 3.33　每个小图都显示了均匀分布的 d 维随机向量的长度直方图。黑色垂线左侧的总体是内接超球体中包含的点。这表明随着维数的增加，超球体中包含的点越来越少

3.12.7　非参数检验

确定两组观测值是否来自相同的潜在概率分布是一个重要问题。最常见的方法是使用标准 t 检验，但这需要对正态性进行假设，这可能很难证明，于是就有了可以在没有此类假设的情况下解决这些问题的非参数方法。

设 V 和 W 为连续随机变量。如果对于所有 $x \in \mathbb{R}$ 至少有一个 x 严格满足以下不等式：

$$\mathbb{P}(V \geqslant x) \geqslant \mathbb{P}(W \geqslant x)$$

则称变量 V 随机大于 W。术语"随机小于"意味着与此相反。例如，图 3.34 所示的黑线密度函数随机大于灰色函数。

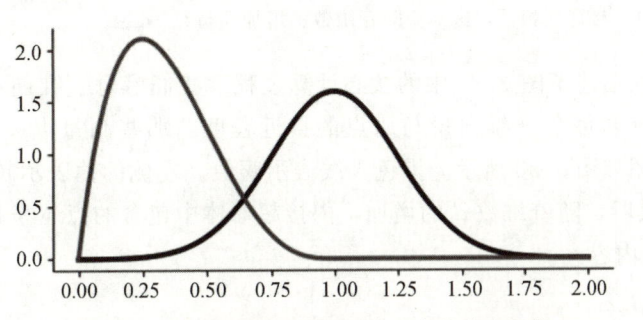

图 3.34　黑线密度函数随机大于灰线密度函数

(1) Mann-Whitney-Wilcoxon 检验

Mann-Whitney-Wilcoxon 检验采用以下假设：

- $H_0 : F(x) = G(x)$，对于所有 x。
- $H_a : F(x) \geqslant G(x)$，$F$ 随机大于 G。

假设有两个数据集 X 和 Y，我们想知道它们是否来自相同的潜在概率分布，或者是否一个随机大于另一个。X 中有 n_x 个元素，Y 中有 n_y 个元素。如果我们将这两个数据集组合起来并对它们进行排序，那么在原假设下，任何数据元素都应该与其他数据元素一样有可能被指定任何特定的排序，即组合集合 Z 为

$$Z = \{X_1, \cdots, X_{n_x}, Y_1, \cdots, Y_{n_y}\}$$

包含 $n = n_x + n_y$ 个元素。因此，任何从整数 $\{1, \cdots, n\}$ 到 $\{Y_1, \cdots, Y_{n_y}\}$ 的 n_y 等级的赋值应该是等可能的（即 $\mathbb{P} = (C_n^{n_y})^{-1}$）。重要的是，该性质独立于 F 分布。

也就是说，我们可以定义 U 统计量，如下：

$$U_X = \sum_{i=1}^{n_x} \sum_{j=1}^{n_y} \mathbb{I}(X_i \geqslant Y_j)$$

其中，$\mathbb{I}(\cdot)$ 是常用的指示函数。它计算 Y 元素的排名超过 X 元素的次数。例如，假设 $X = \{1,3,4,5,6\}$，$Y = \{2,7,8,10,11\}$，我们可以通过 Numpy 广播一蹴而就：

```
>>> import numpy as np
>>> x = np.array([ 1,3,4,5,6 ])
>>> y = np.array([2,7,8,10,11])
>>> U_X = (y <= x[:,None]).sum()
>>> U_Y = (x <= y[:,None]).sum()
>>> print (U_X, U_Y)
4 21
```

请注意，

$$U_X + U_Y = \sum_{i=1}^{n_x} \sum_{j=1}^{n_y} \mathbb{I}(Y_i \geqslant X_j) + \mathbb{I}(X_i \geqslant Y_j) = n_x n_y$$

因为

$$\mathbb{I}(Y_i \geqslant X_j) + \mathbb{I}(X_i \geqslant Y_j) = 1$$

我们可以在 Python 中验证这一点：

```
>>> print ((U_X+U_Y) == len(x)*len(y))
True
```

现在，我们可以计算 U_X 统计数据，我们必须对其进行表征。如果 H_0 为真，则 X 和 Y 是同分布的随机变量。因此，有序组合样本中 X 变量的所有 $C_{n_x+n_y}^{n_x}$ 分配是等可能的。其中，有 $C_{n_x+n_y-1}^{n_x}$ 个分配有一个 Y 变量作为组合样本中的最大观测值。对于这些，忽略这个最大的观测值不会影响 U_X，因为它无论如何都不会被计算在内。另外 $C_{n_x+n_y-1}^{n_x-1}$ 个分配有一个 X 变量作为最大观测值元素。省略此项将减少 n_y 的 U_X。

尽管如此，假设 $N_{n_x, n_y}(u)$ 是导致 $U_X = u$ 的 X 和 Y 元素的分配数量。在同样可能结果的 H_0 情况下，我们有

$$p_{n_x,n_y}(u) = \mathbb{P}(U_X = u) = \frac{N_{n_x,n_y}(u)}{C_{n_x+n_y}^{n_x}}$$

根据之前的讨论，我们有如下递归关系：

$$N_{n_x,n_y}(u) = N_{n_x,n_y-1}(u) + N_{n_x-1,n_y}(u-n_y)$$

将它除以 $C_{n_x+n_y}^{n_x}$ 并使用上面的 $p_{n_x,n_y}(u)$ 表示法，我们得到

$$p_{n_x,n_y}(u) = \frac{n_y}{n_x+n_y}p_{n_x,n_y-1}(u) + \frac{n_x}{n_x+n_y}p_{n_x-1,n_y}(u-n_y)$$

其中，$0 \leqslant u \leqslant n_x n_y$。要进行递归计算，我们需要以下初始条件：

$$p_{0,n_y}(u_x = 0) = 1$$

$$p_{0,n_y}(u_x > 0) = 0$$

$$p_{n_x,0}(u_x = 0) = 1$$

$$p_{n_x,0}(u_x > 0) = 0$$

我们可以在 Python 中了解此工作原理：

```
>>> def prob(n,m,u):
...     if u<0: return 0
...     if n==0 or m==0:
...         return int(u==0)
...     else:
...         f = m/float(m+n)
...         return (f*prob(n,m-1,u) +
...                 (1-f)*prob(n-1,m,u-m))
...
```

结果如图 3.35 所示，得到不同 n_x 和 n_y 下的正态分布，其均值和方差分别为

$$\mathbb{E}(U) = \frac{n_x n_y}{2} \tag{3.12.7.1}$$

$$\mathbb{V}(U) = \frac{n_x n_y (n_x + n_y + 1)}{12} \tag{3.12.7.2}$$

当存在联系时，方差变得更加复杂。

例 我们正在尝试确定一种网络配置是否比另一种更快。我们获得每个网络的以下往返时间：

```
>>> X=np.array([ 50.6,31.9,40.5,38.1,39.4,35.1,33.1,36.5,38.7,42.3 ])
>>> Y=np.array([ 28.8,30.1,18.2,38.5,44.2,28.2,32.9,48.8,39.5,30.7 ])
```

由于元素太少，无法使用 scipy.stats.mannwhitneyu 函数（内部使用 U 统计量的正态近似），我们可以使用上面的自定义函数，但首先需要使用 Numpy 计算 U_X 统计量：

```
>>> U_X = (Y <= X[:,None]).sum()
```

对于 p 值，我们想要计算观察到的 U_X 统计数据至少与观察到的一样大的概率：

```
>>> print(sum(prob(10,10,i) for i in range(U_X,101)))
0.08274697438784127
```

这接近通常的 5% 的 p 值阈值，因此可以在稍高的阈值下得出两组样本并非来自相同的基础分布的结论。请记住，通常的 5% 阈值只是一个参考，最终，还是取决于分析师。

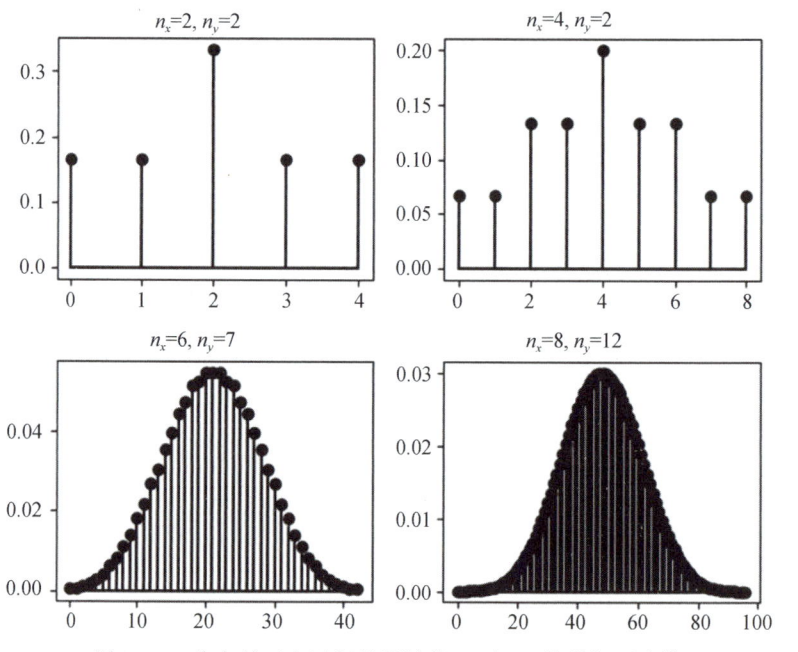

图 3.35　分布的正态近似效果随着 n_x 和 n_y 的增加而改善

(2) 证明 U 统计量的均值和方差

为了证明公式 (3.12.7.1) 成立，我们假设没有约束条件。得到 $\mathbb{E}(U) = n_x n_y/2$ 的一种方法是计算

$$\mathbb{E}(U_Y) = \sum_j \sum_i \mathbb{P}(X_i \leqslant Y_j)$$

因为 $\mathbb{E}(\mathbb{I}(X_i \leqslant Y_j)) = \mathbb{P}(X_i \leqslant Y_j)$。此外，因为所有的下标 X 和 Y 变量都是从同一个分布独立抽取的，所以有

$$\mathbb{E}(U_Y) = n_x n_y \mathbb{P}(X \leqslant Y)$$

并且

$$\mathbb{P}(X \leqslant Y) + \mathbb{P}(X \geqslant Y) = 1$$

因为这是两个互斥的条件。因为 X 变量和 Y 变量来自同一个分布，所以 $\mathbb{P}(X \leqslant Y) = \mathbb{P}(X \geqslant Y)$，这意味着 $\mathbb{P}(X \leqslant Y) = 1/2$，因此 $\mathbb{E}(U_Y) = n_x n_y/2$。获得该结果的另一种方法是，注意到 $U_X + U_Y = n_x n_y$。然后在两侧取期望，注意到 $\mathbb{E}(U_X) = \mathbb{E}(U_Y) = \mathbb{E}(U)$，因此

得到

$$2\mathbb{E}(U) = n_x n_y$$

即 $\mathbb{E}(U) = n_x n_y / 2$。

方差的求解比较棘手。首先，我们计算

$$\mathbb{E}(U_X U_Y) = \sum_i \sum_j \sum_k \sum_l \mathbb{P}(X_i \geqslant Y_j \wedge X_k \leqslant Y_l)$$

在这些项中，我们有 $\mathbb{P}(Y_j \leqslant X_i \leqslant Y_j) = 0$，因为它们是连续随机变量。我们来考虑 $\mathbb{P}(Y_i \leqslant Y_k \leqslant Y_l)$ 类型的项。为了使符号不那么杂乱，我们将其重写为 $\mathbb{P}(Z \leqslant X \leqslant Y)$，于是有

$$\mathbb{P}(Z \leqslant X \leqslant Y) = \int_{\mathbb{R}} \int_Z^\infty (F(Y) - F(Z)) f(y) f(z) \mathrm{d}y \mathrm{d}z$$

其中，F 是累积密度函数，f 是概率密度函数（$\mathrm{d}F(x)/\mathrm{d}x = f(x)$）。让我们逐项分解。对以下项进行微积分计算：

$$\int_Z^\infty F(Y) f(y) \mathrm{d}y = \int_{F(Z)}^1 F \mathrm{d}F = \frac{1}{2}(1 - F(Z))$$

然后，关于 Z 变量积分，我们得到

$$\int_{\mathbb{R}} \frac{1}{2}\left(1 - \frac{F(Z)^2}{2}\right) f(z) \mathrm{d}z = \frac{1}{3}$$

接下来，我们计算

$$\int_{\mathbb{R}} F(Z) \int_Z^\infty f(y) \mathrm{d}y f(z) \mathrm{d}z = \int_{\mathbb{R}} (1 - F(Z)) F(Z) f(z) \mathrm{d}z$$

$$= \int_{\mathbb{R}} (1 - F) F \mathrm{d}F = \frac{1}{6}$$

最后，综合以下结果，我们得到

$$\mathbb{P}(Z \leqslant X \leqslant Y) = \frac{1}{3} - \frac{1}{6} = \frac{1}{6}$$

同理，有 $\mathbb{P}(X_k \geqslant Y_i \wedge X_m \leqslant Y_i) = \mathbb{P}(X_m \leqslant Y_i \leqslant X_k) = 1/6$。由于相互独立，因此有 $\mathbb{P}(X_k \geqslant Y_i \wedge X_m \leqslant Y_i) = \frac{1}{4}$ 和 $\mathbb{P}(X_k \geqslant Y_i) = \frac{1}{2}$。现在我们有了所有的项，必须将它们组合起来以获得最终结果。

有 $n_y(n_y - 1)n_x + n_x(n_x - 1)n_y$ 个 $\mathbb{P}(Y_i \leqslant X_k \leqslant Y_l)$ 类型的项，$n_y(n_y - 1)n_x(n_x - 1)$ 个 $\mathbb{P}(X_k \geqslant Y_i \wedge X_m \leqslant Y_i)$ 项。把这一切放在一起，有

$$\mathbb{E}(U_X U_Y) = \frac{n_x n_y(n_x + n_y - 2)}{6} + \frac{n_x n_y(n_x - 1)(n_y - 1)}{4}$$

为了得到 $\mathbb{E}(U^2)$，我们需要求助于之前的结果，即

$$U_X + U_Y = n_x n_y$$

将两边平方并取期望，得到

$$\mathbb{E}(U_X^2) + 2\mathbb{E}(U_X U_Y) + \mathbb{E}(U_Y^2) = n_x^2 n_y^2$$

由于 $\mathbb{E}(U_X^2) = \mathbb{E}(U_Y^2) = \mathbb{E}(U)$，我们可以将其简化为

$$\mathbb{E}(U^2) = \frac{n_x^2 n_y^2 - 2\mathbb{E}(U_X U_Y)}{2}$$

$$\mathbb{E}(U^2) = \frac{n_x n_y (1 + n_x + n_y + 3 n_x n_y)}{12}$$

由于 $\mathbb{V}(U) = \mathbb{E}(U^2) - \mathbb{E}(U)^2$，因此有

$$\mathbb{V}(U) = \frac{n_x n_y (1 + n_x + n_y)}{12}$$

3.13 生存分析

(1) 生存曲线

这是一个随着时间的推移估计队列中存在的时间单元（例如，受试者、个体、组件）的长度的问题。例如，考虑以下数据。行是以 30 天为周期的天数，列是单个个体。例如，假设有 5 名患者在第 0 天接受了特定治疗，以下数据给出了他们在接下来的 30 天内存活（用 1 表示）或死去（用 0 表示）的情况：

```
>>> d = pd.DataFrame(index=range(1,8),
...                  columns=['A','B','C','D','E' ],
...                  data=1)
>>> d.loc[3:,'A']=0
>>> d.loc[6:,'B']=0
>>> d.loc[5:,'C']=0
>>> d.loc[4:,'D']=0
>>> d.index.name='day'
>>> d
     A B C D E
day
1    1 1 1 1 1
2    1 1 1 1 1
3    0 1 1 1 1
4    0 1 1 0 1
5    0 1 0 0 1
6    0 0 0 0 1
7    0 0 0 0 1
```

重要的是，生存是一条单行道，一旦受试者死亡，那么该受试者就无法继续实验。这一点很重要，因为生存分析也适用于组件故障或该事实不太明显的其他主题。图 3.36 和图 3.37 给出了每个受试者在 7 天内的生存状态。圆圈表示受试者活着，方块表示受试者死亡。

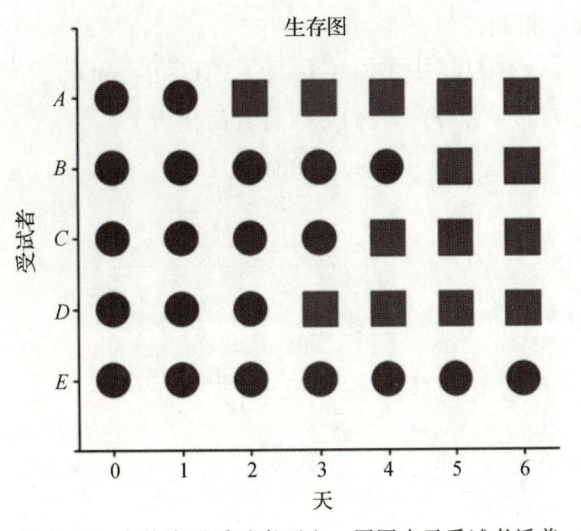

图 3.36　方块表示受试者死亡，圆圈表示受试者活着

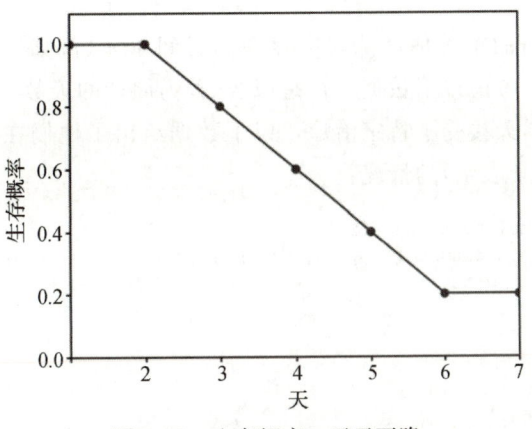

图 3.37　生存概率一天天下降

关于这个计算还有另一个重要的递归观点。想象一下，有一个救生筏，可载$[A,B,C,D,E]$5 人。每个人都活到了第 2 天但 A 死了。这意味着救生筏上只剩下 4 个人$[B,C,D,E]$。因此，从第一天来看，生存概率就是存活到第 2 天的概率，存活到第 2 天的概率为 $\mathbb{P}_S(t\geqslant 2)=\mathbb{P}(t\notin[0,\,2)\,|\,t<2)\mathbb{P}_S(t=2)=(1)(4/5)=4/5$。根据这种递归方法，第 3 天的存活概率为 $\mathbb{P}_S(t\geqslant 3)=\mathbb{P}_S(t>3)\mathbb{P}_S(t=3)=(4/5)(3/4)=3/5$。在第 3 天之前，救生筏包含 $[B,C,D,E]$，第 3 天只包含$[B,C,E]$。因此，从第 3 天之前来看，有 4 个幸存者在筏子上，第 3 天的存活概率为 3/4。使用这个递归参数生成相同的图，这种方法将在删失中派上用场。

(2) 删失和截断

删失发生在受试者离开（右删失）或进入（左删失）研究时。右删失一般有两种类型。

所谓的 I 型右删失是指受试者随机退出研究。这种随机退出是估计生存率时必须考虑的另一种统计效应。当发生足够多的特定随机事件而终止研究时，就会发生 II 型右删失。

同样，当受试者在某个日期之前进入研究时会发生左删失，但具体何时发生是未知的。这发生在涉及两个独立研究阶段的研究设计中。例如，受试者可能参加了第一次选择过程，但没有资格参加第二次选择过程。具体来说，假设一项研究涉及药物使用，并且某些受试者在研究之前使用了该药物，但无法准确报告何时使用的。这些受试者将被留下删失。左截断（又名交错输入、延迟输入）类似，只是输入日期是已知的。例如，在最初被排除在研究之外后开始服用药物的受试者。

右删失是最常见的，所以我们来看一个例子。我们估计以下生存时间（以天为单位）

$$\{1,2,3^+,4,5,6^+,7,8\}$$

中给出的生存函数，其中删失的生存时间用加号表示。和之前一样，第 0 天的存活时间是 8/8＝1，第 1 天是 7/8，第 2 天是 $(7/8)\times(6/7)$。现在，我们来到第一个右删失条目。第 3 天的存活时间为 $(7/8)\times(6/7)\times(5/5)=(7/8)\times(6/7)$。因此，退出的受试者不会被认为死亡，也不能被视为死亡，而是被认为缺席，正如概率的函数估计一样。继续到第 4 天，我们有 $(7/8)\times(6/7)\times(5/5)\times(4/5)$，第 5 天为 $(7/8)\times(6/7)\times(5/5)\times(4/5)\times(3/4)$，第 6 天（右删失）为 $(7/8)\times(6/7)\times(5/5)\times(4/5)\times(3/4)\times(2/2)$ 等。我们可以在表中对此进行总结。

（3）风险函数及其性质

通常，生存函数 $S(t)=\mathbb{P}(T>t)$ 是时间的连续函数，其中 T 是事件时间（例如，死亡时间）。请注意，累积密度函数 $F(t)=\mathbb{P}(T\leqslant t)=1-S(t)$，$f(t)=\dfrac{\mathrm{d}F(t)}{\mathrm{d}t}$ 是通常的概率密度函数。所谓的风险函数（hazard function）是 t 时刻的瞬时故障率：

$$h(t)=\frac{f(t)}{S(t)}=\lim_{\Delta t\to 0}\frac{\mathbb{P}(T\in(t,t+\Delta t]\mid T\geqslant t)}{\Delta t}$$

请注意，这是我们上面执行的计算的连续极限版本。换句话说，它表示给定事件时间 $T\geqslant t$（受试者已经存活到 t），对于极小的 Δt，事件在微分区间 Δt 中发生的概率是多少。注意，这不是微积分中常见的导数斜率，因为分子中没有差分项。风险函数也被称为**死亡率**、**强度率**或**瞬时风险**。通俗地说，我们可以认为风险函数包含了我们最关心的两个问题：死亡和面临死亡风险的人群。粗略地说，分子中的概率密度函数表示在一个小的微分区间内出现死亡人员的概率。但是，我们对不符合要求的死亡不感兴趣，只对可能发生在特定高危人群中的死亡感兴趣。回到救生筏例子，假设救生筏上有 1000 人，任何人从救生筏上掉下来的概率都是 1/1000。这里发生了两件事：（1）发生坏事件的概率很小；（2）有很多受试者，可以分散坏事件发生的概率。这意味着个体的危险率都很小。如果救生筏上只有两个受试者，并且跌落的概率为 3/4，那么危险率就很高，因为不仅不幸事件很可能发生，而且该不幸事件的风险仅由两名受试者分担。

用数学语言来说，就是

$$h(t) = \frac{-\,\mathrm{d} \log S(t)}{\mathrm{d}t}$$

因此，有

$$S(t) = \exp\left(-\int_0^t h(u)\,\mathrm{d}u\right) := \exp(-H(t))$$

其中，$H(t)$ 是累积危险函数。请注意，$H(t) = -\log S(t)$。假设有一个存活时间为 5 年的受试者。如果这个受试者在第五年死亡，那么必须在第四年还活着。因此，5 年的风险就是每年的死亡率，条件是受试者存活到第四年。请注意，这与第五年的无条件死亡率不同，因为无条件死亡率适用于时间为 0 时的所有单元，并且不使用从其他单元收集到的关于该点的存活信息。因此，风险函数可以被认为是经历事件的逐点无条件概率，按到该点的幸存者比例进行缩放。

（4）示例

为了理解这一点，我们举个例子，其中概率密度函数是参数为 λ 的指数函数，即 $f(t) = \lambda\exp(-\lambda t)$，$\forall t > 0$。这使得 $S(t) = 1 - F(t) = \exp(-\lambda t)$，风险函数变成 $h(t) = \lambda$，即为常数函数。要看到这一点，请回想一下，指数分布是唯一没有记忆的连续分布：

$$\mathbb{P}(X \leqslant u + t \mid X > u) = 1 - \exp(-\lambda t) = \mathbb{P}(X \leqslant t)$$

这意味着无论我们等待死亡发生的时间有多长，从这一点开始死亡的概率是相同的——因此风险函数是一个常数。

期望 根据所有这些定义，这是一个按部分整合的练习，以表明剩余的预期寿命为

$$\mathbb{E}(T) = \int_0^\infty S(u)\,\mathrm{d}u$$

这等效于

$$\mathbb{E}(T \mid t = 0) = \int_0^\infty S(u)\,\mathrm{d}u$$

并且我们同样可以将 t 时刻的预期剩余寿命表示为

$$\mathbb{E}(T \mid T \geqslant t) = \frac{\int_t^\infty S(u)\,\mathrm{d}u}{S(t)}$$

参数回归模型 因为我们对参数如何影响生存感兴趣，所以我们需要一个能够适应外源（独立）变量（x）回归的模型：

$$h(t \mid \boldsymbol{x}) = h_0(t)\exp(\boldsymbol{x}^\mathrm{T}\boldsymbol{\beta})$$

其中，$\boldsymbol{\beta}$ 是回归系数，$h_0(t)$ 是基线瞬时风险函数。因为风险函数总是非负的，所以协变量的影响通过指数函数进入。这类模型称为**比例风险率模型**。如果基线函数是一个常数（λ），则这将简化为以下**指数回归模型**：

$$h(t \mid \boldsymbol{x}) = \lambda\exp(\boldsymbol{x}^\mathrm{T}\boldsymbol{\beta})$$

Cox 比例风险模型 上述比例风险率模型的棘手部分是基线瞬时风险函数。在许多情

况下，我们对绝对风险函数(或其正确性)不太感兴趣，而是希望对两个研究对象之间的风险函数进行比较。Cox 模型通过对部分似然函数使用最大似然算法来强调这种比较。在这个模型中有很多东西需要跟踪，所以我们先研究一下此机制，以了解会发生什么。

假设故障时间按递增顺序排序，则 j 表示第 j 个故障时间。受试者 i 在故障时间 j 时的风险函数为 $h_i(t_j)$。使用一般比例风险模型，我们得到

$$h_i(t_j) = h_0(t_j)\exp(z_i\beta) := h_0(t_j)\,\psi_i$$

为了简单起见，令 $z_i \in \{0,1\}$ 表示隶属于实验组($z_i=1$)或控制组($z_i=0$)。考虑第一个故障时间 t_1，受试者 i 失败的风险函数是 $h_i(t_1)=h_0(t_1)\psi_i$。根据定义，受试者 i 失败的概率如下：

$$p_1 = \frac{h_i(t_1)}{\sum h_k(t_1)} = \frac{h_0(t_1)\,\psi_i}{\sum h_0(t_1)\,\psi_k}$$

这里的总和是所有幸存单元的总和。请注意，基线风险消除，并且

$$p_1 = \frac{\psi_i}{\sum_k \psi_k}$$

我们可以继续计算其他故障时间对应的概率以获得 $\{p_1, p_2, \cdots, p_D\}$。它们的乘积表示**部分似然函数** $L(\psi) = p_1 \cdot p_2 \cdots p_D$。下一步是在 β 上最大化这个部分似然函数(通常对部分似然函数取对数)。这里有很多数值问题需要关注。幸运的是，Python `lifelines`(生命线模块)可以为我们保持这一切。

我们使用生命线模块中可用的 Rossi 数据集来了解这是如何工作的：

```
>>> from lifelines.datasets import load_rossi
>>> from lifelines import CoxPHFitter, KaplanMeierFitter
>>> rossi_dataset = load_rossi()
```

Rossi 数据集涉及监狱累犯。`fin` 变量表明受试者在获释后是否获得了经济援助。

- `week`：获释后第一次被逮捕的周，或删失时间。
- `arrest`：事件指示，对于在研究期间被捕的人，等于 1；对于未被捕的人，等于 0。
- `fin`：一个因素，如果在获释后获得经济援助，则为"是"；如果没有，则为"否"。经济援助是由研究人员操纵的随机分配因素。
- `age`：获释时的年份。
- `race`：种族因素。
- `wexp`：如果在入狱前有全职工作经验，则为"是"；如果没有，则为"否"。
- `mar`：如果获释时已婚，则为"已婚"；如果"未婚"，则为"未婚"。
- `paro`：如果被假释，则编码为"是"，否则编码为"否"。
- `prio`：先前定罪的数量。
- `educ`：教育情况，一个用数字编码的分类变量，代码为 2(6 年级或以下)、3(6 年级到 9 年级)、4(10 年级和 11 年级)、5(12 年级)或 6(一些专上教育)。
- `emp1-emp52`：如果在研究的相应周内受雇，则编码为"是"，否则编码为"否"。

```
>>> rossi_dataset.head()
   week  arrest  fin  age  race  wexp  mar  paro  prio
0   20     1      0   27    1     0     0    1     3
1   17     1      0   18    1     0     0    1     8
2   25     1      0   19    0     1     0    1    13
3   52     0      1   23    1     1     1    1     1
4   52     0      1   19    0     1     0    1     3
```

现在，我们只需要使用 Scikit-learn 风格在 lifelines 中设置计算内容。lifelines 模块可以处理审查问题：

```
>>> cph = CoxPHFitter()
>>> cph.fit(rossi_dataset,
...         duration_col='week',
...         event_col='arrest')
<lifelines.CoxPHFitter: fitted with 432 observations, 318 censored>
>>> cph.print_summary()  # access the results using cph.summary
<lifelines.CoxPHFitter: fitted with 432 observations, 318 censored>
      duration col = 'week'
         event col = 'arrest'
number of subjects = 432
  number of events = 114
    log-likelihood = -658.75
   time fit was run = 2019-03-12 13:54:12 UTC

---
       coef  exp(coef)  se(coef)     z      p  -log2(p)  lower 0.95  upper 0.95
fin  -0.38    0.68       0.19    -1.98   0.05     4.40       -0.75       -0.00
age  -0.06    0.94       0.02    -2.61   0.01     6.79       -0.10       -0.01
race  0.31    1.37       0.31     1.02   0.31     1.70       -0.29        0.92
wexp -0.15    0.86       0.21    -0.71   0.48     1.06       -0.57        0.27
mar  -0.43    0.65       0.38    -1.14   0.26     1.97       -1.18        0.31
paro -0.08    0.92       0.20    -0.43   0.66     0.59       -0.47        0.30
prio  0.09    1.10       0.03     3.19  <0.005    9.48        0.04        0.15
---
Concordance = 0.64
Likelihood ratio test = 33.27 on 7 df, -log2(p)=15.37
```

汇总表中的值如图 3.38 所示。

来自 lifelines 的 Cox 比例风险模型对象允许我们预测具有给定协变量的个体的生存函数，假设该个体刚刚进入研究。例如，对于 rossi_dataset 中的第一个个体（即行），我们可以使用该模型来预测该个体的生存函数。

```
>>> cph.predict_survival_function(rossi_dataset.iloc[0,:]).head()
                  0
event_at
0.0        1.000000
1.0        0.997616
2.0        0.995230
3.0        0.992848
4.0        0.990468
```

该结果如图 3.39 所示。

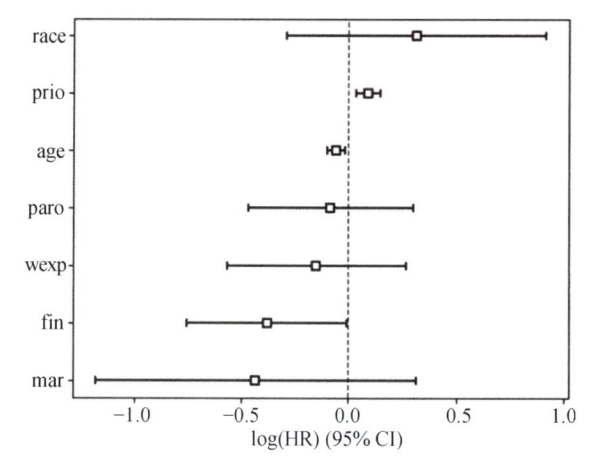

图 3.38　汇总表中每个协变量的拟合系数

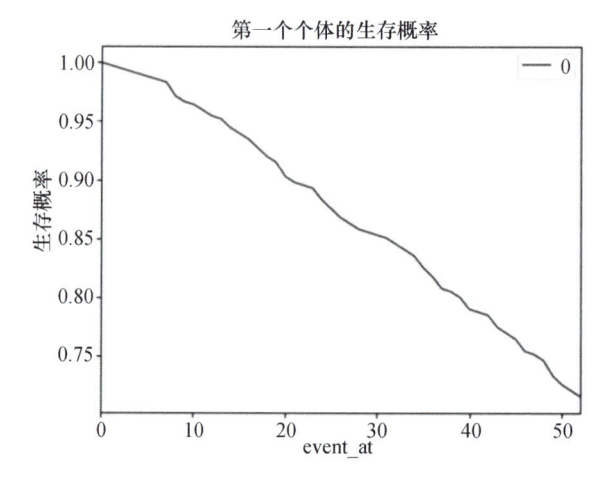

图 3.39　Cox 比例风险模型可以根据个体的协变量预测个体的生存概率

参考文献

[1] W. Feller, *An Introduction to Probability Theory and Its Applications*, vol. 1 (Wiley, New York, 1950)

[2] L. Wasserman, *All of Statistics: A Concise Course in Statistical Inference* (Springer, Berlin, 2004)

[3] R.A. Maronna, D.R. Martin, V.J. Yohai, *Robust Statistics: Theory and Methods*. Wiley Series in Probability and Statistics (Wiley, New York, 2006)

[4] D.G. Luenberger, *Optimization by Vector Space Methods*. Professional Series (Wiley, New York, 1968)

[5] C. Loader, *Local Regression and Likelihood* (Springer, Berlin, 2006)

[6] T. Hastie, R. Tibshirani, J. Friedman, *The Elements of Statistical Learning: Data Mining, Inference, and Prediction*. Springer Series in Statistics (Springer, New York, 2013)

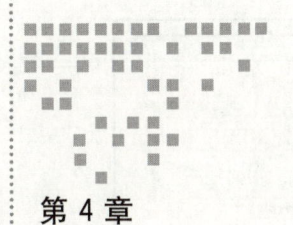

机器学习

4.1 引言

机器学习是一个庞大且不断发展的领域。在本章，我们甚至不可能全面概述这一领域，但可以提供一些机器学习的背景信息，以及一些和概率论与统计学的联系，这样我们就可以更容易地去思考机器学习，更轻松地将这些方法应用到实际问题中。统计学的根本问题与机器学习基本上是一样的：给定一些数据，思考如何使用这些数据。对于统计学来说，答案就是使用强大的理论构建分析估计量。对机器学习而言，答案则是算法预测。给定一个数据集，我们可以从中得出什么样的前瞻性推论？这个表述中很微妙的一点是：如果我们只有过去的数据，如何预测未来呢？这就是机器学习问题的关键，也是本章要探讨的问题。

4.2 Python 机器学习模块

Python 为机器学习库提供了许多绑定，其中有些库专门用于神经网络等技术，还有一些库则面向新手用户。本书关注的是强大且流行的 Scikit-learn 模块。Scikit-learn 因其 API 的一致性与合理性独树一帜，其丰富的机器学习算法、清晰的文档和方便可得的数据集，使其可以轻松地跟踪在线文档。同 Pandas 一样，Scikit-learn 也依靠 Numpy 的数值数组。自 2007 年发布以来，Scikit-learn 已成为使用最广泛、通用的开源机器学习模块，在工业界和学术界都很受欢迎。与 Python 其他所有模块一样，Scikit-learn 可以在所有主要平台上使用。

我们先回顾一下如何利用 Scikit-learn 进行熟悉的线性回归。首先，我们创建一些数据：

```
>>> import numpy as np
>>> from matplotlib.pylab import subplots
>>> from sklearn.linear_model import LinearRegression
>>> X = np.arange(10)          # create some data
>>> Y = X+np.random.randn(10) # linear with noise
```

接着，从 Scikit-learn 中导入并创建一个 Linear Regression 类的实例：

```
>>> from sklearn.linear_model import LinearRegression
>>> lr=LinearRegression() # create model
```

Scikit-learn 具有非常一致的 API。所有 Scikit-learn 对象都使用 `fit` 方法来计算模型参数，利用 `predict` 方法评价模型。对于 `LinearRegression` 实例，利用 `fit` 方法计算线性拟合系数。这种方法需要一个输入矩阵，其中，行为样本，列为特征。Y 值是回归目标，必须相应形成，如下所示：

```
>>> X,Y = X.reshape((-1,1)), Y.reshape((-1,1))
>>> lr.fit(X,Y)
LinearRegression(copy_X=True, fit_intercept=True, n_jobs=None,
        normalize=False)
>>> lr.coef_
array([[0.94211853]])
```

编程技巧

> 上述 `reshape((-1,1))` 调用中的负值告知 Numpy 找出应该赋值给其他维度的维度和数组元素的数量。

线性回归对象的 `coef_` 属性给出拟合的估计参数，约定用下划线表示估计参数。这一模型有个 `score` 方法，可以计算回归的 R^2 值。回顾 3.7 节，R^2 值为拟合质量的指标，数值在 0（拟合不好）到 1（完美拟合）之间。

```
>>> lr.score(X,Y)
0.9059042979442372
```

拟合后，我们可以利用 `predict` 方法进行评估：

```
>>> xi = np.linspace(0,10,15) # more points to draw
>>> xi = xi.reshape((-1,1)) # reshape as columns
>>> yp = lr.predict(xi)
```

拟合结果如图 4.1 所示。

(1) 多元线性回归

Scikit-learn 模块可以很轻松地将线性回归扩展到多维。例如，对于多元线性回归：

$$y = \alpha_0 + \alpha_1 x_1 + \alpha_2 x_2 + \cdots + \alpha_n x_n$$

关键在于找到给定训练集 $\{x_1, x_2, \cdots, x_n, y\}$ 时所有的 α。我们创建另一个示例数据集来探究其中的原理：

```
>>> X=np.random.randint(20,size=(10,2))
>>> Y=X.dot([1,3])+1 + np.random.randn(X.shape[0])*20
```

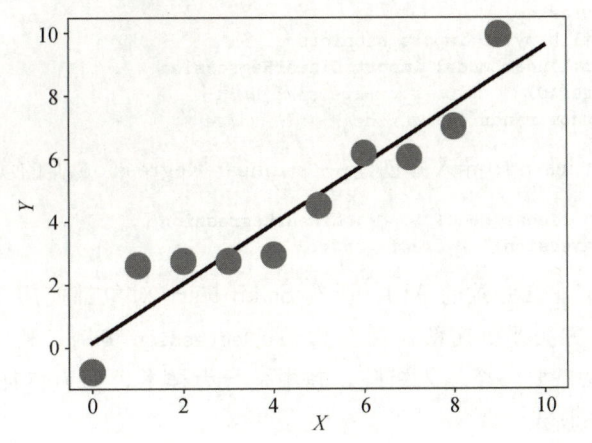

图 4.1　基于 Scikit-learn 模块的线性回归。圆圈表示训练数据，黑线为拟合曲线

图 4.2 给出了二元回归示例，其中圆圈的大小与目标 Y 值成正比。需要注意的是我们为了让事情变得有趣，在输出结果中加入了随机噪声。尽管如此，与 Scikit-learn 的接口是一样的。

```
>>> lr=LinearRegression()
>>> lr.fit(X,Y)
LinearRegression(copy_X=True, fit_intercept=True, n_jobs=None,
        normalize=False)
>>> print(lr.coef_)
[0.35171694 4.04064287]
```

变量 coef_ 现在有两个项，分别对应两个输入维度。需要注意的是常量偏移量已经内置，并且在 LinearRegression 构造函数中是可选项。图 4.3 显示了回归的过程。

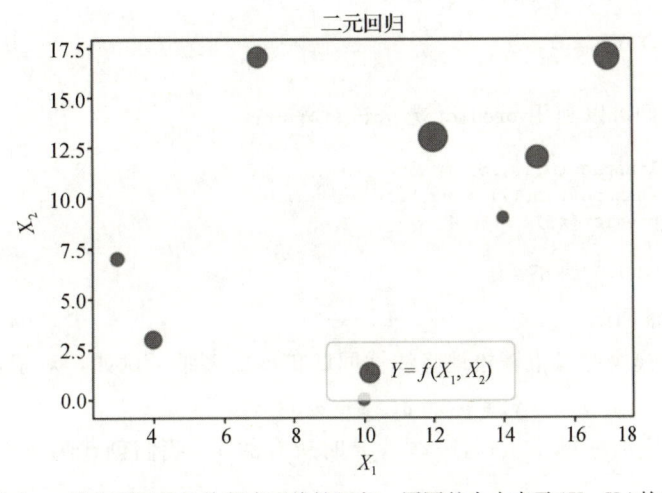

图 4.2　Scikit-learn 模块可以轻松执行多元线性回归，圆圈的大小表示(X_1, X_2)的二元函数值

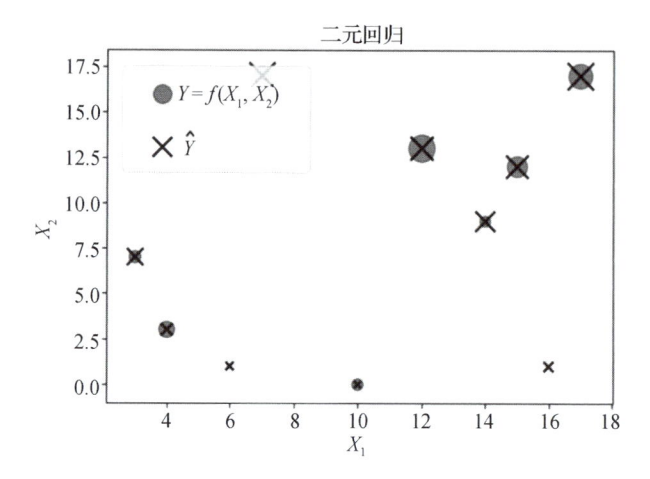

图 4.3 预测数据被涂成黑色。它覆盖了训练数据，表明拟合良好

(2) 多项式回归

我们可以使用 preprocessing 子模块中的 PolynomialFeatures 将其扩展，实现多项式回归。为简单起见，我们回到一维示例。首先，创建一些合成数据：

```
>>> from sklearn.preprocessing import PolynomialFeatures
>>> X = np.arange(10).reshape(-1,1) # create some data
>>> Y = X+X**2+X**3+ np.random.randn(*X.shape)*80
```

然后，创建从 X 到 X 多项式的转换：

```
>>> qfit = PolynomialFeatures(degree=2) # quadratic
>>> Xq = qfit.fit_transform(X)
>>> print(Xq)
[[ 1.   0.   0.]
 [ 1.   1.   1.]
 [ 1.   2.   4.]
 [ 1.   3.   9.]
 [ 1.   4.  16.]
 [ 1.   5.  25.]
 [ 1.   6.  36.]
 [ 1.   7.  49.]
 [ 1.   8.  64.]
 [ 1.   9.  81.]]
```

请注意，输出的第 0 列有一个自动常数项，其中 fit_transform 已将单列输入映射到一组表示各个多项式项的列中，中间列是线性项，最后一列是二次项。将这些多项式特征叠加为 Xq 列，我们需要做的就是应用 fit 和 predict 方法。以下代码比较了线性回归与二次回归，如图 4.4 所示。

```
>>> lr=LinearRegression() # create linear model
>>> qr=LinearRegression() # create quadratic model
>>> lr.fit(X,Y)  # fit linear model
LinearRegression(copy_X=True, fit_intercept=True, n_jobs=None,
        normalize=False)
>>> qr.fit(Xq,Y) # fit quadratic model
LinearRegression(copy_X=True, fit_intercept=True, n_jobs=None,
        normalize=False)
>>> lp = lr.predict(xi)
>>> qp = qr.predict(qfit.fit_transform(xi))
```

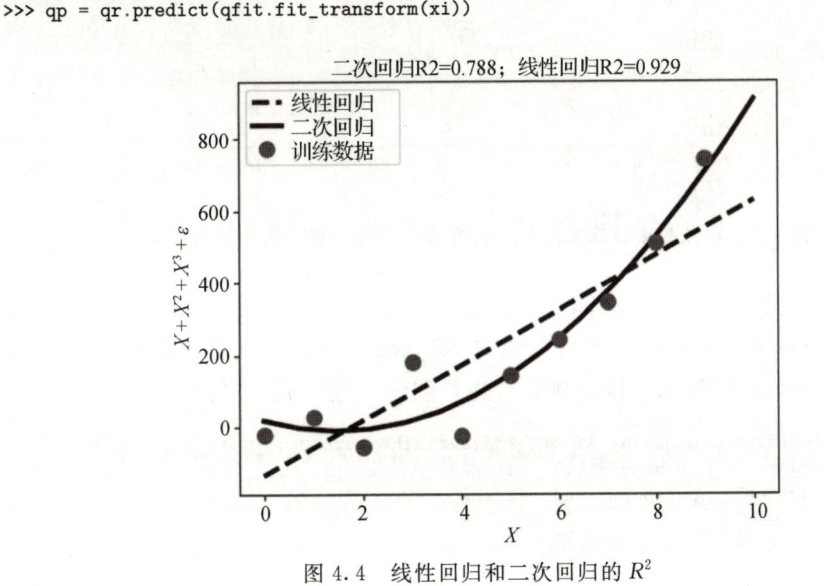

图 4.4　线性回归和二次回归的 R^2

这只是 Scikit-learn 的皮毛。稍后我们将介绍更多示例，但重点关注 Scikit-learn 中所有机器学习方法中的标准用法（即 `fit` 和 `predict`）。

4.3　学习理论

没有什么比好的理论更实用了。在本节中，我们将建立研究机器学习的框架。该框架将帮助我们采用超越机器学习的特定方法来思考，以便我们可以智能地集成新方法或组合现有方法。

机器学习和统计都致力于理解数据。一些历史观点可能会有所帮助。统计学中的大多数方法都是在 20 世纪初推导出来的，当时很难获取数据。社会存在人口过剩的问题，人们的工作重点是研究农业和提高农作物产量。在这个时期，就算是十几个数据点都被认为是足够的。与此同时，Kolmogorov 建立了概率的深层基础。因此，数据的缺乏意味着结论必须得到新兴概率论所提供的强有力的假设和坚实的数学基础的支持。此外，价格便宜、功能强大的计算机尚未广泛使用。如今的情况大不相同：大量数据被收集，并且功能强大且易于编程的计算机得到普及。重要的问题不再围绕农场每公顷的十几个数据点，而是围绕平方毫米的 DNA 阵列上的数百万个点。这是否意味着统计学将被机器学习所取代？

　　与经典统计学关注建立刻画、解释和描述现象的模型不同，机器学习主要关注的是预测。探索性统计学等领域与机器学习密切相关，但仍不那么专注于预测。从某种意义上说，这种现象是不可避免的，因为机器学习可以减少数据的规模。换句话说，机器学习可以将一百万列的表格精简为一百列，但是我们仍然可以有意义地解释这一百列吗？在经典统计学中，这从来都不是问题，因为数据的规模要小得多。用观测值拟合的数学模型（通常为正态分布）在统计学中很常见，而机器学习则使用数据来构建基于复杂数据结构的模型，并利用缺乏封闭形式解的非线性优化。一个普遍的共识是统计学是数据加分析理论，而机器学习是数据加可计算结构。这使得机器学习看起来完全是临时的并且没有基础理论，但是事实并非如此，机器学习和统计学共享许多重要的理论结果。作为对比，我们来思考一个具体问题。

　　我们来思考经典的瓮中球问题，如图 4.5 所示。假设我们有一个装有黑色球和浅灰色球的瓮，从中取出 5 个球，记下每个球的颜色，然后尝试确定瓮中黑色球和浅灰色球的比例。我们已经研究了许多处理此问题的统计方法。现在，让我们先来概括一下这个问题。假设瓮中装满了白色的球，并且有某个未知目标函数 f，可将每个选定的球涂成黑色或浅灰色（见图 4.6）。机器学习问题是如何在只给出观察到的黑色球或浅灰色球的情况下找到函数 f。到目前为止，这听起来与统计学问题没有太大区别。但是，当前我们要采用估计的 f 函数，即 $\hat{f}$，并用它来预测下一批从另一个瓮取出的球。现在，这个故事发生了急转弯。假设下一个瓮中已经有一些黑色球和浅灰色球，应用函数 f 可能会产生没有在训练数据中出现过的深灰色球（见图 4.7）。我们可以做什么？我们只是使用了不属于经典统计学的方法，这只触及了机器学习必须面对的问题的表面。

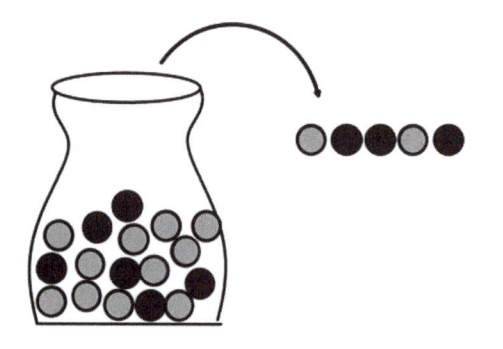 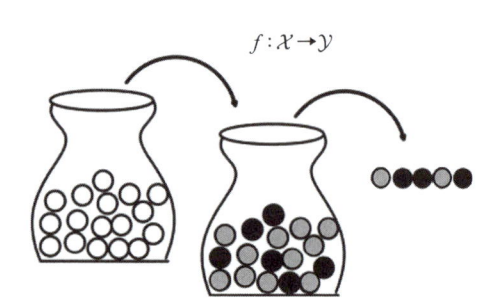

图 4.5　在经典的统计学问题中，观察样本并对瓮中包含的信息进行建模　　图 4.6　在机器学习问题中，我们需要找到给球涂色的函数

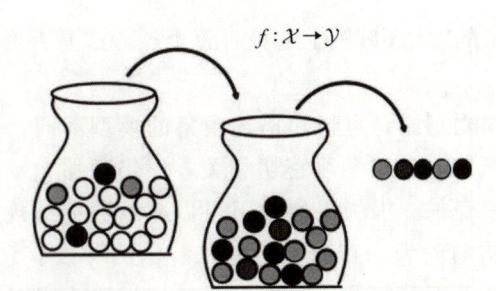

图 4.7　这个问题更加复杂，因为我们可能会看到原来问题中不存在的彩色球

4.3.1　机器学习理论概述

我们定义未知的目标函数 $f: \mathcal{X} \mapsto \mathcal{Y}$ 且训练集为 $\{(x, y)\}$，这意味着我们只能看到函数的输入和输出。假设集 $\mathcal{H}$ 是对 f 的所有可能猜测的集合，最后我们将从这个集合得出最终的估计函数 $\hat{f}$。机器学习问题是如何利用训练集从这个假设集中推导出最佳元素。我们来看一个具体的示例。假设 $\mathcal{X}$ 由所有三位向量组成（即 $\mathcal{X} = \{000, 001, \cdots, 111\}$），代码如下：

```
>>> import pandas as pd
>>> import numpy as np
>>> from pandas import DataFrame
>>> df=DataFrame(index=pd.Index(['{0:04b}'.format(i)
...                              for i in range(2**4)],
...                             dtype='str',
...                             name='x'),columns=['f'])
```

接着，定义目标函数 f，该函数仅检查二进制表示形式中 0 的数目是否超过了 1 的数目。如果是，则该函数输出 1；否则输出 0，即 $\mathcal{Y} = \{0, 1\}$。

```
>>> df.f=np.array(df.index.map(lambda i:i.count('0'))
...                > df.index.map(lambda i:i.count('1')),dtype=int)
>>> df.head(8) # show top half only
      f
x
0000  1
0001  1
0010  1
0011  0
0100  1
0101  0
0110  0
0111  0
```

该问题的假设集是 $\mathcal{X}$ 的所有可能函数的集合。集合 $\mathcal{D}$ 代表所有可能的输入/输出对。相应的假设集 $\mathcal{H}$ 有 2^{16} 个元素，其中之一与 f 匹配。假设集中之所以有 2^{16} 个元素是因为对于 16 个输入元素中的每一个元素，都有 0 或 1 两种可能的输入。因此，假设集的规模为 $2 \times 2 \times \cdots \times 2 = 2^{16}$。现在，给出一个由前 8 个输入/输出对组成的训练集，我们的目标是使训练集($E_{in}(\hat{f})$)上的误差最小。假设整个训练集上与函数 f 相匹配的元素有 2^8 个来自假设集。但是，如何从这 2^8 个元素中进行选择？似乎我们卡在了这里。我们需要该问题中的另一个元素来破解。另外需要做的是假设训练集代表来自更大总体(样本外数据)的随机采样(样本内数据)，该总体将与 $\hat{f}$ 最终预测的总体一致。换句话说，我们假设样本内数据和样本外数据都有一个稳定的概率结构。这是一个重要的假设！

该假设有一种很微妙的结果：不管机器学习方法在部署后做什么，为了让它继续工作，它都不会干扰训练它的数据环境。换言之，如果该方法不被连续地训练，那么它就不能通过改变产生训练数据的生成环境来打破这一假设。例如，假设我们开发了一个根据季节性天气和患者健康状况预测医院重复住院率的模型。由于该模型非常有效，在接下来的 6 个月中，医院通过采取改善患者健康状况的干预措施来预防患者再次住院。很显然，该模型不能改变季节性天气，但是由于医院使用该模型来改变患者的健康状况，因此用于构建该模型的训练数据与患者的健康状态数据不再一致。因此，几乎没有理由认为该模型今后还会继续发挥作用。

回到我们的示例，假设 $\mathcal{X}$ 的前 8 个元素出现的概率是后 8 个元素的两倍。以下代码是根据此分布从 $\mathcal{X}$ 生成元素的函数：

```
>>> np.random.seed(12)
>>> def get_sample(n=1):
...     if n==1:
...         return '{0:04b}'.format(np.random.choice(list(range(8))*2
...                                       +list(range(8,16))))
...     else:
...         return [get_sample(1) for _ in range(n)]
...
```

编程技巧

返回随机样本的函数使用 Numpy 的 **np.random.choice** 函数，该函数从给定的迭代对象中(有放回地)获取样本。由于我们希望前 8 个数字出现的频率是其余 8 个数字的两倍，所以只需使用 **range(8)*2** 就可以迭代重复它们了。回想一下，将 Python 列表乘以一个整数表示整个列表乘以该整数。它不像 Numpy 数组那样执行逐元素乘法。如果我们想前 8 个元素出现的频率是其余 8 个的 10 倍，那就用 **range(8)*10**。这是一种简单但功能强大的技术，只需要很少的代码。请注意，**np.random.choice** 中的关键字参数 p 还提供了一种指定更复杂分布的显式方式。

以下模块将函数定义 f 应用于采样数据，以生成由 8 个元素组成的训练集：

```
>>> train=df.loc[get_sample(8),'f'] # 8-element training set
>>> train.index.unique().shape    # how many unique elements?
(6,)
```

请注意，即使只有 8 个元素，也存在冗余，因为这些元素是根据潜在概率获得的。否则，如果我们正好得到所有 16 个不同元素，那么将得到一个由 f 的完整规范组成的训练集，这样我们就知道 $h \in \mathcal{H}$ 取什么了！然而，这种效果给我们提供了一个线索，告诉我们这最终将如何工作。给定训练集中的元素，考虑假设集完全匹配训练集。该如何选择？答案是完全没关系！为什么？因为在预测将用于由相同概率确定的环境这个假设下，在训练集外获得某元素和在训练集中得到某元素的概率差不多。训练集的规模在这里很关键，训练集越大，超出真实数据范围的可能性就越小，$\hat{f}$ 的表现就越好$^\ominus$。以下代码显示了所有可能数据的上下文中训练集的元素：

```
>>> df['fhat']=df.loc[train.index.unique(),'f']
>>> df.fhat
x
0000    NaN
0001    NaN
0010    1.0
0011    0.0
0100    1.0
0101    NaN
0110    0.0
0111    NaN
1000    1.0
1001    0.0
1010    NaN
1011    NaN
1100    NaN
1101    NaN
1110    NaN
1111    NaN
Name: fhat, dtype: float64
```

需要注意的是，符号 NaN 表示训练集此处没有值。为了保持确定性，我们用 0 来代替它们，也可以用其他任何想要的东西代替它们，只要我们所做的一切都不由训练集决定即可。

```
>>> df.fhat.fillna(0,inplace=True) #final specification of fhat
```

现在，我们假装已经部署模型并生成了一些测试数据。

```
>>> test= df.loc[get_sample(50),'f']
>>> (df.loc[test.index,'fhat'] != test).mean()
0.18
```

给定生成数据的概率机制，这个结果显示了错误率。下面的 Pandas-fu 在所有可能的数据中比较了训练集和测试集之间的重叠情况。NaN 值显示测试数据不在训练数据中。

$\ominus$　这假设假设集足够大，可以捕获整个训练集（本例就是这样）。我们不久将更广泛地讨论这一权衡。

回想一下，该方法为这些项返回零。可以看到，有时这对它有利，有时则不然。

```
>>> pd.concat([test.groupby(level=0).mean(),
...           train.groupby(level=0).mean()],
...          axis=1,
...          keys=['test','train'])
        test   train
0000      1     NaN
0001      1     NaN
0010      1     1.0
0011      0     0.0
0100      1     1.0
0101      0     NaN
0110      0     0.0
0111      0     NaN
1000      1     1.0
1001      0     0.0
1010      0     NaN
1011      0     NaN
1100      0     NaN
1101      0     NaN
1110      0     NaN
1111      0     NaN
```

请注意，对于测试数据和训练数据共享的元素，预测匹配；但是当测试集产生一个未曾见过的元素时，预测结果可能匹配，也可能不匹配。

编程技巧

> pd.concat 函数连接列表中的两个 Series 对象。axis=1 表示沿着列连接两个对象，其中每个新创建的列均根据给定的 keys 进行命名。每个 Series 对象的 groupby 中的 level=0 表示沿着索引分组。由于索引仍由 4 位组成，会造成结果重复。mean 聚合函数为每个索引计算该函数的值。每个组中的所有函数都具有相同的值，mean 恰好就是该值，因为常量列表的均值就是该常量。

现在，我们要问的是，训练集规模应该多大才能得到一定程度的结果？例如，对于给定的错误率，平均需要多少样本？对于这个问题，我们可以问训练集（平均）必须有多大才能捕获所有的可能性并获得完美的样本外错误率。这个问题的结果是 63[⊖]。我们重新开始并重新训练这些训练集样本。

```
>>> train=df.loc[get_sample(63),'f']
>>> del df['fhat']
>>> df['fhat']=df.loc[train.index.unique(),'f']
>>> df.fhat.fillna(0,inplace=True) #final specification of fhat
>>> test= df.loc[get_sample(50),'f']
>>> # error rate
>>> (df.loc[test.index,'fhat'] != df.loc[test.index,'f']).mean()
0.0
```

⊖ 这是经典优惠券收集问题的简单概括。

请注意，此较大的训练集具有更好的错误率，因为它能够从假设集中识别出最佳元素，训练集捕获了未知函数 f 更多的复杂度。此示例展示了训练集的大小、目标函数的复杂度、数据的概率结构以及假设集的大小之间的权衡。请注意，在接触到数据后，所谓的学习方法除了记住数据并对任何新遇到的未知数据输出零之外什么也没做。这意味着假设集包含单个假设函数，该函数记忆并默认为零输出。如果该方法尝试根据特定数据更改默认的零输出，那么我们可以认为发生了有意义的学习。这里缺少的是**泛化**，这是下一节的主题。

4.3.2 泛化理论

我们真正想知道的是方法一旦部署将如何执行。能有某种性能保证就好了。换言之，我们努力减少训练集中的错误，但在部署时可以预期到有哪些错误吗？在训练中，我们将样本内误差 $E_{in}(\hat{f})$ 最小化，但这还不够好。我们想要保证样本外误差 $E_{out}(\hat{f})$ 也最小。这就是机器学习中**泛化**的含义。其数学表达式如下：

$$\mathbb{P}(\,|\,E_{out}(\hat{f}) - E_{in}(\hat{f})\,|\,>\varepsilon) < \delta$$

可以说，这表示各个误差相差超过给定值 ε 的概率小于某个量 δ。这意味着无论训练集的性能如何，一旦部署，它就应该非常接近相应的性能。请注意，这并不是说样本内误差 (E_{in}) 绝对好，而只是说我们不会期望部署后有太大的不同。因此，良好的泛化意味着部署后没有意外，不一定有良好的性能。这有两种主要的解决方法：交叉验证和概率不等式。我们先探讨后者。有两个相互纠缠的问题：假设集的复杂度和数据的概率。事实证明，我们可以通过从任何特定数据概率导出一个单独的复杂度来将这两者分开。

VC 维　我们首先需要一种量化模型复杂度的方法。根据 Wasserman[1]，令 $\mathcal{A}$ 为一组集合，$F=\{x_1, x_2, \cdots, x_n\}$ 为 n 个数据点的集合。然后定义

$$N_{\mathcal{A}}(F) = \#\{F \cap A : A \in \mathcal{A}\}$$

这个定义计算了可以由集合 $\mathcal{A}$ 提取的 F 子集的数量。集合中项数（即基数）由 # 号区分。例如，假设 $F=\{1\}$ 且 $\mathcal{A}=\{(x\leqslant a)\}$。换句话说，$\mathcal{A}$ 包含由 a 参数化的所有右闭区间。在这种情况下，有 $N_{\mathcal{A}}(F)=1$，因为所有元素都可以通过 $\mathcal{A}$ 从 F 中提取出来。具体地说，任意 $a>1$ 意味着 $\mathcal{A}$ 包含 F。

打散系数（shatter coefficient）定义为

$$s(\mathcal{A}, n) = \max_{F \in \mathcal{F}_n} N_{\mathcal{A}}(F)$$

其中 $\mathcal{F}$ 由大小为 n 的所有有限集组成。请注意，这会覆盖所有有限集，因此我们不必担心任何具有有限多个点的特定数据集。该定义与 $\mathcal{A}$ 以及它的集合如何从数据集中提取元素有关。如果可以从集合 $\mathcal{F}$ 中挑选出每个元素，则 F 就会被 $\mathcal{A}$ 打散。这提供了一种 $\mathcal{A}$ 的复杂度如何消耗数据的感觉。在最后一个示例中，半闭区间的集合打散了每一个单元素集合 $\{x_1\}$。

现在，我们来讨论 Vapnik-Chervonenkis[2] 维（VC 维）d_{VC} 的主要定义，它定义为使

$s(\mathcal{A},n)=2^k$ 成立的最大的 k, 但是 $s(\mathcal{A},n)=2^n$ 时除外, 此时定义为无穷大。在例子 $F=\{x_1\}$ 中, 我们已经看到 $\mathcal{A}$ 打散了 F。当 $F=\{x_1,x_2\}$ 时呢? 现在, 我们有两个点, 并且不得不考虑是否所有的子集都能由 $\mathcal{A}$ 提取。在本例中, 有 4 个子集 $\{\varnothing,\{x_1\},\{x_2\},\{x_1,x_2\}\}$, 请注意 $\varnothing$ 代表空集。空集很容易被提取, 即选择 a 使其小于 x_1 和 x_2。假设 $x_1<x_2$, 我们可以选择 $x_1<a<x_2$, 从而得到下一个集合。通过选择 $x_2<a$ 同样可以确定最后一个集合。问题在于, 如果不同时捕获 x_1, 就无法捕获第三个集合 $\{x_2\}$。这意味着我们不能用 $\mathcal{A}$ 来打散任何 $n=2$ 的有限集。因此, $d_{\mathrm{vc}}=1$。

以下是气候变化的结果:

$$E_{\mathrm{out}}(\hat{f}) \leqslant E_{\mathrm{in}}(\hat{f}) + \sqrt{\frac{8}{n}\ln\left(\frac{4((2n)^{d_{\mathrm{vc}}}+1)}{\delta}\right)}$$

其概率至少为 $1-\delta$。这意味着, 由于假设集的复杂度, 预期的样本外误差不会比样本内误差加上惩罚更差。期望的样本内误差来自训练集, 而复杂度惩罚仅来自假设集, 从而区分了这两个问题。

对于这样的一般结果, 我们不必担心数据的概率, 肯定是相当大的。但是尽管如此, 它还是告诉我们复杂度惩罚是如何进入样本外误差的。换句话说, 对于更复杂的假设集, $E_{\mathrm{out}}(\hat{f})$ 的界限更模糊。因此, 如果我们想得到好的 $E_{\mathrm{out}}(\hat{f})$ 估计, 那么这个泛化界限是一个有用的准则, 但不是很实用。

4.3.3 泛化/近似复杂度示例

图 4.8 中的特征曲线说明了这样一种观点, 即在给定训练集的情况下, 存在某个代表最佳泛化的最佳复杂度。

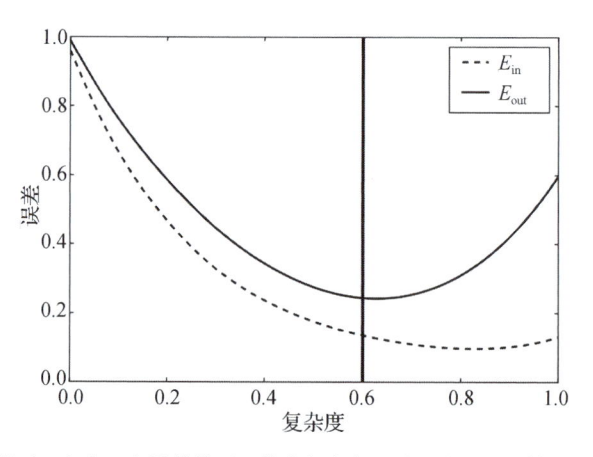

图 4.8 在理想情况下, 存在一个最佳模型, 代表复杂度和误差之间的最佳权衡(图中用垂线表示)

为了对这些曲线有一个深刻的认识, 我们开发一种简单的一维机器学习方法并逐步创建该图。假设有一个训练集 $\{(x_i,y_i)\}$。使用我们的方法将数据 x 分组为区间, 然后对

这些区间中的数据 y 取平均值。预测新的 x 数据意味着简单地识别包含新数据的区间，然后报告相应的值。换句话说，我们正在构建一个简单的一维最近邻分类器。例如，假设训练集数据 x 如下：

```
>>> train=DataFrame(columns=['x','y'])
>>> train['x']=np.sort(np.random.choice(range(2**10),size=90))
>>> train.x.head(10) # first ten elements
0     15
1     30
2     45
3     65
4     76
5     82
6    115
7    145
8    147
9    158
Name: x, dtype: int64
```

在本例中，我们取一组随机的 10 位整数。要将它们分成 10 个区间，只需使用 Numpy 的 **reshape** 函数，如下所示：

```
>>> train.x.values.reshape(10,-1)
array([[ 15,  30,  45,  65,  76,  82, 115, 145, 147],
       [158, 165, 174, 175, 181, 209, 215, 217, 232],
       [233, 261, 271, 276, 284, 296, 318, 350, 376],
       [384, 407, 410, 413, 452, 464, 472, 511, 522],
       [525, 527, 531, 534, 544, 545, 548, 567, 567],
       [584, 588, 610, 610, 641, 645, 648, 659, 667],
       [676, 683, 684, 697, 701, 703, 733, 736, 750],
       [754, 755, 772, 776, 790, 794, 798, 804, 830],
       [831, 834, 861, 883, 910, 910, 911, 911, 937],
       [943, 946, 947, 955, 962, 962, 984, 989, 998]])
```

其中每行就是一组。请注意，每个组的范围（即区间的长度）不是预先指定的，而是从训练数据中学习得来的。对于本例，y 值对应于 x 值的位表示中 1 的数目。以下代码定义了此目标函数：

```
>>> f_target=np.vectorize(lambda i:i.count('1'))
```

编程技巧

上面使用的函数 **np.vectorize** 是 Numpy 中的一种便捷方法，它将普通的 Python 函数转换为 Numpy 形式。这基本上节省了额外的循环语义，并使其更易于与其他 Numpy 数组和函数一起使用。

接下来，我们创建下面所有数据 x 的位表示，然后获得训练集 y 值：

```
>>> train['xb']= train.x.map('{0:010b}'.format)
>>> train.y=train.xb.map(f_target)
>>> train.head(5)
```

```
     x   y        xb
0   15   4   0000001111
1   30   4   0000011110
2   45   4   0000101101
3   65   2   0001000001
4   76   3   0001001100
```

为了训练这些数据，我们只需按指定的数量分组，然后对每组的数据 y 求均值：

```
>>> train.y.values.reshape(10,-1).mean(axis=1)
array([3.55555556, 4.88888889, 4.44444444, 4.88888889, 4.11111111,
       4.        , 6.        , 5.11111111, 6.44444444, 6.66666667])
```

请注意，关键字参数 axis=1 仅表示各列的均值。至此，这定义了训练。要使用这种方法进行预测，我们必须提取每组的边界，填入刚刚计算的 y 的每组均值。提取每组边界的代码如下：

```
>>> le,re=train.x.values.reshape(10,-1)[:,[0,-1]].T
>>> print (le) # left edge of group
[ 15 158 233 384 525 584 676 754 831 943]
>>> print (re) # right edge of group
[147 232 376 522 567 667 750 830 937 998]
```

接下来，我们计算组均值，并将其赋给各组的边界：

```
>>> val = train.y.values.reshape(10,-1).mean(axis=1).round()
>>> func = pd.Series(index=range(1024))
>>> func[le]=val      # assign value to left edge
>>> func[re]=val      # assign value to right edge
>>> func.iloc[0]=0  # default 0 if no data
>>> func.iloc[-1]=0 # default 0 if no data
>>> func.head()
0    0.0
1    NaN
2    NaN
3    NaN
4    NaN
dtype: float64
```

请注意，Pandas Series 对象会自动用 NaN 填充未赋值的项。到目前为止，我们只给每组的边界赋了值。现在，我们需要填写中间值：

```
>>> fi=func.interpolate('nearest')
>>> fi.head()
0    0.0
1    0.0
2    0.0
3    0.0
4    0.0
dtype: float64
```

Series 对象的 interpolate 方法可以应用各种强大的插值方法，但我们只需要用简单的最近邻方法来创建我们的分段逼近。图 4.9 显示了如何查找创建的训练数据。

这些都完成以后，就可以绘制这种机器学习方法的曲线。我们可以采用与训练数据相同的机制来模拟测试数据，而不是像在交叉验证（我们将在后面讨论）方法中那样划分训练数据，如下所示：

```
>>> test=pd.DataFrame(columns=['x','xb','y'])
>>> test['x']=np.random.choice(range(2**10),size=500)
>>> test.xb= test.x.map('{0:010b}'.format)
>>> test.y=test.xb.map(f_target)
>>> test.sort_values('x',inplace=True)
```

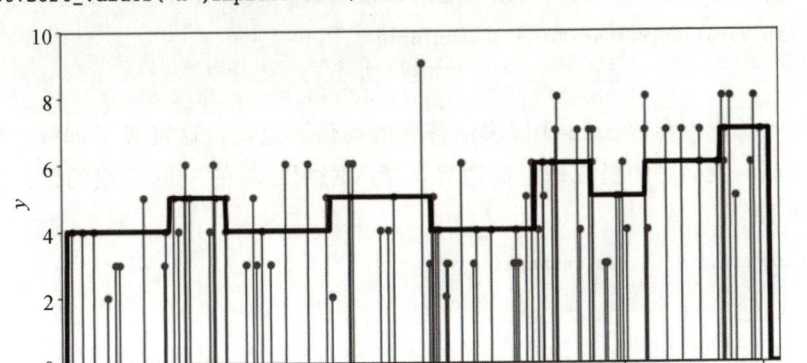

图 4.9　垂线表示训练数据，粗黑线表示从训练数据中学习到的近似值

曲线分别代表训练数据和测试数据的误差。对于误差度量，我们使用均方误差：

$$E_{\text{out}} = \frac{1}{n}\sum_{i=1}^{n}(\hat{f}(x_i) - y_i)^2$$

其中，$\{(x_i,y_i)\}_{i=1}^{n}$ 来自测试数据。除了样本内数据外，样本内误差（E_{in}）的定义相同。在本例中，每组的规模与 d_{VC} 成正比，因此选择的组越多，拟合的复杂度就越大。现在，我们已经具备理解复杂度与误差之间权衡的所有要素。

图 4.10 展示了我们的一维聚类方法的曲线。虚线表示训练集的均方误差，另一条线表示测试数据的均方误差。阴影区域是该方法的**复杂度惩罚**。需要注意的是，在足够复杂的情况下，该方法可以准确地记住测试数据，但这只会惩罚测试误差（E_{out}）。这正是 Vapnik-Chervonenk 理论所表达的效果。水平轴与 VC 维成正比。在这种情况下，复杂度归结为分段中使用的区间数量。在最右边，我们有与数据集中元素一样多的区间，这意味着每个元素都被包含在自己的区间中。因此，该区间中数据的均值就是相应的 y 值，因为没有其他元素需要平均。

在我们结束这个问题之前，还要介绍另一种可视化我们学习方法的性能的方式。这个问题可以被看作一个多类识别问题。给定一个 10 位整数，它的二进制表示形式中 1 的数量属于 $\{0,1,\cdots,10\}$ 类中。模型的输出尝试将每个整数放入各自的类中。可以使用**混淆矩阵**（如下面代码块所示）将分类情况可视化：

```
>>> from sklearn.metrics import confusion_matrix
>>> cmx=confusion_matrix(test.y.values,fi[test.x].values)
>>> print(cmx)
```

```
[[ 1  0  0  0  0  0  0  0  0  0]
 [ 1  0  1  0  1  1  0  0  0  0]
 [ 0  0  3  9  7  4  0  0  0  5]
 [ 1  0  3 23 19  6  6  0  2  0]
 [ 0  0  1 26 27 14 27  2  2  0]
 [ 0  0  3 15 31 28 30  8  1  0]
 [ 0  0  1  8 18 20 25 23  2  2]
 [ 1  0  1 10  5 13  7 19  3  6]
 [ 4  0  1  2  0  2  2  7  4  3]
 [ 2  0  0  0  0  1  0  0  0  0]]
```

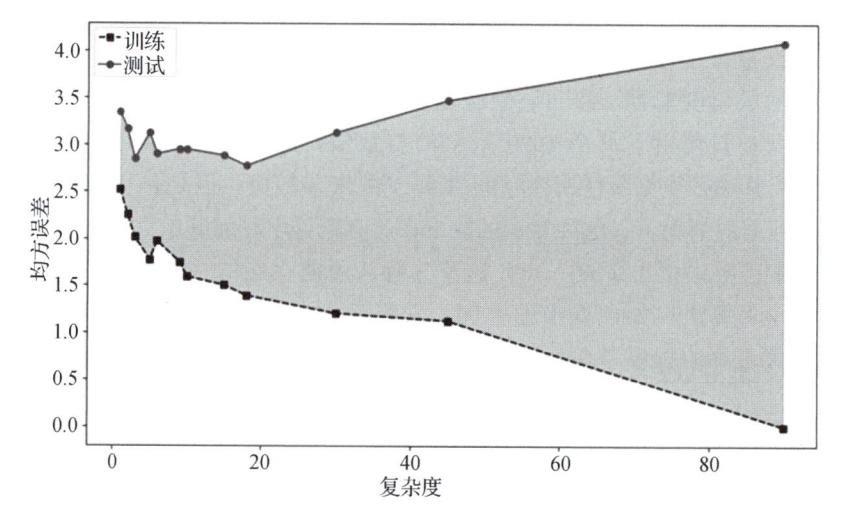

图 4.10　虚线表示训练集的均方误差，另一条线表示测试数据的均方误差。阴影区域表示该
　　　　方法的复杂度惩罚。请注意，随着模型复杂度的增加，训练误差减小，并且该方法
　　　　基本上记住了数据。然而，这种训练误差的改善是以更大的测试误差为代价的

这个 10×10 矩阵的行表示真实的类，列表示模型预测的类。矩阵中的数字表示关联的次数。例如，第一行显示测试集中有一个条目，其二进制表示中没有 1（即为数字 0），并且它被正确分类（即它位于矩阵的第一行、第一列）。第二行显示测试集中总共有 4 个条目，其二进制表示形式正好包含一个 1。第二行被错误地分类为 0 类（即第一列）一次，2 类（第三列）一次，4 类（第五列）一次和 5 类（第六列）一次。第二行从始至终没有被正确分类过，因为该行的第二列为零。换句话说，对角线条目显示了它被正确分类的次数。

通过这个矩阵，我们可以很容易地估计真实检测概率（见 3.5 节）。

```
>>> print(cmx.diagonal()/cmx.sum(axis=1))
[1.          0.          0.10714286 0.38333333 0.27272727 0.24137931
 0.25252525 0.29230769 0.16        0.          ]
```

换句话说，第一个元素是 0 生效时检测到 0 的概率，第二个元素是 1 生效时检测到 1 的概率，以此类推。我们同样可以计算每个类的误报率：

```
>>> print((cmx.sum(axis=0)-cmx.diagonal())/(cmx.sum()-cmx.sum(axis=1)))
[0.01803607 0.          0.02330508 0.15909091 0.20199501 0.15885417
 0.17955112 0.09195402 0.02105263 0.03219316]
```

编程技巧

Numpy 的 sum 函数可以对特定轴求和，如果未指定轴，则将对数组的所有条目求和。

在这种情况下，第一个元素是在另一个类别生效时声明为 0 的概率，下一个元素是在另一个类别生效时声明为 1 的概率，以此类推。对于较好的分类器，我们希望真实检测概率大于相应的误报率，否则分类器还不如投币好。

从学习算法的角度来看，此问题缺少的特征是用于导出目标变量 y 的每个元素的位表示。相反，我们只使用了每个 10 位数字的整数值，这实质上隐藏了创建 y 值的机制。换句话说，学习算法必须克服从输入空间 $\mathcal{X}$ 到 $\mathcal{Y}$ 的未知转换，但是，它无法克服，至少在没有记住训练数据的情况下。这种知识的缺乏在所有机器学习问题中都是一个关键问题，尽管我们在本例中已明确指出了这一点。这意味着从可能存在的一个或多个从 $\mathcal{X} \rightarrow \mathcal{X}'$ 的变换，可以帮助学习算法在如此变换的空间上获得牵引，同时在泛化能力和逼近能力之间提供比其他方式更好的折中考虑。寻找这样的转换称为**特征工程**。

4.3.4 交叉验证

在上一节中，我们探索了一个程式化的机器学习示例，以了解机器学习中的复杂度问题。但是，为了估算样本外误差，只需生成更多的合成数据。在实践中，生成合成数据并不能作为一种选择，因此我们需要利用训练集估计这些误差。这就是交叉验证的作用。交叉验证最简单的形式是 K 折验证。例如，如果 $K = 3$，则训练数据被分成三个部分，其中三个部分中的每个部分分别用于测试，其余两个部分用于训练。它在 Scikit-learn 中的实现如下：

```
>>> import numpy as np
>>> from sklearn.model_selection import KFold
>>> data =np.array(['a',]*3+['b',]*3+['c',]*3) # example
>>> print (data)
['a' 'a' 'a' 'b' 'b' 'b' 'c' 'c' 'c']
>>> kf = KFold(3)
>>> for train_idx,test_idx in kf.split(data):
...     print (train_idx,test_idx)
...
[3 4 5 6 7 8] [0 1 2]
[0 1 2 6 7 8] [3 4 5]
[0 1 2 3 4 5] [6 7 8]
```

在上面的代码中，我们构造了一个样本数据数组，然后查看 KFold 如何将其拆分为分别用于训练和测试的索引。请注意，训练索引和测试索引之间的每一行中都没有重复的元素。检查每个类别中数据集的元素时，只需使用索引即可，如下所示：

```
>>> for train_idx,test_idx in kf.split(data):
...     print('training', data[ train_idx ])
...     print('testing' , data[ test_idx ])
...
training ['b' 'b' 'b' 'c' 'c' 'c']
testing ['a' 'a' 'a']
training ['a' 'a' 'a' 'c' 'c' 'c']
testing ['b' 'b' 'b']
training ['a' 'a' 'a' 'b' 'b' 'b']
testing ['c' 'c' 'c']
```

这展示了如何依次使用每组进行训练/测试。除非给定 shuffle 关键字参数，否则不会对数据进行随机改组。测试集上的误差是**交叉验证误差**。其思想是假设有不同复杂度的模型，然后选择具有最佳交叉验证误差的模型。例如，假设有以下正弦波数据：

```
>>> xi = np.linspace(0,1,30)
>>> yi = np.sin(2*np.pi*xi)
```

并且我们想用递增的多项式来拟合它们。

图 4.11 显示了每个面板中的单独折叠。圆圈代表训练数据。对角线是拟合的多项式。灰色阴影区域表示拟合多项式与保留测试数据之间的误差。灰色区域越大，交叉验证误差越大，正如每个小图上方所述。

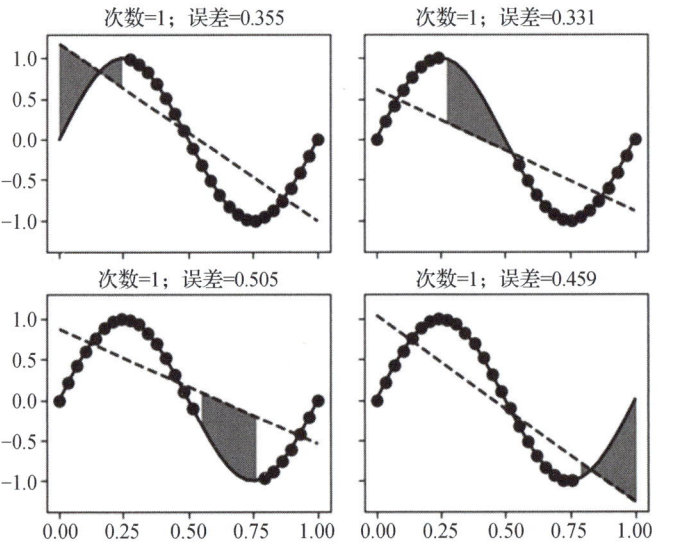

图 4.11　线性模型的各次交叉验证和误差。阴影区域表示线性模型在相应测试集中的误差（即交叉验证误差）

观察了上述四个小图并求出交叉验证误差的均值之后，平均误差最小的那个为获胜者。因此，交叉验证提供了一种使用单个数据集对看不见的样本外数据进行声明的方法，只要可以确定具有最佳复杂度的模型即可。生成上述图形的整个过程可以使用 cross_val_score 捕获（将输出与图 4.11 的每个小图上方的值进行比较）：

```
>>> from sklearn.metrics import  make_scorer, mean_squared_error
>>> from sklearn.model_selection import cross_val_score
>>> from sklearn.linear_model import LinearRegression
>>> Xi = xi.reshape(-1,1) # refit column-wise
>>> Yi = yi.reshape(-1,1)
>>> lf = LinearRegression()
>>> scores = cross_val_score(lf,Xi,Yi,cv=4,
...                          scoring=make_scorer(mean_squared_error))
>>> print(scores)
[0.3554451  0.33131438 0.50454257 0.45905672]
```

编程技巧

make_scorer 函数是一个封装器，使得 cross_val_score 函数能够从给定的估计量的输出中计算误差。

使用 Pipeline 可以进一步自动化该过程，如下所示：

```
>>> from sklearn.pipeline import Pipeline
>>> from sklearn.preprocessing import PolynomialFeatures
>>> polyfitter = Pipeline([('poly', PolynomialFeatures(degree=3)),
...                        ('linear', LinearRegression())])
>>> polyfitter.get_params()
{'memory': None, 'steps': [('poly', PolynomialFeatures(degree=3,
include_bias=True, interaction_only=False)),
('linear', LinearRegression(copy_X=True,
fit_intercept=True, n_jobs=None,
       normalize=False))], 'poly': PolynomialFeatures(degree=3,
       include_bias=True, interaction_only=False), 'linear':
       LinearRegression(copy_X=True, fit_intercept=True, n_jobs=None,
       normalize=False), 'poly__degree': 3, 'poly__include_bias':
       True, 'poly__interaction_only': False, 'linear__copy_X':
       True, 'linear__fit_intercept': True, 'linear__n_jobs': None,
       'linear__normalize': False}
```

Pipeline 对象是一种将标准步骤叠加到大估计器中的方法，同时尊重通常的 fit 和 predict 接口。get_params 函数的输出包含我们之前循环创建图 4.11 等的多项式次数。我们将在下一个代码块中使用这些命名参数。为了使用 polyfitter 估计器自动完成这项工作，我们需要用到网格搜索交叉验证对象 GridSearchCV。下一步是使用它来创建要循环的参数网格，如下所示：

```
>>> from sklearn.model_selection import GridSearchCV
>>> gs=GridSearchCV(polyfitter,{'poly__degree':[1,2,3]},
...                  cv=4,return_train_score=True)
```

gs 对象将使用 4 折交叉验证（cv=4）将多项式次数循环到三次，就像我们之前手动完成的一样。poly__degree 元素来自前面的 get_ params 调用。现在，我们只需将常规 fit 方法应用于训练数据：

```
>>> _=gs.fit(Xi,Yi)
>>> gs.cv_results_
{'mean_fit_time': array([0.00041956, 0.00041848, 0.00043315]),
```

```
'std_fit_time': array([3.02347168e-05, 5.91589236e-06, 6.70625100e-06]),
'mean_score_time': array([0.00027096, 0.00027257, 0.00032073]),
'std_score_time': array([9.02611933e-06, 1.20837301e-06, 5.49008608e-05]),
'param_poly__degree': masked_array(data=[1, 2, 3],
            mask=[False, False, False],
    fill_value='?',
            dtype=object), 'params':
[{'poly__degree': 1}, {'poly__degree': 2}, {'poly__degree': 3}],
'split0_test_score': array([ -2.03118491, -68.54947351,  -1.64899934]),
'split1_test_score': array([-1.38557769, -3.20386236,  0.81372823]),
'split2_test_score': array([ -7.82417707, -11.8740862 ,  0.47246476]),
'split3_test_score': array([ -3.21714294, -60.70054797,  0.14328163]),
'mean_test_score': array([ -3.4874447 , -36.06830421,  -0.07906481]),
'std_test_score': array([ 2.47972092, 29.1121604 ,  0.975868  ]),
'rank_test_score': array([2, 3, 1], dtype=int32),
'split0_train_score': array([0.52652515, 0.93434227, 0.99177894]),
'split1_train_score': array([0.5494882 , 0.60357784, 0.99154288]),
'split2_train_score': array([0.54132528, 0.59737218, 0.99046089]),
'split3_train_score': array([0.57837263, 0.91061274, 0.99144127]),
'mean_train_score': array([0.54892781, 0.76147626, 0.99130599]),
'std_train_score': array([0.01888775, 0.16123462, 0.00050307])}
```

显示的分数对应于使用 4 折交叉验证的每个参数（例如多项式次数）的交叉验证分数。请注意，在此分数越高越好，三次多项式最好，正如我们之前观察到的。在这种情况下，默认使用 R^2 指标进行评分，而不是用均方误差来评分。Pipeline 的二次拟合验证结果如图 4.12 所示，三次拟合验证结果如图 4.13 所示。可以通过将 scoring=make_scorer(mean_squared_error)关键字参数传递给 GridSearchCV 来更改此设置。此外，还有 Randomized-SearchCV，它不一定要评估网格上的每个点，而是根据输入概率分布对网格进行随机采样。这在有大量的超参数时非常有用。

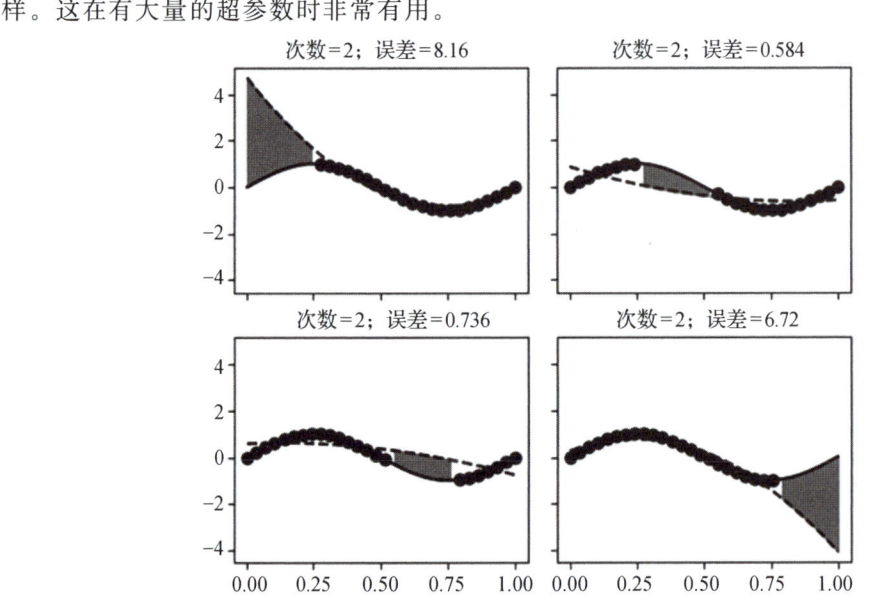

图 4.12　与图 4.10 和图 4.11 类似的各次交叉验证和误差。阴影区域表示二次模型在相应测试集中的误差

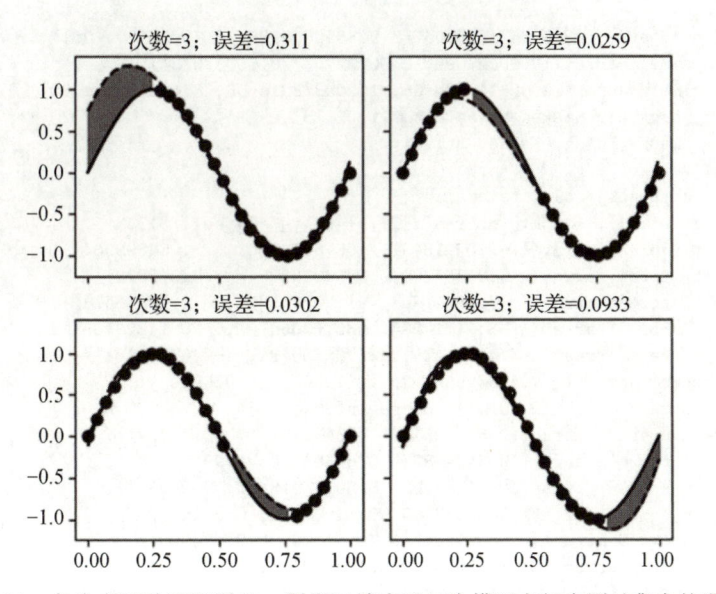

图 4.13　各次交叉验证和误差。阴影区域表示三次模型在相应测试集中的误差

4.3.5　偏差和方差

是否考虑样本内数据和样本外数据的平均误差取决于特定的训练数据集。我们想要的是一个概念，它可以捕捉所有可能的训练数据的估计量的性能。例如，最终估计量 $\hat{f}$ 是从一组特定的训练数据（$\mathcal{D}$）中得出的，因此表示为 $\hat{f}_{\mathcal{D}}$。这显然生成了样本外误差 $E_{\text{out}}(\hat{f}_{\mathcal{D}})$。为了消除对特定训练数据集的依赖，我们必须计算所有训练数据集下样本外误差的期望：

$$\mathbb{E}_{\mathcal{D}}\, E_{\text{out}}(\hat{f}_{\mathcal{D}}) = \text{bias} + \text{var}$$

其中

$$\text{bias}(x) = (\overline{\hat{f}}(x) - f(x))^2$$

并且

$$\text{var}(x) = \mathbb{E}_{\mathcal{D}}(\hat{f}_{\mathcal{D}}(x) - \overline{\hat{f}}(x))^2$$

其中，$\overline{\hat{f}}$ 是所有数据集的所有估计量的均值。然而，不能说这样的均值是一个可以从任何特定训练数据中产生的估算量。它仅意味着对于任何一个特定的点 x，所有估计量值的均值为 $\overline{\hat{f}}(x)$。因此，bias 表示到这样一种感觉：即使向学习方法提供了所有可能的数据，它仍然会与目标函数相差这个数量。另外，var 显示了最终假设的变化，这取决于训练数据集，而不是目标函数。因此，近似能力和泛化能力之间的张力可以用这两个术语捕捉。例如，假定只有一个假设，那么，var＝0，因为它不可能由于一组特定的训练数据而发生变化，原因是无论训练数据是什么，学习方法总是选择一个唯一的假设。在这种情况下，偏差可能会很大，因为学习方法没有机会根据训练数据来更改假设，并且这个方法只能选择单一假设！

我们构造一个例子来进行具体说明。假设有一个由所有线性回归（没有截距项）$h(x) = ax$ 组成的假设集。训练数据仅包含两个点 $\{(x_i, \sin(\pi x_i))\}_{i=1}^{2}$，其中 x_i 从区间 $[-1, 1]$ 均匀地提取。从 3.7 节可知，a 的解如下：

$$a = \frac{\boldsymbol{x}^{\mathrm{T}} \boldsymbol{y}}{\boldsymbol{x}^{\mathrm{T}} \boldsymbol{x}} \qquad (4.3.5.1)$$

其中，$\boldsymbol{x} = [x_1, x_2]$，$\boldsymbol{y} = [y_1, y_2]$。$\overline{\hat{f}}(x)$ 表示固定 x 的所有可能训练数据集的解。以下代码显示了如何构造训练数据：

```
>>> from scipy import stats
>>> def gen_sindata(n=2):
...     x=stats.uniform(-1,2)   # define random variable
...     v = x.rvs((n,1))        # generate sample
...     y = np.sin(np.pi*v)     # use sample for sine
...     return (v,y)
...
```

同样，使用 Scikit-learn 的 `LinearRegression` 对象，我们可以计算参数 a。请注意，我们必须设置关键字 `fit_intercept=False` 以拒绝截距的默认自动拟合。

```
>>> lr = LinearRegression(fit_intercept=False)
>>> lr.fit(*gen_sindata(2))
LinearRegression(copy_X=True, fit_intercept=False, n_jobs=None,
        normalize=False)
>>> lr.coef_
array([[0.24974914]])
```

编程技巧

请注意，我们让 gen_sindata 函数返回一个元组，以在 lr.fit(*gen_sindata()) 中使用 Python 函数的自动解包功能。换句话说，使用星号符号意味着我们在将 gen_sindata 的输出的数据用于 lr.fit 之前，不必再单独分配。

本例中，$\overline{\hat{f}}(x) = \overline{a}x$，其中 $\overline{a}$ 是参数在所有可能的训练数据集上的期望值。根据已有的概率知识，我们可以明确地将其写成（见图 4.14）：

$$\overline{a} = \mathbb{E}\left(\frac{x_1 \sin(\pi x_1) + x_2 \sin(\pi x_2)}{x_1^2 + x_2^2} \right)$$

其中，对应等式 (4.3.5.1) 的 $\boldsymbol{x} = [x_1, x_2]$ 并且 $\boldsymbol{y} = [\sin(\pi x_1), \sin(\pi x_2)]$。然而，用解析法计算这个期望是困难的，但是对于本例，$\overline{a} \approx 1.43$。为了通过仿真得到这个值，我们只需遍历整个过程，收集输出，并按如下方式对它们求均值：

```
>>> a_out=[] # output container
>>> for i in range(100):
...     _=lr.fit(*gen_sindata(2))
...     a_out.append(lr.coef_[0,0])
...
>>> np.mean(a_out) # approx 1.43
1.5476180748170179
```

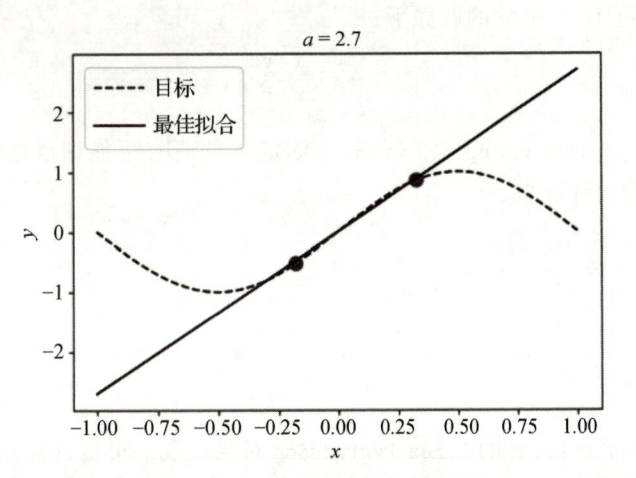

图 4.14 对于图中所示点组成的两元素训练集，直线是假设集 $h(x)=ax$ 的最佳拟合

请注意，你可能需要循环多次迭代才能接近声明的值。var 需要 a 的方差：

$$\text{var}(x) = \mathbb{E}((a-\overline{a})x)^2 = x^2\mathbb{E}(a-\overline{a})^2 \approx 0.71x^2$$

偏差 bias 如下：

$$\text{bias}(x) = (\sin(\pi x) - \overline{a}x)^2$$

图 4.15 给出了该问题的偏差（bias）、方差（var）和均方误差（MSE）。请注意，当 $x=0$ 时，偏差和方差都为 0。这是因为学习方法不得不获得正确的结果，所有的假设恰好与目标函数在那一点上的值相匹配！同样，方差为 0，因为构成训练数据的所有可能组合都通过零拟合，因为 $h(x)=ax$ 除了 0 别无选择。边界点的误差更大。正如在第 3 章中所讨论的，这些点对假设模型的影响最大，并导致最坏的误差。请注意，能否减小边界误差取决于能否准确获取边界附近的那些点作为训练数据。对特定数据集的敏感性反映在这一步中。

如果训练数据中有两个以上的点呢？方差和偏差会发生什么变化？当然，方差会减小，因为生成彼此截然不同的训

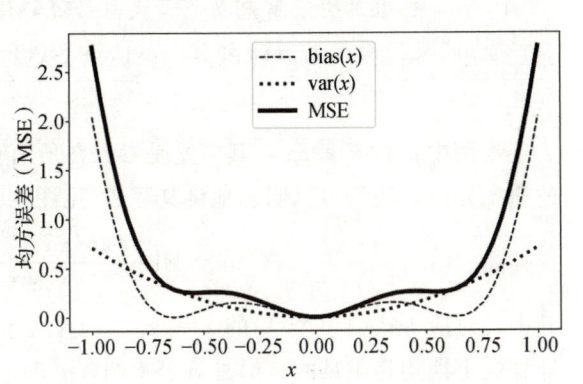

图 4.15 将均方误差分解为构成它的偏差和方差

练数据集会越来越困难。偏差也会减小，因为训练数据中的点越多，则该区间内的正弦函数逼近效果越好。如果我们更改假设集使其包含更复杂的多项式，将会发生什么？正如在前面的多项式回归中看到的那样，我们将看到相同的总体效果，但是绝对误差相对较小，并且边界效应与之前提到的相同。

4.3.6 学习噪声

到目前为止，我们在学习分析中还没有考虑噪声的影响。以下示例应有助于解决此问题。假设我们有以下标量目标函数：

$$y(\boldsymbol{x}) = \boldsymbol{w}_0^{\mathrm{T}}\boldsymbol{x} + \eta$$

其中，$\eta \sim \mathcal{N}(0,\sigma^2)$ 是加性噪声项，并且 $\boldsymbol{w},\boldsymbol{x} \in \mathbb{R}^d$。此外，我们对 y 进行 n 次测量。这意味着训练集为 $\{(\boldsymbol{x}_i, y_i)\}_{i=1}^n$。将测量值叠加成向量格式：

$$\boldsymbol{y} = \boldsymbol{X}\boldsymbol{w}_0 + \boldsymbol{\eta}$$

其中，$\boldsymbol{y},\boldsymbol{\eta} \in \mathbb{R}^n$，$\boldsymbol{w}_0 \in \mathbb{R}^d$ 并且 $\boldsymbol{X}$ 包含 $\boldsymbol{x}_i$ 作为列。假设集包含所有线性模型：

$$h(\boldsymbol{w},\boldsymbol{x}) = \boldsymbol{w}^{\mathrm{T}}\boldsymbol{x}$$

我们需要从给定训练数据的假设集中学习正确的 $\boldsymbol{w}$。到目前为止，这是解决问题的常用方法，但是噪声因素如何发挥作用呢？通常情况下，训练集由从较大空间中随机选择的元素组成。在这种情况下，这与获取 $\boldsymbol{x}_i$ 向量的随机集合相同。本例中也是这种情况，但问题是，即使相同的 $\boldsymbol{x}_i$ 出现两次，由于来自 η 的加性噪声，它也不会关联相同的 y 值。为简单起见，我们假设有固定的向量集 $\boldsymbol{x}_i$，并且所有向量都来自训练集。对于每个特定的训练集，我们都知道如何通过之前的统计工作来解决最小均方误差（MMSE）问题。

$$\boldsymbol{w} = (\boldsymbol{X}^{\mathrm{T}}\boldsymbol{X})^{-1}\boldsymbol{X}^{\mathrm{T}}\boldsymbol{y}$$

在这种设置下，样本内均方误差是多少？因为这是最小均方误差解，所以我们从对此类系统的相关正交性的研究得知，

$$E_{\mathrm{in}} = \parallel \boldsymbol{y} \parallel^2 - \parallel \boldsymbol{X}\boldsymbol{w} \parallel^2 \qquad (4.3.6.1)$$

其中最好的假设是 $\boldsymbol{h} = \boldsymbol{X}\boldsymbol{w}$。现在，我们要计算它在 η 分布上的期望。例如，对于第一项，我们要计算

$$\mathbb{E}\,|\boldsymbol{y}|^2 = \frac{1}{n}\mathbb{E}(\boldsymbol{y}^{\mathrm{T}}\boldsymbol{y}) = \frac{1}{n}\mathrm{Tr}\,\mathbb{E}(\boldsymbol{y}\boldsymbol{y}^{\mathrm{T}})$$

其中，Tr 是矩阵的迹运算（即对角线元素之和）。因为每个 η 都是独立的，所以我们有

$$\mathrm{Tr}\,\mathbb{E}(\boldsymbol{y}\boldsymbol{y}^{\mathrm{T}}) = \mathrm{Tr}\,\boldsymbol{X}\boldsymbol{w}_0\boldsymbol{w}_0^{\mathrm{T}}\boldsymbol{X}^{\mathrm{T}} + \sigma^2\mathrm{Tr}\,\boldsymbol{I} = \mathrm{Tr}\,\boldsymbol{X}\boldsymbol{w}_0\boldsymbol{w}_0^{\mathrm{T}}\boldsymbol{X}^{\mathrm{T}} + n\sigma^2 \qquad (4.3.6.2)$$

其中，$\boldsymbol{I}$ 是 $n \times n$ 单位矩阵。对于等式（4.3.6.1）中的第二项，我们有

$$|\boldsymbol{X}\boldsymbol{w}|^2 = \mathrm{Tr}\,\boldsymbol{X}\boldsymbol{w}\boldsymbol{w}^{\mathrm{T}}\boldsymbol{X}^{\mathrm{T}} = \mathrm{Tr}\,\boldsymbol{X}(\boldsymbol{X}^{\mathrm{T}}\boldsymbol{X})^{-1}\boldsymbol{X}^{\mathrm{T}}\boldsymbol{y}\boldsymbol{y}^{\mathrm{T}}\boldsymbol{X}(\boldsymbol{X}^{\mathrm{T}}\boldsymbol{X})^{-1}\boldsymbol{X}^{\mathrm{T}}$$

其期望如下：

$$\mathbb{E}\,|\boldsymbol{X}\boldsymbol{w}|^2 = \mathrm{Tr}\,\boldsymbol{X}(\boldsymbol{X}^{\mathrm{T}}\boldsymbol{X})^{-1}\boldsymbol{X}^{\mathrm{T}}\mathbb{E}(\boldsymbol{y}\boldsymbol{y}^{\mathrm{T}})\boldsymbol{X}(\boldsymbol{X}^{\mathrm{T}}\boldsymbol{X})^{-1}\boldsymbol{X}^{\mathrm{T}} \qquad (4.3.6.3)$$

代入等式（4.3.6.2），得出

$$\mathbb{E}\,|\boldsymbol{X}\boldsymbol{w}|^2 = \text{Tr}\,\boldsymbol{X}\boldsymbol{w}_0\,\boldsymbol{w}_0^{\text{T}}\boldsymbol{X}^{\text{T}} + \sigma^2 d \qquad (4.3.6.4)$$

接下来，将等式(4.3.6.1)与等式(4.3.6.2)进行组合，得出

$$\mathbb{E}(E_{\text{in}}) = \frac{1}{n}\,E_{\text{in}} = \sigma^2\left(1 - \frac{d}{n}\right) \qquad (4.3.6.5)$$

它明确给出了噪声功率 σ^2、方法复杂度 (d) 和训练样本数 (n) 之间的关系。这是非常有说明性的，因为它揭示了比率 d/n，该比率是模型复杂度和样本内数据规模之间的权衡。通过对 VC 维的分析，我们知道存在一个复杂的边界来表示复杂度惩罚，但是这个问题并不常见，因为我们实际上可以在不借助边界参数的情况下推导出表达式。此外，该结果表明，有大量训练样本 $(n \to \infty)$ 时，样本内期望误差接近 σ^2。通俗地讲，这意味着学习方法无法从噪声中泛化，因此只能通过记住数据（即 $d \approx n$）来减少期望的样本内误差。

对于期望的样本外误差，相应的分析类似，但是更加复杂，因为我们没有正交条件。此外，样本外数据的噪声与用于导出权重 $\boldsymbol{w}$ 的噪声不同。这会导致额外的交叉项，

$$E_{\text{out}} = \text{Tr}(\boldsymbol{X}\boldsymbol{w}_0\,\boldsymbol{w}_0^{\text{T}}\boldsymbol{X}^{\text{T}} + \boldsymbol{\xi}\boldsymbol{\xi}^{\text{T}} + \boldsymbol{X}\boldsymbol{w}\boldsymbol{w}^{\text{T}}\boldsymbol{X}^{\text{T}} - \boldsymbol{X}\boldsymbol{w}\boldsymbol{w}_0^{\text{T}}\boldsymbol{X}^{\text{T}} - \boldsymbol{X}\boldsymbol{w}_0\,\boldsymbol{w}^{\text{T}}\boldsymbol{X}^{\text{T}}) \quad (4.3.6.6)$$

其中，我们使用符号 $\boldsymbol{\xi}$ 表示样本外的噪声，这与样本内噪声不同。将其简化，可得

$$\mathbb{E}(E_{\text{out}}) = \text{Tr}\,\sigma^2\boldsymbol{I} + \sigma^2\boldsymbol{X}(\boldsymbol{X}^{\text{T}}\boldsymbol{X})^{-1}\boldsymbol{X}^{\text{T}} \qquad (4.3.6.7)$$

然后，将这些式子组合起来得到

$$\mathbb{E}(E_{\text{out}}) = \sigma^2\left(1 + \frac{d}{n}\right) \qquad (4.3.6.8)$$

结果表明，即使在 n 无限大的极限下，期望的样本外误差也接近噪声功率极限 σ^2。这表明，记住样本内数据（即 $d/n \approx 1$）会对样本外性能施加相应的惩罚（即当 $\mathbb{E}E_{\text{in}} \approx 0$ 时，$\mathbb{E}E_{\text{out}} \approx 2\sigma^2$）。

以下代码模拟了这个重要的例子：

```
>>> def est_errors(d=3,n=10,niter=100):
...     assert n>d
...     wo = np.matrix(arange(d)).T
...     Ein = list()
...     Eout = list()
...     # choose any set of vectors
...     X = np.matrix(np.random.rand(n,d))
...     for ni in range(niter):
...         y = X*wo + np.random.randn(X.shape[0],1)
...         # training weights
...         w = np.linalg.inv(X.T*X)*X.T*y
...         h = X*w
...         Ein.append(np.linalg.norm(h-y)**2)
...         # out of sample error
...         yp = X*wo + np.random.randn(X.shape[0],1)
...         Eout.append(np.linalg.norm(h-yp)**2)
...     return (np.mean(Ein)/n,np.mean(Eout)/n)
...
```

编程技巧

　　Python 的 assert 语句可以确保满足函数中变量的某些输入条件。在入口和出口使用合理的断言以提高代码质量是一种很好的做法。

下面对给定的 d 值进行仿真：

```
>>> d=10
>>> xi = arange(d*2,d*10,d//2)
>>> ei,eo=np.array([est_errors(d=d,n=n,niter=100) for n in xi]).T
```

结果如图 4.16，该图显示了仿真结果与分析结果相比的期望样本内误差和样本外误差。粗水平线显示了加性噪声的方差 $\sigma^2 = 1$。两条曲线都接近该渐近线，因为噪声是该问题的最终学习极限。对于给定的维数 d，即使有无限多的训练数据，学习方法也不能泛化超出噪声功率的限制。因此，期望的泛化误差为 $\mathbb{E}(E_{\text{out}}) - \mathbb{E}(E_{\text{in}}) = 2\sigma^2 \dfrac{d}{n}$。

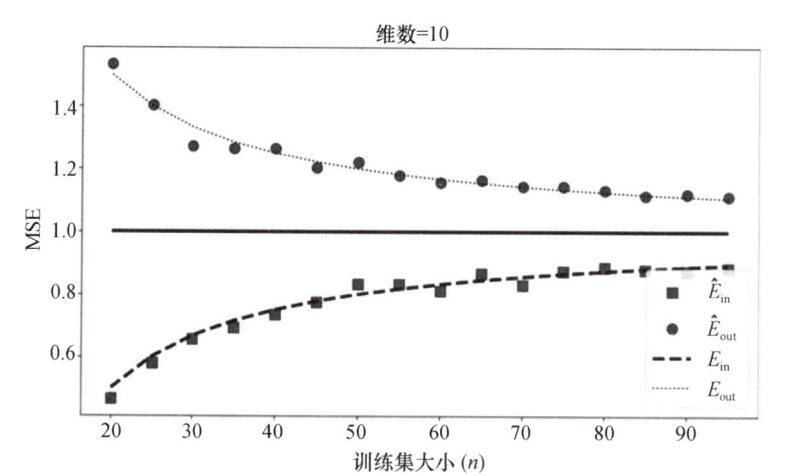

图 4.16　图中的点显示了从仿真中估计的学习曲线，线显示了分析结果的相应项。水平线表示加性噪声的方差（本例中 $\sigma^2 = 1$）。期望的样本内误差和样本外误差都逐渐地逼近水平线

4.4　决策树

　　决策树是最容易理解、阐述和说明的分类器。基于 if-then 问题，我们可以通过递归地将数据集分割成一系列子集来构造决策树。训练集由 (x, y) 对组成，其中 $x \in \mathbb{R}^d$，d 是可用的特征数，y 是相应的标签。这种学习方法基于 x 将训练集分成若干组，同时尝试使每组尽可能均匀。为了做到这一点，学习方法必须选择一个特征以及与该特征相关的阈值，以便基于该阈值划分数据。这很难用语言来解释，举例来说就容易理解了。首先设

置 Scikit-learn 分类器：

```
>>> from sklearn import tree
>>> clf = tree.DecisionTreeClassifier()
```

创建一些示例数据：

```
>>> import numpy as np
>>> M=np.fromfunction(lambda i,j:j>=2,(4,4)).astype(int)
>>> print(M)
[[0 0 1 1]
 [0 0 1 1]
 [0 0 1 1]
 [0 0 1 1]]
```

编程技巧

fromfunction 函数使用索引作为函数的输入来创建 Numpy 数组，该函数的值是相应的数组元素。

我们要根据矩阵元素在矩阵中的相应位置来对其进行分类。只看矩阵，分类非常简单，即对矩阵前两列中的任何位置分类为 0，否则分类为 1。再仔细思考一下这个过程，看看该解决方案是否来自决策树。数组的值是训练集的标签，这些值的索引是 x 的元素。具体来说，训练集包括 $\mathcal{X} = (i,j)\}$ 和 $\mathcal{Y} = \{0,1\}$。现在，我们来提取这些元素并构造训练集。

```
>>> i,j = np.where(M==0)
>>> x=np.vstack([i,j]).T # build nsamp by nfeatures
>>> y = j.reshape(-1,1)*0 # 0 elements
>>> print(x)
[[0 0]
 [0 1]
 [1 0]
 [1 1]
 [2 0]
 [2 1]
 [3 0]
 [3 1]]
>>> print(y)
[[0]
 [0]
 [0]
 [0]
 [0]
 [0]
 [0]
 [0]]
```

因此，x 的元素是 y 值的二维索引。例如，M[x[0,0],x[0,1]]=y[0,0]。同样，要获得训练集，只需要堆叠其余数据来涵盖所有情况即可：

```
>>> i,j = np.where(M==1)
>>> x=np.vstack([np.vstack([i,j]).T,x ]) # build nsamp x nfeatures
>>> y=np.vstack([j.reshape(-1,1)*0+1,y]) # 1 elements
```

这些都创建好之后，就可以训练分类器了：

```
>>> clf.fit(x,y)
DecisionTreeClassifier(class_weight=None, criterion='gini', max_depth=None,
            max_features=None, max_leaf_nodes=None,
            min_impurity_decrease=0.0, min_impurity_split=None,
            min_samples_leaf=1, min_samples_split=2,
            min_weight_fraction_leaf=0.0, presort=False, random_state=None,
            splitter='best')
```

为了评估分类器的性能，我们可以报告分类器得分：

```
>>> clf.score(x,y)
1.0
```

对于此分类器，得分即为准确率，它的定义是：真阳性（TP）和真阴性（TN）之和除以所有项（包括假阴性和假阳性）之和，即

$$准确率 = \frac{TP + TN}{TP + TN + FN + FP}$$

在本例中，分类器正确获取了每个点，因此 FN＝FP＝0。与此相关的是，信息检索理论中的另外两个常用名称是**召回率**（也就是敏感性）和**精度**［也就是阳性预测值 TP／(TP＋FP)］。我们可以在图 4.17 中将这棵树可视化。图中的 Gini 系数（又称分类方差）是对每个这样确定的类别纯度的度量。该系数定义为

$$\text{Gini}_m = \sum_k p_{m,k}(1 - p_{m,k})$$

其中

$$p_{m,k} = \frac{1}{N_m} \sum_{x_i \in R_m} I(y_i = k)$$

它是第 m 个节点中标记为 k 的观测值的比例，$I(\cdot)$ 是常用的指示函数。请注意，Gini 系数的最大值为 max $\text{Gini}_m = 1 - 1/m$。对于这个简单的例子，16 个样本中的一半属于类别 0，另一半属于类别 1。使用上面的表示法，最上面的框对应于第 0 个节点，因此 $p_{0,0} = 1/2 = p_{0,1}$，那么 $\text{Gini}_0 = 0.5$。图 4.17 中的下一层节点取决于数据 x 的第二维是否大于 1.5。这些子节点的 Gini 系数都是零，因为在之前的拆分之后，每个后续类别都是纯的。每个节点中的 `value` 列表显示了每个节点在每个类别中的元素分布。

为了让这个例子更有趣，我们可以稍微更改

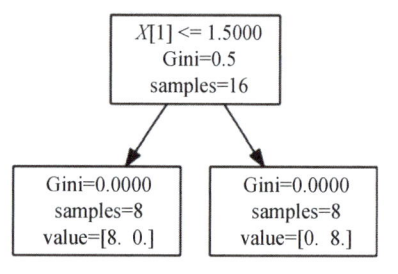

图 4.17　决策树示例。每个分支中的 Gini 系数度量每个节点中分区的纯度。方框中的 samples 项显示决策树中相应节点中的项数

一下数据：

```
>>> M[1,0]=1 # put in different class
>>> print(M) # now contaminated
[[0 0 1 1]
 [1 0 1 1]
 [0 0 1 1]
 [0 0 1 1]]
```

现在第一列第二行的值为 1。我们重新进行如下分析：

```
>>> i,j = np.where(M==0)
>>> x=np.vstack([i,j]).T
>>> y = j.reshape(-1,1)*0
>>> i,j = np.where(M==1)
>>> x=np.vstack([np.vstack([i,j]).T,x])
>>> y = np.vstack([j.reshape(-1,1)*0+1,y])
>>> clf.fit(x,y)
DecisionTreeClassifier(class_weight=None, criterion='gini', max_depth=None,
            max_features=None, max_leaf_nodes=None,
            min_impurity_decrease=0.0, min_impurity_split=None,
            min_samples_leaf=1, min_samples_split=2,
            min_weight_fraction_leaf=0.0, presort=False, random_state=None,
            splitter='best')
```

结果如图 4.18 所示。请注意，由于这一变化，该树已显著"生长"！第 0 个节点的参数为 $p_{0,0}=$ $7/16$，$p_{0,1}=9/16$。这使得第 0 个节点的 Gini 系数等于 $\frac{7}{16}\left(1-\frac{7}{16}\right)+\frac{9}{16}\left(1-\frac{9}{16}\right)=0.492$。

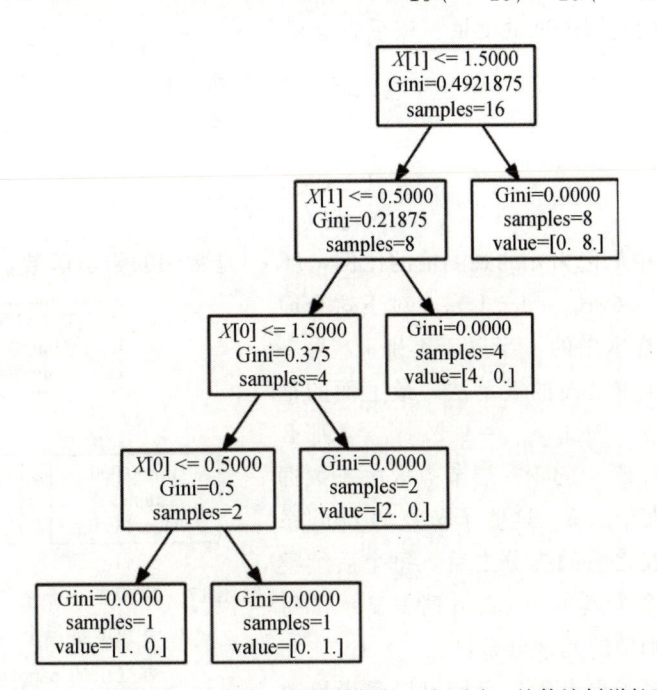

图 4.18 更改数据后的决策树。请注意，训练数据的一次更改，就使该树增长到原来的 5 倍

如前所述，根节点在 $X[1] \leqslant 1.5$ 处分裂。我们来看是否可以手动重建后续的节点层，如下所示：

```
>>> y[x[:,1]>1.5] # first node on the right
array([[1],
       [1],
       [1],
       [1],
       [1],
       [1],
       [1],
       [1]])
```

很显然，Gini 系数为 0。同样，左侧的节点包含：

```
>>> y[x[:,1]<=1.5] # first node on the left
array([[1],
       [0],
       [0],
       [0],
       [0],
       [0],
       [0],
       [0]])
```

在这种情况下，Gini 系数计算为 $(1/8) \times (1-1/8) + (7/8) \times (1-7/8) = 0.218\,75$。节点在 $X[1] < 0.5$ 处分裂，右边的子节点来自以下等价逻辑：

```
>>> np.logical_and(x[:,1]<=1.5,x[:,1]>0.5)
array([False, False, False, False, False, False, False, False, False,
       False,  True,  True, False,  True, False,  True])
```

相应的类别为

```
>>> y[np.logical_and(x[:,1]<=1.5,x[:,1]>0.5)]
array([[0],
       [0],
       [0],
       [0]])
```

编程技巧

　　Numpy 的 `logical_and` 函数提供了元素级的逻辑运算。由于 Python 解析 `0.5<x[:,1] <= 1.5` 这种语法的方式，仅用 `0.5<x[:,1]<=1.5` 这种形式是做不到这一点的。

请注意，对于本示例以及上个示例，决策树都能够准确地记住（过拟合）数据，并且具有很高的准确率。从我们对机器学习理论的讨论来看，这表明存在潜在的泛化问题。

构建决策树的关键步骤是提出初始分裂。有许多算法可以基于不同的标准来构建决策树，但是总体思路都是在构建树时控制信息**熵**。实际上，这意味着算法会尝试构建不太深的树。众所周知，这是一个很难完全解决的问题，解决方法也很多。这是因为算法必须在树的每个节点上使用该点当前本地可用数据进行全局决策。

对于本例，决策树将空间 $\mathcal{X}$ 划分为不同区域，以对应于不同的标签 y，如图 4.19 所示。图 4.18 中顶部的根节点根据 $X[1] \leqslant 1.5$ 拆分输入数据。这对应图 4.19 中左上方的小图（即节点 0），其中竖线将所示训练数据划分为两个区域，分别对应两个后续的子节点。下一个拆分发生在 $X[1] \leqslant 0.5$ 时，如图 4.19 中节点 1 的小图所示。此过程一直持续到右下角的最后一个小图，在该小图中，我们注入的已更改元素被隔离到它自己的子区域。因此，最后一个小图代表图 4.18，其中水平线和竖线对应决策树中的连续拆分。

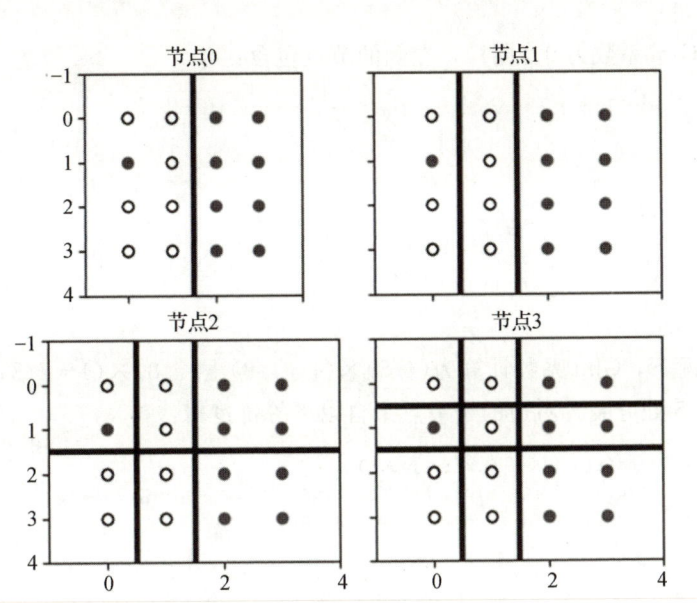

图 4.19　决策树沿每个维度依次拆分，将训练集划分为多个区域，直到每个区域尽可能纯净

图 4.20 给出了另一个示例，但用的是一个简单的三角矩阵。通过垂直分隔线和水平分隔线的数量可以看出，与此图相对应的决策树又高又复杂。请注意，如果我们对训练数据进行简单的旋转变换，就可以得到图 4.21，它需要一个平凡的决策树来拟合。因此，可能存在简化决策树的训练数据转换，但是这些转换通常很难被推导出来。尽管如此，这突显了决策树的一个关键弱点，即它们可能易于理解、训练和部署，但可能对这种节省时间的复杂转换完全视而不见。确实，在高维空间，甚至可能无法想象这种潜在转换的潜力。因此，决策树的优势很容易被我们后面研究的其他方法所超越，这些方法确实更能发现有用的数据转换，但必然会更难训练。另一个弱点是，由于决策树的构建方式，即使是一个错位的数据点也会导致决策树大不相同。这是高方差的表现。

在所有的例子中，决策树都能够准确地记住训练数据，这是存在潜在高泛化误差的迹象。有一些修剪算法可以策略性地删除一些最深的节点，但是截至本文撰写之时，这些尚未在 Scikit-learn 中完全实现。此外，限制决策树的最大深度也可以产生类似的效果。

在 Scikit-learn 中，`DecisionTreeClassifier` 和 `DecisionTreeRegressor` 都有指定最大深度的关键字参数。

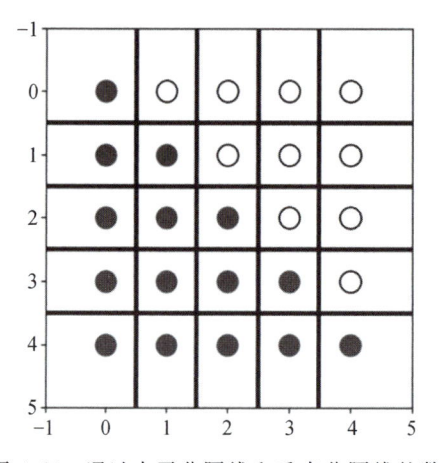

图 4.20　通过水平分隔线和垂直分隔线的数目可以看出，三角矩阵拟合的决策树非常复杂。因此，即使训练数据的模式是显而易见的，决策树也不能自动发现它

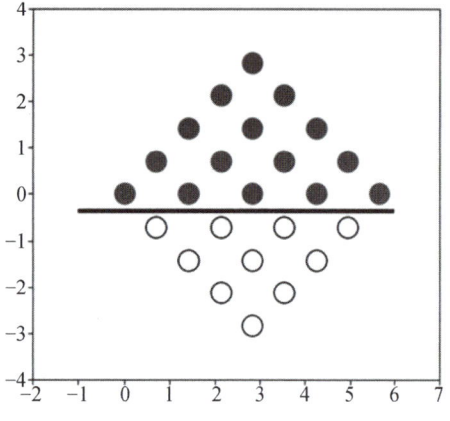

图 4.21　通过对图 4.20 中的训练数据进行简单的旋转，决策树现在可以很容易地用单个分区来拟合训练数据

4.4.1　随机森林

通过集成学习可以将一组决策树组合成一个更大的复合树，其性能要比单棵树更好。这在 Scikit-learn 中用 `RandomForestClassifier` 实现。复合树有助于减轻决策树的主要弱点——高方差。一方面，随机森林分类器通过随机选择训练集的子集来训练嵌入的树，将树的许多嵌入树的预测结果进行平均，从而使方差最小化。另一方面，这种随机化可能会增加偏差，因为训练集中可能有一个子集会生成优秀的决策树，但是对随机训练样本的平均效应在减少方差时可能将其冲掉。这是一个关键的权衡。下面的代码实现了上一个示例中的简单随机森林分类器。

```
>>> from sklearn.ensemble import RandomForestClassifier
>>> rfc = RandomForestClassifier(n_estimators=4,max_depth=2)
>>> rfc.fit(X_train,y_train.flat)
RandomForestClassifier(bootstrap=True, class_weight=None, criterion='gini',
        max_depth=2, max_features='auto', max_leaf_nodes=None,
        min_impurity_decrease=0.0, min_impurity_split=None,
        min_samples_leaf=1, min_samples_split=2,
        min_weight_fraction_leaf=0.0, n_estimators=4, n_jobs=None,
        oob_score=False, random_state=None, verbose=0,
        warm_start=False)
```

请注意，我们限制了最大深度（`max_depth=2`）来帮助泛化。为了简单起见，我们只设置了一个包含四个独立分类器的森林⊖。图 4.22 展示了森林中上述训练过的各个分类器。即使所有组成随机森林的决策树共享相同的训练数据，随机森林算法也会随机选取特征子集（有放回）来训练每棵树。这有助于避免决策树变得太深和不平衡，从而影响性能和泛化。在预测阶段，每个决策树的各个输出都要经过多数投票来决定最终分类。为了在不使用交叉验证的情况下估计泛化误差，可以用未用于特定决策树的训练数据来测试该树并给出泛化误差的协作估计。这称为**袋外估计**（out-of-bag estimate）。

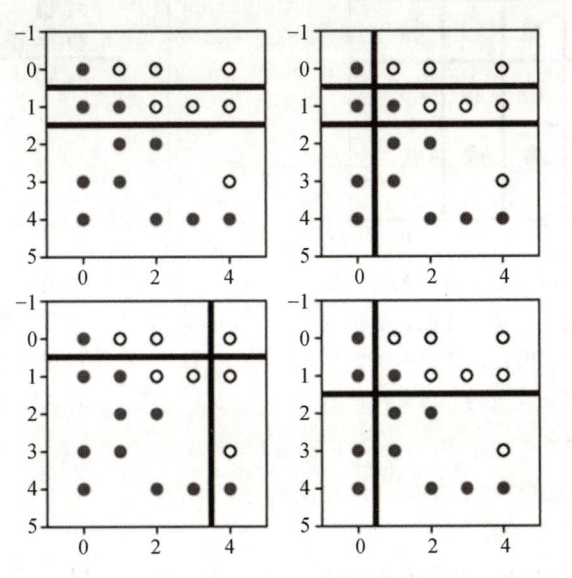

图 4.22　组成随机森林的决策树以及它们如何划分训练集。随机森林分类器使用每个决策
　　　　树的输出来生成最终协作估计

随机森林分类器的主要优点是，它们需要的调整非常小，并提供了一种通过平均和随机化来权衡偏差和方差的方法。此外，它们的速度很快且易于并行训练（请参阅 n_jobs 关键字参数），并且可以快速预测。缺点是，它们的可解释性不如简单决策树。Scikit-learn 中还有许多其他强大的树方法，例如极度随机树 ExtraTrees 和梯度提升回归树 GradientBoostingRegressor，在线文档中对它们都有讨论。

4.4.2　提升树

要了解使用树的加性建模，请回顾向量的 Gram-Schmidt 正交化过程。此正交化过程的目的是创建一个从给定向量 u_1 开始的正交向量集。我们已经在 2.2 节讨论了投影算子。Gram-Schmidt 正交化过程从向量 v_1 开始，我们将其定义为

$$u_1 = v_1$$

⊖　我们还将随机种子设置为固定值，以使数字可在与此部分对应的 Jupyter Notebook 中重现。

相应的投影算子 $\text{proj}_{\boldsymbol{u}_1}$。下一步是从 $\boldsymbol{v}_2$ 中去除剩余的 $\boldsymbol{u}_1$，如下所示：

$$\boldsymbol{u}_2 = \boldsymbol{v}_2 - \text{proj}_{\boldsymbol{u}_1}(\boldsymbol{v}_2)$$

在 $\boldsymbol{v}_3$ 上继续此过程，如下所示：

$$\boldsymbol{u}_3 = \boldsymbol{v}_3 - \text{proj}_{\boldsymbol{u}_1}(\boldsymbol{v}_3) - \text{proj}_{\boldsymbol{u}_2}(\boldsymbol{v}_3)$$

后面以此类推。此过程的重点是新的输入向量（即 $\boldsymbol{v}_k$）被去除了集合 $\{\boldsymbol{u}_1, \boldsymbol{u}_2, \cdots, \boldsymbol{u}_M\}$ 中已经出现的任何预先存在的分量。

请注意，此过程是顺序的。也就是说，$\boldsymbol{v}_i$ 的输入顺序至关重要⊖。因此，任何新向量都可以通过 $\{\boldsymbol{u}_1, \boldsymbol{u}_2, \cdots, \boldsymbol{u}_M\}$ 这样的基本集来表示，如下所示：

$$\boldsymbol{x} = \sum \alpha_i \boldsymbol{u}_i$$

加性树的思想是为树而不是为向量重现此过程。但是，我们缺乏自然的拓扑和代数性质来解决一般问题。例如，对于上面概述的 Gram-Schmidt 过程，我们已经有完善的方法来测量向量之间的距离（即 L_2 距离），但在这里却缺乏这样的方法。因此，我们需要**损失函数**的概念，这是一种衡量过程在每个顺序步骤中执行情况的方法。该损失函数由训练数据和所考虑的分类函数 $L_{\boldsymbol{y}}(f(x))$ 设定参数。例如，如果我们想要一个分类器（f），它根据输入数据 $\boldsymbol{x}_i$ 选择标签 y_i（$f: \boldsymbol{x}_i \mapsto y_i$），则平方误差损失函数为

$$L_{\boldsymbol{y}}(f(x)) = \sum_i (y_i - f(x_i))^2$$

我们用一组基础树来表示分类器：

$$f(x) = \sum_k \alpha_k u_{\boldsymbol{x}}(\theta_k)$$

前向阶段加性建模的一般算法如下：

- 初始化 $f(x) = 0$。
- 从 $m=1$ 到 $m=M$，依次计算：

$$(\beta_m, \gamma_m) = \arg \min_{\beta, \gamma} \sum_i L(y_i, f_{m-1}(x_i) + \beta b(x_i; \gamma))$$

- 设置 $f_m(x) = f_{m-1}(x) + \beta_m b(x; \gamma_m)$。

关键在于，前一步的残差用于拟合后续迭代的基函数。也就是说，下面的等式是按顺序逼近的：

$$f_m(x) - f_{m-1}(x) = \beta_m b(x_i; \gamma_m)$$

我们来看这对决策树和指数损失函数效果如何。指数损失函数如下：

$$L(x, f(x)) = \exp(-yf(x))$$

回想一下分类问题，$y \in \{-1, 1\}$。对于 AdaBoost 算法，基函数就是各个分类器 $G_m(x) \mapsto \{-1, 1\}$，算法的关键步骤是使目标函数

⊖　至少达到正交基结果的转换。

$$J(\beta, G) = \sum_i \exp(y_i(f_{m-1}(x_i) + \beta G(x_i)))$$

$$(\beta_m, G_m) = \arg \min_{\beta, G} \sum_i \exp(y_i(f_{m-1}(x_i) + \beta G(x_i)))$$

最小化的这一步。考虑到指数函数，我们可以提取以下因子：

$$w_i^{(m)} = \exp(y_i f_{m-1}(x_i))$$

将其作为数据元素的权重，并重写目标函数，如下所示：

$$J(\beta, G) = \sum_i w_i^{(m)} \exp(y_i \beta G(x_i))$$

此处重要的是如果树能对 x_i 正确分类，则 $y_i G(x_i) \mapsto 1$，否则 $y_i G(x_i) \mapsto -1$。因此，上述求和表达式可以展开如下：

$$J(\beta, G) = \sum_{y_i \neq G(x_i)} w_i^{(m)} \exp(-\beta) + \sum_{y_i = G(x_i)} w_i^{(m)} \exp(\beta)$$

对于 $\beta > 0$，这意味着最好的 $G(x)$ 是对最大权重进行错误分类的 $G(x)$。因此，最小值如下：

$$G_m = \arg \min_G \sum_i w_i^{(m)} I(y_i \neq G(x_i))$$

其中，I 是指标函数，即 $I(\text{True}) = 1$，$I(\text{False}) = 0$。

对于 $\beta > 0$，我们将目标函数重写为

$$J = (\exp(\beta) - \exp(-\beta)) \sum_i w_i^{(m)} I(y_i \neq G(x_i)) + \exp(-\beta) \sum_i w_i^{(m)}$$

带入 $\theta = \exp(-\beta)$，可得

$$\frac{J}{\sum_i w_i^{(m)}} = \left(\frac{1}{\theta} - \theta\right)\varepsilon_m + \theta \qquad (4.4.2.1)$$

其中

$$\varepsilon_m = \frac{\sum_i w_i^{(m)} I(y_i \neq G(x_i))}{\sum_i w_i^{(m)}}$$

是当 $0 \leqslant \varepsilon_m \leqslant 1$ 时分类器的误差率。现在可以看出 β 是等式(4.4.2.1)右侧一个简单的微积分最小化练习，并有

$$\beta_m = \frac{1}{2} \log \frac{1 - \varepsilon_m}{\varepsilon_m}$$

重要的是，如果 $\varepsilon < 1/2$，则 β_m 可能为负，这将违反我们对 β 的假设。这一点体现在基础学习器比随机猜测更好的要求中，这点与 $\varepsilon_m > 1/2$ 相对应。实际上，这意味着提升法不能处理并不比随机猜测好的基础学习器。从形式上讲，这就是所谓的**经验弱学习假设**[3]。

现在，我们进行迭代权重更新。回顾一下，

$$w_i^{(m+1)} = \exp(y_i f_m(x_i)) = w_i^{(m)} \exp(y_i \beta_m G_m(x_i))$$

我们可以将其重写为以下形式：

$$w_i^{(m+1)} = w_i^{(m)} \exp(\beta_m) \exp(-2\beta_m I(G_m(x_i) = y_i))$$

这意味着被错误分类的数据元素的权重是当前的 $\exp(\beta_m)$ 倍，那些被正确分类的数据元素的权重为当前的 $\exp(-\beta_m)$ 倍。选择指数损失函数的原因如下：

$$f^*(x) = \arg\min_{f(x)} \mathbb{E}_{Y|x}(\exp(-Yf(x))) = \frac{1}{2}\log\frac{\mathbb{P}(Y=1|x)}{\mathbb{P}(Y=-1|x)}$$

这意味着提升法会逼近 $f(x)$，这实际上是条件类概率的对数概率的一半。重新整理，可得

$$\mathbb{P}(Y=1|x) = \frac{1}{1+\exp(-2f^*(x))}$$

这种提升法的通用公式的好处在于，作为一系列加性近似值，它为其他损失函数（特别是基于鲁棒统计的损失函数，这些函数可以说明训练数据中的误差，参考 Hastie）打开了大门。

梯度提升（Gradient Boosting）　给定可微损失函数，可以使用数值梯度来制定优化过程。基本思想是将 $f(x_i)$ 视为要优化的标量参数。一般来说，我们可以考虑以下损失函数：

$$L(f) = \sum_{i=1}^{N} L(y_i, f(x_i))$$

将其写成向量形式：

$$\boldsymbol{f} = \{f(x_1), f(x_2), \cdots, f(x_N)\}$$

以便在此向量上进行优化：

$$\hat{\boldsymbol{f}} = \arg\min_{\boldsymbol{f}} L(\boldsymbol{f})$$

有了这个通用公式，我们可以使用数值优化方法来求解最优 $\boldsymbol{f}$，并将其作为分量向量之和，如下所示：

$$\boldsymbol{f}_M = \sum_{m=0}^{M} \boldsymbol{h}_m$$

请注意，这忽略了先前的假设，即 f 被参数化为各个决策树的总和。

$$g_{i,m} = \left[\frac{\partial L(y_i, f(x_i))}{\partial f(x_i)}\right]_{f(x_i)=f_{m-1}(x_i)}$$

4.5　逻辑回归

我们之前研究的伯努利分布回答了两个结果（$Y \in \{0,1\}$）中的哪一个将以概率 p 被选择的问题：

$$\mathbb{P}(Y) = p^Y (1-p)^{1-Y}$$

我们也知道在给定输出值 $\{Y_i\}_{i=1}^{n}$ 的情况下，如何求解相应似然函数以获得 p 的最大似然估计。但是，现在我们要在估计 p 时考虑其他因素。例如，假设我们不仅观察结果，还观

察相应的连续变量 x。也就是说，观测数据现在为 $\{x_i, Y_i\}_{i=1}^n$，如何在 p 的估计中加入 x？

最直接的办法是建立模型 $p = ax + b$，其中 a 和 b 为拟合线的参数。然而，因为 p 是一个概率，其值在 0 到 1 的范围内，因此我们需要将此估计值封装到另一个函数中，该函数可以将整个实域映射到 $[0, 1]$ 区间。逻辑（又称为 sigmoid）函数有如下属性：

$$\theta(s) = \frac{e^s}{1 + e^s}$$

因此，p 的新参数化估计如下：

$$\hat{p} = \theta(ax + b) = \frac{e^{ax+b}}{1 + e^{ax+b}} \tag{4.5.0.1}$$

Logit 函数定义如下：

$$\text{logit}(t) = \log \frac{t}{1-t}$$

它具有从概率估计中提取回归分量的重要特性：

$$\text{logit}(p) = b + ax$$

这可以轻松容纳更多连续变量，因为

$$\text{logit}(p) = b + \sum_k a_k x_k$$

这可以进一步扩展到二分类情况以外的多个目标标签。最大似然估计使用 Scikit-learn 中实现的数值优化方法。

我们来构造一些数据以了解它是如何工作的。在下面的代码中，我们将类标签分配给二维平面上一组随机分散的点：

```
>>> import numpy as np
>>> from matplotlib.pylab import subplots
>>> v = 0.9
>>> @np.vectorize
... def gen_y(x):
...     if x<5: return np.random.choice([0,1],p=[v,1-v])
...     else:   return np.random.choice([0,1],p=[1-v,v])
...
>>> xi = np.sort(np.random.rand(500)*10)
>>> yi = gen_y(xi)
```

编程技巧

上面的代码中使用的 np.vectorize 装饰器通过将循环语义嵌入所装饰的函数中，轻松避免了在使用 Numpy 数组的代码中的循环。但是请注意，这并不一定会加速封装的函数，它主要是为了方便。

上面的代码中所构造的数据 $\{(x_i, Y_i)\}$ 散点图如图 4.23 所示。如构造的那样，x 的较大值更可能对应于 $Y = 1$。另外，任何一类 $x \in [4, 6]$ 的值都严重重叠。这意味着 x 并不是该区间上 Y 的强指标。

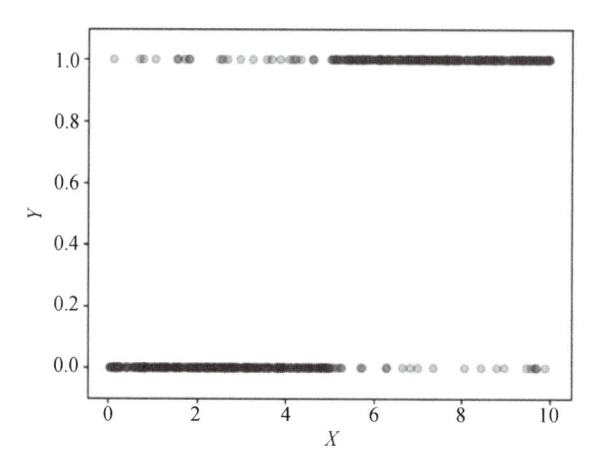

图 4.23　每个类别的 Y 和相应数据 x 的散点图

　　相同数据上拟合的逻辑回归曲线如图 4.24 所示。曲线上的点表示每个点位于两个类别中的任意一个类别的概率。对于较大的 x 值，曲线趋近于 1，这表明关联 Y 值的概率等于 1。对于较小的 x 值，其概率几乎为 0。因为只有两种可能的类别，所以 $Y=0$ 的概率更高。与中间概率相对应的中间区域反映了由于数据重叠而导致的两个类别之间的模糊性。因此，逻辑回归在这里不能为判别类别提供充分理由。以下代码用于拟合逻辑回归模型：

```
>>> from sklearn.linear_model import LogisticRegression
>>> lr = LogisticRegression()
>>> lr.fit(np.c_[xi],yi)
LogisticRegression(C=1.0, class_weight=None, dual=False, fit_intercept=True,
          intercept_scaling=1, max_iter=100, multi_class='warn',
          n_jobs=None, penalty='l2', random_state=None, solver='warn',
          tol=0.0001, verbose=0, warm_start=False)
```

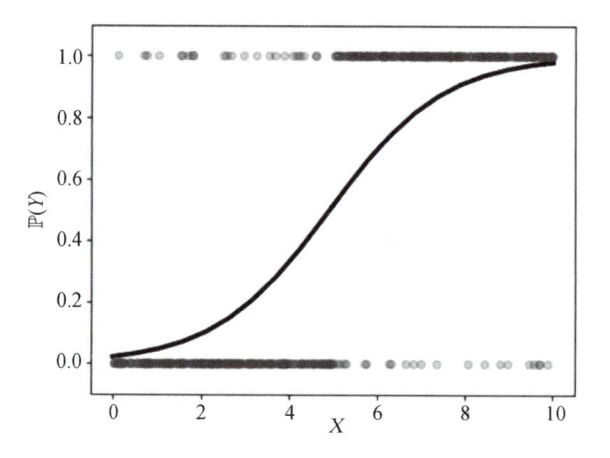

图 4.24　图 4.23 中数据的拟合逻辑回归曲线。曲线上的点表示每个点位于两个类中任何一类的概率

为了更深入地理解逻辑回归，我们需要稍微改变一下表示法，然后再次投影。一般来说，我们可以将等式(4.5.0.1)改写为

$$p(x) = \frac{1}{1 + \exp(-\boldsymbol{\beta}^T x)} \tag{4.5.0.2}$$

其中，$\boldsymbol{\beta}, x \in \mathbb{R}^n$。从之前关于投影的讨论可知，$x$ 和由 $\boldsymbol{\beta}$ 描述的线性边界之间的有符号垂直距离是 $\boldsymbol{\beta}^T x / \|\boldsymbol{\beta}\|$。这意味着分配给 $\mathbb{R}^n$ 中任意点的概率是该点与由

$$\boldsymbol{\beta}^T x = 0$$

描述的线性边界的接近程度的函数，但是这里隐含着一些微妙的东西。请注意，对于任何 $\alpha \in \mathbb{R}^n$，

$$\alpha \boldsymbol{\beta}^T x = 0$$

描述了相同的超平面。这意味着我们将 $\boldsymbol{\beta}$ 乘以任意标量，仍然得到相同的几何图形。然而，由于等式(4.5.0.2)中的指数函数 $\exp(-\alpha \boldsymbol{\beta}^T x)$，这个缩放比例 α 决定了 x 的概率强度，如图 4.25 所示，左边的图显示了两个类别（正方形/圆形）由 $\boldsymbol{\beta}^T x = 0$ 这条虚线分割。背景颜色表示分配给平面中各点的概率。右图显示给定完全相同的几何图形，按 α 进行缩放可以增加给定点的类成员概率。靠近边界的点的概率较低，因为它们很容易落于相反的一侧。但是，按 α 缩放，我们可以将这些概率提高到期望的程度，但代价是使离边界较远的点的概率更接近 1。为什么会出现这种问题？通过 α 任意调节概率，我们可以以样本外数据为代价过分强调训练集。也就是说，我们最终可能会坚持强调那些接近边界的、尚未被发现的点的类成员，否则这些点会有更模棱两可的概率（例如，接近 1/2）。当然，这是偏差和方差权衡的另一种表现。

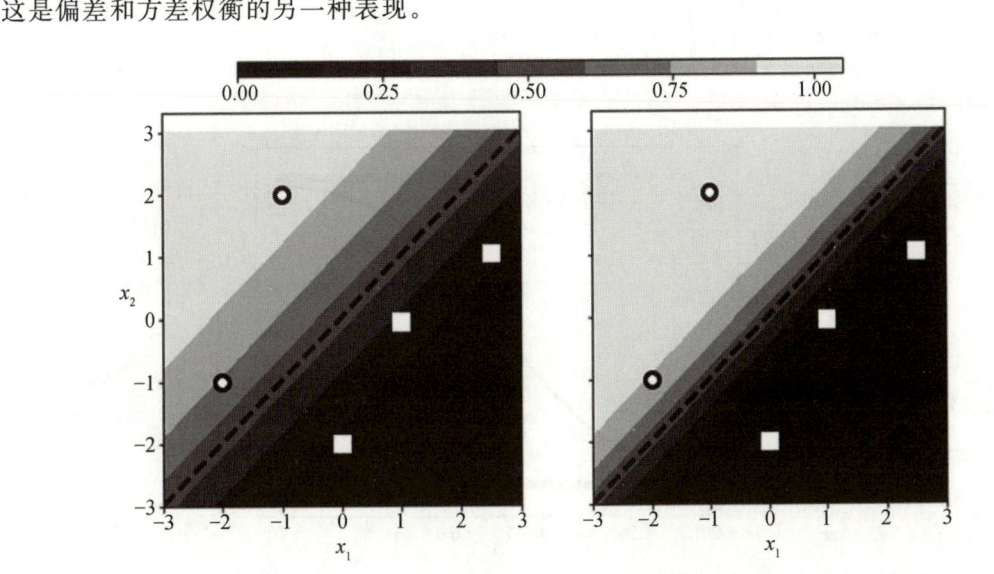

图 4.25　缩放可以任意增加决策边界附近点的概率

正则化是一种通过惩罚作为解的一部分的 β 的大小来控制这种效应的方法。在算法上，逻辑回归通过迭代求解一系列加权最小二乘问题来解决问题。回归将 $\|\beta\|/C$ 项添加到最小二乘误差中。为了证明这一点，我们从逻辑回归中创建一些数据，看看是否可以用 Scikit-learn 恢复数据。我们从二维平面上散布的点开始，

```
>>> x0,x1=np.random.rand(2,20)*6-3
>>> X = np.c_[x0,x1,x1*0+1] # stack as columns
```

请注意，X 的第三列全为 1。这是一个技巧，允许相应的线从二维平面中的原点偏移。接下来，我们创建一个线性边界，并根据接近边界的程度来指定类概率：

```
>>> beta = np.array([1,-1,1]) # last coordinate for affine offset
>>> prd = X.dot(beta)
>>> probs = 1/(1+np.exp(-prd/np.linalg.norm(beta)))
>>> c = (prd>0) # boolean array class labels
```

这就建立了训练数据。下面的代码创建逻辑回归对象并拟合数据：

```
>>> lr = LogisticRegression()
>>> _=lr.fit(X[:,:-1],c)
```

请注意，鉴于 Scikit-learn 在内部分解边界元素的方式，我们必须忽略第三维。生成的代码从 LogisticRegression 对象中提取相应的 β：

```
>>> betah = np.r_[lr.coef_.flat,lr.intercept_]
```

编程技巧

Numpy np.r_ 对象提供了一种沿水平方向堆叠 Numpy 数组的快速方法，无须使用 np.hstack。

生成的边界如图 4.26 中的左图所示。＋和▲代表上面创建的两个类，以灰线作为分隔。逻辑回归拟合产生黑色虚线。黑圈代表逻辑回归未正确分类的点。默认情况下，正则化参数为 $C=1$。接下来，我们改变正则化参数的强度，如下所示：

```
>>> lr = LogisticRegression(C=1000)
```

并重新拟合数据，生成的边界如图 4.26 中的右图所示。通过增大正则化参数，我们实质上微调了拟合算法，使其比一般模型更相信数据。也就是说，通过这样的操作，我们接受了更大的方差，以换取更好的偏差。

（1）逻辑回归的最大似然估计

我们再次思考二分类问题。定义 $y_k=\mathbb{P}(C_1/x_k)$，即数据作为给定类成员的条件概率。我们将这个问题理解为

$$y_k = \theta([w,w_0]\cdot[x_k,1])$$

其中，θ 是逻辑函数。回想一下，这个问题只有两个类别。数据集如下所示：

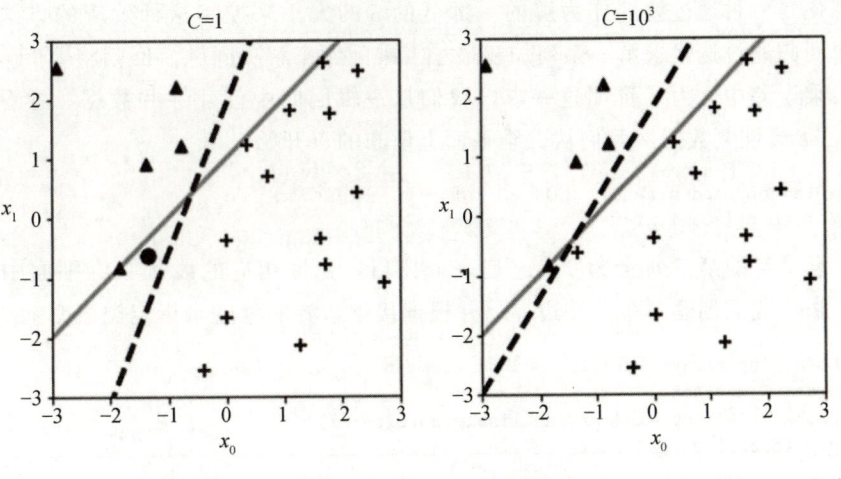

图 4.26 左图为正则化参数 $C=1$ 时的边界（虚线），右图为 $C=1000$ 时的边界。灰线代表
分隔合成数据的边界，黑圈代表逻辑回归错误分类的点

$$\{(\boldsymbol{x}_0, r_0), \cdots, (\boldsymbol{x}_k, r_k), \cdots, (\boldsymbol{x}_{n-1}, r_{n-1})\}$$

其中，$r_k \in \{0,1\}$。例如，我们有以下的观测类序列：

$$\{C_0, C_1, C_1, C_0, C_1\}$$

在这种情况下，似然函数为

$$\ell = \mathbb{P}(C_0 \mid \boldsymbol{x}_0)\mathbb{P}(C_1 \mid \boldsymbol{x}_1)\mathbb{P}(C_1 \mid \boldsymbol{x}_1)\mathbb{P}(C_0 \mid \boldsymbol{x}_0)\mathbb{P}(C_1 \mid \boldsymbol{x}_1)$$

我们可以将其重写为

$$\ell(\boldsymbol{w}, w_0) = (1-y_0)\, y_1\, y_2\, (1-y_3)\, y_4$$

假设有两个相互穷举的类。一般情况下，上式可以写成如下形式：

$$\ell(\boldsymbol{w} \mid \mathcal{X}) = \prod_k^n y_k^{r_k}(1-y_k)^{1-r_k}$$

当然，我们要计算它的对数作为交叉熵：

$$E = -\sum_k r_k \log(y_k) + (1-r_k)\log(1-y_k)$$

然后将其最小化以找到 $\boldsymbol{w}$ 和 w_0。用微积分很难做到这一点，因为导数中有很难求解的非线性项。

(2) 基于 softmax 函数的多类逻辑回归

逻辑回归问题恰好为两个备选类之间的概率提供了解决方案。为了扩展到多分类问题，我们需要使用 softmax 函数。考虑第 i 类和参考类 C_k 之间的似然比：

$$\log \frac{p(\boldsymbol{x} \mid C_i)}{p(\boldsymbol{x} \mid C_k)} = \boldsymbol{w}_i^{\mathrm{T}} \boldsymbol{x}$$

取指数，并在所有类中进行归一化，从而给出 softmax 函数：

$$y_i = p(\mathcal{C}_i \,|\, \boldsymbol{x}) = \frac{\exp(\boldsymbol{w}_i^{\mathrm{T}} \boldsymbol{x})}{\sum_k \exp(\boldsymbol{w}_k^{\mathrm{T}} \boldsymbol{x})}$$

请注意，$\sum_i y_i = 1$。如果 $\boldsymbol{w}_i^{\mathrm{T}} \boldsymbol{x}$ 项大于其他项，则在求幂和归一化后，它自动抑制另一个 y_j，$\forall j \neq i$，其作用类似于最大值函数，但该函数是可微的，因此更柔和，如同在 softmax 函数中一样。虽然这很简单，但诀窍是从训练数据 $\{\boldsymbol{x}_i, y_i\}$ 导出向量 $\boldsymbol{w}_i$。

同样，从似然函数开始。与二分类逻辑回归问题一样，我们有以下似然函数：

$$\ell = \prod_k \prod_i (y_i^k)^{r_i^k}$$

它的对数似然与交叉熵相同：

$$E = - \sum_k \sum_i r_i^k \log y_i^k$$

这是我们想要最小化的误差函数。逻辑回归的计算和以前一样，只是在这种情况下需要跟踪更多的导数。

(3) 理解逻辑回归

为了将这种技术推广到逻辑回归之外，我们需要更抽象地思考数据集 $\{x_i, y_i\}$ 的问题。我们将 $y_i \in \{0, 1\}$ 数据建模为伯努利随机变量。我们有与每个 y_i 相关联的数据 x_i，但不清楚如何利用这种关联。我们想要做的是构造 $\mathbb{E}(Y/X)$，也就是已知的最好的均方误差（MSE）估计（见 2.1 节）。对于这个问题，我们有

$$\mathbb{E}(Y \,|\, X) = \mathbb{P}(Y \,|\, X)$$

因为求和中只有 $Y = 1$ 是非零的。无论如何，我们没有得到条件概率。一种看待逻辑回归的方法是建立 y_i 和 x_i 之间的函数关系。我们能做的最简单的事就是近似它，即

$$\mathbb{E}(Y \,|\, X) \approx \beta_0 + \beta_1 x := \eta(x)$$

如果这是模型，那么目标将是数据 y_i。我们可以将其与 sigmoid 函数

$$\theta(x) = \frac{1}{1 + \exp(-x)}$$

组合以强制将此线性回归的输出限定在区间 $[0, 1]$ 中，然后，我们根据

$$J(\beta_0, \beta_1) = \sum_i (\theta(\eta(x_i)) - y_i)^2$$

将新的函数 $\theta(\eta(x))$ 与 y_i 匹配。

这是优化问题的理想设置。当然，我们可以使用 scipy.optimize 以数值方式来解决这个问题。不幸的是，这会将我们带入优化算法的黑匣子，从而失去对线性回归的所有直觉和经验。我们可以采取相反的方法，将数据 y_i 映射到线性估计量的无界空间，而不是试图将线性估计量的输出压缩到期望域中。因此，我们将上述 θ 函数的逆函数定义为连接函数：

$$g(y) = \log\left(\frac{y}{1 - y}\right)$$

这意味着我们对未知条件期望的近似为

$$g(\mathbb{E}(Y|X)) \approx \beta_0 + \beta_1 x := \eta(x)$$

我们不能将其直接应用于 y_i，因此，我们计算以 $\mathbb{E}(Y/X)$ 为中心的泰勒级数展开式，直至线性项，得到

$$
\begin{aligned}
g(Y) &\approx g(\mathbb{E}(Y|X)) + (Y - \mathbb{E}(Y|X))g'(\mathbb{E}(Y|X)) \\
&\approx \eta(x) + (Y - \theta(\eta(x)))g'(\theta(\eta(x))) := z
\end{aligned}
$$

因为我们不知道条件期望，所以用之前的函数 $\theta(\eta(x))$ 替换这些项。这种新的近似定义了我们将输入线性模型的转换的数据。请注意，参数 β 嵌入在此转换中。$(Y - \theta(\eta(x)))$ 项作为常规的加性噪声项。也就是，

$$g'(x) = \frac{1}{x(1-x)}$$

以下代码将此转换应用于数据(x_i, y_i)：

```
>>> b0, b1 = -2,0.5
>>> g = lambda x: np.log(x/(1-x))
>>> theta = lambda x: 1/(1+np.exp(-x))
>>> eta = lambda x: b0 + b1*x
>>> theta_ = theta(eta(xi))
>>> z=eta(xi)+(yi-theta_)/(theta_*(1-theta_))
```

请注意图 4.27 所示的两个垂直刻度。右边的刻度是数据 y_i 的域 $\{0,1\}$，左边的刻度对应变换的数据 z_i。请注意，在原始数据在极端情况下不那么模棱两可时，转换后的数据更加线性化。同样，这种转换使用了一对特定的参数 β_i。其思想是迭代这个变换并导出新的参数 β_i。通过这种方法，可得

$$\mathbb{V}(Z|X) = (g')^2 \mathbb{V}(Y|X)$$

对于这个二元变量，我们有

$$\mathbb{P}(Y|X) = \theta(\eta(x))$$

因此，

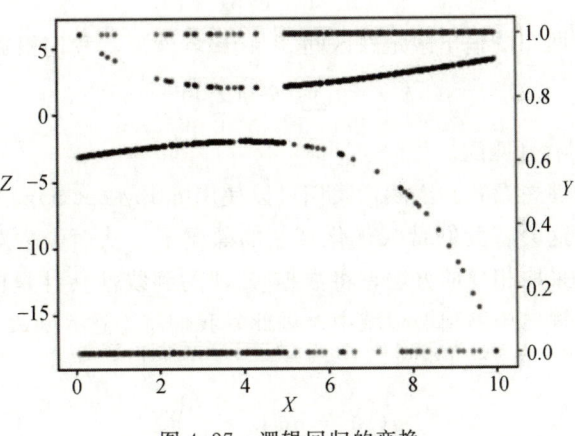

图 4.27 逻辑回归的变换

$$\mathbb{V}(Y|X) = \theta(\eta(x))(1 - \theta(\eta(x)))$$

从中可得，

$$\mathbb{V}(Z|X) = \left[\theta(\eta(x))(1 - \theta(\eta(x)))\right]^{-1}$$

这里重要的事实是方差是 X 的函数（即异方差）。正如 3.11 节讨论的那样，适当的线性回归是加权最小二乘，其中每个数据点的权重与方差成反比。这样可以确保回归过程解释了这种异方差性。Numpy 在 `polyfit` 函数中实现了加权最小二乘法：

```
>>> w=(theta_*(1-theta_))
>>> p=np.polyfit(xi,z,1,w=np.sqrt(w))
```

该拟合的输出以及特定拟合 β_i 的原始数据和 $\mathbb{V}(Z/X)$ 如图 4.28 所示。多迭代几次可以优化估计的线，但不需要多次这样的迭代来收敛。如方差线所示，拟合线偏向于任一极端的数据。

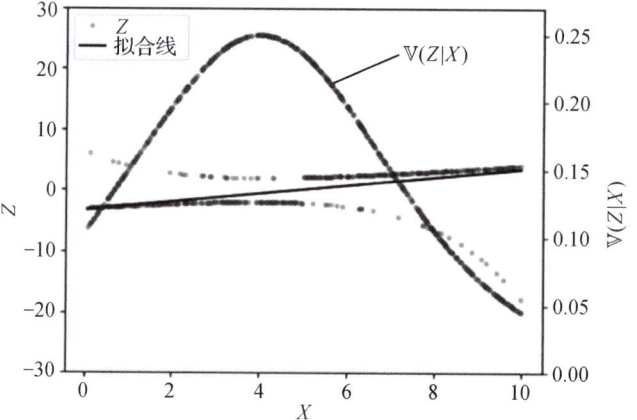

图 4.28　加权最小二乘拟合的输出，以及原始数据和 $\mathbb{V}(Z/X)$

4.6　广义线性模型

逻辑回归是更广泛的广义线性模型（Generalized Linear Model，GLM）的一个示例。这些 GLM 具有以下三个关键特征：

- 根据指数族分布（例如正态分布、二项分布、泊松分布）之一分布的目标变量 Y。
- 将 Y 的期望值与观测变量（即 $\{x_1, x_2, \cdots, x_n\}$）的线性组合联系起来的方程。
- 平滑的可逆连接函数 $g(x)$，使得 $g(\mathbb{E}(Y)) = \sum_k \boldsymbol{\beta}_k x_k$。

(1) 指数族

这指单参数指数族，如

$$f(y; \lambda) = e^{\lambda y - \gamma(\lambda)}$$

其中，λ 为自然参数，y 为充分统计量。例如，对于逻辑回归，有 $\gamma(\lambda) = -\log(1 + e^\lambda)$ 且

$\lambda = \log \dfrac{p}{1-p}$。

这个指数族的一个重要性质是

$$\mathbb{E}_\lambda(y) = \frac{\mathrm{d}\gamma(\lambda)}{\mathrm{d}\lambda} = \gamma'(\lambda) \tag{4.6.0.1}$$

为了验证这一点，我们计算

$$1 = \int f(y;\lambda)\mathrm{d}y = \int \mathrm{e}^{\lambda y - \gamma(\lambda)}\mathrm{d}y$$

$$0 = \int \frac{\mathrm{d}f(y;\lambda)}{\mathrm{d}\lambda}\mathrm{d}y = \int \mathrm{e}^{\lambda y - \gamma(\lambda)}(y - \gamma'(\lambda))\mathrm{d}y$$

$$\int y\mathrm{e}^{\lambda y - \gamma(\lambda)}\mathrm{d}y = \mathbb{E}_\lambda(y) = \gamma'(\lambda)$$

采用同样的方法，可得

$$\mathbb{V}_\lambda(Y) = \gamma''(\lambda)$$

这解释了指数族的广义表示法的实用性。

(2) 偏差

缩放的 Kullback-Leibler 散度称为**偏差**，定义为

$$D(f_1, f_2) = 2\int f_1(y)\log\frac{f_1(y)}{f_2(y)}\mathrm{d}y$$

霍夫丁引理

采用指数族表示法，可以写出偏差：

$$\frac{1}{2}D(f(y;\lambda_1), f(y;\lambda_2)) = \int f(y;\lambda_1)\log\frac{f(y;\lambda_1)}{f(y;\lambda_2)}\mathrm{d}y$$

$$= \int f(y;\lambda_1)((\lambda_1 - \lambda_2)y - (\gamma(\lambda_1) - \gamma(\lambda_2)))\mathrm{d}y$$

$$= \mathbb{E}_{\lambda_1}[(\lambda_1 - \lambda_2)y - (\gamma(\lambda_1) - \gamma(\lambda_2))]$$

$$= (\lambda_1 - \lambda_2)\mathbb{E}_{\lambda_1}(y) - (\gamma(\lambda_1) - \gamma(\lambda_2))$$

$$= (\lambda_1 - \lambda_2)\mu_1 - (\gamma(\lambda_1) - \gamma(\lambda_2))$$

其中，$\mu_1 := E_{\lambda_1}(y)$。对于最大似然估计 $\hat{\lambda}_1$，我们有 $\mu_1 = y$。将其代入上面的等式，可以得到

$$\frac{1}{2}D(f(y;\hat{\lambda}_1), f(y;\lambda_2)) = (\hat{\lambda}_1 - \lambda_2)y - (\gamma(\hat{\lambda}_1) - \gamma(\lambda_2))$$

$$= \log f(y;\hat{\lambda}_1) - \log f(y;\lambda_2) = \log\frac{f(y;\hat{\lambda}_1)}{f(y;\lambda_2)}$$

两边取负指数，可得

$$f(y;\lambda_2) = f(y;\hat{\lambda}_1)\mathrm{e}^{-\frac{1}{2}D(f(y;\hat{\lambda}_1),f(y;\lambda_2))}$$

因为 D 总是非负的，所以当偏差为零时似然最大。尤其对于标量，这意味着 y 本身是均值的最佳最大似然估计。另外，$f(y;\hat{\lambda}_1)$ 被称为**饱和模型**。我们将霍夫丁引理写成

$$f(y;\mu) = f(y;y)\mathrm{e}^{-\frac{1}{2}D(f(y;y),f(y;\mu))} \tag{4.6.0.2}$$

以强调 $f(y;y)$ 是均值被样本代替时的似然函数，$f(y;\mu)$ 是均值被 μ 代替时的似然函数。

使用相互独立的向量方程(4.6.0.2)，可得

$$f(\boldsymbol{y};\boldsymbol{\mu}) = \mathrm{e}^{-\sum_i D(y_i,\mu_i)}\prod_i f(y_i;y_i)$$

现在的思路是通过推导

$$\boldsymbol{\mu}(\boldsymbol{\beta}) = g^{-1}(\boldsymbol{M}^{\mathrm{T}}\boldsymbol{\beta})$$

来最小化偏差。这意味着 MLE $\hat{\boldsymbol{\beta}}$ 是使总偏差最小的最佳 $p\times 1$ 向量 $\boldsymbol{\beta}$，其中是 g 连接函数，$\boldsymbol{M}$ 是 $p\times n$ 矩阵。这是 GLM 估计的关键步骤，因为它将参数数量从 n 减少到 p。结构矩阵是关联数据 x_i 进入问题的地方。因此，GLM 最大似然拟合最小化总偏差，就像简单线性回归最小化平方和一样。

紧接着，有

$$\boldsymbol{\lambda} = \boldsymbol{M}^{\mathrm{T}}\boldsymbol{\beta}$$

其中，$\boldsymbol{M}$ 是 $2\times n$ 维。相应的联合密度函数如下：

$$f(\boldsymbol{y};\boldsymbol{\beta}) = \mathrm{e}^{\boldsymbol{\beta}^{\mathrm{T}}\xi-\psi(\boldsymbol{\beta})}f_0(\boldsymbol{y})$$

其中

$$\xi = \boldsymbol{M}y$$

并且

$$\psi(\boldsymbol{\beta}) = \sum\gamma(\boldsymbol{m}_i^{\mathrm{T}}\boldsymbol{\beta})$$

其中，充分统计量为 ξ，参数向量为 $\boldsymbol{\beta}$，符合指数族格式，$\boldsymbol{m}_i$ 是 $\boldsymbol{M}$ 的第 i 列。

给定此联合密度，计算对数似然：

$$\ell = \boldsymbol{\beta}^{\mathrm{T}}\xi - \psi(\boldsymbol{\beta})$$

为了使似然最大，我们对 $\boldsymbol{\beta}$ 求导，得到

$$\frac{\mathrm{d}\ell}{\mathrm{d}\boldsymbol{\beta}} = \boldsymbol{M}y - \boldsymbol{M}\boldsymbol{\mu}(\boldsymbol{M}^{\mathrm{T}}\boldsymbol{\beta})$$

因为 $\gamma'(\boldsymbol{m}_i^{\mathrm{T}}\boldsymbol{\beta})=\boldsymbol{m}_i^{\mathrm{T}}\boldsymbol{\mu}_i(\boldsymbol{\beta})$ 和等式(4.6.0.1)，所以 $\gamma'=\boldsymbol{\mu}_\lambda$。设导数为 0，得到最大似然解的条件：

$$\boldsymbol{M}(\boldsymbol{y} - \boldsymbol{\mu}(\boldsymbol{M}^{\mathrm{T}}\boldsymbol{\beta})) = \boldsymbol{0} \tag{4.6.0.3}$$

其中，$\boldsymbol{\mu}$ 是连接函数的逐元素逆函数。这样又回到了最开始的问题：对 $\boldsymbol{y}$ 和 $\boldsymbol{\mu}(\boldsymbol{M}^{\mathrm{T}}\boldsymbol{\beta})$ 进行回归。

例　结构矩阵 $\boldsymbol{M}$ 是与相应 y_i 关联的数据 x_i 进入问题的地方。如果我们选择

$$\boldsymbol{M}^{\mathrm{T}} = [\mathbf{1}, \boldsymbol{x}]$$

其中，$\mathbf{1}$ 是长度为 n 的向量，且有

$$\boldsymbol{\beta} = [\beta_0, \beta_1]^{\mathrm{T}}$$

以及 $\mu(x) = 1/(1 + \mathrm{e}^{-x})$，这样就变成了原始的逻辑回归问题。

通常，$\boldsymbol{\mu}(\boldsymbol{\beta})$ 是一个非线性函数，因此我们可以对变换后的变量 $\boldsymbol{z}$

$$\boldsymbol{z} = \boldsymbol{M}^{\mathrm{T}}\boldsymbol{\beta} + \mathrm{diag}(g'(\boldsymbol{\mu}))(\boldsymbol{y} - \boldsymbol{\mu}(\boldsymbol{M}^{\mathrm{T}}\boldsymbol{\beta}))$$

进行回归。这符合高斯-马尔可夫（参考 3.11 节）问题的格式，并有如下解：

$$\hat{\boldsymbol{\beta}} = (\boldsymbol{M}\boldsymbol{R}_z^{-1}\boldsymbol{M}^{\mathrm{T}})^{-1}\boldsymbol{M}\boldsymbol{R}_z^{-1}\boldsymbol{z} \tag{4.6.0.4}$$

其中

$$\boldsymbol{R}_z := \mathbb{V}(\boldsymbol{z}) = \mathrm{diag}(g'(\boldsymbol{\mu}))^2 \boldsymbol{R} = v(\mu)\mathrm{diag}(g'(\boldsymbol{\mu}))^2 \boldsymbol{I}$$

其中，g 是连接函数，v 是指定分布 y_i 上的方差函数。因此，$\hat{\boldsymbol{\beta}}$ 的协方差矩阵为

$$\mathbb{V}(\hat{\boldsymbol{\beta}}) = (\boldsymbol{M}\boldsymbol{R}_z^{-1}\boldsymbol{M}^{\mathrm{T}})^{-1}$$

从这些结果可以推断出估计参数 $\hat{\boldsymbol{\beta}}$。我们可以很容易地将公式（4.6.0.4）写成如下迭代形式：

$$\hat{\boldsymbol{\beta}}_{k+1} = (\boldsymbol{M}\boldsymbol{R}_{z_k}^{-1}\boldsymbol{M}^{\mathrm{T}})^{-1}\boldsymbol{M}\boldsymbol{R}_{z_k}^{-1}\boldsymbol{z}_k$$

例　考虑图 4.29 中的数据。请注意，对于每个 x，数据的方差都会增加，并且数据随着 x 的幂沿 x 增加。这使得该数据成为 $g(\mu) = \log(\mu)$ 的泊松 GLM 的良好候选数据。

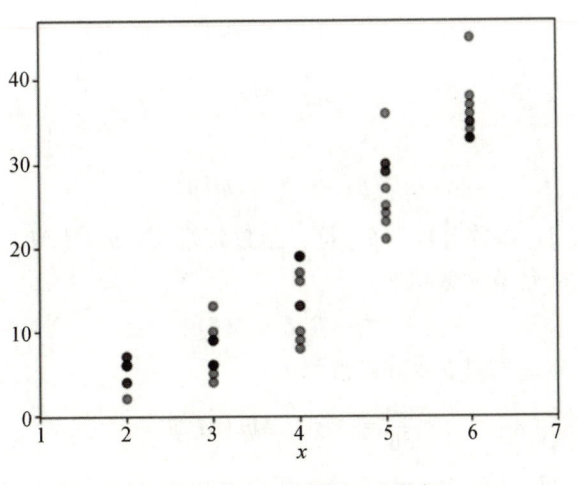

图 4.29　泊松示例的一些数据

我们可以使用基于迭代矩阵的方法。下面的代码完成迭代初始化：

```
>>> M    = np.c_[x*0+1,x].T
>>> gi   = np.exp               # inverse g link function
>>> bk   = np.array([.9,0.5])   # initial point
>>> muk  = gi(M.T @ bk).flatten()
>>> Rz   = np.diag(1/muk)
>>> zk   = M.T @ bk + Rz @ (y-muk)
```

接下来的代码建立主迭代:

```
>>> while abs(sum(M @ (y-muk))) > .01: # orthogonality condition as threshold
...     Rzi = np.linalg.inv(Rz)
...     bk = (np.linalg.inv(M @ Rzi @ M.T)) @ M @ Rzi @ zk
...     muk = gi(M.T @ bk).flatten()
...     Rz =np.diag(1/muk)
...     zk = M.T @ bk + Rz @ (y-muk)
...
```

相应的最终 $\boldsymbol{\beta}$ 计算如下:

```
>>> print(bk)
[0.71264653 0.48934384]
```

对应的估计 $\mathbb{V}(\hat{\boldsymbol{\beta}})$ 为

```
>>> print(np.linalg.inv(M @ Rzi @ M.T))
[[ 0.01867659 -0.00359408]
 [-0.00359408  0.00073501]]
```

正交条件[公式 $(4.6.0.3)$]如下:

```
>>> print(M @ (y-muk))
[-5.88442660e-05 -3.12199976e-04]
```

为了进行比较, statsmodels 模块提供了泊松 GLM 对象。请注意, 报告的标准误差是 $\mathbb{V}(\hat{\boldsymbol{\beta}})$ 对角元素的平方根。数据图和拟合模型曲线如图 4.30 所示。

```
>>> pm=sm.GLM(y, sm.tools.add_constant(x),
...                     family=sm.families.Poisson())
>>> pm_results=pm.fit()
>>> pm_results.summary()
<class 'statsmodels.iolib.summary.Summary'>
"""
           Generalized Linear Model Regression Results
==============================================================================
Dep. Variable:                      y   No. Observations:                   50
Model:                            GLM   Df Residuals:                       48
Model Family:                 Poisson   Df Model:                            1
Link Function:                    log   Scale:                          1.0000
Method:                          IRLS   Log-Likelihood:                -134.00
Date:                Tue, 12 Mar 2019   Deviance:                       44.230
Time:                        06:54:16   Pearson chi2:                     43.1
No. Iterations:                     5   Covariance Type:             nonrobust
==============================================================================
                 coef    std err          z      P>|z|      [0.025      0.975]
------------------------------------------------------------------------------
const          0.7126      0.137      5.214      0.000       0.445       0.981
x1             0.4893      0.027     18.047      0.000       0.436       0.542
==============================================================================
"""
```

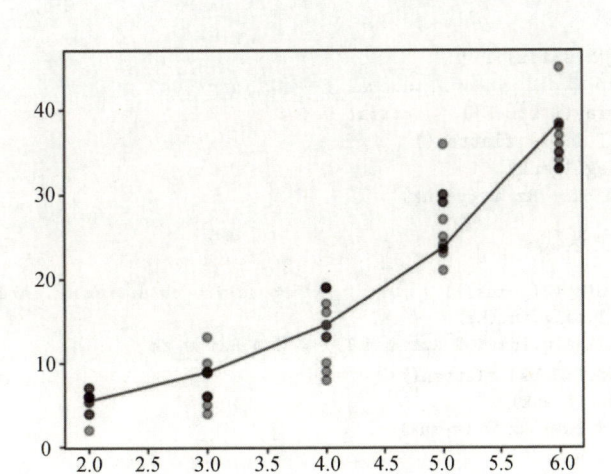

图 4.30　采用泊松 GLM 的拟合

4.7　正则化

我们在 4.5 节提到了正则化，这里将更充分地探讨这一重要思想。正则化是进行偏差与方差权衡的机制。首先，我们思考一个经典的约束最小二乘问题：

$$\underset{\boldsymbol{x}}{\text{minimize}} \quad \| \boldsymbol{x} \|_2^2$$

$$\text{s.t.} \quad x_0 + 2x_1 = 1$$

其中，$\| \boldsymbol{x} \|_2 = \sqrt{x_0^2 + x_1^2}$ 是 L_2 范数。在没有约束的情况下，只需取 $\boldsymbol{x}=0$ 很容易就能最小化目标函数。否则，假设我们知道 $\| \boldsymbol{x} \|_2 < c$，那么由该不等式定义的点的轨迹就是图 4.31 中的圆。约束是同一图中的线。因为 c 的每个值都定义了一个圆，所以当圆和直线相切时就满足了约束。圆和线可以在许多不同的点相切，但是我们只对最小的圆感兴趣，因为这是一个最小化问题。直观地讲，这意味着我们在原点给一个 L_2 球充气，当它刚好碰到约束时停止。接触点就是 L_2 最小化解。

用拉格朗日乘子法可以得到同样的结果。我们可以使用拉格朗日乘子 λ 将整个 L_2 最小化问题重写为一个新的目标函数：

$$J(x_0, x_1, \lambda) = x_0^2 + x_1^2 + \lambda(1 - x_0 - x_1)$$

然后用微积分把它作为一个普通函数来求解。我

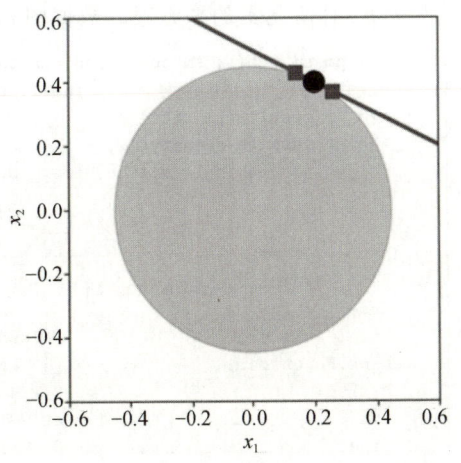

图 4.31　约束 L_2 最小化问题的解为约束（暗线）与以原点为中心的 L_2 圆（灰色圆）相交的点。交点由黑色圆圈表示，两个相邻的正方形表示线上靠近解的点

们用 Sympy 来实现这个过程：

```
>>> import sympy as S
>>> S.var('x:2 l',real=True)
(x0, x1, l)
>>> J=S.Matrix([x0,x1]).norm()**2 + l*(1-x0-2*x1)
>>> sol=S.solve(map(J.diff,[x0,x1,l]))
>>> print(sol)
{l: 2/5, x0: 1/5, x1: 2/5}
```

编程技巧

　　使用 `Matrix` 对象对这个问题来说大材小用了，但是它确实展示了 Sympy 矩阵的工作机制。在本例中，我们使用 `norm` 方法来计算给定元素的 L_2 范数。使用 S. var 定义 Sympy 变量并将其注入全局命名空间中。相反，执行 x0=S. symbols('x0', real=True) 之类的代码更像 Python，但另一种方法更快，尤其是对于多维变量。

　　如图 4.31 所示，解定义了直线与圆相切的精确点。拉格朗日乘子将约束包含在目标函数中。然而，解有些微妙且有非常重要的特点。请注意，圆上还有其他点非常接近解，如图 4.31 中的正方形所示。这种接近可能是一件好事，如果它在一开始就帮助我们真正找到解，那么它是有用的。但就其产生的不确定性而言，可能无济于事。我们先保持这种思路，用 L_1 范数代替 L_2 范数来尝试解决同样的问题。回想等式

$$\| \boldsymbol{x} \|_1 = \sum_{i=1}^{d} |x_i|$$

其中，d 是向量 $\boldsymbol{x}$ 的维数。因此，我们可以用范数 L_1 重新表述相同的问题，如下所示：

$$\underset{\boldsymbol{x}}{\text{minimize}} \quad \| \boldsymbol{x} \|_1$$
$$\text{s. t.} \quad x_1 + 2x_2 = 1$$

事实证明，使用 Sympy 解决这个问题有点困难，但是我们可以借助 Python 中的凸优化模块。

```
>>> from cvxpy import Variable, Problem, Minimize, norm1, norm
>>> x=Variable((2,1),name='x')
>>> constr=[np.matrix([[1,2]])*x==1]
>>> obj=Minimize(norm1(x))
>>> p= Problem(obj,constr)
>>> p.solve()
0.49999999996804073
>>> print(x.value)
[[6.2034426e-10]
 [5.0000000e-01]]
```

编程技巧

　　cvxy 模块为强大的 cvxopt 凸优化包以及其他开源工具包提供了统一且可访问的接口。

　　如图 4.32 所示，范数 L_1 中的常数范数形状像菱形而不是圆形。此外，在每种情况下找到的解都是不同的。从几何上讲，这是因为膨胀的圆 L_2 向各个方向延伸，而球 L_1 则沿着主轴向外扩张。这种效果在高维空间中更加明显，在高维空间中，球 L_1 变得更加尖利⊖。与 L_2 中情况类似，约束线上也有相邻的点，但请注意，这些点并不靠近相应球 L_1 的边界，就像在 L_2 中一样。这意味着这些将很难与最优解混淆，因为它们对应于一个完全不同的球 L_1。

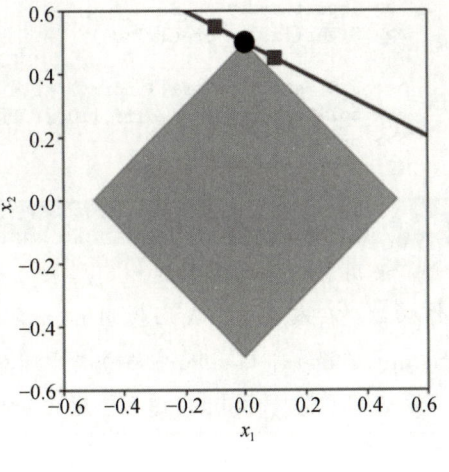

图 4.32　菱形是二维的球 L_1，线是约束。它们的交点是优化问题的解。请注意，对于 L_1 优化，约束线上的两个邻近点（正方形）不接触球 L_1。将此图与图 4.31 进行比较

　　为了再次检查之前 L_2 的结果，可以使用 cvxpy 模块来寻找 L_2 解，代码如下：

```
>>> constr=[np.matrix([[1,2]])*x==1]
>>> obj=Minimize(norm(x,2)) #L2 norm
>>> p= Problem(obj,constr)
>>> p.solve()
0.4473666974719267
>>> print(x.value)
[[0.1999737 ]
 [0.40004849]]
```

对代码的唯一更改是范数 L_2，并且我们获得了和前面相同的解。

　　我们看看从二维移到四维时，L_2 和 L_1 在高维空间发生了什么。

```
>>> x=Variable((4,1),name='x')
>>> constr=[np.matrix([[1,2,3,4]])*x==1]
>>> obj=Minimize(norm1(x))
>>> p= Problem(obj,constr)
>>> p.solve()
0.2499999991355072
>>> print(x.value)
[[3.88487210e-10]
 [8.33295420e-10]
 [7.91158511e-10]
 [2.49999999e-01]]
```

对于 L_2，代码如下：

```
>>> constr=[np.matrix([[1,2,3,4]])*x==1]
>>> obj=Minimize(norm(x,2))
>>> p= Problem(obj,constr)
>>> p.solve()
0.1824824789618193
>>> print(x.value)
```

⊖　我们在第 3 章中讨论维数灾难时，讨论了高维空间的几何问题。

```
[[0.03332451]
 [0.0666562 ]
 [0.09999604]
 [0.13333046]]
```

请注意，L_1 解只选择了一个维度，因为其他分量实际上为零。然而，L_2 解并非如此，因为它在多个坐标中都有有意义的元素。这是因为 L_1 问题在四维空间中有许多尖角，这些尖角指向由约束定义的超平面。这本质上意味着子集（即角上的点）就是解，因为它们与超平面相切。在更高维空间中，这种效果变得更加明显，这是使用范数 L_1 的主要好处，我们将在下一节中看到。

4.7.1　岭回归

我们已经对各种情况下的几何结构有了一定了解，现在来重新审视一下经典的线性回归问题。总而言之，我们要解决以下问题：

$$\min_{\boldsymbol{\beta} \in \mathbb{R}^p} \| y - \boldsymbol{X\beta} \|$$

其中，$\boldsymbol{X} = [\boldsymbol{x}_1, \boldsymbol{x}_2, \cdots, \boldsymbol{x}_p]$ 并且 $\boldsymbol{x}_i \in \mathbb{R}^n$。此外，假设 p 列向量是线性无关的（即 $\text{rank}(\boldsymbol{X}) = p$）。线性回归可以产生使上述均方误差最小化的 $\boldsymbol{\beta}$。在 $p = n$ 的情况下，这个问题的解唯一。但是，当 $p < n$ 时，这个问题存在无限多个解。

为了具体来看这个过程，我们用 Sympy 来解决这个问题。首先，定义示例 $\boldsymbol{X}$ 和 $\boldsymbol{y}$：

```
>>> import sympy as S
>>> from sympy import Matrix
>>> X = Matrix([[1,2,3],
...             [3,4,5]])
>>> y = Matrix([[1,2]]).T
```

现在，我们可以用下面的代码定义系数向量 $\boldsymbol{\beta}$：

```
>>> b0,b1,b2=S.symbols('b:3',real=True)
>>> beta = Matrix([[b0,b1,b2]]).T # transpose
```

接下来，定义我们试图最小化的目标函数：

```
>>> obj=(X*beta -y).norm(ord=2)**2
```

编程技巧

Sympy 中的 Matrix 类有些有用的方法，例如前面用于定义目标函数的 norm 函数。ord= 2 意味着我们要使用 L_2 范数。括号中的表达式计算为 Matrix 对象。

请注意，在适用的情况下使用关键字参数定义实变量是很有帮助的，因为它减轻了 Sympy 处理复数的内部机制的压力。最后，我们可以通过将目标函数的导数设置为零来解决此问题。

```
>>> sol=S.solve([obj.diff(i) for i in beta])
>>> beta.subs(sol)
Matrix([
[          b2],
[-2*b2 + 1/2],
[          b2]])
```

请注意，该解并未唯一指定变量 beta 的所有元素，因为这个问题中 $p < n$（其中 $p = 2$，$n = 3$）。这种模糊性并不会改变解：

```
>>> obj.subs(sol)
0
```

但它确实改变了解向量 beta 的长度：

```
>>> beta.subs(sol).norm(2)
sqrt(2*b2**2 + (2*b2 - 1/2)**2)
```

如果我们想最小化这个长度，则可以使用和之前相同的微积分运算：

```
>>> S.solve((beta.subs(sol).norm()**2).diff())
[1/6]
```

这提供了 L_2 范数意义上的最小长度的解：

```
>>> betaL2=beta.subs(sol).subs(b2,S.Rational(1,6))
>>> betaL2
Matrix([
[1/6],
[1/6],
[1/6]])
```

但最小长度的解有何特别之处呢？对于机器学习而言，使目标函数趋于 0 是数据过度拟合的征兆。通常，在边界 0 处，机器学习方法本质上已经记住了训练数据，这对于泛化是不利的。因此，我们可以通过为解定义一个远离边界 0 的区域来有效地解决这个问题：

$$\underset{\boldsymbol{\beta}}{\text{minimize}} \quad \| y - \boldsymbol{X\beta} \|_2^2$$
$$\text{s.t.} \quad \| \boldsymbol{\beta} \|_2 < c$$

其中，c 是调整参数。采用与前面相同的过程，我们可以将其重写为

$$\underset{\boldsymbol{\beta} \in \mathbb{R}^p}{\min} \| y - \boldsymbol{X\beta} \|_2^2 + \alpha \| \boldsymbol{\beta} \|_2^2$$

其中，α 为调整参数。这是上述问题的惩罚形式或拉格朗日形式，由约束形式导出。目标函数受到 $\| \boldsymbol{\beta} \|_2$ 项的惩罚。对于 L_2 惩罚，这称为**岭回归**，在 Scikit-learn 中由 Ridge 实现。以下代码针对我们的示例进行了相关设置：

```
>>> from sklearn.linear_model import Ridge
>>> clf = Ridge(alpha=100.0,fit_intercept=False)
>>> clf.fit(np.array(X).astype(float),np.array(y).astype(float))
Ridge(alpha=100.0, copy_X=True, fit_intercept=False, max_iter=None,
    normalize=False, random_state=None, solver='auto', tol=0.001)
```

请注意，$\| \boldsymbol{\beta} \|_2$ 的惩罚力度由 alpha 控制。我们设置参数 fit_intercept= False，是为了在示例中省略额外的偏移项，相应的解如下：

```
>>> print(clf.coef_)
[[0.0428641   0.06113005 0.07939601]]
```

对解进行复查，我们可以使用 Scipy 和前面的 Sympy 分析中的一些优化工具，如下所示：

```
>>> from scipy.optimize import minimize
>>> f   = S.lambdify((b0,b1,b2),obj+beta.norm()**2*100.)
>>> g   = lambda x:f(x[0],x[1],x[2])
>>> out = minimize(g,[.1,.2,.3]) # initial guess
>>> out.x
array([0.0428641 , 0.06113005, 0.07939601])
```

编程技巧

　　我们必须根据从 f 中的 Sympy 表达式创建的 lambda 函数定义附加的 g 函数，因为 minimize 函数期望将单个对象向量作为输入，而不是将三个单独的参数作为输入。

　　得到与 Ridge 对象相同的解。为了更好地理解这个结果的含义，我们可以使用矩阵代数而不是微积分一步计算这个问题的均方误差解：

```
>>> betaLS=X.T*(X*X.T).inv()*y
>>> betaLS
Matrix([
[1/6],
[1/6],
[1/6]])
```

请注意，这正好解决了假定的问题：

```
>>> X*betaLS-y
Matrix([
[0],
[0]])
```

这意味着目标函数的第一项变为零：

$$\| y - \boldsymbol{X}\boldsymbol{\beta}_{\mathrm{LS}} \| = 0$$

但是，我们来检查一下这个解与岭回归解的 L_2 长度：

```
>>> print(betaLS.norm().evalf(), np.linalg.norm(clf.coef_))
0.288675134594813 0.10898596412575512
```

因此，在 L_2 范数意义上，岭回归解更短，但岭回归中目标函数的第一项不为零：

```
>>> print((y-X*clf.coef_.T).norm()**2)
1.86870864136429
```

岭回归解用拟合误差 $\| y - \boldsymbol{X}\boldsymbol{\beta} \|_2$ 换取较小解长度 $\| \boldsymbol{\beta} \|_2$。

　　我们用 3.12.4 节中的一个熟悉的例子来看看这一点。如图 4.33 所示，对于这个例子，我们创建了常用的线性调频信号，并尝试用高维多项式来拟合它——正如在 4.3.4 节中所做的那样。灰色阴影区域代表真实信号和近似值之间的差距。水平哈希标记指示训练每个回归变量的 x_i 值的子集。因此，训练集表示基础线性调频波形的非均匀样本。对于通常的多项式回归，请注意，回归函数对于给定的点拟合得非常好，但在端点处拟合效果很差。岭回归遗漏了中间的许多点，如灰色区域所示，但不会像普通多项式回归那样在端点过冲那么多，这是岭回归的基本权衡。

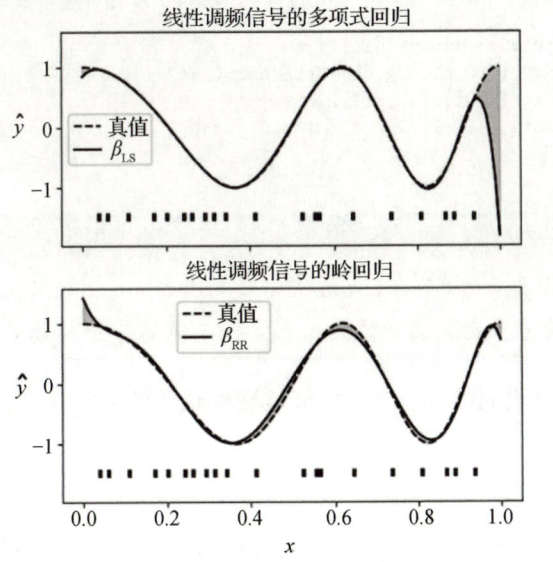

图 4.33　多项式回归和多项式岭回归。岭回归虽然在整个域的大部分区域都不严格匹配，但它不会在端点处剧烈地爆发。这是因为岭约束使系数向量降低，但代价是沿域中部的性能较差

本节对应的 Jupyter Notebook 有此图的代码，但主要步骤如下：

```
# create chirp signal
xi = np.linspace(0,1,100)[:,None]
# sample chirp randomly
xin= np.sort(np.random.choice(xi.flatten(),20,replace=False))[:,None]
# create sampled waveform
y = np.cos(2*pi*(xin+xin**2))
# create full waveform for reference
yi = np.cos(2*pi*(xi+xi**2))

# create polynomial features
from sklearn.preprocessing import PolynomialFeatures
qfit = PolynomialFeatures(degree=8) # quadratic

Xq = qfit.fit_transform(xin)
# reformat input as polynomial
Xiq = qfit.fit_transform(xi)

from sklearn.linear_model import LinearRegression
lr=LinearRegression() # create linear model
lr.fit(Xq,y) # fit linear model

# create ridge regression model and fit
clf = Ridge(alpha=1e-9,fit_intercept=False)
clf.fit(Xq,y)
```

4.7.2　套索回归

套索回归遵循与岭回归相同的基本模式，只不过目标函数中采用 L_1 范数：

$$\min_{\boldsymbol{\beta} \in \mathbb{R}^p} \| y - \boldsymbol{X\beta} \|^2 + \alpha \| \boldsymbol{\beta} \|_1$$

Scikit-learn 中的接口也是相同的。下面使用套索回归处理与之前岭回归相同的问题：

```
>>> X = np.matrix([[1,2,3],
...                [3,4,5]])
>>> y = np.matrix([[1,2]]).T
>>> from sklearn.linear_model import Lasso
>>> lr = Lasso(alpha=1.0,fit_intercept=False)
>>> _=lr.fit(X,y)
>>> print(lr.coef_)
[0.         0.         0.32352941]
```

和之前一样，我们也可以使用 Scipy 中的优化工具来解决此问题：

```
>>> from scipy.optimize import fmin
>>> obj = 1/4.*(X*beta-y).norm(2)**2 + beta.norm(1)*l
>>> f = S.lambdify((b0,b1,b2),obj.subs(l,1.0))
>>> g = lambda x:f(x[0],x[1],x[2])
>>> fmin(g,[0.1,0.2,0.3])
Optimization terminated successfully.
        Current function value: 0.360297
        Iterations: 121
        Function evaluations: 221
array([2.27469304e-06, 4.02831864e-06, 3.23134859e-01])
```

编程技巧

　　Scipy 优化模块的 `fmin` 函数使用的算法不依赖于导数。这点很有用，因为与 L_2 范数不同，L_1 范数具有尖锐的拐角，使得导数估计更加困难。

此结果与 Scikit-learn Lasso 对象的上一个结果匹配。使用 Scipy 解决该问题是令人鼓舞的，并且提供了良好的完整性检查，但在实践中需要专门的算法。下面的代码块用不同的 α 重新运行套索，并在图 4.34 中绘制系数曲线。请注意，随着 α 的增加，除一个系数外，所有系数均趋于零。增加 α 可以在 L_1 范数意义上的数据拟合与想要减少模型中非零系数的数量（相当于使用的特征数量）之间进行权衡。对于给定的问题，专注于减少模型中的特征数量（即 α 较大）可能比专注于训练数据中拟合的数据质量更为实际。套索回归提供了一种干净的方法来寻找这种权衡。

以下代码循环遍历一组 α 值，并收集相应的套索系数以绘制在图 4.34 中。

```
>>> o=[]
>>> alphas= np.logspace(-3,0,10)
>>> for a in alphas:
```

```
...          clf = Lasso(alpha=a,fit_intercept=False)
...          _=clf.fit(X,y)
...          o.append(clf.coef_)
...
```

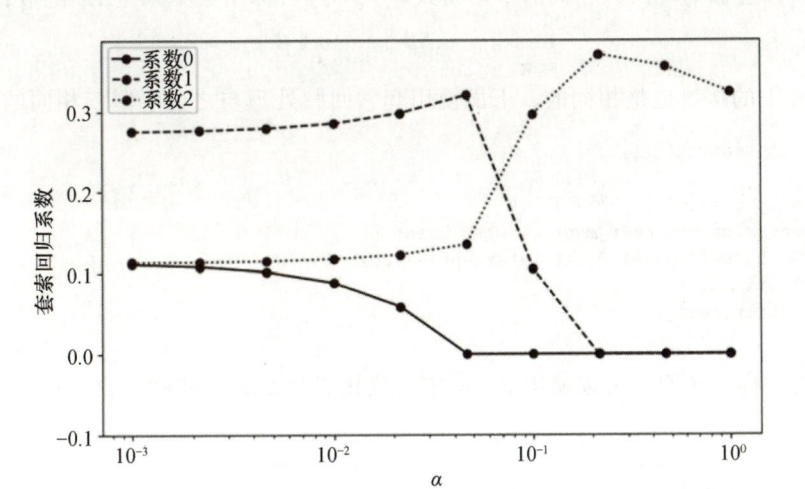

图 4.34 对于套索回归，随着 α 的增加，更多的模型系数趋于零

4.8 支持向量机

支持向量机（Support Vector Machine，SVM）起源于 Vapnik-Chervonenkis 的统计学习理论。因此，它代表了统计理论的深度应用，其中包含了 VC 维概念。我们先来看一些图片。思考图 4.35 所示的二维分类问题。图 4.35 展示了两个类别（灰色圆圈和白色圆圈），它们可以用所示的任何一条线分隔开。具体地说，任何这样的分隔线都可以写成二维平面中满足

$$\beta_0 + \boldsymbol{\beta}^{\mathrm{T}} \boldsymbol{x} = 0$$

的点（$\boldsymbol{x}$）的轨迹。

要利用这条线对任意 $\boldsymbol{x}$ 进行分类，我们只需计算 $\beta_0 + \boldsymbol{\beta}^{\mathrm{T}} \boldsymbol{x}$ 的符号，并在正号时分配一个类别，在负号时分配另一个类别。为了唯一地指定这样一条分隔线（在更高维空间中为超平面），我们需要额外的标准。

图 4.36 展示了数据及两条相邻平行线，这两条线在中心分隔线周围形成了一个间隔。**最大间隔算法**寻找最宽的间隔和唯一的分隔线。因此，该算法会找出数据中触及间隔的元素。这些是支持元素，远离边界的其他元素与解无关。这减少了模型方差，因为解对除这些支持元素（通常是很一小部分）以外的元素不敏感。

图 4.35 在二维平面上，两个类别（灰色圆圈和白色圆圈）很容易被一条线分隔开

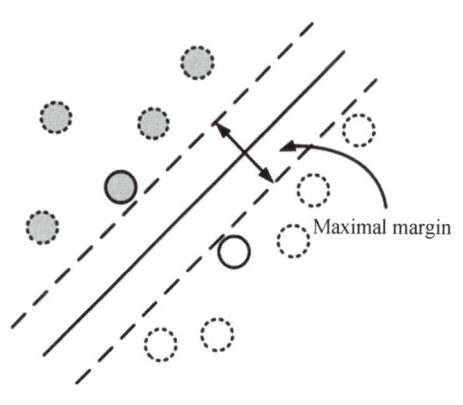

图 4.36　最大间隔算法寻找使间隔最大化的分隔线。与间隔相接触的元素是支持元素，虚
　　　　　线元素与解无关

　　要了解这对于线性可分类是如何工作的，请思考由 $\langle(\boldsymbol{x}, y)\rangle$ 组成的训练集，其中 $y \in \{-1,1\}$。对于任一点 $\boldsymbol{x}_i$，我们计算函数间隔 $\hat{\gamma}_i = y_i(\beta_0 + \boldsymbol{\beta}^{\mathrm{T}} \boldsymbol{x}_i)$。因此，当 $\boldsymbol{x}_i$ 被正确分类时，$\hat{\gamma}_i > 0$。几何间隔为 $\hat{\gamma} = \hat{\gamma} / \|\boldsymbol{\beta}\|$。当 $\boldsymbol{x}_i$ 被正确分类时，几何间隔等于 $\boldsymbol{x}_i$ 到直线的垂直距离。我们来看最大间隔算法是如何工作的。

　　设 M 为间隔宽度。最大间隔算法可以形式化为一个二次规划问题。我们希望在最大化间隔 M 的同时，确保所有数据点都被正确分类，即

$$\underset{\beta_0, \boldsymbol{\beta}, \|\boldsymbol{\beta}\|=1}{\operatorname{maximize}} \quad M$$

$$\text{s. t.:} \quad y_i(\beta_0 + \boldsymbol{\beta}^{\mathrm{T}} \boldsymbol{x}_i) \geqslant M, i = 1, \cdots, N$$

第一行表示我们要通过调整 β_0 和 β 来寻找 M 的最大值，同时保持 $\|\boldsymbol{\beta}\| = 1$。第 i 个数据元素的函数间隔是问题的约束，并且对于每个建议解它必须满足。换句话说，这些约束要求元素必须正确分类，并且在围绕分隔线的间隔之外。经过一些变换，结果变为 $M = 1 / \|\boldsymbol{\beta}\|$，这可以用以下标准格式表示：

$$\underset{\beta_0, \boldsymbol{\beta}}{\operatorname{minimize}} \quad \|\boldsymbol{\beta}\|$$

$$\text{s. t.:} \quad y_i(\beta_0 + \boldsymbol{\beta}^{\mathrm{T}} \boldsymbol{x}_i) \geqslant 1, i = 1, \cdots, N$$

这是一个凸优化问题，可以使用该领域的强大方法解决。

　　当两个类别不可分离时，情况就变得更复杂了。我们必须允许解中包含两个类的某种混合。这意味着必须修改约束，如下所示：

$$y_i(\beta_0 + \boldsymbol{\beta}^{\mathrm{T}} \boldsymbol{x}_i) \geqslant M(1 - \xi_i)$$

其中，ξ_i 是松弛变量，表示预测结果处于间隔错误一侧的比例数。因此，当 $\xi_i > 1$ 时，元素被错误分类。有了这些附加变量，我们就可以得到凸优化问题的更一般化的公式：

$$\underset{\beta_0, \boldsymbol{\beta}}{\operatorname{minimize}} \quad \|\boldsymbol{\beta}\|$$

$$\text{s. t.} \qquad y_i(\beta_0 + \boldsymbol{\beta}^{\mathrm{T}} \boldsymbol{x}_i) \geqslant 1 - \xi_i$$

$$\xi_i \geqslant 0, \sum \xi_i \leqslant \text{constant}, \ i = 1, \cdots, N$$

可以将其改写为以下等效形式：

$$\underset{\beta_0, \boldsymbol{\beta}}{\text{minimize}} \qquad \frac{1}{2} \| \boldsymbol{\beta} \| + C \sum \xi_i \tag{4.8.0.1}$$

$$\text{s. t.:} \qquad y_i(\beta_0 + \boldsymbol{\beta}^{\mathrm{T}} \boldsymbol{x}_i) \geqslant 1 - \xi_i, \xi_i \geqslant 0, i = 1, \cdots, N$$

ξ_i 都是正数，目的是使间隔最大（即 $\| \boldsymbol{\beta} \|$ 最小），同时最小化预测结果漂移到间隔错误一侧的比例（即 $C \sum \xi_i$）。因此，大的 C 值调整算法关注决策边界附近的正确分类点，较小 C 值关注其他位置的数据。C 值是 SVM 的超参数。

好消息是，所有这些复杂处理都在 Scikit-learn 内得到了巧妙的处理。接下来为 SVM 设置线性核函数（稍后将进一步介绍核函数）：

```
>>> from sklearn.datasets import make_blobs
>>> from sklearn.svm import SVC
>>> sv = SVC(kernel='linear')
```

我们可以用 make_blobs 创建一些合成数据，然后将它们拟合到 SVM 中：

```
>>> X,y=make_blobs(n_samples=200, centers=2, n_features=2,
...                 random_state=0,cluster_std=.5)
>>> sv.fit(X,y)
SVC(C=1.0, cache_size=200, class_weight=None, coef0=0.0,
  decision_function_shape='ovr', degree=3, gamma='auto_deprecated',
  kernel='linear', max_iter=-1, probability=False, random_state=None,
  shrinking=True, tol=0.001, verbose=False)
```

拟合后，SVM 分别在 sv.support_vectors_ 和 sv.coef_属性中保存了估计的支持向量和 $\boldsymbol{\beta}$ 的系数。图 4.37 展示了两个样本类别以及由最大间隔算法找到的分隔线。两条平行的虚线表示间隔。大圆圈包含支持向量，这些向量是与解相关的数据元素。请注意，只有这些元素才能接触到间隔的边缘。

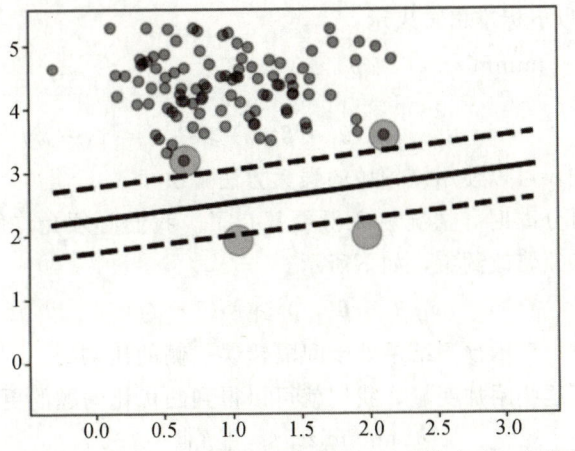

图 4.37 两个类别是线性可分的。最大间隔解由中间的实线表示，虚线表示间隔的范围，大圆圈表示最大间隔解的支持向量

　　图 4.38 展示了当 C 值发生改变时会发生什么。增大该值将突出等式(4.8.0.1)中目标函数的 ξ 部分。如左上小图所示，较小的 C 值意味着该算法愿意以最大化间隔为代价接受许多支持向量。也就是说，C 值越小，预测结果落在间隔错误一侧的比例越容易接受。随着 C 值的增加，支持向量会减少，因为优化过程倾向于消除远离间隔的支持向量，并接受较少的侵入间隔的支持向量。请注意，随着 C 值变化，分隔线会略微倾斜。

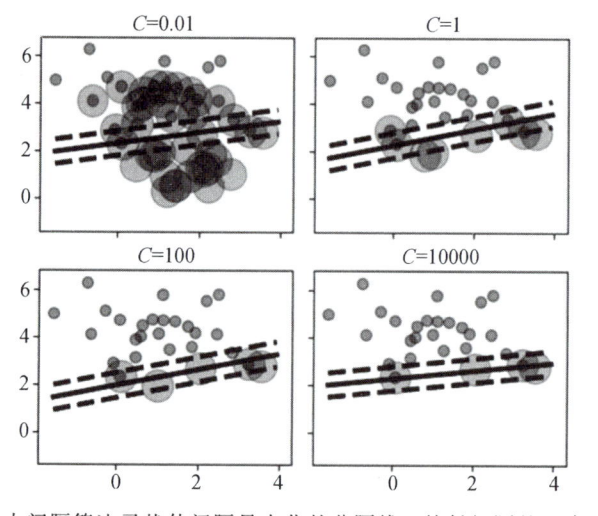

图 4.38　最大间隔算法寻找使间隔最大化的分隔线。接触间隔的元素是支持元素

(1) 核函数技术

　　支持向量机提供了一种处理线性分离的强大方法，但利用所谓的核函数技术它们也可以应用于非线性边界。SVM 的凸优化公式包括一个**对偶**公式，该公式提供了一种只需要特征内积的解决方法。核函数技术是用非线性核函数代替内积。这可以看作将原始特征映射到新特征的可能无限维空间上。也就是说，如果数据在二维空间中不是线性可分的，或许它们在三维空间(或更高维空间)中是可分的？

　　为了更具体化，假设原始输入空间为 $\mathbb{R}^n$，并且存在非线性映射 $\psi: x \mapsto \mathcal{F}$，其中 $\mathcal{F}$ 是高维内积空间。核函数技术是使用核函数 $K(x_i, x_j) = \langle \psi(x_i), \psi(x_j) \rangle$ 计算 $\mathcal{F}$ 中的内积。一般的计算方法是先计算 $\psi(x)$，然后求内积。核函数技术的方法是使用核函数并避免计算 ψ。换句话说，如果应用了 ψ，则核函数返回 $\mathcal{F}$ 中的内积将返回的结果。例如，要实现输入空间的第 n 个多项式映射，我们可以使用 $\kappa(x_i, x_j) = (x_i^{\mathrm{T}} x_j + \theta)^n$。假设输入空间为 $\mathbb{R}^2$ 且 $\mathcal{F} = \mathbb{R}^4$，我们有以下映射：

$$\psi(x): (x_0, x_1) \mapsto (x_0^2, x_1^2, x_0 x_1, x_1 x_0)$$

那么 $\mathcal{F}$ 中的内积为

$$\langle \psi(x), \psi(y) \rangle = \langle x, y \rangle^2$$

　　换句话说，核函数是输入空间内积的平方。使用核函数而不是简单地扩大特征空间的优势在于可计算，因为你只需要在输入空间的所有不同数据对上计算核函数。下面的例子应该有助于使这一点具体化。首先，我们创建一些 Sympy 变量：

```
>>> import sympy as S
>>> x0,x1=S.symbols('x:2',real=True)
>>> y0,y1=S.symbols('y:2',real=True)
```

接下来，我们创建映射到 $\mathbb{R}^4$ 的函数 ψ 和相应的核函数：

```
>>> psi = lambda x,y: (x**2,y**2,x*y,x*y)
>>> kern = lambda x,y: S.Matrix(x).dot(y)**2
```

请注意，$\mathbb{R}^4$ 中的内积等于核函数，而且仅使用 $\mathbb{R}^2$ 变量：

```
>>> print(S.Matrix(psi(x0,x1)).dot(psi(y0,y1)))
x0**2*y0**2 + 2*x0*x1*y0*y1 + x1**2*y1**2
>>> print(S.expand(kern((x0,x1),(y0,y1)))) # same as above
x0**2*y0**2 + 2*x0*x1*y0*y1 + x1**2*y1**2
```

(2) 使用核函数的多项式回归

回顾 4.7 节中我们最喜欢的线性回归问题：

$$\min_{\boldsymbol{\beta}} \| y - \boldsymbol{X}\boldsymbol{\beta} \|^2$$

其中，$\boldsymbol{X}$ 是一个 $n \times m$ 矩阵且 $m > n$。正如我们所讨论的，此问题有多个解。最小二乘解为

$$\boldsymbol{\beta}_{\mathrm{LS}} = \boldsymbol{X}^{\mathrm{T}}(\boldsymbol{X}\boldsymbol{X}^{\mathrm{T}})^{-1}\boldsymbol{y}$$

给定一个新的特征向量 $\boldsymbol{x}$，$\boldsymbol{y}$ 相应的估计量为

$$\hat{\boldsymbol{y}} = \boldsymbol{x}^{\mathrm{T}}\boldsymbol{\beta}_{\mathrm{LS}} = \boldsymbol{x}^{\mathrm{T}}\boldsymbol{X}^{\mathrm{T}}(\boldsymbol{X}\boldsymbol{X}^{\mathrm{T}})^{-1}\boldsymbol{y}$$

使用核函数技术，解的一般形式可写为

$$\hat{\boldsymbol{y}} = \boldsymbol{k}(x)^{\mathrm{T}}\boldsymbol{K}^{-1}\boldsymbol{y}$$

其中，$n \times n$ 核矩阵 $\boldsymbol{K}$ 代替 $\boldsymbol{X}\boldsymbol{X}^{\mathrm{T}}$，并且 $\boldsymbol{k}(x)$ 是一个 n 维向量分量 $\boldsymbol{k}(x) = [\kappa(\boldsymbol{x}_i, \boldsymbol{x})]$，且对于核函数 κ，有 $\boldsymbol{K}_{i,j} = \kappa(\boldsymbol{x}_i, \boldsymbol{x}_j)$。

用这种更一般的方法，我们可以用 $\kappa(\boldsymbol{x}_i, \boldsymbol{x}_j) = (\boldsymbol{x}_i^{\mathrm{T}}\boldsymbol{x}_j + \theta)^n$ 代替 n 阶多项式回归[4]。请注意，岭回归可以通过对 $(\boldsymbol{K} + \alpha\boldsymbol{I})$ 求逆来合并，这可以帮助稳定条件差的具有可调超参数 α 的矩阵 $\boldsymbol{K}$[4]。

对于某些核函数，扩大的 $\mathcal{F}$ 空间是无限维的。Mercer 的条件对核函数提供了技术限制。Scikit-learn 中已实现功能强大且经过充分验证的核函数。当 $n \rightarrow m$ 时，核函数的优势可能消失，在这种情况下，使用函数 ψ 可能更为实用。

4.9 降维

来自特定数据集的特征最终将被证明对机器学习很重要，但是很难提前知道。对于没有强大物理基础的问题尤其如此。Scikit-learn 中拟合数据的输入矩阵（$\boldsymbol{X}$）的行维度是样本数，列维度是特征数。此矩阵中可能有很多列，降维的目的是以某种方式将这些列化简为仅对机器学习任务重要的列。

幸运的是，Scikit-learn 提供了一些强大的工具以帮助发现最相关的特征。主成分分析（Principal Component Analysis，PCA）法涉及获取输入矩阵 *X*，减去均值，计算协方差矩阵，以及计算协方差矩阵的特征值分解。例如，如果 *X* 的列数多于特定学习方法可操作的实际列数，则 PCA 可以将列数减少到更易于操作的数量。PCA 广泛用于统计学和机器学习以外的其他领域，因此值得对其进行详细研究。首先，我们需要来自 Scikit-learn 的分解模块：

```
>>> from sklearn import decomposition
>>> import numpy as np
>>> pca = decomposition.PCA()
```

我们创建一些非常简单的数据并应用 PCA：

```
>>> x = np.linspace(-1,1,30)
>>> X = np.c_[x,x+1,x+2] # stack as columns
>>> pca.fit(X)
PCA(copy=True, iterated_power='auto', n_components=None, random_state=None,
  svd_solver='auto', tol=0.0, whiten=False)
>>> print(pca.explained_variance_ratio_)
[1.00000000e+00 2.73605815e-32 8.35833807e-34]
```

编程技巧

np.c_ 是创建堆叠列式数组的快捷方法。

在本例中，列只是第一列的恒定偏移量。**方差解释率**是归因于 *X* 的转换列的方差的百分比。我们可以把它看作相对集中于转换矩阵 *X* 的每一列中的信息。图 4.39 下方小图显示了主要转换列的图形。请注意，每列的恒定偏移量不会改变各自的方差，因此，就 PCA 而言，从信息的角度来看，这三列是相同的。

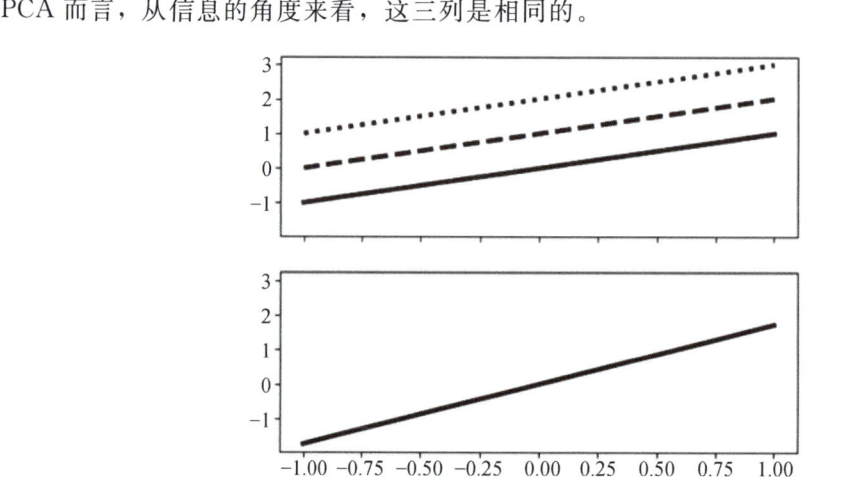

图 4.39　上图显示特征矩阵的列，下图显示 PCA 提取的主导列

为了使其更有趣，我们更改每一列的斜率，如下所示：

```
>>> X = np.c_[x,2*x+1,3*x+2,x] # change slopes of columns
>>> pca.fit(X)
PCA(copy=True, iterated_power='auto', n_components=None, random_state=None,
  svd_solver='auto', tol=0.0, whiten=False)
>>> print(pca.explained_variance_ratio_)
[1.00000000e+00 3.26962032e-33 3.78960782e-34 2.55413064e-35]
```

但是，改变斜率并不会影响方差解释率。同样，仍然只有一个主导列。这意味着 PCA 对恒定偏移量和比例变化都是不变的。这适用于函数以及简单的直线：

```
>>> x = np.linspace(-1,1,30)
>>> X = np.c_[np.sin(2*np.pi*x),
...           2*np.sin(2*np.pi*x)+1,
...           3*np.sin(2*np.pi*x)+2]
>>> pca.fit(X)
PCA(copy=True, iterated_power='auto', n_components=None, random_state=None,
  svd_solver='auto', tol=0.0, whiten=False)
>>> print(pca.explained_variance_ratio_)
[1.00000000e+00 3.70493694e-32 2.51542007e-33]
```

同样，图 4.40 中下方的图显示只有一个主导列，上图显示特征矩阵的各个列。

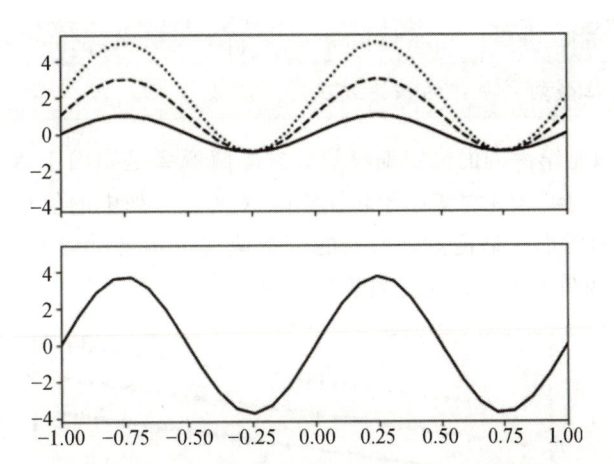

图 4.40　上图显示特征矩阵的列，下图显示 PCA 计算的主导列

综上所述，PCA 能够识别和消除仅仅是现有特征的线性变换的特征。当特征中存在加性噪声时，这种方法也有效，尽管需要更多的样本从特征中分离不相关的噪声。

要理解 PCA 如何简化机器学习任务，请参考图 4.41，其中两个类沿对角线分开。经过 PCA 分析后，变换后的数据处于一个轴上，在这个轴上两类数据可以用一维区间分开，这大大简化了分类任务。由于主成分与类的分离方向相同，因此在主成分分析下类标识得以保留。如果这些类沿着与主成分正交的方向分离，那么这两个类会在 PCA 下混合在一起，分类任务会变得更加困难。请注意，在这两种情况下，explained_variance_ratio_ 是相同的，因为方差解释率不考虑类成员。

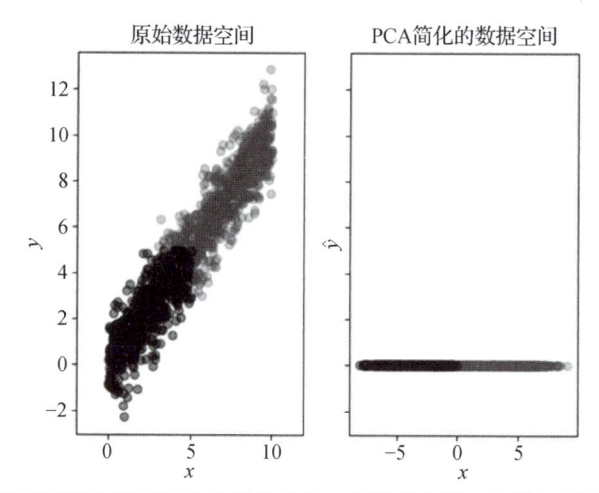

图 4.41　左图显示了两个易于区分的类的原始二维数据空间，右图显示了使用 PCA 转换的缩减数据空间。由于这两个类是沿着 PCA 发现的主成分分离的，所以这些类在变换下被保留了下来

　　PCA 的工作原理是利用奇异值分解（Singular Value Decomposition，SVD）对数据的协方差矩阵进行分解。该分解适用于所有矩阵，并为任意矩阵 A 返回以下分解（见图 4.42）：

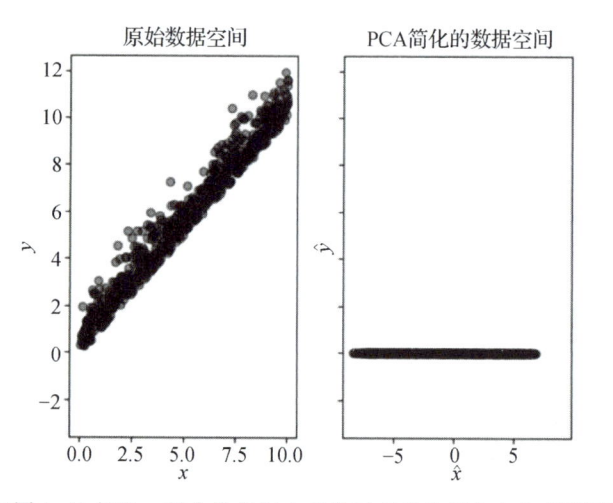

图 4.42　本图与图 4.41 相比，两个类在与主成分正交的坐标方向上有所不同。因此，这两个类在变换后不再是可区分的

$$A = USV^{\mathrm{T}}$$

由于协方差矩阵对称，因此 $U=V$，对角矩阵 S 的元素是 A 的奇异值，其平方是 $A^{\mathrm{T}}A$ 的特征值。特征向量矩阵 U 是正交的：$U^{\mathrm{T}}U=I$。奇异值按降序排列，因此矩阵 U 的第一列是最大奇异值对应的轴。这是 PCA 识别的第一个主导列。协方差矩阵的条目形式是

$\mathbb{E}(x_i x_j)$，其中 x_i 和 x_j 是不同的特征⊖。这意味着协方差矩阵充满了试图揭示特征矩阵所有列对之间相互关联关系的条目。一旦将它们列在协方差矩阵中，SVD 就会找到最优的正交变换，以便沿着与这些相关关系最密切对应的方向对齐分量。同时，由于正交矩阵具有单位长度的列，SVD 将这些分量的绝对平方长度收集到 S 矩阵中。在前面图 4.41 的例子中，两个特征向量沿对角线方向明显相关，即 PCA 选择对角线方向作为主成分。

可以看到，PCA 是一种强大的降维方法，它对原始特征空间的线性变换具有不变性。然而，这种方法在非线性变换中表现不佳。对于这种情况，Scikit-learn 中提供了 PCA 的多种扩展，例如核 PCA（Kernel PCA），它们允许在 PCA 中嵌入参数化的非线性，但存在过拟合的风险。

4.9.1 独立成分分析

采用 FastICA 算法的独立成分分析（Independent Component Analysis，ICA）也可以在 Scikit-learn 中使用。这种方法与 PCA 的根本区别在于，它强调的是成分之间的微小差异，而不是大的主成分。这种方法来自信号处理领域。考虑一个信号矩阵（X），其中，行是样本，列是不同的信号，例如来自单个患者的多个导联的心电图信号。分析从模型

$$X = SA^{\mathrm{T}} \tag{4.9.1.1}$$

开始。换句话说，所观察到的信号矩阵是一组由一致的、独立随机信号源 S：

$$S = [s_1(t), s_2(t), \cdots, s_n(t)]$$

组成的未知混合矩阵（A）。随机信号源的分布是未知的，除非最多有一个高斯源，否则，由于技术原因，混合矩阵 A 不能被识别。ICA 中的问题是找到等式（4.9.1.1）中的 A，从而取消信号 $s_i(t)$ 的混合，但是如果没有策略来减少该公式的固有任意性，则无法解决此问题。

为了使其具体化，我们用以下代码模拟这种情况：

```
>>> from numpy import matrix, c_, sin, cos, pi
>>> t = np.linspace(0,1,250)
>>> s1 = sin(2*pi*t*6)
>>> s2 =np.maximum(cos(2*pi*t*3),0.3)
>>> s2 = s2 - s2.mean()
>>> s3 = np.random.randn(len(t))*.1
>>> # normalize columns
>>> s1=s1/np.linalg.norm(s1)
>>> s2=s2/np.linalg.norm(s2)
>>> s3=s3/np.linalg.norm(s3)
>>> S =c_[s1,s2,s3] # stack as columns
>>> # mixing matrix
>>> A = matrix([[ 1,  1,1],
...             [0.5, -1,3],
...             [0.1, -2,8]])
>>> X= S*A.T # do mixing
```

单个信号 $s_i(t)$ 及其混合信号 $X_i(t)$ 如图 4.43 所示。为了使用 ICA 恢复单个信号，我们使用 FastICA 对象对矩阵 X 进行参数拟合：

⊖ 请注意，这些条目是使用协方差矩阵估计量从数据中构造的，因为我们手里没有完整的概率密度。

```
>>> from sklearn.decomposition import FastICA
>>> ica = FastICA()
>>> # estimate unknown S matrix
>>> S_=ica.fit_transform(X)
```

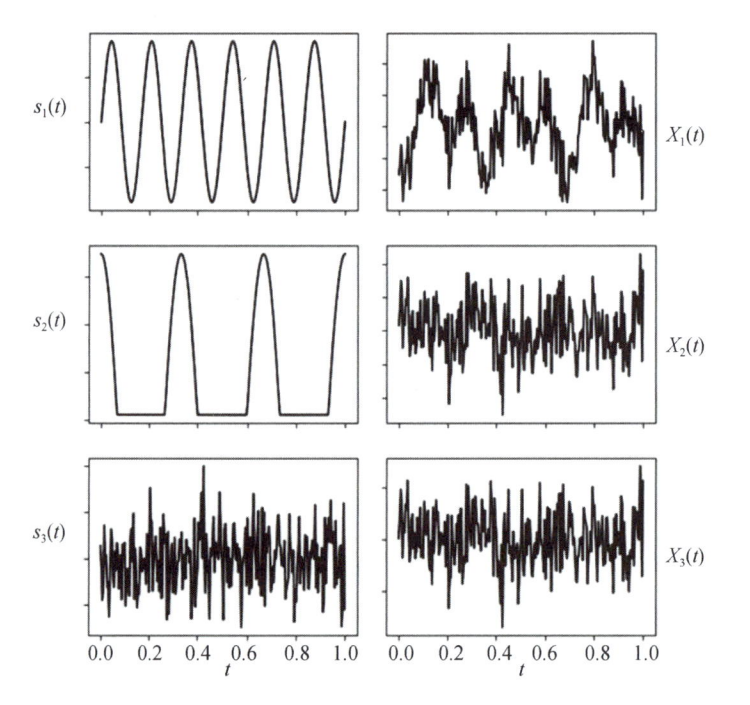

图 4.43　左栏的图为原始信号，右栏的图为混合信号，ICA 的目标是将信号从右栏恢复至左栏

估计结果如图 4.44 所示，表明 ICA 能够从观测的混合信号中恢复原始信号。请注意，ICA 无法区分恢复信号的标志或保持输入信号的顺序。

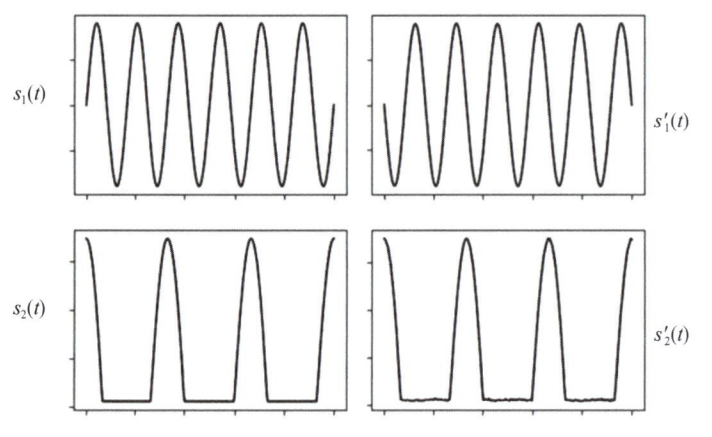

图 4.44　左栏的图显示原始信号，右栏的图显示 ICA 能够恢复的信号。除了可能的符号变化外，它们完全匹配

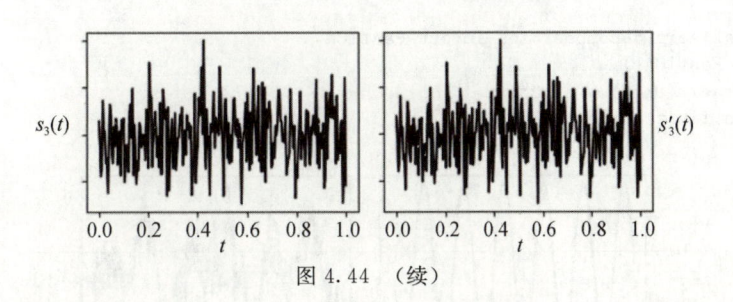

图 4.44 （续）

为了探究 ICA 如何完成这一壮举，考虑以下两个服从均匀分布的独立变量 $u_x, u_y \sim \mathcal{U}[0,1]$ 的二维情形。假设我们将正交旋转矩阵

$$\begin{bmatrix} u'_x \\ u'_y \end{bmatrix} = \begin{bmatrix} \cos(\phi) & -\sin(\phi) \\ \sin(\phi) & \cos(\phi) \end{bmatrix} \begin{bmatrix} u_x \\ u_y \end{bmatrix}$$

应用于这些变量，经过旋转的变量 u'_x 和 u'_y 不再是独立的，如图 4.45 所示。

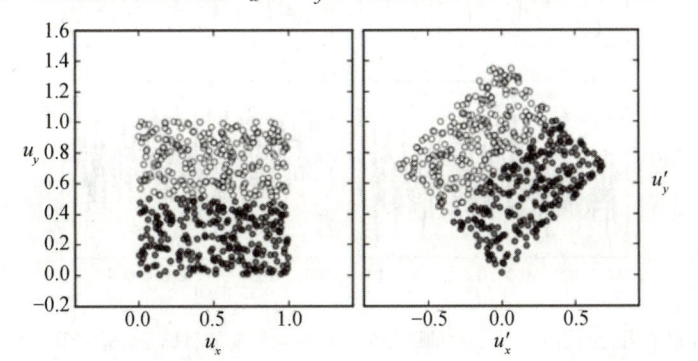

图 4.45 左图显示了独立均匀随机变量 u_x 和 u_y 上标记的两个类。右图显示了旋转后的随机变量，它们之间的独立性消除了，并且很难沿坐标方向将这两个类分开

因此，探讨 ICA 的一种思路是通过正交矩阵进行搜索，以便恢复独立性。这就是禁用高斯分布的地方。独立变量的二维高斯分布如下所示：

$$f(\boldsymbol{x}) \propto \exp\left(-\frac{1}{2}\boldsymbol{x}^{\mathrm{T}}\boldsymbol{x}\right)$$

现在，如果我们同样把 $\boldsymbol{x}$ 向量旋转为

$$\boldsymbol{y} = \boldsymbol{Q}\boldsymbol{x}$$

$\boldsymbol{y}$ 的密度由

$$\boldsymbol{x} = \boldsymbol{Q}^{\mathrm{T}}\boldsymbol{y}$$

求得，因为正交矩阵的逆是它的转置，所以

$$f(\boldsymbol{y}) \propto \exp\left(-\frac{1}{2}\boldsymbol{y}^{\mathrm{T}}\boldsymbol{Q}\boldsymbol{Q}^{\mathrm{T}}\boldsymbol{y}\right) = \exp\left(-\frac{1}{2}\boldsymbol{y}^{\mathrm{T}}\boldsymbol{y}\right)$$

换句话说，这种变换对变量 $\boldsymbol{y}$ 不起作用。这意味着如果 ICA 对正交变换视而不见，则无法搜索它们，这就解释了高斯随机变量的局限性。因此，ICA 是一种寻求使变换后的随机变量的非高斯性最大化的方法。有许多方法可以做到这一点，其中一些涉及累积

量，而另一些则使用**负熵**：

$$\mathcal{J}(Y) = \mathcal{H}(Z) - \mathcal{H}(Y)$$

其中，$\mathcal{H}(Z)$ 是与 Y 具有相同方差的高斯随机变量 Z 的信息熵。具体细节超出了我们的讨论范围，但这就是 FastICA 算法工作原理的概述。

该方法在 Scikit-learn 中的实现包括两种不同的提取多个独立的源成分的方法。deflation 方法采用增量归一化步骤一次迭代提取一个成分。parallel 方法也采用单成分方法，但是同时对所有成分执行归一化操作，而不仅仅是针对新计算的成分。由于 ICA 提取独立的成分，因此预先通过白化这一步来平衡数据矩阵中的相关成分。PCA 返回沿高斯随机变量最优维度不相关的成分，而 ICA 返回尽可能远离高斯密度的成分。

图 4.45 中的左图显示了原始的均匀随机源。右图显示了这些随机源的混合，这是我们观察到的输入特征。图 4.46 上方的图显示了 PCA（左）和 ICA（右）变换后的数据空间。请注意，ICA 能够分离两个随机源，PCA 则沿着主对角线进行变换。因为 ICA 能够保留类成员，所以数据空间可以减少到两个不重叠的部分，如图所示。然而，PCA 无法实现类似的分离，因为类沿着主对角线（PCA 倾向于将其作为分解的主要成分）混合。

关于主成分分析处理方法，请参见文献[5-8]。独立成分分析详见文献[9]。

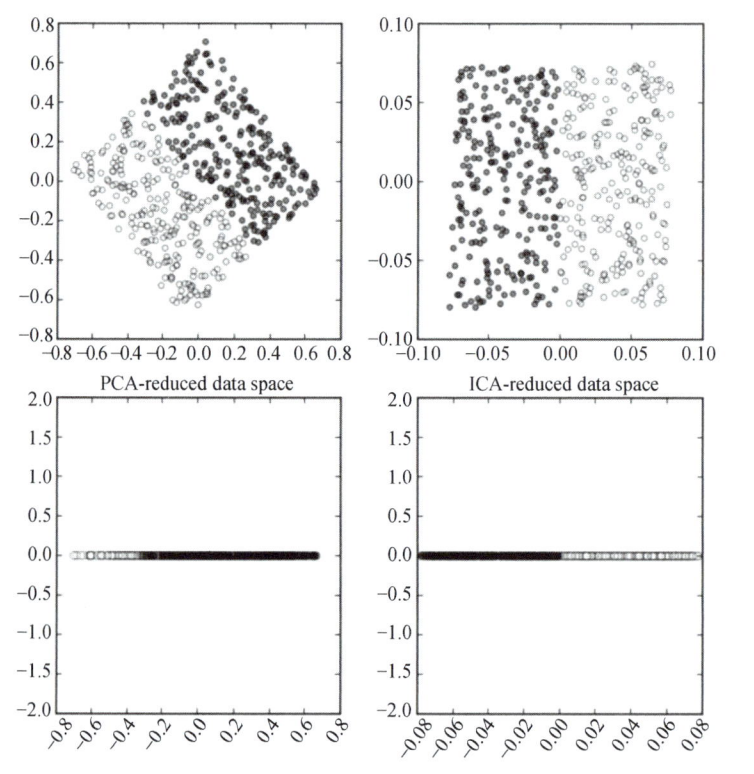

图 4.46　左上角的图显示旋转后平面中的两个类，左下角的图显示使用 PCA 降维的结果，导致了两个类的混合。右上角的图显示 ICA 变换后的输出，右下角的图显示由于 ICA 能够取消数据旋转，低维数据保持了类之间的分离

4.10 聚类

聚类是机器学习方法中最简单的一种，不需要监督就可以从数据中学习。无监督方法的训练集没有目标变量。这些无监督学习方法依赖有意义的指标来将数据分组到聚类簇中。这使它成为一种出色的探索性数据分析方法，因为该方法本身没有任何假设。本节将重点介绍 Scikit-learn 中提供的常用 K 均值聚类方法。

我们使用 Scikit-learn 中的函数 make_blobs 创建一些数据。图 4.47 展示了一些二维聚类簇。聚类方法的原理是最小化以下目标函数：

$$J = \sum_k \sum_i \| \boldsymbol{x}_i - \boldsymbol{\mu}_k \|^2$$

第 k 个簇的失真是

$$\sum_i \| \boldsymbol{x}_i - \boldsymbol{\mu}_k \|^2$$

因此，聚类算法通过调整各个簇的中心 μ_k 来最小化失真。直观地看，每个 μ_k 是点云中各点的质心。欧氏距离（Euclidean distance）是典型的度量标准：

$$\| \boldsymbol{x} \|^2 = \sum x_i^2$$

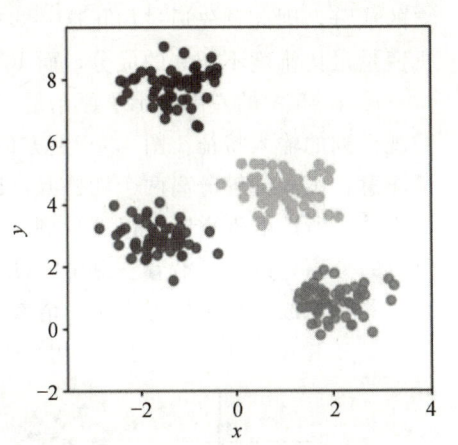

图 4.47 在本例中，这四个集群非常容易看到，我们希望聚类方法能够自动确定这些集群的范围和数量

有许多巧妙的算法可以很好地解决这个问题以获得最佳的簇中心 μ_k。K 均值算法从用户指定数量的 K 个簇开始优化。这在 Scikit-learn 中使用 K Means 对象实现，遵循 Scikit-learn 中常用的拟合约定：

```
>>> from sklearn.cluster import KMeans
>>> kmeans = KMeans(n_clusters=4)
>>> kmeans.fit(X)
KMeans(algorithm='auto', copy_x=True, init='k-means++', max_iter=300,
n_clusters=4, n_init=10, n_jobs=None, precompute_distances='auto',
random_state=None, tol=0.0001, verbose=0)
```

其中，我们已经选择 $K=4$。如何选择 K 的值？这是泛化与逼近的永恒问题：太多的簇会产生很好的逼近效果，但是泛化效果不好。解决此问题的一种方法是计算 K 值越来越大时的均值失真，直到不再有意义为止。为此，我们需要获取每个数据点，并将其与所有簇的中心进行比较。然后，在所有簇中取该值的最小值，并求其均值。这使我们对 K 个簇的总体平均性能有所了解。下面的代码进行了显式的计算。

编程技巧

Scipy 的 **cdist** 函数根据指定指标计算两个输入集合之间的两两差异。

```
>>> from scipy.spatial.distance import cdist
>>> m_distortions=[]
>>> for k in range(1,7):
...     kmeans = KMeans(n_clusters=k)
...     _=kmeans.fit(X)
...     tmp=cdist(X,kmeans.cluster_centers_,'euclidean')
...     m_distortions.append(sum(np.min(tmp,axis=1))/X.shape[0])
...
```

请注意，以上代码使用了 cluster_centers_，它是根据 K 均值算法估算的。结果如图 4.48 所示，图中显示了添加了其他簇的数值下降的拐点。

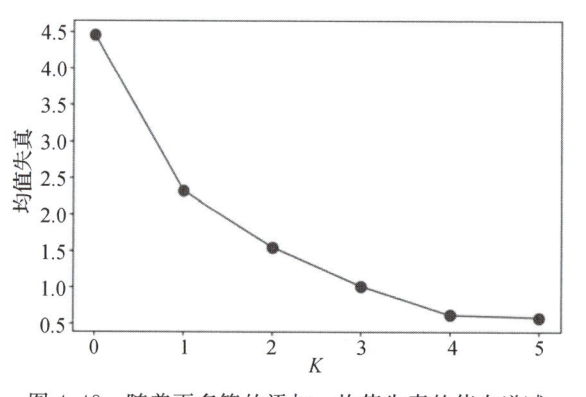

图 4.48　随着更多簇的添加，均值失真的值在递减

另一个品质因数是轮廓系数，如图 4.49 所示。它衡量单个簇的紧凑程度和分离程度。为了计算轮廓系数，我们需要计算每个样本的平均簇内距离 (a_i) 和簇间平均距离 (b_i)。第 i 个样本的轮廓系数为

$$\mathrm{sc}_i = \frac{b_i - a_i}{\max(a_i, b_i)}$$

平均轮廓系数就是所有样本轮廓系数的均值。最佳值为 1，最差值为 -1，接近 0 的值表示重叠的簇，负值表示样本被错误地分配到了错误的簇。品质因数在 Scikit-learn 中实现如下：

```
>>> from sklearn.metrics import silhouette_score
```

图 4.50 展示了当簇变得更分散或更紧密时轮廓系数的变化。K 均值易于理解和实现，但对簇中心的初始选择非常敏感。Scikit-learn 中的默认初始化方法使用有效而巧妙的随机方式产生初始的簇中心。尽管如此，要了解为什么初始化会导致 K 均值算法不稳定，请考虑下图 4.50。在图 4.50 中，左侧是两个大簇，最右侧是一个非常稀疏的簇。中心的大圆是 K 均值算法找到的簇中心。假设 $K=2$，如何选择簇中心？直观地说，前两个簇应该有自己的簇中心，并且右边的稀疏簇也应该有它自己的簇中心⊖。为什么没有发生这种情况？

⊖　请注意，为了说明这一点，我们在本例中使用关键字参数 init=random。

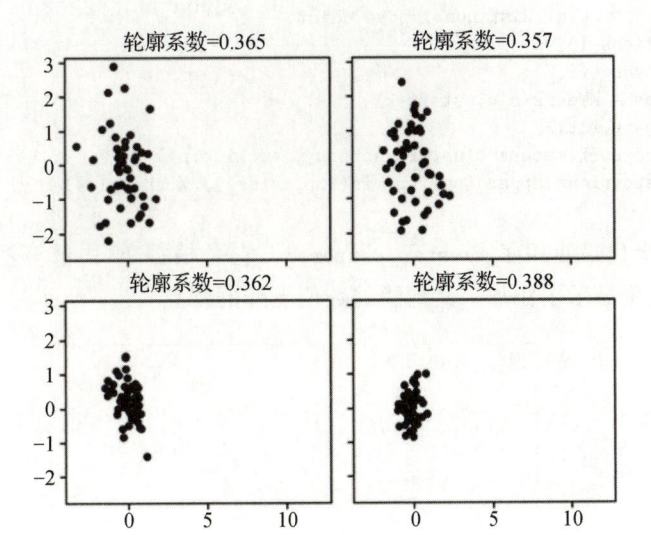

图 4.49 轮廓系数随着簇增加而变得越紧密且更紧凑

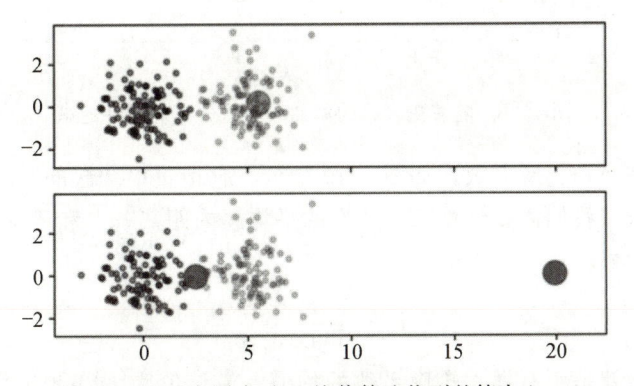

图 4.50 大圆表示 K 均值算法找到的簇中心

　　问题是 K 均值算法的目标函数以小规模换取远端稀疏簇的距离。如果我们继续增加右边稀疏簇中的样本数，那么 K 均值算法会将簇中心向外移动以接近稀疏簇，如图 4.50所示。也就是说，如果其中一个初始簇中心正好位于稀疏簇的中间，则该算法会立即捕获它，然后将下一个簇中心移动到其他两个簇的中间（见图 4.50 下方的图）。如果没有经过深思熟虑的初始化，这种情况可能不会发生，稀疏簇将被合并到中间簇中（见图 4.50 上方的图）。此外，这些问题很难用高维簇可视化。尽管如此，K 均值算法整体来说非常快速、易于解释且易于理解。使用关键字参数 n_jobs 进行并行处理很简单，这样就可以轻松地评估许多初始簇中心。K 均值算法的许多扩展除了使用欧氏距离外还使用了不同的指标，并结合了特征的自适应权重。这使簇呈椭圆形而不是球形。

4.11　集成方法

到目前为止，除了随机森林，我们将机器学习模型都看作独立的实体。联合进行分类的模型组合称为**集成**。创建集成的主要方法有两种：装袋法（bagging）和提升法（boosting）。

4.11.1　装袋法

装袋法又称为自助聚合，这里的"自助"（bootstrap）与 3.10 节中所讨论的相同。总的来说，我们有放回地重采样数据，然后在新采样的数据上训练分类器。接着，我们用 9（对于离散输出）或加权平均值（对于连续输出）来组合每个独立分类器的输出。这种组合对易受单个数据元素影响的模型特别有效。重采样意味着这些元素不会出现在每个训练集中，因此某些模型不会受到这些影响。这使得如此计算得出的输出组合的波动性较小。因此，装袋法有助于减少单个高方差模型的集体方差。

为了理解装袋法，假设有一个二维平面，该平面被边界 $y = -x + x^2$ 划分为两个区域。边界上方的点 (x_i, y_i) 标记为 1，下方的点标记为 0。图 4.51 展示了由黑色曲线表示的非线性分离边界划分的两个区域。

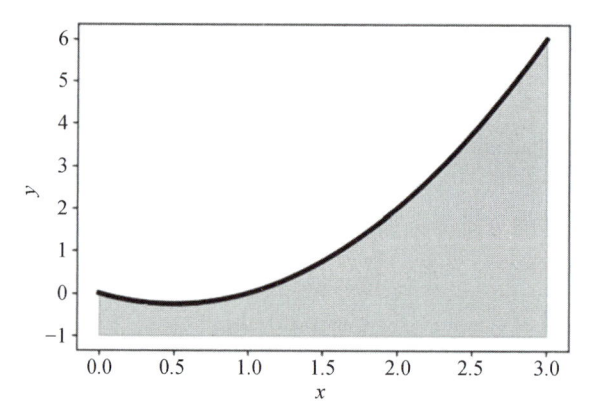

图 4.51　平面上的两个区域被一个非线性边界隔开。训练数据从这个平面采样。目的是正确分类所采样的数据

问题是要从每个区域中取样并使用感知器对它们进行正确分类（见 4.12 节）。感知器是最简单的线性分类器，它在平面上寻找一条线来分隔两个所谓的类别。由于分隔边界是非线性的，所以感知器没法完全解决这个问题。下面的代码设置了 Scikit-learn 中可用的感知器：

```
>>> from sklearn.linear_model import Perceptron
>>> p=Perceptron()
>>> p
Perceptron(alpha=0.0001, class_weight=None, early_stopping=False, eta0=1.0,
      fit_intercept=True, max_iter=None, n_iter=None, n_iter_no_change=5,
      n_jobs=None, penalty=None, random_state=0, shuffle=True, tol=None,
      validation_fraction=0.1, verbose=0, warm_start=False)
```

训练数据和由此产生的感知器分隔边界如图 4.52 所示。● 和 + 为采样的训练数据，灰色分隔线为感知器在两个类别之间的分隔边界。黑方块是训练数据中被感知器错误分类的那些元素。因为感知器只能产生线性分隔边界，而本例中的边界是非线性的，所以感知器在边界曲线附近会出错。下一步来看看装袋法如何通过使用多个感知器来改进这一点。

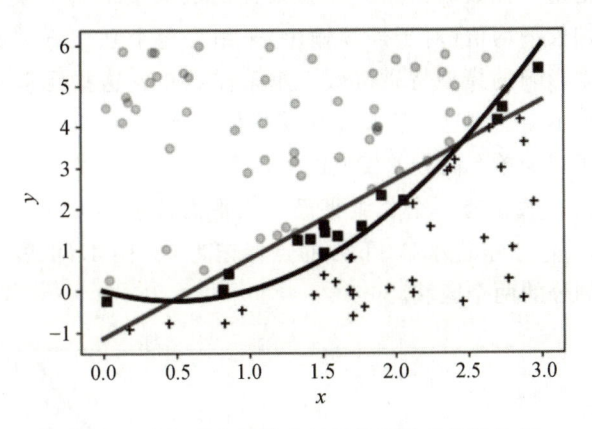

图 4.52　感知器在两类之间寻找最佳的线性边界

下面的代码设置了 Scikit-learn 中的装袋分类器。在这里，我们只选择三个感知器。图 4.53 展示了三个独立的分类器以及最后的装袋分类器（右下角小图）。如前所述，黑方块表示训练数据中错误分类的元素。联合分类由占多数的结果决定。

```
>>> from sklearn.ensemble import BaggingClassifier
>>> bp = BaggingClassifier(Perceptron(),max_samples=0.50,n_estimators=3)
>>> bp
BaggingClassifier(base_estimator=Perceptron(alpha=0.0001, class_weight=None,
early_stopping=False, eta0=1.0,
      fit_intercept=True, max_iter=None, n_iter=None, n_iter_no_change=5,
      n_jobs=None, penalty=None, random_state=0, shuffle=True, tol=None,
      validation_fraction=0.1, verbose=0, warm_start=False),
      bootstrap=True, bootstrap_features=False, max_features=1.0,
      max_samples=0.5, n_estimators=3, n_jobs=None, oob_score=False,
      random_state=None, verbose=0, warm_start=False)
```

如果在构造时传递标记位 oob_score=True，BaggingClassifier 就能估计它自己的样本外误差。这样可以跟踪哪些样本用于训练，哪些样本没有用于训练，然后使用那些在训练中未使用的样本来估计样本外误差。关键字参数 max_samples 指定训练集中用于基本分

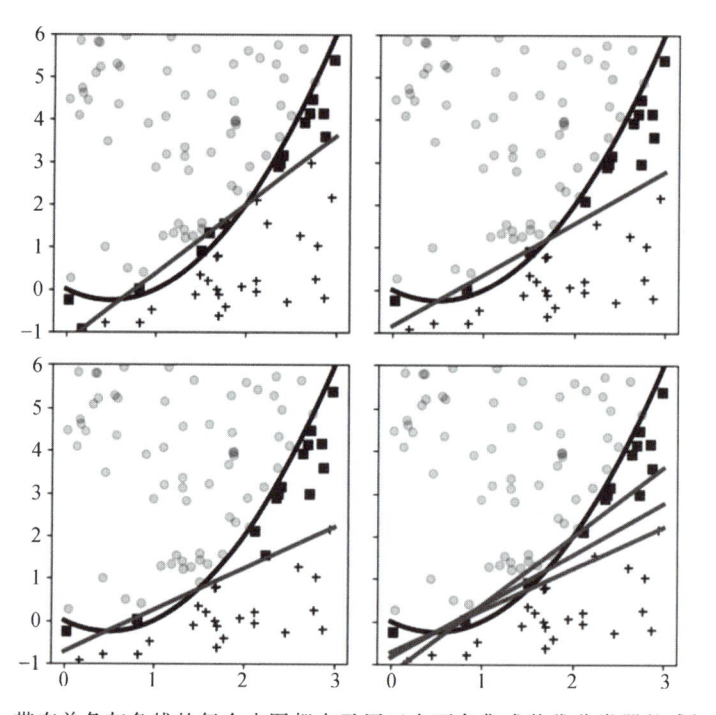

图 4.53 带有单条灰色线的每个小图都表示用于右下角集成装袋分类器的感知器之一

类器的样本数。装袋分类器的 `max_samples` 越小，样本外误差估计越好，但代价是样本内性能较差。当然，这取决于样本总数和每个独立分类器的自由度。VC 维再次浮出水面！

4.11.2 提升法

正如我们所讨论的，装袋法对于单个高方差分类器特别有效，因为最终的多数投票倾向于平滑单个分类器并给出更稳定的协作解。另外，提升法对于适应新数据速度较慢的高偏差分类器尤其有效。一方面，提升法类似于装袋法，因为它在最后使用了多数投票（或预测数值平均）过程并且还结合了相同类型的各个分类器。另一方面，提升法是串行迭代的，而装袋法中的各个分类器可以并行训练。在后续步骤中，提升法通过对先前迭代的错误分类加大权重来影响下一个迭代分类器的训练。这意味着，在每一个步骤中，提升法都越来越关注到这一点的特定错误分类，使先前的分类由更早的迭代进行。

在 Scikit-learn 中，提升法主要通过进行分类（`AdaBoostClassifier`）和回归（`AdaBoostRegressor`）的自适应提升算法（AdaBoost）实现。基本 AdaBoost 算法的第一步是初始化每个训练集索引的权重，如 $D_0(i)=1/n$，其中 n 为训练集中元素的数量。请注意，这会在索引上创建离散的均匀分布，而不是在训练数据 $\{(x_i, y_i)\}$ 上创建。换句话说，如果训练数据中有重复的元素，那么每个重复元素都有自己的权重。第二步是训练基本分类器 h_k，并记录第 k 次迭代的分类误差 ε_k。然后，使用 ε_k 计算两个因子：分类器的权重因子 α_k 和归一化因子 Z_k。

$$\alpha_k = \frac{1}{2}\log\frac{1-\varepsilon_k}{\varepsilon_k}$$

$$Z_k = 2\sqrt{\varepsilon_k(1-\varepsilon_k)}$$

第三步是更新训练数据上的权重：

$$D_{k+1}(i) = \frac{1}{Z_k}D_k(i)\exp(-\alpha_k y_i h_k(x_i))$$

最终，使用因子 α_k 求得分类结果 $g = \mathrm{sgn}(\sum_k \alpha_k h_k)$。

为了使用带感知器的提升法重新解决上述问题，我们如下设置 AdaBoost 分类器：

```
>>> from sklearn.ensemble import AdaBoostClassifier
>>> clf=AdaBoostClassifier(Perceptron(),n_estimators=3,
...                        algorithm='SAMME',
...                        learning_rate=0.5)
>>> clf
AdaBoostClassifier(algorithm='SAMME',
         base_estimator=Perceptron(alpha=0.0001, class_weight=None,
early_stopping=False, eta0=1.0,
    fit_intercept=True, max_iter=None, n_iter=None, n_iter_no_change=5,
    n_jobs=None, penalty=None, random_state=0, shuffle=True, tol=None,
    validation_fraction=0.1, verbose=0, warm_start=False),
         learning_rate=0.5, n_estimators=3, random_state=None)
```

其中，`learning_rate` 控制权重更新的活跃度，带感知器的提升法给出的最终分类边界如图 4.54 所示。将其与图 4.53 右下角小图进行比较，可以看到，两种情况下的性能大致相同。

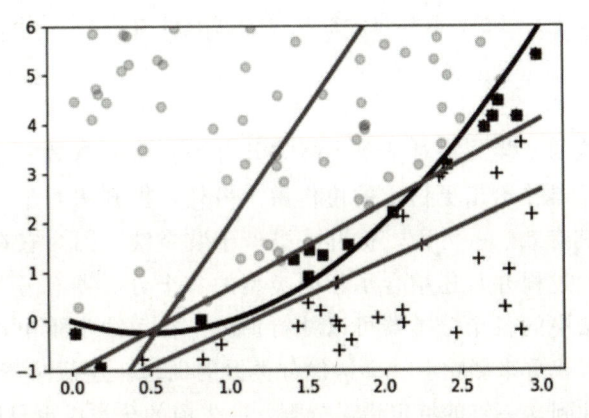

图 4.54　嵌入在 AdaBoost 分类器中的各个含感知器的分类器与错误分类的点（黑方块）。
将此图与图 4.53 右下小图进行比较

4.12　深度学习

神经网络的悠久历史可以追溯到 20 世纪 60 年代，但是近年来大规模、高质量数据和新的并行计算基础设施的普及，在规模和复杂性方面重新激发了神经网络的活力。这种具有许多新的复杂拓扑结构的神经网络被称为**深度学习**网络。在基于深度学习系统的图像和视频处理、语音识别以及自动视频字幕方面已经取得了令人振奋的发展。然而，这仍然是一个非常活跃的研究领域。幸运的是，在这一领域有大量投资的大公司已经将它们的大部分研究软件开源（例如 TensorFlow、PyTorch），并与 Python 绑定。为了理解神经网络，我们从 1960 年 Rosenblatt 的感知器开启深度学习之旅。

(1) 感知器学习

感知器是流行的深度学习技术（即多层感知器）的主要起源，也是深度学习之旅最合适的起点，因为它将揭示更复杂神经网络的基本机制。感知器的任务是创建一个线性分类器，使其可以将 $\mathbb{R}^n$ 中的点分为两类。基本思想是给定一个关联集：

$$\{(\boldsymbol{x}_0, y_0), \cdots, (\boldsymbol{x}_m, y_m)\}$$

其中，每个 $\boldsymbol{x} \in \mathbb{R}^{n-1}$ 都增加了一个单位条目以说明偏移项，并分配了一组权重 $\boldsymbol{w} \in \mathbb{R}^n$，将 $\hat{y}$ 作为标签 $y \in \{-1, 1\}$ 的估计值。

$$\hat{y} = \boldsymbol{w}^{\mathrm{T}} \boldsymbol{x}$$

简而言之，这意味着我们想要 $\boldsymbol{w}$ 有如下性质：

$$\boldsymbol{w}^{\mathrm{T}} \boldsymbol{x}_i \underset{C_1}{\overset{C_2}{\gtrless}} 0$$

其中，如果 $\boldsymbol{x}_i^{\mathrm{T}} \boldsymbol{w} > 0$，则 $\boldsymbol{x}_i$ 属于类 C_2，否则属于类 C_1。为了确定这些权重，我们采用以下学习规则：

$$\boldsymbol{w}^{(k+1)} = \boldsymbol{w}^{(k)} - (y - \hat{y}) \boldsymbol{x}_i$$

感知器的输出可以概括为

$$\hat{y} = \mathrm{sgn}(\boldsymbol{x}_i^{\mathrm{T}} \boldsymbol{w})$$

sgn 是感知器的激活函数。有了这些，我们可以写出感知器的输出，如下所示：

```
>>> import numpy as np
>>> def yhat(x,w):
...     return np.sign(np.dot(x,w))
...
```

我们创建一些假数据来测试一下：

```
>>> npts = 100
>>> X=np.random.rand(npts,2)*6-3 # random scatter in 2-d plane
>>> labels=np.ones(X.shape[0],dtype=np.int) # labels are 0 or 1
>>> labels[(X[:,1]<X[:,0])]=-1
>>> X = np.c_[X,np.ones(X.shape[0])] # augment with offset term
```

请注意，我们添加了一列"1"来说明偏移项。当然，通过我们的构造，这个问题是线性可分的，所以我们来看感知器是否可以找到这两个类之间的边界。我们从初始化权重开始：

```
>>> winit = np.random.randn(3)
```

然后，应用学习规则：

```
>>> w= winit
>>> for i,j in zip(X,labels):
...     w = w - (yhat(i,w)-j)*i
...
```

请注意，我们对数据进行单次有序传递。在实践中，我们将随机调整输入数据，以确保数据序列中没有影响训练的偶然结构。现在，我们来检查一下感知器的准确率：

```
>>> from sklearn.metrics import accuracy_score
>>> print(accuracy_score(labels,[yhat(i,w) for i in X]))
0.96
```

我们可以在数据上重新运行训练规则来提高准确率。传递数据的过程称为 epoch。

```
>>> for i,j in zip(X,labels):
...     w = w - (yhat(i,w)-j)*i
...
>>> print(accuracy_score(labels,[yhat(i,w) for i in X]))
0.98
```

请注意，这次 epoch 的初始权重是前一次传递的最后一个权重。在 epoch 之间随机调整数据是很常见的。在这种情况下，epoch 越多，准确率越高。

我们可以用 keras 重新运行整个示例。首先，我们定义模型：

```
>>> from keras.models import Sequential
>>> from keras.layers import Dense
>>> from keras.optimizers import SGD
>>> model = Sequential()
>>> model.add(Dense(1, input_shape=(2,), activation='softsign'))
>>> model.compile(SGD(), 'hinge')
```

请注意，由于需要的是一个可微的激活函数，因此我们使用 softsign 激活而不是之前的 sgn。给定感知器学习中权重更新的形式，它等效于损失函数 hinge。选择随机梯度下降法（Stochastic Gradient Descent，SGD）进行权重更新。softsign 函数的定义如下：

$$s(t) = \frac{x}{1 + |x|}$$

我们可以将它从 keras 使用的 tensorflow 后端拉出，如下所示，见图 4.55。

```
>>> import tensorflow as tf
>>> x = tf.placeholder('float')
>>> xi = np.linspace(-10,10,100)
>>> with tf.Session() as s:
...     y_=(s.run(tf.nn.softsign(x),feed_dict={x:xi}))
...
```

接下来，我们要做的就是在数据上拟合模型：

```
>>> h=model.fit(X[:,:2], labels, epochs=300, verbose=0)
```

变量 h 是历史记录，它包含了在 fit 训练阶段涉及的内部指标和参数。我们可以从 h 中提取损失函数的轨迹，绘制损失函数图（见图 4.56）。

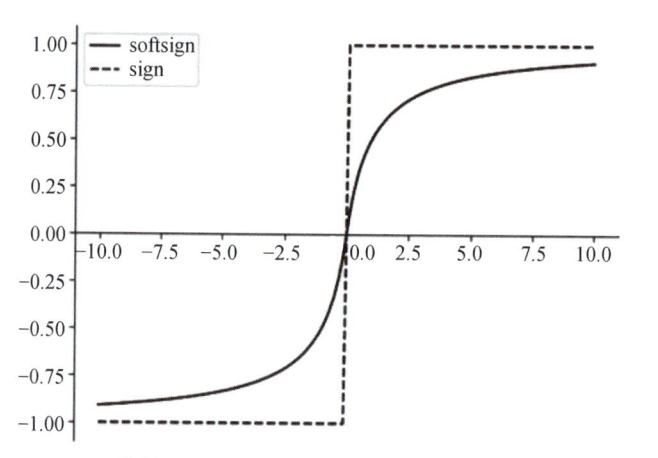

图 4.55　softsign 函数是 sign 函数的平滑逼近，对反向传播算法来讲更容易微分

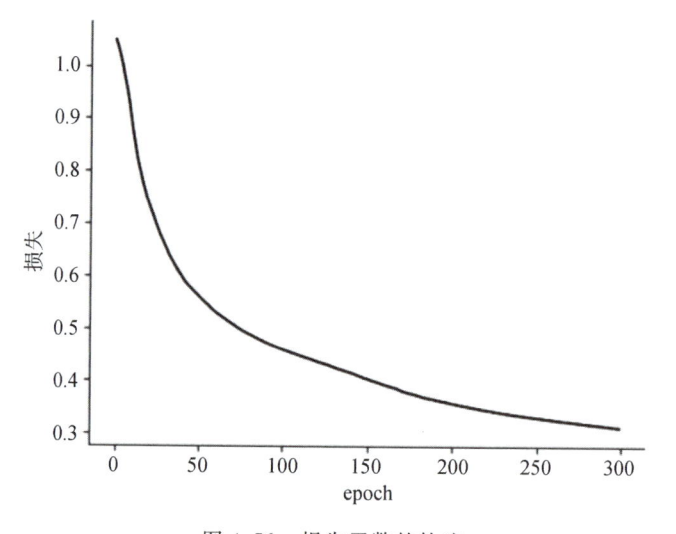

图 4.56　损失函数的轨迹

（2）多层感知器

多层感知器（Multilayer Perceptron，MLP）通过将感知器堆叠为完全连接的独立层来泛化感知器。基本拓扑结构如图 4.57 所示。如前所述，基本感知器可以为线性可分的数据生成线性边界。MLP 可以创建更复杂的非线性边界。我们来测试一下 Scikit-learn 的 moons 数据集。

```
>>> from sklearn.datasets import make_moons
>>> X, y = make_moons(n_samples=1000, noise=0.1, random_state=1234)
```

设置 noise 参数的目的是使每类数据更难区分。这些数据如图 4.58 所示。

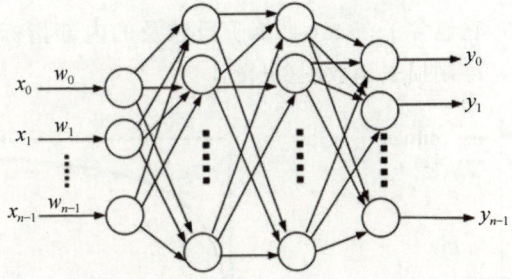

图 4.57　多层感知器在输入层和输出层之间有一个隐藏层。每个箭头都有一个与之关联的权重

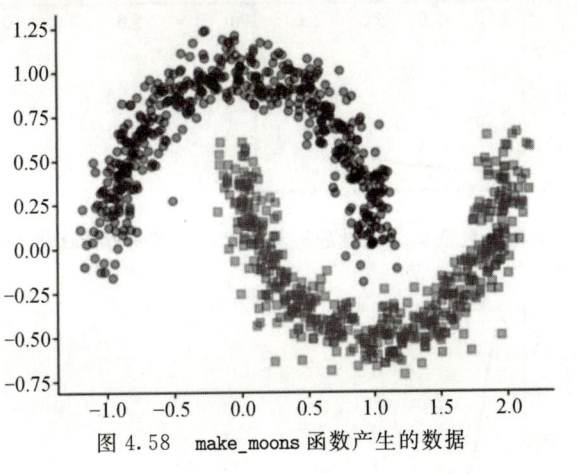

图 4.58　make_moons 函数产生的数据

MLP 面临的挑战是在这两类之间找出非线性边界。我们用 keras 搭建多层感知器：

```
>>> from keras.optimizers import Adam
>>> model = Sequential()
>>> model.add(Dense(4,input_shape=(2,),activation='sigmoid'))
>>> model.add(Dense(2,activation='sigmoid'))
>>> model.add(Dense(1,activation='sigmoid'))
>>> model.compile(Adam(lr=0.05), 'binary_crossentropy')
```

这个 MLP 有三层。输入层有 4 个节点，中间层有 2 个节点，输出层有 1 个节点（区分两个可用的类）。我们采用更高级的 Adam 优化器，而不是简单的随机梯度下降法。使用 model.summary()函数可以快速输出关于模型元素和参数的摘要：

```
>>> model.summary()
_____
Layer (type)                 Output Shape              Param #
=================================================================
dense_2 (Dense)              (None, 4)                 12
_____
dense_3 (Dense)              (None, 2)                 10
_____
dense_4 (Dense)              (None, 1)                 3
=================================================================
Total params: 25
Trainable params: 25
Non-trainable params: 0
_____
```

和前面一样，我们把输入数据分成训练集和测试集：

```
>>> from sklearn.model_selection import train_test_split
>>> X_train,X_test,y_train,y_test=train_test_split(X,y,
...                                                test_size=0.3,
...                                                random_state=1234)
```

如上，我们将 30% 的数据用于测试。接下来，我们训练 MLP：

```
>>> h=model.fit(X_train, y_train, epochs=100, verbose=0)
```

为了用测试集计算 MLP 的准确率，我们需要用模型对测试集进行预测：

```
>>> y_train_ = model.predict_classes(X_train,verbose=0)
>>> y_test_ = model.predict_classes(X_test,verbose=0)
>>> print(accuracy_score(y_train,y_train_))
1.0
>>> print(accuracy_score(y_test,y_test_))
0.9966666666666667
```

为了可视化在这两个类之间生成的边界，我们使用 Matplotlib 中的 contourf 函数，该函数生成如图 4.59 所示的填充等高线图。

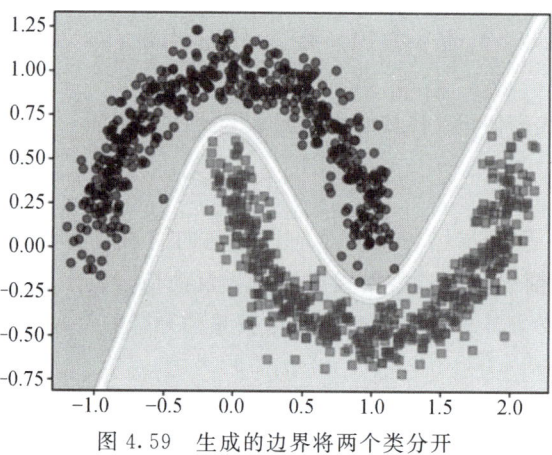

图 4.59　生成的边界将两个类分开

我们可以通过在 compile 步骤提供准确率，将其作为指标让 keras 去跟踪，而不是单独计算它，如下所示：

```
>>> model.compile(Adam(lr=0.05),
...               'binary_crossentropy',
...               metrics=['accuracy'])
```

接下来，我们再次进行训练：

```
>>> h=model.fit(X_train, y_train, epochs=100, verbose=0)
```

现在，我们在测试数据上对模型进行评估：

```
>>> loss,acc=model.evaluate(X_test,y_test,verbose=0)
>>> print(acc)
0.9966666666666667
```

其中，loss 是损失函数，acc 是相应的准确率。在 compile 步骤中还可以指定其他指标。

(3) 反向传播

我们已经看到 MLP 可以针对分类问题生成复杂的非线性边界。支撑 MLP 的关键算法是反向传播。其思想是，当我们将各层堆叠到 MLP 中时，我们正在应用函数组合，这基本上意味着我们获得某个函数的输出，然后将其作为另一个函数的输入。

$$h = (f \circ g)(x) = f(g(x))$$

例如，对于简单的感知器，我们有 $g(\boldsymbol{x}) = \boldsymbol{w}^{\mathrm{T}} \boldsymbol{x}$ 和 $f(x) = \mathrm{sgn}(x)$。这个函数组合的关键特性是使用微积分的链式法则求导。

$$h'(x) = f'(g(x))g'(x)$$

请注意，这里将微分运算变成了乘法运算。一般来说，解释反向传播就是一个符号噩梦，所以我们来看是否可以通过一个具体的例子来理解其主要思想。考虑以下具有一个输入和一个输出的两层 MLP。

它只有一个输入 (x_1)。第一层的输出是

$$z_1 = f(x_1 w_1 + b_1) = f(p_1)$$

其中，f 是 sigmoid 函数，b_1 是偏置项。第二层的输出是

$$z_2 = f(z_1 w_2 + b_2) = f(p_2)$$

为了简单起见，我们假设 MLP 的损失函数为平方误差：

$$J = \frac{1}{2}(z_2 - y)^2$$

其中，y 是目标标签。反向传播包括两个阶段。前向阶段计算给定输入值和相应权重的 MLP 损失函数。基于前向阶段求得的权重增量，反向阶段将其用于更新每个权重。为了实现梯度下降，我们必须计算损失函数对每个权重的导数：

$$\frac{\partial J}{\partial w_2} = \frac{\partial J}{\partial z_2} \frac{\partial z_2}{\partial p_2} \frac{\partial p_2}{\partial w_2}$$

第一项为

$$\frac{\partial J}{\partial z_2} = z_2 - y$$

第二项为

$$\frac{\partial z_2}{\partial p_2} = f'(p_2) = f(p_2)(1 - f(p_2))$$

请注意，根据 sigmoid 函数的性质，有 $f'(x) = (1 - f(x))f(x)$。

第三项为

$$\frac{\partial p_2}{\partial w_2} = z_1$$

因此，w_2 更新如下：

$$\Delta w_2 \propto (z_2 - y)z_1(1 - z_2)z_2$$

b_2 的相应分析给出：

$$\Delta b_2 = (z_2 - y)z_2(1 - z_2)$$

我们继续回到 w_1，有

$$\frac{\partial J}{\partial w_1} = \frac{\partial J}{\partial z_2}\frac{\partial z_2}{\partial p_2}\frac{\partial p_2}{\partial z_1}\frac{\partial z_1}{\partial p_1}\frac{\partial p_1}{\partial w_1}$$

第一项为

$$\frac{\partial p_2}{\partial z_1} = w_2$$

后面两项分别为

$$\frac{\partial z_1}{\partial p_1} = f(p_1)(1 - f(p_1)) = z_1(1 - z_1)$$

$$\frac{\partial p_1}{\partial w_1} = x_1$$

于是，w_1 的更新如下：

$$\Delta w_1 \propto (z_2 - y)z_2(1 - z_2)w_2 z_1(1 - z_1)x_1$$

为了理解为什么这被称为反向传播，我们可以定义

$$\delta_2 := (z_2 - y)z_2(1 - z_2)$$

于是，w_2 的更新如下：

$$\Delta w_2 \propto \delta_2 z_1$$

这意味着 w_2 的权重更新与前一层的输出 z_1 和考虑激活函数梯度的因子成正比。同样，w_1 的权重更新如下：

$$\Delta w_1 \propto \delta_1 x_1$$

其中

$$\delta_1 := \delta_2 w_2 z_1(1 - z_1)$$

请注意，此权重更新与输入（前一层的输出）成正比，就像 w_2 的权重更新与前一层的输出 z_1 成正比一样。此外，δ 因子递归地反向传播到输入层。这些特性使得大型网络的数值实现更加有效，因为后面的计算基于前面的计算。这也意味着每个单独的节点的计算都受限于前一层的输出。这有助于分离每层中每个节点的独立处理行为。

(4) 函数式深度学习

Keras 有一个可选择的 API，它可以使用函数组合思想来理解神经网络的性能。这种函数式解释的关键对象是 Input 对象和 Model 对象：

```
>>> from keras.layers import Input
>>> from keras.models import Model
>>> import keras.backend as K
```

我们从之前的分类示例中重新创建数据：

```
>>> from sklearn.datasets import make_moons
>>> X, y = make_moons(n_samples=1000, noise=0.1, random_state=1234)
```

首先，使用 Input 对象为输入构造一个占位符：

```
>>> inputs = Input(shape=(2,))
```

接着，像以前一样堆叠 Dense 层，但是现在通过调用 Dense 作为函数将它们的输入绑定到上一层的输出：

```
>>> l1=Dense(3,input_shape=(2,),activation='sigmoid')(inputs)
>>> l2=Dense(2,input_shape=(3,),activation='sigmoid')(l1)
>>> outputs=Dense(1,input_shape=(3,),activation='sigmoid')(l1)
```

这意味着输出 $= (\ell_2 \circ \ell_1)$（输入），其中 ℓ_1 和 ℓ_2 是中间层。在此基础上，我们收集 Model 对象中的各个部分，然后像往常一样执行 fit 和 train：

```
>>> model = Model(inputs=inputs,outputs=outputs)
>>> model.compile(Adam(lr=0.05),
...                'binary_crossentropy',
...                metrics=['accuracy'])
>>> h=model.fit(X_train, y_train, epochs=500, verbose=0)
```

这给出了与之前相同的结果。函数视角的优势在于，我们可以将各个层视为多维空间 $\mathbb{R}^n$ 之间的映射。例如，$\ell_1: \mathbb{R}^2 \mapsto \mathbb{R}^3$ 和 $\ell_2: \mathbb{R}^3 \mapsto \mathbb{R}^2$。现在，我们可以通过定义函数映射 $(\ell_2 \circ \ell_1)$（输入）：$\mathbb{R}^2 \mapsto \mathbb{R}^2$ 来研究从输入至最终映射到输出的网络的性能，如图 4.60 所示。

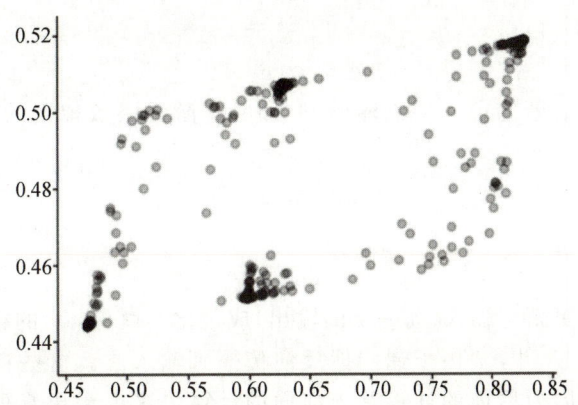

图 4.60　最终输出之前的输入的嵌入式表示，显示了两个目标类的内部差异

为了得到这个结果，我们必须使用 inputs 定义一个 Keras function：

```
>>> l2_function = K.function([inputs], [l2])
>>> # functional mapping just before output layer
>>> l2o=l2_function([X_train])
```

列表 l2o 中包含图 4.60 所示的 l2 层的输出。

4.12.1　TensorFlow 概述

TensorFlow 是一种先进的深度学习框架，它的底层是用 C＋＋编写的，而且带有 Python 绑定。尽管我们主要使用出色的 Keras 抽象层来构建神经网络，由 TensorFlow 提供后台计算，但了解 TensorFlow 是如何工作的，以及如何与之交互都非常有用，尤其是对以后的调试。首先，使用约定的形式导入 TensorFlow。

```
>>> import tensorflow as tf
```

TensorFlow 是基于图形的。我们必须搭建一个可计算的图形。首先，我们定义几个常量：

```
>>> # declare constants
>>> a = tf.constant(2)
>>> b = tf.constant(3)
```

上下文管理器（即 with 语句）是创建会话变量的推荐方式，会话变量是由运算和张量数据对象组成的计算图的实现。在这种情况下，张量是多维矩阵的另一种说法。

```
>>> # default graph using the context manager
>>> with tf.Session() as sess:
...     print('a= ',a.eval())
...     print('b= ',b.eval())
...     print("a+b",sess.run(a+b))
...
a=  2
b=  3
a+b 5
```

因此，我们可以对声明的变量做一些基本运算。我们可以用占位符来抽象图形。例如，为了实现图 4.61 所示的计算图，我们定义：

```
>>> a = tf.placeholder(tf.int16)
>>> b = tf.placeholder(tf.int16)
```

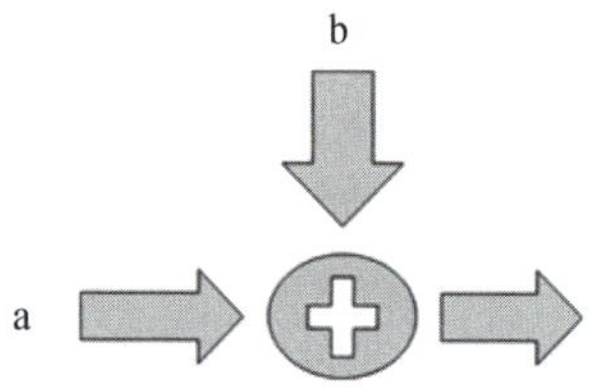

接下来，我们定义图形中的加法运算：

```
>>> # declare operation
>>> adder = tf.add(a,b)
```

然后，使用上下文管理器组合并执行图形：

```
>>> # default graph using context manager
>>> with tf.Session() as sess:
...     print (sess.run(adder, feed_dict={a: 2, b: 3}))
...
5
```

图 4.61　加法器流程图

稍做修改，这也适用于矩阵：

```
>>> import numpy as np
>>> a = tf.placeholder('float',[3,5])
>>> b = tf.placeholder('float',[3,5])
>>> adder = tf.add(a,b)
>>> with tf.Session() as sess:
...     b_ = np.arange(15).reshape((3,5))
...     print(sess.run(adder,feed_dict={a:np.ones((3,5)),
...                                     b:b_}))
...
[[ 1.  2.  3.  4.  5.]
 [ 6.  7.  8.  9. 10.]
 [11. 12. 13. 14. 15.]]
```

还实现了乘法等矩阵运算（见图 4.62）：

```
>>> # the None dimension leaves it variable
>>> b = tf.placeholder('float',[5,None])
>>> multiplier = tf.matmul(a,b)
>>> with tf.Session() as sess:
...     b_ = np.arange(20).reshape((5,4))
...     print(sess.run(multiplier,feed_dict={a:np.ones((3,5)),
...                                          b:b_}))
...
[[40. 45. 50. 55.]
 [40. 45. 50. 55.]
 [40. 45. 50. 55.]]
```

单个计算图可以进行堆叠，如图 4.63 所示。

```
>>> b = tf.placeholder('float',[3,5])
>>> c = tf.placeholder('float',[5,None])
>>> adder = tf.add(a,b)
>>> multiplier = tf.matmul(adder,c)
>>> with tf.Session() as sess:
...     b_ = np.arange(15).reshape((3,-1))
...     c_ = np.arange(20).reshape((5,4))
...     print(sess.run(multiplier,feed_dict={a:np.ones((3,5)),
...                                          b:b_,
...
...
[[160. 175. 190. 205.]
 [360. 400. 440. 480.]
 [560. 625. 690. 755.]]
```

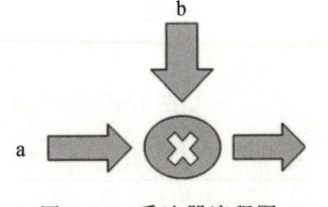

图 4.62　乘法器流程图

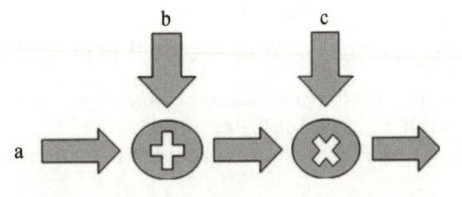

图 4.63　加法器和乘法器堆叠的流程图

(1) 优化器

为了计算复杂神经网络的参数，TensorFlow 还实现了多种优化算法。考虑经典的最小二乘问题：寻找满足

$$\min_{x} \| \boldsymbol{Ax} - \boldsymbol{b} \|^2$$

的 x。首先，我们必须定义一个需要优化器求解的变量：

```
>>> x = tf.Variable(tf.zeros((3,1)))
```

接着，我们创建样本矩阵 $\boldsymbol{A}$ 和 $\boldsymbol{b}$：

```
>>> A = tf.constant([6,6,4,
...                   3,4,0,
...                   7,2,2,
...                   0,2,1,
...                   1,6,3],'float',shape=(5,3))
>>> b = tf.constant([1,2,3,4,5],'float',shape=(5,1))
```

在神经网络术语中，模型($\boldsymbol{Ax}$)的输出被称为激活：

```
>>> activation = tf.matmul(A,x)
```

优化器的任务是最小化激活和 $\boldsymbol{b}$ 向量之间的平方距离。TensorFlow 实现了诸如 reduce_sum之类的原语来计算平方差并赋给变量 cost：

```
>>> cost = tf.reduce_sum(tf.pow(activation-b,2))
```

有了这些定义，我们就可以构建想要的特定 TensorFlow 优化器：

```
>>> learning_rate = 0.001
>>> optimizer=tf.train.GradientDescentOptimizer(learning_rate).minimize(cost)
```

learning_rate是梯度下降算法 GradientDescentOptimizer 的一个嵌入参数。接下来，初始化所有变量(见图 4.64)：

```
>>> init=tf.global_variables_initializer()
```

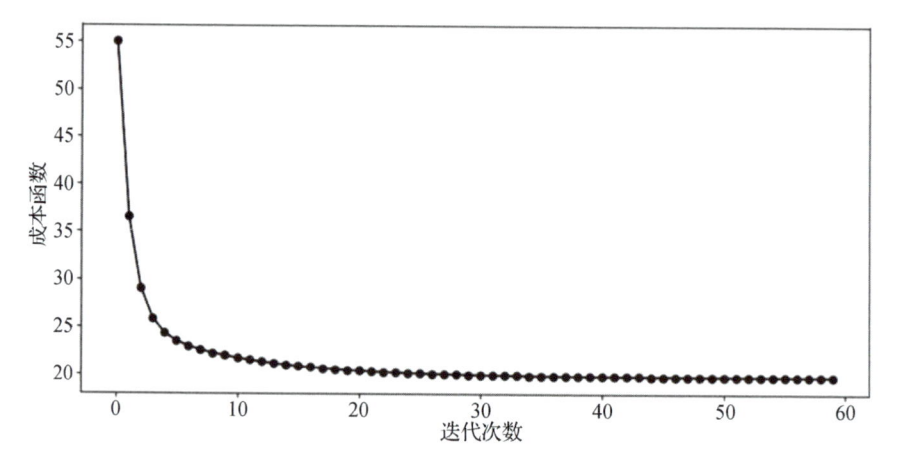

图 4.64　梯度下降算法计算迭代成本。请注意，这里只显示了一部分计算值

并在没有上下文管理器的情况下创建会话——这是为了证明上下文管理器不是必需的：

```
>>> sess = tf.Session()
>>> sess.run(init)
>>> costs=[]
>>> for i in range(500):
...     costs.append(sess.run(cost))
...     sess.run(optimizer)
...
```

请注意，我们必须迭代 optimizer 才能通过梯度下降算法使其逐步工作。为了说明，我们可以绘制成本函数随迭代次数的变化。

迭代后的最终结果如下：

```
>>> print (x.eval(session=sess))
[[-0.08000698]
 [ 0.6133011 ]
 [ 0.09500197]]
```

因为这是一个经典问题，所以我们知道如何去解析它，如下所示：

```
>>> # least squares solution
>>> A_=np.matrix(A.eval(session=sess))
>>> print (np.linalg.inv(A_.T*A_)*(A_.T)*b.eval(session=sess))
[[-0.07974136]
 [ 0.6141343 ]
 [ 0.09303147]]
```

这和我们通过迭代得到的结果非常接近。

(2) 用 TensorFlow 实现逻辑回归

举个例子，我们使用 TensorFlow 重新回顾逻辑回归问题。

```
>>> import numpy as np
>>> from matplotlib.pylab import subplots
>>> v = 0.9
>>> @np.vectorize
... def gen_y(x):
...     if x<5: return np.random.choice([0,1],p=[v,1-v])
...     else:   return np.random.choice([0,1],p=[1-v,v])
...
>>> xi = np.sort(np.random.rand(500)*10)
>>> yi = gen_y(xi)
```

最简单的多层感知器只有一个隐藏层。给定训练集 $\langle x_i, y_i \rangle$，输入向量 x_i 与权重向量 w 逐元素相乘，结果作为非线性 sigmoid 函数的输入。然后将 sigmoid 函数的输出与对应权重向量的训练输出 y_i 进行比较，以求得误差。求出误差后的关键步骤是反向传播。它应用微积分中的链式法则将微分误差传递回权重向量。

我们来看是否可以用 TensorFlow 重现图 4.24 所示的逻辑回归结果。首先，导入 TensorFlow 包：

```
>>> import tensorflow as tf
```

我们需要稍微修改训练集格式：

```
>>> yi[yi==0]=-1 # use 1/-1 mapping
```

然后，我们通过为每项创建变量和占位符来创建计算图：

```
>>> w = tf.Variable([0.1])
>>> b = tf.Variable([0.1])
>>> # the training set items fill these
>>> x = tf.placeholder("float", [None])
>>> y = tf.placeholder("float", [None])
```

在神经网络中，输出也被称为激活：

```
>>> activation = tf.exp(w*x + b)/(1+tf.exp(w*x + b))
```

优化问题就是对包含一维正则项 w^2 的目标函数进行化简：

```
>>> # objective
>>> obj=tf.reduce_sum(tf.log(1+tf.exp(-y*(b+w*x))))+tf.pow(w,2)
```

给定目标函数，选择 GradientDescentOptimizer 作为嵌入学习率的优化算法：

```
>>> optimizer = tf.train.GradientDescentOptimizer(0.001/5.).minimize(obj)
```

接下来就要开始这个环节了，首先初始化所有变量：

```
>>> init=tf.global_variables_initializer()
```

为了方便起见，我们将使用交互式会话对象，然后在下面的循环中逐步完成优化算法：

```
>>> s = tf.InteractiveSession()
>>> s.run(init)
>>> for i in range(1000):
...     s.run(optimizer,feed_dict={x:xi,y:yi})
...
```

结果如图 4.65 所示，该图表明采用逻辑回归和简单单层感知器得到的结果是相同的。

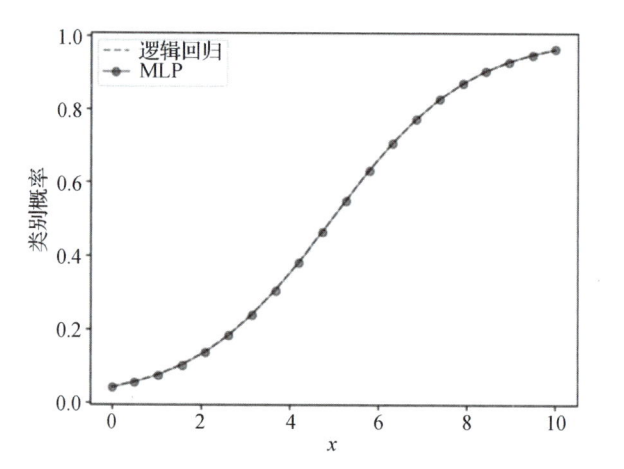

图 4.65　逻辑回归与简单单层感知器的结果比较

4.12.2　梯度下降

考虑 $\mathbb{R}^n$ 上的平滑函数 f，假设我们要在该域上找到 $f(\boldsymbol{x})$ 的最小值，如下所示：
$$\boldsymbol{x}^* = \arg \min_{\boldsymbol{x}} f(\boldsymbol{x})$$
梯度下降的思想是选择一个初始点 $\boldsymbol{x}^{(0)} \in \mathbb{R}^n$，且
$$\boldsymbol{x}^{(k+1)} = \boldsymbol{x}^{(k)} - \alpha \nabla f(\boldsymbol{x}^{(k)})$$

其中，α 是步长（学习率）。显然，∇f 是递增的方向，因此以 α 为步长沿梯度负方向移动会得到更小的函数值。结果表明，这种方法对于条件良好的强凸函数 f 非常快，但通常存在一些实际问题。

图 4.66 给出了函数 $f(x) = 2 - 3x^3 + x^4$ 及其在给定宽度参数下沿曲线选定点处的一阶泰勒级数近似。也就是说，泰勒近似在特定点上近似该函数，并假设在该点周围相应的区间中有效。这里的宽度大小由步长参数 α 决定。关键是，近似效果沿曲线变化。特别是，在给定宽度的情况下，存在两个近似值重叠的部分，如深色阴影区域所示。这点很关键，因为梯度下降使用这种一阶近似来估计最小化的下一步。也就是说，梯度下降算法从来没有真正在意 $f(x)$，只关注给定的一阶近似。它通过沿着逼近点的斜率向下延伸到区域的边缘（由 α 决定）来判断下一步迭代的方向，然后用下一个点来计算下一次的近似值。如阴影区域所示，由于步长（α）过大，算法可能会冲过最小值。这可能导致如图 4.67 所示的振荡。

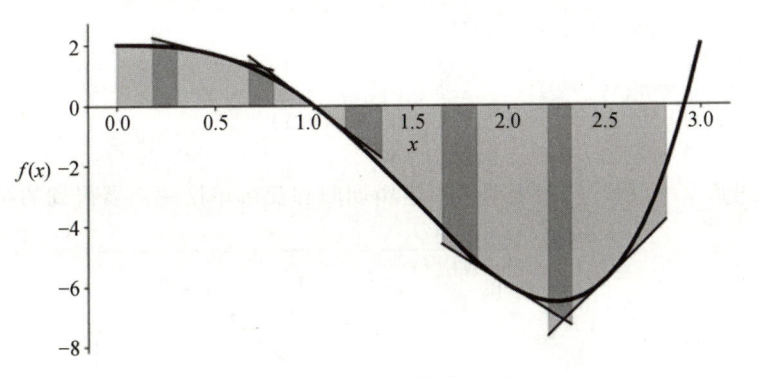

图 4.66　$f(x)$ 的分段线性逼近

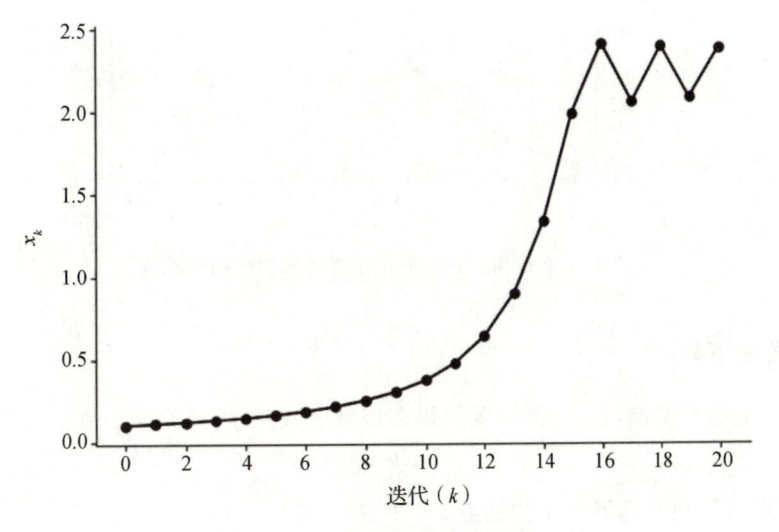

图 4.67　步长可能导致振荡

下面考虑使用 Sympy 完成梯度下降的 Python 实现：

```
>>> x = sm.var('x')
>>> fx = 2 - 3*x**3 + x**4
>>> df = fx.diff(x) # compute derivative
>>> x0 =.1 # initial guess
>>> xlist = [(x0,fx.subs(x,x0))]
>>> alpha = 0.1 # step size
>>> for i in range(20):
...     x0 = x0 - alpha*df.subs(x,x0)
...     xlist.append((x0,fx.subs(x,x0)))
...
```

图 4.67 给出了每一步结果。请注意，由于步长过大，算法在最后会出现振荡现象。实际上，如果没有对 $f(x)$ 的强假设，就不可能知道一般函数的最优步长。

图 4.68 展示了算法是如何随函数变化的，同时展示了这个过程中算法近似值 $\hat{f}(x)$ 是如何变化的。请注意，步骤在初始点周围比较密集，因为那里对应的梯度很小。向中间方向移动时，由于梯度很陡，算法产生了大的跳跃，最后朝着终点振荡。底层函数中相对平坦的部分会导致算法收敛非常缓慢。此外，如果存在多个局部最小值，则该算法不能保证找到全局最小值。

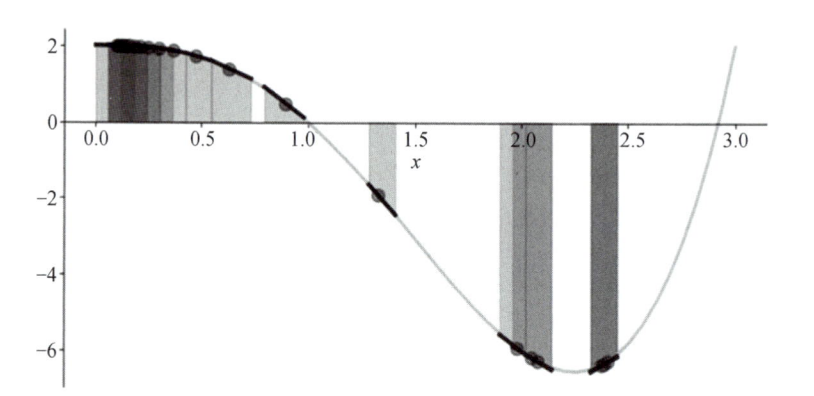

图 4.68　梯度下降算法产生一系列近似值

正如我们所看到的，步长对性能和收敛性很关键。事实上，步长太大可能导致发散，而步长太小则可能需要花费很长时间才能收敛。

(1) 牛顿法

考虑以下二阶泰勒级数展开式：

$$J(\boldsymbol{x}) = f(\boldsymbol{x}_0) + \nabla f(\boldsymbol{x}_0)^{\mathrm{T}}(\boldsymbol{x} - \boldsymbol{x}_0) + \frac{1}{2}(\boldsymbol{x} - \boldsymbol{x}_0)^{\mathrm{T}} \nabla^2 f(\boldsymbol{x}_0)(\boldsymbol{x} - \boldsymbol{x}_0)$$

其中，$\boldsymbol{H}(\boldsymbol{x}) := \nabla^2 f(\boldsymbol{x})$ 是二阶导数的黑塞（Hessian）矩阵。该矩阵的第 (i,j) 项为

$$\frac{\partial^2 f(\boldsymbol{x})}{\partial x_i \, \partial x_j}$$

我们可以使用下面的基本矩阵计算

$$\nabla_x J(\boldsymbol{x}) = \nabla f(\boldsymbol{x}_0) + \boldsymbol{H}(\boldsymbol{x})(\boldsymbol{x} - \boldsymbol{x}_0) = 0$$

找到最小值。通过上述公式求解 $\boldsymbol{x}$，得到

$$\boldsymbol{x} = \boldsymbol{x}_0 - \boldsymbol{H}(\boldsymbol{x})^{-1} \nabla f(\boldsymbol{x}_0)$$

在重命名某些项后，下降算法更新后的方程如下：

$$\boldsymbol{x}^{(k+1)} = \boldsymbol{x}^{(k)} - \boldsymbol{H}(\boldsymbol{x}^{(k)})^{-1} \nabla f(\boldsymbol{x}^{(k)})$$

更新后的方程存在几个实际问题。首先，每一步都需要计算黑塞矩阵。对于某个特定的问题，这意味着要管理一个潜在的非常大的矩阵。例如，给定 1000 个维度，相应的黑塞矩阵就有 1000×1000 个元素。其他问题有，黑塞矩阵可能在数值上不够稳定，无法求逆，偏导数的函数形式可能需要分别近似，并且初始猜测必须在函数的凸性与导出假设相匹配的区域中。否则，基于这些方程，算法将在局部最大值收敛，而不是收敛于局部最小值。考虑对前面的代码稍做改动以实现牛顿法：

```
>>> x0 =2. # init guess is near to solution
>>> xlist = [(x0,fx.subs(x,x0))]
>>> df2 = fx.diff(x,2) # 2nd derivative

>>> for i in range(5):
...     x0 = x0 - df.subs(x,x0)/df2.subs(x,x0)
...     xlist.append((x0,fx.subs(x,x0)))
...
>>> xlist = np.array(xlist).astype(float)
>>> print (xlist)
[[ 2.         -6.         ]
 [ 2.33333333 -6.4691358 ]
 [ 2.25555556 -6.54265522]
 [ 2.25002723 -6.54296874]
 [ 2.25       -6.54296875]
 [ 2.25       -6.54296875]]
```

请注意，获得最小值所需的迭代次数很少（与先前的方法相比），但是如果初始猜测与实际最小值相差太远，则该算法可能根本找不到局部最小值，只能找到局部最大值。当然，该方法有许多扩展来解释这些影响，但这里的主要目的是说明在计算上可行的情况下，高阶导数（如果可用）如何更快地加速下降算法收敛。

(2) 管理步长

精确的线性搜索可以确定合适的步长（学习率）。也就是沿着 $\boldsymbol{x} + q \nabla f(\boldsymbol{x})$ 延伸方向，找到

$$q_{\min} = \arg \min_{q \geq 0} f(\boldsymbol{x} + q \nabla f(\boldsymbol{x}))$$

换句话说，这意味着在给定方向——从点 $\boldsymbol{x}$ 沿着 $\nabla f(\boldsymbol{x})$ 方向——的情况下，求这个一维问题的最小值。因此，最小化过程在移动到 $\mathbb{R}^n$ 中的新位置 $\boldsymbol{x}$ 和通过求解一维方程最小化找到新的步长的迭代中交替进行。

虽然概念很简单，但问题在于每一步求解一维线性搜索问题都意味着在沿着一维切

片的多个点上评估目标函数 $f(\boldsymbol{x})$。对于那些计算成本高的目标函数而言，这可能是非常耗时的。通过牛顿法，我们可以看到，高阶导数可以加速收敛，因此可以像回溯算法一样将这些思路应用于一维线性搜索中。

- 固定参数 $\beta\in[0,1]$，$\alpha>0$。
- 如果 $f(x-\alpha\,\nabla f(x))>f(x)-\alpha\,\|\,\nabla f(x)\,\|_2^2$，则化简 $\alpha\to\beta\alpha$。否则，进行梯度下降更新：$x^{(k+1)}=x^{(k)}-\alpha\,\nabla f(x^{(k)})$。

为了直观了解它是如何工作的，我们回到函数 f 在 $\boldsymbol{x}_0$ 处的二阶泰勒级数展开式：

$$f(\boldsymbol{x}_0)+\nabla f(\boldsymbol{x}_0)^{\mathrm{T}}(\boldsymbol{x}-\boldsymbol{x}_0)+\frac{1}{2}(\boldsymbol{x}-\boldsymbol{x}_0)^{\mathrm{T}}\,\nabla^2 f(\boldsymbol{x}_0)(\boldsymbol{x}-\boldsymbol{x}_0)$$

我们已经讨论过关于黑塞矩阵的数值问题，因此一种方法是简单地用 $n\times n$ 单位矩阵 $\boldsymbol{I}$ 代替该矩阵从而获得下式：

$$h_a(\boldsymbol{x})=f(\boldsymbol{x}_0)+\nabla f(\boldsymbol{x}_0)^{\mathrm{T}}(\boldsymbol{x}-\boldsymbol{x}_0)+\frac{1}{2\alpha}\|\boldsymbol{x}-\boldsymbol{x}_0\|^2$$

这是我们更容易处理的**替代函数**。但是，这种替代函数与我们试图最小化的函数有什么关系？关键区别在于，黑塞矩阵中的曲率信息被简化到只剩单个因子 $1/\alpha$。直观地说，这意味着给定点 $\boldsymbol{x}_0$ 处的函数 f 的局部复杂曲率已被均匀碗状结构所取代，碗状结构的陡度由 $1/\alpha$ 决定。给定一个特定的 α，我们知道如何直接求得 $h_a(\boldsymbol{x})$ 的最小值，即使用以下梯度下降更新公式：

$$\boldsymbol{x}^{(k+1)}=\boldsymbol{x}^{(k)}-\alpha\,\nabla f(\boldsymbol{x}^{(k)})$$

这是替代问题的最快解决方法，但它不能直接为我们真正想要的函数 f 提供下一次迭代。假设替代函数最小化带给我们满足

$$f(\boldsymbol{x}^{(k+1)})\leqslant h_a(\boldsymbol{x}^{(k+1)})$$

的新点 $\boldsymbol{x}^{(k)}$。更确切地说，上式可写为

$$f(\boldsymbol{x}^{(k+1)})\leqslant f(\boldsymbol{x}^{(k)})+\nabla f(\boldsymbol{x}^{(k)})^{\mathrm{T}}(\boldsymbol{x}^{(k+1)}-\boldsymbol{x}^{(k)})+\frac{1}{2\alpha}\,\|\boldsymbol{x}^{(k+1)}-\boldsymbol{x}^{(k)}\|^2$$

将更新方程代入其中并简化为

$$f(\boldsymbol{x}^{(k+1)})\leqslant f(\boldsymbol{x}^{(k)})-\alpha\,\nabla f(\boldsymbol{x}^{(k)})^{\mathrm{T}}(\nabla f(\boldsymbol{x}^{(k)}))+\frac{\alpha}{2}\,\|\nabla f(\boldsymbol{x}^{(k)})\|^2$$

最终化简为

$$f(\boldsymbol{x}^{(k+1)})\leqslant f(\boldsymbol{x}^{(k)})-\frac{\alpha}{2}\,\|\nabla f(\boldsymbol{x}^{(k)})\|^2 \tag{4.12.2.1}$$

重要的是，如果没有达到 f 的最小值，那么最后一项总是正的，并且已经逐渐变小：

$$f(\boldsymbol{x}^{(k+1)})<f(\boldsymbol{x}^{(k)})$$

这就是我们想要的。相反，如果不等式 (4.12.2.1) 对某个 $\alpha>0$ 成立，那么可得 $h_a>f$。这是回溯算法背后的关键结果。也就是说，我们可以测试 α 的一系列值，直到找到满足不等式 (4.12.2.1) 的值。例如，从 α 的某个初始值开始，然后将其放大或缩小，直到满

足不等式。这就意味着我们找到了正确的步长，然后继续沿梯度下降。这就是回溯算法执行的操作，如图 4.69 所示。虚线是 $h_a(x)$，灰线是 $f(x)$。算法跳到函数 $h_a(x)$ 的二次最小值，该值更接近 $f(x)$ 的实际最小值。

回溯算法的基本实现如下：

```
>>> x0 = 1
>>> alpha = 0.5
>>> xnew = x0 - alpha*df.subs(x,x0)
>>> while fx.subs(x,xnew)>(fx.subs(x,x0)-(alpha/2.)*(fx.subs(x,x0))**2):
...     alpha = alpha * 0.8
...     xnew = x0 - alpha*df.subs(x,x0)
...
>>> print (alpha,xnew)
0.32000000000000006 2.60000000000000
```

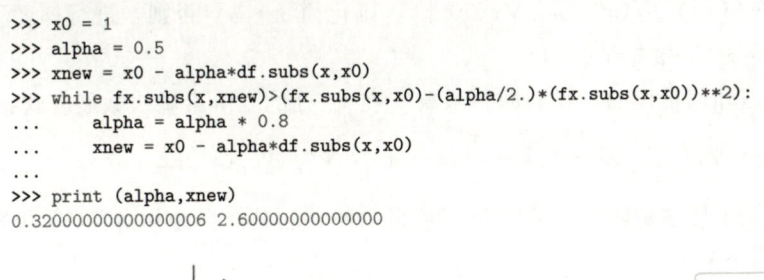

图 4.69 近似函数 $h_a(x)$（虚线）通过找到适当的步长 α，将下一次迭代从 $x=1$ 移动到接近 $f(x)$ 最小值的指定点

(3) 随机梯度下降

梯度下降常用的变化方法是改变权重更新方式。具体来说，假设我们想要最小化如下形式的目标函数：

$$\min_x \sum_{i=1}^m f_i(x)$$

其中，i 为误差函数的第 i 个数据元素建立索引。同样，每个被加数都由一个数据元素参数化。

对于常规的梯度下降算法，通过对所有数据求和，我们将按分量计算增量权重，如下所示：

$$x^{(k+1)} = x^{(k)} - \alpha_k \sum_{i=1}^m \partial f_i(x^{(k)})$$

随机梯度下降算法的关键思想不是对所有数据求和，而是为每个随机的第 i 个数据元素更新权重：

$$x^{(k+1)} = x^{(k)} - \alpha_k \, \partial f_i(x^{(k)})$$

批处理与这种每次跳跃的随机梯度下降之间的折中方法是小批量（mini-batch）梯度下

降，其中在每一步对数据的随机子集 $(\sigma_r, |\sigma_r| = M_b)$ 求和，如下所示：

$$x^{(k+1)} = x^{(k)} - \alpha_k \sum_{i \in \sigma_r} \partial f_i(x^{(k)})$$

标准梯度下降算法的每一步更新每 p 维处理 m 个数据点——$\mathcal{O}(mp)$，但对于随机梯度下降，有 $\mathcal{O}(p)$。小批量梯度下降介于这些估计之间。对于庞大的高维数据，梯度下降的计算成本会变得很高，因此倾向于使用随机梯度下降。除了计算方面的优势外，随机梯度下降还有其他优势。例如，嘈杂的跳跃有助于避免算法陷入局部最小值，并且当起点远离实际最小值时，对算法有利。相反，随机梯度下降在越接近最小值的时候越难达到最小值。另一个优势是对少数不良数据元素具有鲁棒性。由于在更新中实际使用的只有随机数据子集，个别异常数据点(可能是由于数据完整性差)不一定会影响每一步更新，如图 4.70 所示。

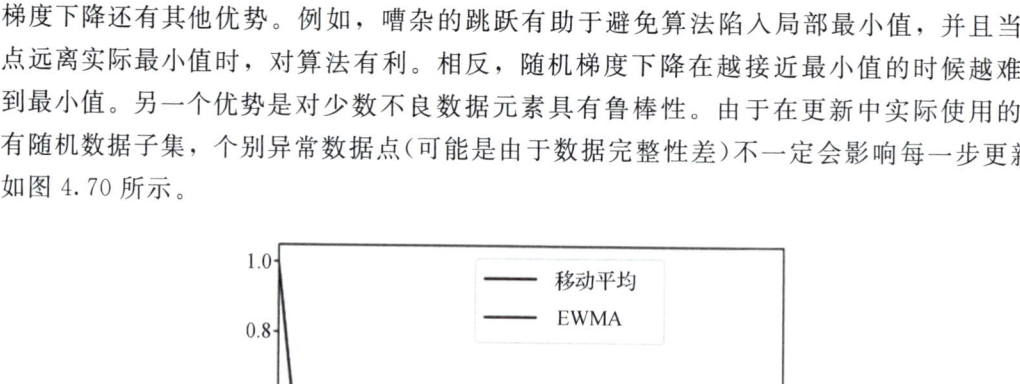

图 4.70　近似函数 $h_a(x)$(图 4.69 中虚线)通过找到适当的步长(α)，将下一次迭代从 $x=1$ 移动到接近 $f(x)$ 最小值的指定点

(4) 动量

梯度下降算法可以被看作一个粒子沿着高维区域移动以寻找最小值。用物理类比，我们可以将动量的概念添加到粒子的运动中。考虑在与 $-\nabla J$ 成正比的净力作用下，粒子 $\boldsymbol{x}^{(k)}$ 在任意时刻 k 的位置。该设定为与 $\eta(\boldsymbol{x}^{(k+1)} - \boldsymbol{x}^{(k)})$ 成正比的粒子运动引入了一个估计的速度项。也就是说，粒子的速度估计与两个连续位置的差成正比。包含此动量的随机梯度下降更新算法的最简版本如下：

$$\boldsymbol{x}^{(k+1)} = \boldsymbol{x}^{(k)} - \alpha \nabla f(\boldsymbol{x}^{(k)}) + \eta(\boldsymbol{x}^{(k+1)} - \boldsymbol{x}^{(k)})$$

当梯度下降在误差面上的陡峭沟壑上下晃动，而不是直接追求下降到沟壑的局部最小值时，动量特别有用。这种振荡行为会导致收敛缓慢。这个基本思想有很多扩展，比如 Nesterov 动量。

（5）高级随机梯度下降

与基本的随机梯度下降算法相比，聚合步长更新历史的方法可以提供更好的性能。例如，自适应矩估计（Adaptive Moment Estimator，Adam）为每个参数提供了一个自适应步长。它还使用指数加权移动平均（Exponentially Weighted Moving Average，EWMA）跟踪之前梯度的指数衰减的均值和方差。这种平滑技术计算以下递归关系：

$$y_n = ax_n + (1 - a) y_{n-1}$$

以 $y_0 = x_0$ 作为初始条件。$\alpha(0 < \alpha < 1)$ 因子控制在点 n 处前一个移动平均值和新数据点之间的平衡程度。例如，如果 $\alpha = 0.9$，则 EWMA 倾向于新数据 x_n，而不是 EWMA 之前的值 $y_{n-1}(1 - \alpha = 0.1)$。这种计算方式常用在各种时间序列应用（如信号处理、计量金融）中。$EWMA(x = \delta_n)$ 的脉冲响应为 $(1 - \alpha)^n$。你可以将其视为应用于 x_n 上的加权窗口函数。与标准移动平均（对固定的数据窗口进行平均）相反，该指数窗口保留了整个序列的先验内存，尽管是通过 $(1 - \alpha)$ 的幂加权的。为了解这一点，我们用 pandas 生成对脉冲数据序列的响应：

```
>>> import pandas as pd
>>> x = pd.Series([1]+[0]*20)
>>> ma =x.rolling(window=3, center=False).mean()
>>> ewma  = x.ewm(1).mean()
```

如图 4.71 所示，此后的各个非零数据点都会影响 EWMA，而对固定宽度窗口的移动平均的影响将在窗口通过后消失。请注意，mini-batch（小批量）通过对训练数据求平均来平滑每次迭代的数据，EWMA 则使算法迭代过程下降得更平滑。

高级随机梯度下降算法本身就是人们关注和发展的领域。根据手上的数据（即稀疏数据与密集数据），每种方法都有其优点和缺点，并不都适用于每种情况。实际上，有些变体可以实现并行操作以提高性能（例如 Nui 的 Hogwild 更新方案）。

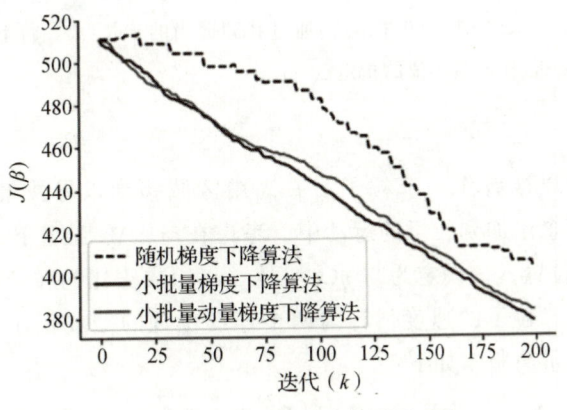

图 4.71　梯度下降算法的不同变体

（6）使用 Sympy 的 Python 示例

每种方法在 Python 中都更有意义。在此要强调的是，这种实现是严格说明性的，不适合大范围应用。我们再次考虑 4.5 节中的分类结果为 $y_i \in \{0,1\}$ 的分类问题。逻辑回归最小化交叉熵：

$$J(\boldsymbol{\beta}) = \sum_i^m \log(1 + \exp(\boldsymbol{x}_i^{\mathrm{T}}\boldsymbol{\beta})) - y_i\boldsymbol{x}_i^{\mathrm{T}}\boldsymbol{\beta}$$

对应梯度为

$$\nabla_{\boldsymbol{\beta}}J(\boldsymbol{\beta}) = \sum_i^m \frac{1}{1 + \exp(-\boldsymbol{x}_i^{\mathrm{T}}\beta)}\boldsymbol{x}_i - y_i\boldsymbol{x}_i$$

首先，创建一些样本数据：

```
>>> import numpy as np
>>> import sympy as sm
>>> npts = 100
>>> X=np.random.rand(npts,2)*6-3 # random scatter in 2-d plane
>>> labels=np.ones(X.shape[0],dtype=np.int) # labels are 0 or 1
>>> labels[(X[:,1]<X[:,0])]=0
```

这为 Numpy 数组 X 提供了数据，为 labels 数组提供了目标标签。接下来，我们用 Sympy 来开发目标函数：

```
>>> x0,x1 = sm.symbols('x:2',real=True) # data placeholders
>>> b0,b1 = sm.symbols('b:2',real=True) # parameters
>>> bias = sm.symbols('bias',real=True) # bias term
>>> y = sm.symbols('y',real=True) # label placeholders
>>> summand = sm.log(1+sm.exp(x0*b0+x1*b1+bias))-y*(x0*b0+x1*b1+bias)
>>> J = sum([summand.subs({x0:i,x1:j,y:y_i})
...              for (i,j),y_i in zip(X,labels)])
```

我们可以用 Sympy 来计算梯度，如下所示：

```
>>> from sympy.tensor.array import derive_by_array
>>> grad = derive_by_array(summand,(b0,b1,bias))
```

使用 sm.latex 函数将 grad 呈现为

$$\left[-x_0\,y + \frac{x_0\,e^{b_0\,x_0+b_1\,x_1+\mathrm{bias}}}{e^{b_0\,x_0+b_1\,x_1+\mathrm{bias}}+1} - x_1\,y + \frac{x_1\,e^{b_0\,x_0+b_1\,x_1+\mathrm{bias}}}{e^{b_0\,x_0+b_1\,x_1+\mathrm{bias}}+1} - y + \frac{e^{b_0\,x_0+b_1\,x_1+\mathrm{bias}}}{e^{b_0\,x_0+b_1\,x_1+\mathrm{bias}}+1} \right]$$

这与我们前面计算的梯度相一致。对于标准梯度下降，通过对所有数据求和来计算梯度：

```
>>> grads=np.array([grad.subs({x0:i,x1:j,y:y_i})
...                     for (i,j),y_i in zip(X,labels)]).sum(axis=0)
```

为实现梯度下降，我们设置了以下循环：

```
>>> # convert expression into function
>>> Jf = sm.lambdify((b0,b1,bias),J)
>>> gradsf = sm.lambdify((b0,b1,bias),grads)
>>> niter = 200
>>> winit = np.random.randn(3)*20
>>> alpha = 0.1 # learning rate (step-size)
```

```
>>> WK = winit  # initialize
>>> Jout=[] # container for output
>>> for i in range(niter):
...     WK = WK - alpha * np.array(gradsf(*WK))
...     Jout.append(Jf(*WK))
...
```

对于实现随机梯度下降，上述代码改为

```
>>> import random
>>> sgdWK = winit  # initialize
>>> Jout=[] # container for output
>>> # don't sum along all data as before
>>> grads=np.array([grad.subs({x0:i,x1:j,y:y_i})
...                      for (i,j),y_i in zip(X,labels)])
>>> for i in range(niter):
...     gradsf = sm.lambdify((b0,b1,bias),random.choice(grads))
...     sgdWK = sgdWK - alpha * np.array(gradsf(*sgdWK))
...     Jout.append(Jf(*sgdWK))
```

这里的主要区别在于，计算梯度时不再对所有输入数据（如列表 grads）求和，而是由上述循环体语句中的 random.choice 函数随机选择要求和的输入数据。若要扩展到批梯度下降，此代码仅需要对 batch 变量中梯度的数据子集求平均。

```
>>> mbsgdWK = winit  # initialize
>>> Jout=[] # container for output
>>> mb = 10 # number of elements in batch
>>> for i in range(niter):
...     batch = np.vstack([random.choice(grads)
...                          for i in range(mb)]).mean(axis=0)
...     gradsf = sm.lambdify((b0,b1,bias),batch)
...     mbsgdWK = mbsgdWK-alpha*np.array(gradsf(*mbsgdWK))
...     Jout.append(Jf(*mbsgdWK))
...
```

使用 Python 的 deque 将动量合并到这个循环中也很简单，如下所示：

```
>>> from collections import deque
>>> momentum = deque([winit,winit],2)
>>> mbsgdWK = winit  # initialize
>>> Jout=[] # container for output
>>> mb = 10 # number of elements in batch
>>> for i in range(niter):
...     batch=np.vstack([random.choice(grads)
...                        for i in range(mb)]).mean(axis=0)
...     gradsf=sm.lambdify((b0,b1,bias),batch)
...     mbsgdWK=mbsgdWK-alpha*np.array(gradsf(*mbsgdWK))+0.5*(momentum[1]-momentum[0])
...     Jout.append(Jf(*mbsgdWK))
...
```

图 4.71 给出了梯度下降算法的三种变体。请注意，随机梯度下降算法是最不稳定的，因为它对每个随机选择的数据元素都采用新的下降方向。小批量梯度下降算法通过对多个数据元素求平均来平滑这些数据。动量梯度下降算法介于上述两者之间，因为在此示例中动量项的影响不明显。

(7) 使用 Theano 的 Python 示例

所示代码使用 Sympy 明确了梯度下降算法的每个步骤，但是这种实现太慢了。theano 模块为依赖底层 C/C++和 GPU 执行模型的算法实现提供了缜密而有力的高级抽象。这意味着使用 theano 原型化的计算可以在 Python 解释器底层执行，这使得计算速度更快。这种方法的缺点是，由于存在多个抽象级别，因此计算代码会变得更加难以调试。尽管如此，theano 仍是算法开发和执行的强大工具。

首先，导入 theano 相关组件：

```
>>> import theano
>>> import theano.tensor as T
>>> from theano import function, shared
```

接着，定义变量，这些变量本质上是值的占位符，这些值稍后将在底层参与计算。下面的代码将两个变量声明为双精度浮点型矩阵和向量。请注意，在此我们不必指定每个对象的维数。

```
>>> x = T.dmatrix("x") # double matrix
>>> y = T.dvector("y") # double vector
```

然后是实现梯度下降的参数，如下所示：

```
>>> w = shared(np.random.randn(2), name="w") # parameters to fit
>>> b = shared(0.0, name="b") # bias term
```

用 shared 定义的变量，其值可以通过其他运算单独赋值，也可以直接通过 set_value()方法赋值，还可以使用 get_value()函数进行检索。现在，我们将从给定数据中获得 1 的概率定义为 p。theano 提供了交叉熵函数和 T.dot 函数（以及大量的其他相关函数）。我们需要使各函数的参数具有一致性。

```
>>> p=1/(1+T.exp(-T.dot(x,w)-b)) # probability of 1
>>> error = T.nnet.binary_crossentropy(p,y)
>>> loss = error.mean()
>>> gw, gb = T.grad(loss, [w, b])
```

error 变量是 TensorVariable 类型，该类型有许多内置方法，例如 mean 方法。派生出来的 loss 函数也是 TensorVariable 类型。最后一行的 T.grad 是 Theano 最精彩的部分，因为它可以自动计算这些梯度。

```
>>> train = function(inputs=[x,y],
...                   outputs=[error],
...                   updates=((w, w - alpha * gw),
...                            (b, b - alpha * gb)))
```

最后，通过在 theano 中定义训练函数来设置训练。用户将输入之前定义和命名好的输入变量（x 和 y），theano 将返回之前定义的变量 error。回想一下，w 和 b 变量被定义为 shared 变量，即全局变量。这意味着函数 train 可以使用 updates 关键字变量所指定的更新公式在再次发生函数调用时更新它们的值。在这种情况下，更新操作等同于使用前面定义的步长变量 alpha 运行普通梯度下降算法。

我们可以在以下循环中使用 train 函数执行训练计划：

```
>>> training_steps=1000
>>> for i in range(training_steps):
...     error = train(X, labels)
...
```

调用 train(X,labels) 中，用前面定义的 X 和 labels 数组替换占位符变量。更新步骤在每次迭代时都会刷新所有共享的变量。迭代结束时，这样计算的参数存储在变量 w 和 b 中，其值可通过 get_value()函数获得。要实现随机梯度下降，只需要对此循环稍做修改，如下所示：

```
>>> for i in range(training_steps):
...     idx = np.random.randint(0,X.shape[0])
...     error = train([X[idx,:]], [labels[idx]])
...
```

其中，变量 idx 从集合中随机选择一个数据，并在每次迭代中将其用于更新步骤。同样，批量随机梯度下降法需要进行以下修改：

```
>>> batch_size = 50
>>> indices = np.arange(X.shape[0])
>>> for i in range(training_steps):
...     idx = np.random.permutation(indices)[:batch_size]

...     error = train(X[idx,:], labels[idx])
...
>>> print (w.get_value())
[-4.84350587  5.013989  ]
>>> print (b.get_value()) # bias term
0.5736726430208784
```

在这里，设置了变量 indices，用于在传递给 train 函数的 idx 变量中随机选择子集。所有这些实现都与 Sympy 中之前相应的实现相似，但是由于使用了 theano，这些实现要快很多个数量级。

4.12.3 基于卷积神经网络的图像处理

本节将介绍卷积神经网络（Convolutional Neural Network，CNN），它是深度学习图像处理的基础应用。我们将解构该网络的每一层，以深入了解各个运算的目的。CNN 将图像作为输入，图像可以用 Numpy 数组表示，以便快速简便地与其他科学的 Python 工具一起使用。Numpy 数组的元素是像素，行维和列维分别代表图像的高度和宽度。数组元素值介于 0 到 255 之间，对应该位置的像素强度。三维图像的第三维为颜色通道（例如，红色、绿色、蓝色通道），二维图像数组是灰度的。

编程技巧

Matplotlib 让使用 Numpy 数组绘制图像变得很容易。例如，我们通过以下代码绘制了 MNIST 图像（见图 4.72），它是手绘灰度数字（本例中为 0）：

```
>>> from matplotlib.pylab import subplots, cm
>>> from sklearn import datasets
>>> mnist = datasets.load_digits()
>>> fig, ax = subplots()
>>> ax.imshow(mnist.images[0],
...           interpolation='nearest',
...           cmap=cm.gray)
<matplotlib.image.AxesImage object at 0x7f98d4212f98>
```

cmap 关键字参数将色图指定为灰度。interpolation 关键字表示从 imshow 生成的图像不会平滑数据，这在像素级很容易混淆。其他手绘数字如图 4.73 所示。

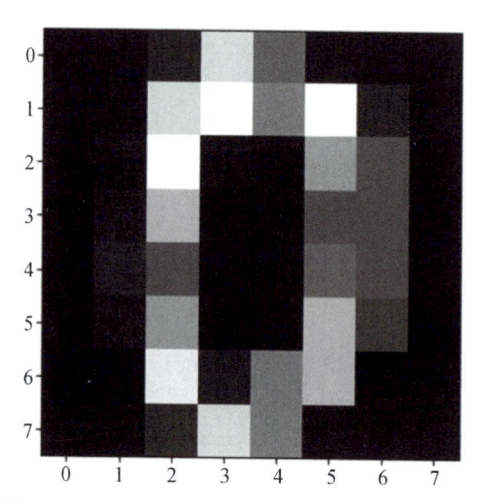

图 4.72　MNIST 数据集中的手绘数字 0 的图像

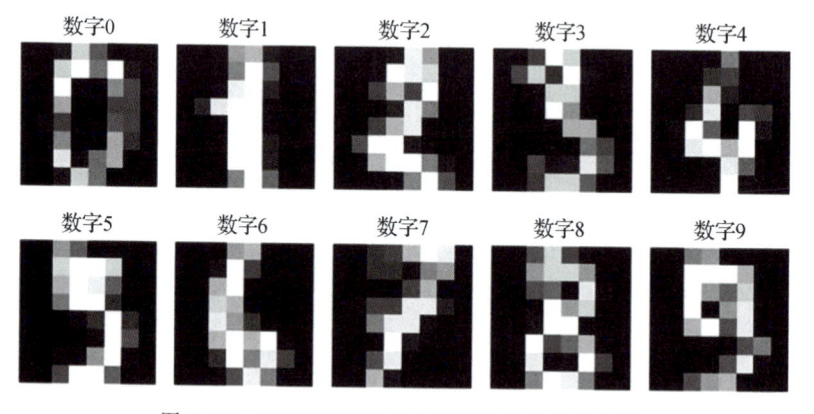

图 4.73　MNIST 数据集中的其他手绘数字图像

(1) 卷积运算

卷积是一种密集型计算，是卷积神经网络的核心。卷积的目的是创建输入图像的替代表示，以强调或忽视由核表示的某些特征。卷积运算由一个核和一个**输入矩阵**组成，卷积运算是一种将图像数据与图像核中相应数据对齐并进行比较的方法。我们可以将图像核视为卷积运算揭示典型特征的模板。为了简单起见，假设有如下 3×3 的核矩阵：

```
>>> import numpy as np
>>> kern = np.eye(3,dtype=np.int)
>>> kern
array([[1, 0, 0],
       [0, 1, 0],
       [0, 0, 1]])
```

使用这个核，我们想在输入图像中找到任何看起来像对角线的东西。假设我们有以下输入 Numpy 图像：

```
>>> tmp = np.hstack([kern,kern*0])
>>> x = np.vstack([tmp,tmp])
>>> x
array([[1, 0, 0, 0, 0, 0],
       [0, 1, 0, 0, 0, 0],
       [0, 0, 1, 0, 0, 0],
       [1, 0, 0, 0, 0, 0],
       [0, 1, 0, 0, 0, 0],
       [0, 0, 1, 0, 0, 0]])
```

请注意，此图像只是将核堆叠成一个更大的 Numpy 数组。我们想了解卷积运算是否能将嵌入在图像中的核拉出来。当然，在实际应用中，我们不知道图像中是否存在核，这个示例只是为了帮助我们逐步理解卷积运算。scipy 模块提供了一个可用的卷积函数。

```
>>> from scipy.ndimage.filters import convolve
>>> res = convolve(x,kern,mode='constant',cval=0)
>>> res
array([[2, 0, 0, 0, 0, 0],
       [0, 3, 0, 0, 0, 0],
       [0, 0, 2, 0, 0, 0],
       [2, 0, 0, 1, 0, 0],
       [0, 3, 0, 0, 0, 0],
       [0, 0, 2, 0, 0, 0]])
```

卷积运算的每个步骤如图 4.74 所示。将矩阵 kern（浅色正方形）叠加在矩阵 x 上，然后计算元素乘积并求和。因此，数组 [0,0] 输出对应将卷积运算应用于输入图像左上角 3×3 部分的结果，结果为 3。卷积运算对边界条件很敏感。本例中，设定 mode=constant 且 cval=0，这意味着当核扫描到输入图像边界之外时，输入图像的边界为 0。这是管理边界条件最简单的选项，scipy. ndimage. filters. convalve 提供了其他实用的可选择的参数。通过除以核中的像素数（在本例中为 3）来归一化卷积运算的输出也是常见的做法。另一种看待卷积运算的方法是将其作为匹配滤波器，当找到兼容的子特征时，该滤波器达到峰值。卷积运算的最终输出如图 4.75 所示。各个像素的值以颜色显示。注意，输出图像的最大值位于对角线上的位置。

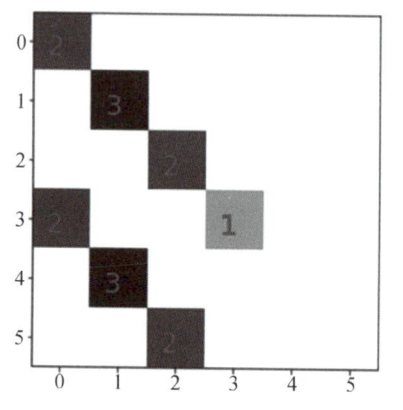

图 4.74 产生数组 res 的卷积过程。如序列图所示，浅色的 kern 数组在 x 数组上滑动、叠加、相乘并求和，以生成图中标题显示的值

图 4.75 所示的值表示卷积运算的输出。灰度表示所示值的相对大小（越大越暗）

　　然而，卷积运算不是一个完美的检测器，在有些情况下会产生非零值。例如，假设输入图像是一条正斜杠对角线。与卷积核的逐步卷积过程如图 4.76 所示，相应的输出如图 4.77 所示，结果看起来与卷积核或输入图像完全不同。

图 4.76　输入数组是正斜杠对角线。该序列展示了卷积运算的每个步骤

　　我们可以使用多个卷积核来研究输入图像。例如，假设输入图像为图 4.78 中的左图。图 4.78 中右侧上方是两个卷积核，下方为相应的输出。每个卷积核都能够突出其特征，但两个输出中都出现了无关的特征。我们可以有和卷积核一样多的输出，但是因为每个输出图像都和输入图像一样大，所以我们需要一种方法来减小这些数据的规模。

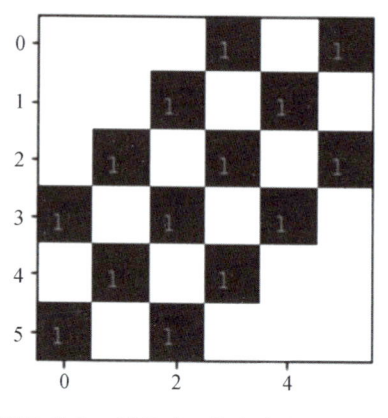

图 4.77　图 4.76 卷积运算的输出。请注意，输出中有非零元素，其中输入图像与卷积
　　　　核之间不匹配

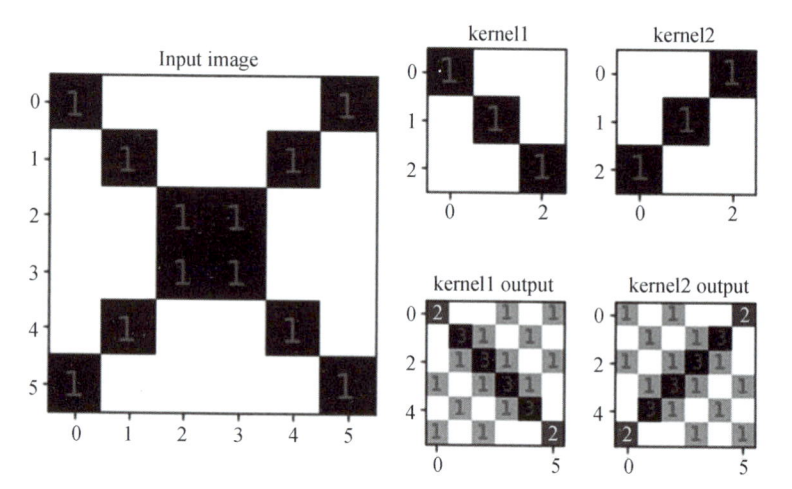

图 4.78　给定两个卷积核和输入图像，给出了输出图像。请注意，每个卷积核都能够在输
　　　　入合成图像上突出其特征，但输出中出现了其他无关特征

(2) 最大池化方法

为了减小输出图像的大小，我们可以应用**最大池化**方法，用特定子集中的最大像素
值替代图像的平铺子集。下面的 Python 代码演示了最大池化方法：

```python
>>> def max_pool(res,width=2,height=2):
...     m,n = res.shape
...     xi = [slice(i,i+width) for i in range(0,m,width)]
...     yi = [slice(i,i+height) for i in range(0,n,height)]
...     out = np.zeros((len(xi),len(yi)),dtype=res.dtype)
...     for ni,i in enumerate(xi):
...         for nj,j in enumerate(yi):
...             out[ni,nj]= res[i,j].max()
...     return out
...
```

编程技巧

slice 对象可提供可编程的数组切片，例如 x[0,3]= x[slice(0,3)]。这意味着可以从组数分离出 slice，从而更易于管理。

池化减少了卷积输出的维数，并在计算上使叠加卷积可行。图 4.79 给出了函数 max_pool 在指定输入图像上的输出。

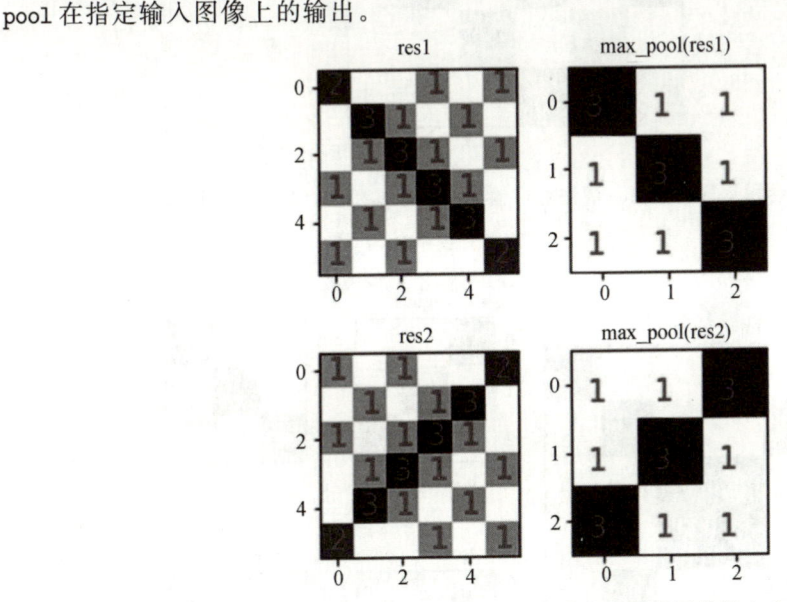

图 4.79 max_pool 函数将输出图像（左列）的大小减小为右列图像的大小。请注意，池大小是 2×2，因此生成的池化图像大小在每维上是原始图像的一半

（3）线性整流激活函数

线性整流激活函数又称**修正线性单元**（Rectified Linear Activation Unit，ReLU），是实现以下激活函数的神经网络单元：

$$r(x) = \begin{cases} x, & x > 0 \\ 0, & \text{其他} \end{cases}$$

为了正确地使用这种激活函数，卷积层中的卷积核必须缩放到 $\{-1,1\}$ 的范围内。我们可以使用以下代码实现线性整流激活函数：

```
>>> def relu(x):
...     'rectified linear activation function'
...     out = np.zeros(x.shape,dtype=x.dtype)
...     idx = x>=0
...     out[idx]=x[idx]
...     return out
...
```

既然了解了基本的构建块，我们来研究一下这些运算是如何组合在一起的。为了创建一些训练图像数据，我们使用以下函数来创建一些随机的正斜杠图像和反斜杠图像，如图 4.80 所示。和前面一样，我们有图 4.81 所示的缩放卷积核。我们将逐步应用卷积、最大池化和线性整流激活函数，并观察每一步的输出。

```python
>>> def gen_rand_slash(m=6,n=6,direction='back'):
...     '''generate random forward/backslash images.
...     Must have at least two pixels'''
...     assert direction in ('back','forward')
...     assert n>=2 and m>=2
...     import numpy as np
...     import random
...     out = -np.ones((m,n),dtype=float)
...     i = random.randint(2,min(m,n))
...     j = random.randint(-i,max(m,n)-1)
...     t = np.diag([1,]*i,j)
...     if direction == 'forward':
...         t = np.flipud(t)
...     try:
...         assert t.sum().sum()>=2
...         out[np.where(t)]=1
...         return out
...     except:
...         return gen_rand_slash(m=m,n=n,direction=direction)
...
>>> # create slash-images training data with classification id 1 or 0
>>> training=[(gen_rand_slash(),1) for i in range(10)] + \
...          [(gen_rand_slash(direction='forward'),0) for i in range(10)]
```

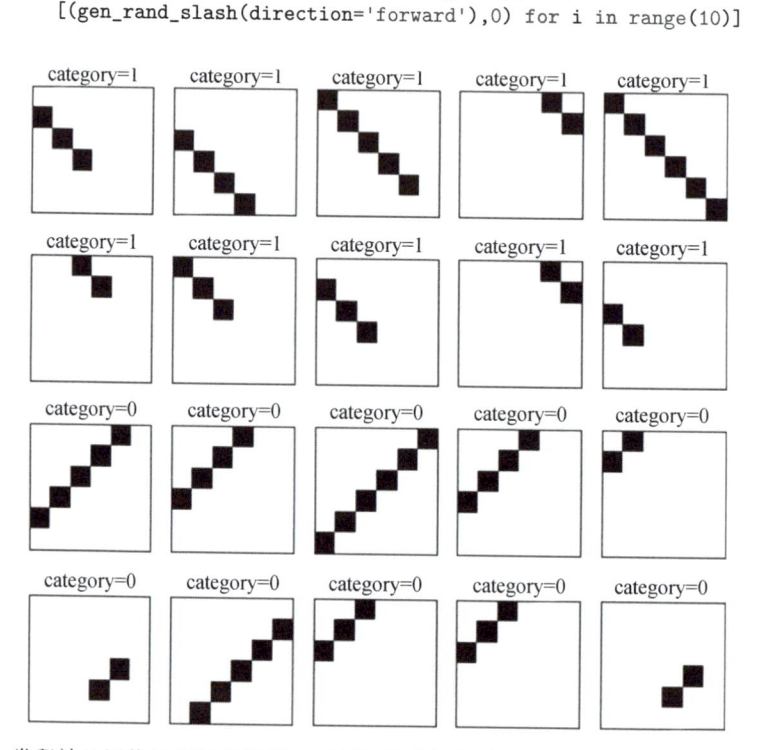

图 4.80 卷积神经网络的训练数据集。正斜杠图像标记为类别 0，反斜杠图像标记为类别 1

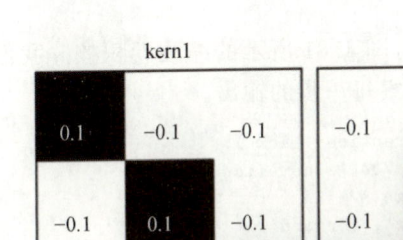

图 4.81　卷积神经网络的两种缩放卷积核

图 4.82 给出了将图 4.80 中的训练数据用 kern1 进行卷积的输出。请注意，以下代码对这两个卷积核进行了定义：

```
>>> kern1 = (np.eye(3,dtype=np.int)*2-1)/9. # scale
>>> kern2 = np.flipud(kern1)
```

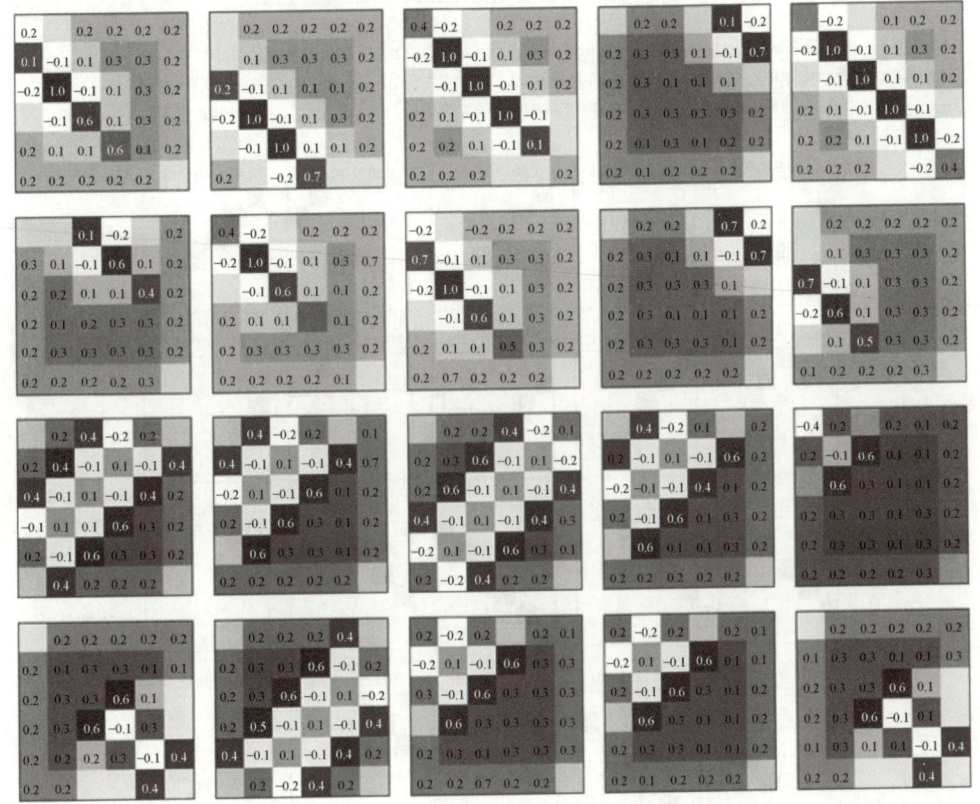

图 4.82　将图 4.80 中的训练数据用 kern1 进行卷积的输出

接下来是线性整流激活函数，输出如图 4.83 所示。请注意，所有的负数项都已替换为零。下一步是最大池化方法，如图 4.84 所示。请注意，训练数据中的总像素数已从每幅图像 36 个减少到每幅图像 9 个。有了这些经过处理的图像，我们就有了最终分类步骤所需的输入。

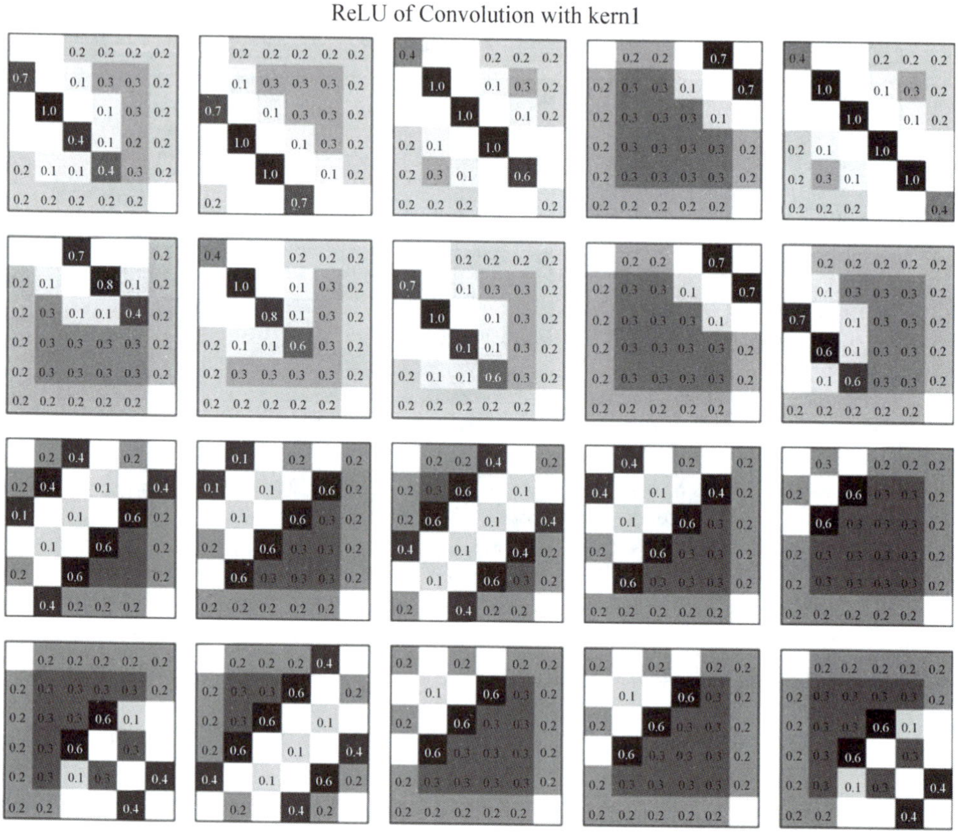

ReLU of Convolution with kern1

图 4.83　线性整流激活函数的输出，其输入如图 4.82 所示

（4）基于 Keras 的卷积神经网络

既然我们已经编写 Python 代码对单个运算进行了实验，那么我们可以使用 Keras 来构建卷积神经网络。特别是，我们使用 Keras 函数接口来定义该神经网络，因为这样可以很容易地在各个层进行解包操作。

```
>>> from keras import metrics
>>> from keras.models import Model
>>> from keras.layers.core import Dense, Activation, Flatten
>>> from keras.layers import Input
>>> from keras.layers.convolutional import Conv2D
>>> from keras.layers.pooling import MaxPooling2D
>>> from keras.optimizers import SGD
>>> from keras import backend as K
>>> from keras.utils import to_categorical
```

Max-pool of ReLU Output for kern1

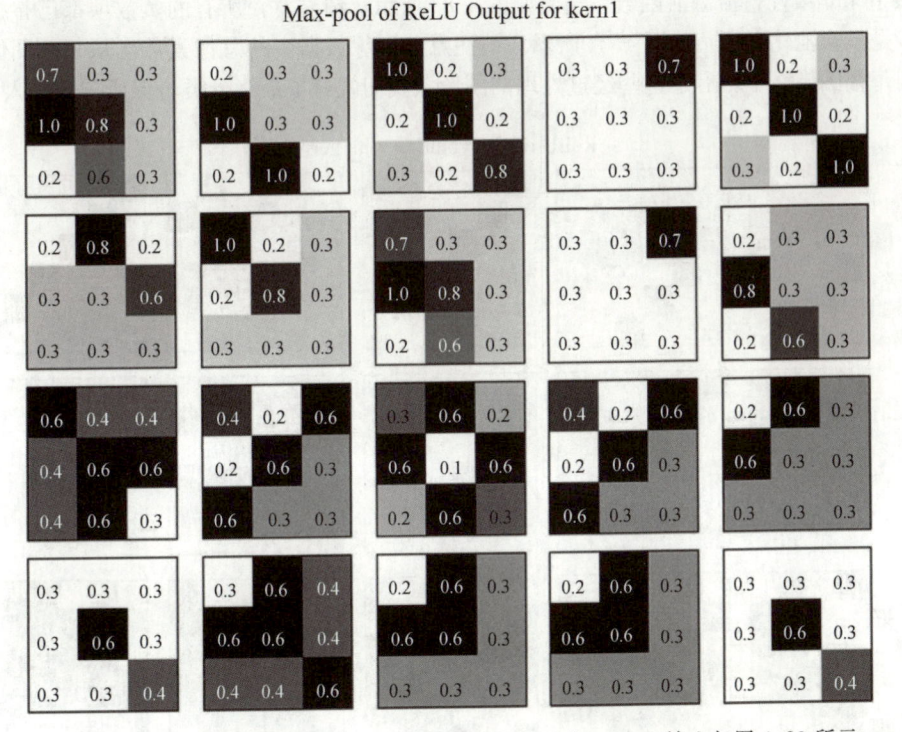

图 4.84　最大池化方法的输出，对于固定图像卷积核 kern1，输入如图 4.83 所示

请注意，模块名称与其运算名一致。我们还需要告诉 Keras 如何管理输入图像：

```
>>> K.set_image_data_format('channels_first') # image data format
>>> inputs = Input(shape=(1,6,6)) # input data shape
```

现在，我们可以建立单独的卷积层。注意每一层的激活规范和 inputs 的位置。

```
>>> clayer = Conv2D(2,(3,3),padding='same',
...             input_shape=(1,6,6),name='conv',
...             use_bias=False,
...             trainable=False)(inputs)
>>> relu_layer= Activation('relu')(clayer)
>>> maxpooling = MaxPooling2D(pool_size=(2,2),
...                     name='maxpool')(relu_layer)
>>> flatten = Flatten()(maxpooling)
>>> softmax_layer = Dense(2,
...                     activation='softmax',
...                     name='softmax')(flatten)
>>> model = Model(inputs=inputs, outputs=softmax_layer)
>>> # inject fixed kernels into convolutional layer
>>> fixed_kernels = [np.dstack([kern1,kern2]).reshape(3,3,1,2)]
>>> model.layers[1].set_weights(fixed_kernels)
```

请注意，函数接口意味着每一层都是前一层的函数。请注意，卷积层设置 trainable=
False，因为我们想在最后将固定的卷积核添加其中。展平层（flatten）对数据进行整形，
以将该点处的整个处理后的图像回传给 softmax_layer，其输出与图像分类的概率成正比。
set_weights()函数中添加固定的卷积核。由于前面设置了 trainable=False，因此卷积核
不会被优化算法更新。定义了神经网络的拓扑结构以后，我们必须选择优化算法，并通
过 compile 步骤将所有这些配置打包到模型中。

```
>>> lr = 0.01 # learning rate
>>> sgd = SGD(lr=lr, decay=1e-6, momentum=0.9, nesterov=True)
>>> model.compile(loss='categorical_crossentropy',
...               optimizer=sgd,
...               metrics=['accuracy',
...                        metrics.categorical_crossentropy])
```

metrics 规范意味着我们希望通过训练过程跟踪那些命名的项目。接下来，我们使用
gen_rand_slash 函数以及每个图像的关联类（1 或 0）生成一些训练数据。其中大部分代码
只是在为 Keras 塑造张量。最后的 model.fit()步骤是根据给定的输入调整神经网络的内
部权重。

```
>>> # generate some training data
>>> ntrain = len(training)
>>> t=np.dstack([training[i][0].T
...             for i in range(ntrain)]).T.reshape(ntrain,1,6,6)
>>> y_binary=to_categorical(np.hstack([np.ones(ntrain//2),
...                                    np.zeros(ntrain//2)]))
>>> # fit the configured model
>>> h=model.fit(t,y_binary,epochs=500,verbose=0)
```

完成后，我们可以用 K.function 研究每一层的函数映射。下面的代码用于创建输入
层和卷积层之间的映射。

```
>>> convFunction = K.function([inputs],[clayer])
```

现在，我们可以将训练数据输入这个函数，即可看到卷积层的输出。
我们可以创建另一个 Keras 函数对池化层再次执行此操作：

```
>>> maxPoolingFunction = K.function([inputs],[maxpooling])
```

其输出如图 4.86 所示。我们可以使用 predict 函数来检验该神经网络的最终输出
（图 4.85）：

```
>>> fixed_kernels = model.predict(t)
>>> fixed_kernels
array([[0.0960771 , 0.9039229 ],
       [0.12564187, 0.8743582 ],
       [0.14237107, 0.857629  ],
       [0.4294672 , 0.57053274],
       [0.13607137, 0.8639286 ],
```

```
[0.7519819 , 0.24801806],
[0.16871268, 0.83128726],
[0.0960771 , 0.9039229 ],
[0.4294672 , 0.57053274],
[0.3497647 , 0.65023535],
[0.8890644 , 0.11093564],
[0.7882034 , 0.21179655],
[0.6911642 , 0.30883583],
[0.7882034 , 0.21179655],
[0.5335865 , 0.46641356],
[0.6458056 , 0.35419443],
[0.8880452 , 0.11195483],
[0.7702401 , 0.22975995],
[0.7702401 , 0.2297599 ],
[0.6458056 , 0.35419443]], dtype=float32)
```

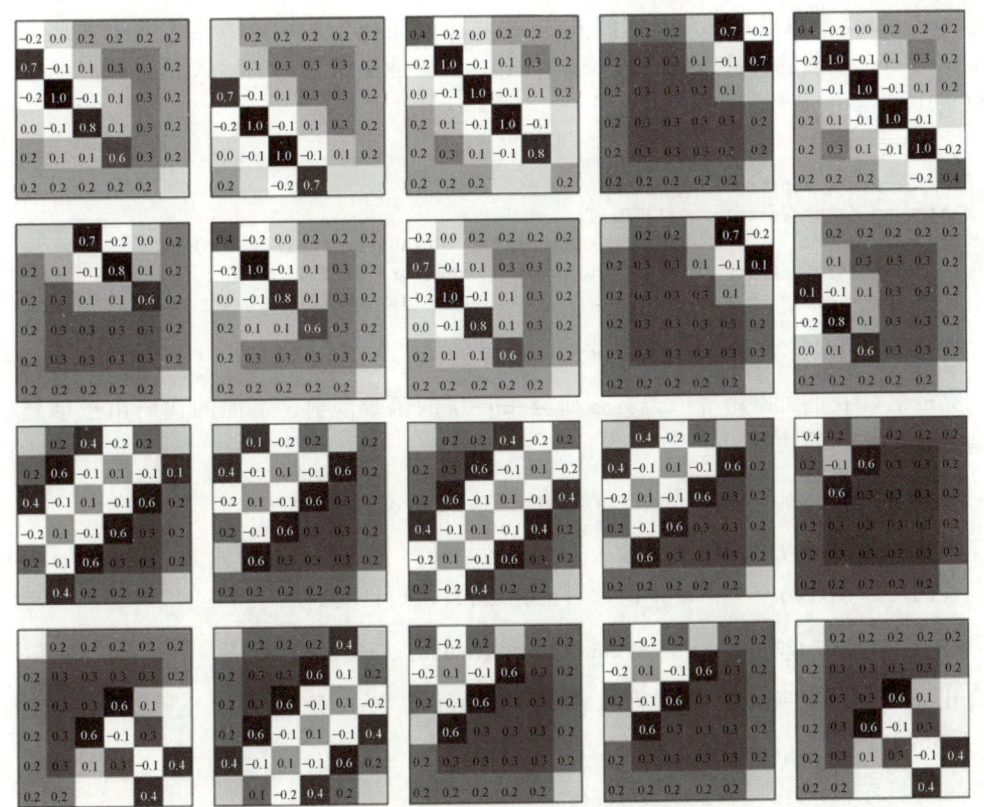

Keras convolution layer output given kern1

图 4.85 将其与图 4.82 对比，结果表明手动卷积结果与 Keras 实现的卷积结果相同

我们可以看到每个类的权重。在各列中取最大值可得到：

```
>>> np.argmax(fixed_kernels,axis=1)
array([1, 1, 1, 1, 1, 0, 1, 1, 1, 1, 0, 0, 0, 0, 0, 0, 0, 0, 0, 0])
```

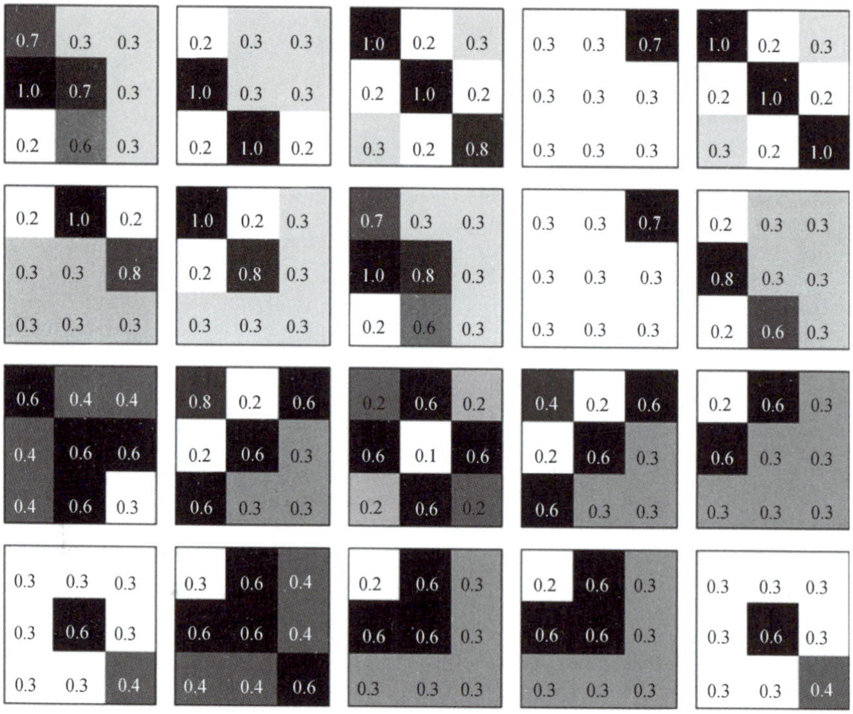

Keras Pooling layer output given kern1

图 4.86　固定卷积核 kern1 的最大池化层输出。将其与图 4.84 对比，结果表明手动实现与
　　　　　Keras 实现是等效的

这意味着使用固定卷积核的卷积神经网络可以很好地预测每个输入图像的类别。回想一下，我们的模型配置阻止固定卷积核在训练过程中更新。因此，模型训练的主要工作是改变最终输出层的权重。我们可以去掉此约束，重新进行此练习，观察神经网络能否通过改变 trainable 关键字参数自适应地对核心项重新加权并将其作为训练的一部分，然后重新构建并训练模型，如下所示：

```
>>> clayer = Conv2D(2,(3,3),padding='same',
...                  input_shape=(1,6,6),name='conv',
...                  use_bias=False)(inputs)
>>> relu_layer= Activation('relu')(clayer)
>>> maxpooling = MaxPooling2D(pool_size=(2,2),
...                           name='maxpool')(relu_layer)
>>> flatten = Flatten()(maxpooling)
>>> softmax_layer = Dense(2,
...                       activation='softmax',
...                       name='softmax')(flatten)
>>> model = Model(inputs=inputs, outputs=softmax_layer)
>>> model.compile(loss='categorical_crossentropy',
...               optimizer=sgd)
>>> h=model.fit(t,y_binary,epochs=500,verbose=0)
```

```
>>> new_kernels = model.predict(t)
>>> new_kernels
array([[1.4370615e-03, 9.9856299e-01],
       [3.6707439e-03, 9.9632925e-01],
       [1.0132928e-04, 9.9989867e-01],
       [4.6108435e-03, 9.9538910e-01],
       [2.5441888e-05, 9.9997461e-01],
       [7.4225911e-03, 9.9257737e-01],
       [1.3943247e-03, 9.9860567e-01],
       [1.4370615e-03, 9.9856299e-01],
       [4.6108435e-03, 9.9538910e-01],
       [3.4720991e-03, 9.9652785e-01],
       [9.9974054e-01, 2.5950689e-04],
       [9.9987161e-01, 1.2833292e-04],
       [9.9983239e-01, 1.6753815e-04],
       [9.9987161e-01, 1.2833292e-04],
       [9.8536682e-01, 1.4633193e-02],
       [9.9561429e-01, 4.3856688e-03],
       [9.9778903e-01, 2.2109088e-03],
       [9.9855381e-01, 1.4462060e-03],
       [9.9855381e-01, 1.4462066e-03],
       [9.9561429e-01, 4.3856665e-03]], dtype=float32)
```

相应的最大输出如下：

```
>>> np.argmax(new_kernels,axis=1)
array([1, 1, 1, 1, 1, 1, 1, 1, 1, 1, 0, 0, 0, 0, 0, 0, 0, 0, 0, 0])
```

新更新的卷积核如图 4.87 所示。请注意这些与原始固定卷积核的不同之处。我们可以在图 4.88 中看到各自预测的变化。因此，在训练过程中更新卷积核的好处是可以提高整体准确率，但代价是卷积核本身的可解释性。在实践中，很少像我们这里的人工示例那样提前知道卷积核，因此可能没有什么可以真正解释的。尽管如此，对于数据中存在可以服务于核的良好先验样本的目标特征的其他问题，那么在训练初期启动这些卷积核可能有助于调整到目标特征，特别是如果它们在训练数据中很少的话。

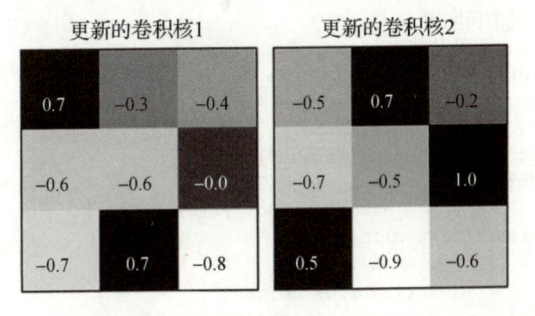

图 4.87　在训练过程中更新的卷积核。将其与图 4.81 进行对比

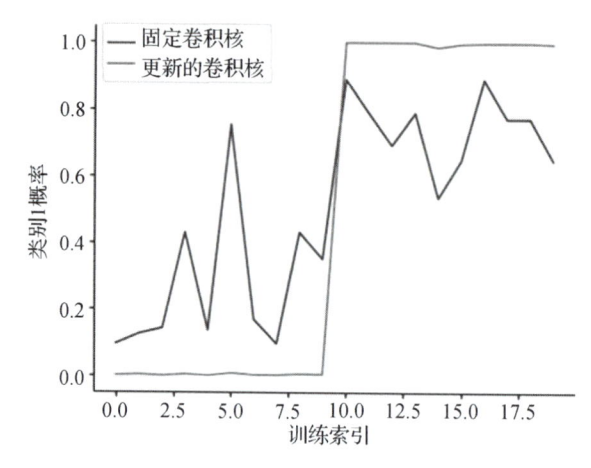

图 4.88 训练集的后半部分被归类为类别 1。更新后的卷积核提供了比固定卷积核更宽的分类边界，尽管它们的最终性能非常相似

参考文献

[1] L. Wasserman, *All of Statistics: A Concise Course in Statistical Inference* (Springer, Berlin, 2004)

[2] V. Vapnik, *The Nature of Statistical Learning Theory.* Information Science and Statistics (Springer, Berlin, 2000)

[3] R.E. Schapire, Y. Freund, *Boosting Foundations and Algorithms.* Adaptive Computation and Machine Learning (MIT Press, Cambridge, 2012)

[4] C. Bauckhage, Numpy/Scipy recipes for data science: Kernel least squares optimization (1) (2015). researchgate.net

[5] W. Richert, *Building Machine Learning Systems with Python* (Packt Publishing Ltd., Birmingham, 2013)

[6] E. Alpaydin, *Introduction to Machine Learning* (Wiley Press, New York, 2014)

[7] H. Cuesta, *Practical Data Analysis* (Packt Publishing Ltd., Birmingham, 2013)

[8] A.J. Izenman, *Modern Multivariate Statistical Techniques*, vol. 1 (Springer, Berlin, 2008)

[9] A. Hyvärinen, J. Karhunen, E. Oja, *Independent Component Analysis*, vol. 46 (Wiley, New York, 2004)

推荐阅读

本书由华为官方出品，主要讲解了华为在数字化转型的过程中是如何做数据治理的。全书共10章：第1章首先从数字化转型的角度讲解了数字化转型面临的挑战以及华为的数据治理与数字化转型；第2章和第3章分别讲解了企业级数据综合治理体系和差异化的企业数据分类管理框架的构建；第4～9章分别讲解了面向"业务交易"的信息架构建设、面向"联接共享"的数据底座建设、面向"自助消费"的数据服务建设、打造"数字孪生"的数据全量感知能力、打造"清洁数据"的综合数据质量能力、打造"安全合规"的数据可控共享能力；第10章从面向未来的角度谈了数据对企业的价值。

推荐阅读

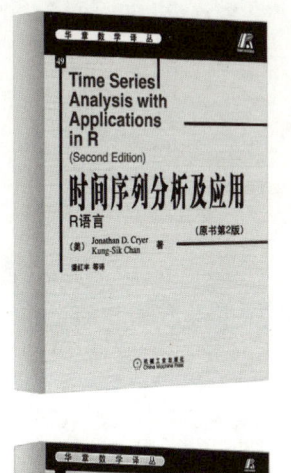
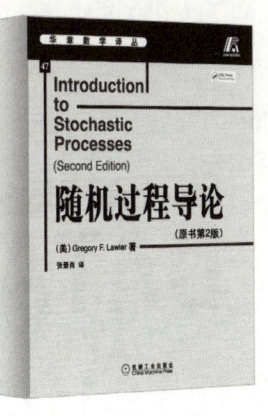
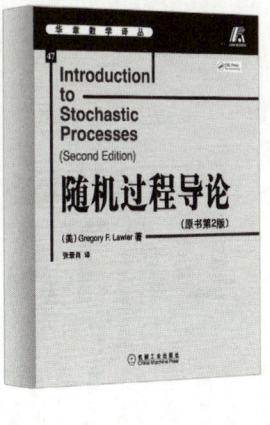

■ **时间序列分析及应用：R语言**（原书第2版）
作者：Jonathan D. Cryer Kung-Sik Chan
ISBN：978-7-111-32572-7
定价：48.00元

■ **随机过程导论**（原书第2版）
作者：Gregory F. Lawler
ISBN：978-7-111-31544-5
定价：36.00元

■ **数学分析原理**（原书第3版）
作者：Walter Rudin
ISBN：978-7-111-13417-6
定价：28.00元

■ **实分析与复分析**（原书第3版）
作者：Walter Rudin
ISBN：978-7-111-17103-9
定价：42.00元

■ **数理统计与数据分析**（原书第3版）
作者：John A. Rice
ISBN：978-7-111-33646-4
定价：85.00元

■ **统计模型：理论和实践**（原书第2版）
作者：David A. Freedman
ISBN：978-7-111-30989-5
定价：45.00元